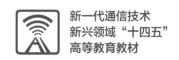

新一代通信技术
新兴领域"十四五"
高等教育教材

下一代互联网技术 IPv6+

主　编　王兴伟　李　婕

副主编　贾　杰　易　波

李福亮　易秀双

科学出版社

北京

内 容 简 介

本书是一本关于下一代互联网技术集科研成果与教学实践于一体的教材。书中详细介绍 IPv6 的基本概念、特性和协议体系结构，并将其与 IPv4 进行了差异性与兼容性的比较；详细介绍路由技术、交换技术和网络安全协议，重点介绍 SRv6、iFIT、网络切片和 BIERv6 等 IPv6+关键技术，以及 IPv6+ 网络管理技术和 IPv6+过渡技术的原理和应用。本书提供了思考题和实践练习，以及对应的二维码链接答案和视频操作过程，便于读者更好地理解和掌握 IPv6+技术的应用。

本书可作为高等院校计算机专业高年级本科生及研究生的教材，也可作为计算机科学与技术、软件工程等专业研究人员、高校教师及相关领域工程技术人员的参考书。

图书在版编目（CIP）数据

下一代互联网技术 IPv6+ / 王兴伟，李婕主编. 北京 ：科学出版社，2024.12. --（新一代通信技术新兴领域"十四五"高等教育教材）. -- ISBN 978-7-03-080000-8

Ⅰ. TN915.04

中国国家版本馆 CIP 数据核字第 2024SR5056 号

责任编辑：于海云　张丽花 / 责任校对：王　瑞
责任印制：赵　博 / 封面设计：东方人华平面设计部

科 学 出 版 社 出版

北京东黄城根北街 16 号
邮政编码: 100717
http://www.sciencep.com

三河市春园印刷有限公司印刷
科学出版社发行　各地新华书店经销
*

2024 年 12 月第 一 版　开本：787×1092　1/16
2025 年 1 月第二次印刷　印张：19 1/4
字数：468 000

定价：79.00 元
（如有印装质量问题，我社负责调换）

序

新一代信息通信技术以前所未有的速度蓬勃发展，深刻改变着社会的每一个角落，成为推动经济社会发展和国家竞争力提升的关键力量。本教材体系的构建，旨在落实立德树人根本任务，充分发挥教材在人才培养中的关键作用，牵引带动通信技术领域核心课程、重点实践项目、高水平教学团队的建设，着力提升该领域人才自主培养质量，为信息化数字化驱动引领中国式现代化提供强大的支撑。

本系列教材汇聚了国内通信领域知名的 8 所高校、科研机构及 2 家一流企业的最新教育改革成果以及前沿科学研究和产业技术。在中国科学院院士、国家级教学名师、国家级一流课程负责人、国家杰出青年基金获得者，以及来自光通信、5G 等一线工程师和专家的带领下，团队精心打造了"知识体系全面完备、产学研用深度融合、数字技术广泛赋能"的新一代信息技术（新一代通信技术）领域教材。本系列教材编写团队已入选教育部"战略性新兴领域'十四五'高等教育教材体系建设团队"。

总体而言，本系列教材有以下三个鲜明的特点：

一、从基础理论到技术应用的完备体系

系列教材聚焦新一代通信技术中亟需升级的学科专业基础、通信理论和通信技术，以及亟需弥补空白的通信应用，构建了"基础-理论-技术-应用"的系统化知识框架，实现了从基础理论到技术应用的全面覆盖。学科专业基础部分涵盖电磁场与波、电子电路、信号系统等；通信理论部分涵盖通信原理、信息论与编码等；通信技术部分涵盖移动通信、通信网络、通信电子线路等；通信应用部分涵盖卫星通信、光纤通信、物联网、区块链、虚拟现实、网络安全等。

二、产学研用的深度融合

系列教材紧跟技术发展趋势，依托各建设单位在信息与通信工程等学科的优势，将国际前沿的科研成果与我国自主可控技术有机融入教材内容，确保了教材的前沿性。同时，联合华为技术有限公司、中信科移动等我国通信领域的一流企业，通过引入真实产业案例与典型解决方案，让学生紧贴行业实践，了解技术应用的最新动态。并通过项目式教学、课程设计、实验实训等多种形式，让学生在动手操作中加深对知识的理解与应用，实现理论与实践的深度融合。

三、数字化资源的广泛赋能

系列教材依托教育部虚拟教研室平台，构建了结构严谨、逻辑清晰、内容丰富的新一代信息技术领域知识图谱架构，并配套了丰富的数字化资源，包括在线课程、教学视频、工程实践案例、虚拟仿真实验等，同时广泛采用数字化教学手段，实现了对复杂知识体系的直观展示与深入剖析。部分教材利用 AI 知识图谱驱动教学资源的优化迭代，创新性地引入生成

式 AI 辅助教学新模式，充分展现了数字化资源在教育教学中的强大赋能作用。

我们希望本系列教材的推出，能全面引领和促进我国新一代信息通信技术领域核心课程与高水平教学团队的建设，为信息通信技术领域人才培养工作注入全新活力，并为推动我国信息通信技术的创新发展和产业升级提供坚实支撑与重要贡献。

电子科技大学副校长

孔令讲

2024 年 6 月

前　　言

党的二十大报告指出："坚持面向世界科技前沿、面向经济主战场、面向国家重大需求、面向人民生命健康，加快实现高水平科技自立自强。"IPv6+技术作为互联网技术的核心之一，不仅是网络技术进步的体现，更是国家信息安全、数字经济发展和社会智能化转型的重要支撑。掌握 IPv6+技术的理论、原理、应用以及未来发展趋势，能够激发更多的创新型人才投身于 IPv6+技术的研究与应用中，共同推动我国网络技术的创新与发展。

随着互联网技术的飞速发展，网络已经成为人们生活中不可或缺的一部分。从最初的 ARPANET 到现在的 5G、云计算、大数据等技术的兴起，互联网技术的每一次迭代都极大地推动了社会的进步。然而，随着网络设备的激增和网络应用的日益复杂化，传统的 IPv4 技术已难以满足现代网络的需求。在这一背景下，IPv6 技术应运而生，并以其庞大的地址空间、更高的安全性和更好的可扩展性成为未来互联网发展的必然趋势。但是仅仅依赖 IPv6 的基本特性已难以满足未来网络应用日益复杂化的需求，IPv6+技术作为 IPv6 的扩展和增强，正逐渐展现出强大的生命力和广阔的应用前景。IPv6+不仅包含了 IPv6 的所有优点，还通过引入 SRv6、网络切片、网络功能虚拟化等技术，使得网络更加智能、灵活和高效。这些新技术和新功能的应用将为云计算、物联网、工业互联网等新兴领域的发展提供强大支持。

本书基于作者在互联网领域多年的研究成果，同时结合国内外相关研究现状，围绕下一代互联网 IPv6+技术的原理、应用和发展趋势展开详细论述。作者希望通过本书介绍的理论知识和前沿技术，激发读者对 IPv6+技术的兴趣和热情，共同推动 IPv6+技术的发展和应用。

本书共 8 章。第 1 章下一代互联网络理论基础，介绍网络通信的基本概念，分析 IPv4 的局限性与问题挑战，以及 IPv6 的引入和应用发展。第 2 章 IPv6 基本概念与特性，主要介绍 IPv6 的地址结构，并将其与 IPv4 进行差异与兼容性比较，对 IPv6 协议体系结构进行详细阐述，包括网络层、传输层和应用层的关键协议。第 3 章 IPv6 路由技术，主要介绍 IPv6 路由的基础知识和协议，并详细介绍 OSPFv3、IS-IS 和 BGP4+等高级路由协议的原理与应用。第 4 章 IPv6+基础交换技术，介绍园区网络的基本概念、以太网二层交换的原理与配置，以及 VLAN 间的 IPv6 通信实现方法。第 5 章 IPv6 网络安全基础，从安全的角度出发，全面分析 IPv6 网络的安全威胁和防御措施，包括基础协议安全、交换网络安全、路由协议安全、网络边界安全和业务通信安全等。第 6 章 IPv6+关键技术，重点介绍 SRv6、iFIT、网络切片和 BIERv6 等技术的原理与应用。第 7 章 IPv6+网络管理技术，介绍网络管理技术的发展和解析。第 8 章 IPv6 网络演进，介绍双栈技术、隧道技术、转换技术等 IPv6 过渡技术的原理和应用。

书中部分知识点的拓展内容、实践练习的操作过程配有视频讲解，思考题配有参考答案，读者可以扫描相关的二维码进行查看。

本书由王兴伟和李婕任主编，贾杰、易波、李福亮和易秀双任副主编。具体编写分工如下：第 1~3 章由易波、易秀双编写，第 4~6 章由李婕、王兴伟编写，第 7、8 章由李福亮编写，实践练习由贾杰设计与编写。作者在下一代互联网技术方面开展了多年的研究工作，书中的主要内容均来自作者的研究成果。

本书融合了华为智能基座课程的建设体系架构，在此感谢华为技术有限公司数据通信解决方案研究方向的主任工程师朱仕耿、李伟和高级工程师刘晓霞对本书撰写提供的指导和帮助。感谢博士研究生邱琳、武雅君、刘继豪，以及硕士研究生王金华、郭柯君、李朋洋、刘长伟、张涵和王龙辉提供的协助和支持。感谢科学出版社编辑对本书出版所给予的支持，他们认真严谨的态度和客观诚恳的建议保证了本书的质量。作者编写本书的过程中，参考了大量相关的文献，在此向文献作者表示感谢。

在本书撰写过程中，作者始终致力于反映下一代互联网技术 IPv6+的前沿性和新颖性，力求知识体系结构的合理性、系统性和完整性，但由于互联网相关技术发展迅速，加之作者水平有限，本书在基本原理的表述、知识内容的取舍和安排上可能仍有疏漏之处，恳请读者批评指正。

作　者

2024 年 5 月于东北大学

目　录

第 1 章　下一代互联网理论基础

下一代互联网技术的基础是计算机网络技术，下一代互联网的发展将主要依托于 IPv6/IPv6+技术的核心应用，本章首先介绍计算机网络的基础技术，随后探讨 IPv6/IPv6+技术的发展，这些技术不仅仅是 IPv6 的扩展，还包括增强的安全性、改进的性能和更好地支持多媒体流量等特性。通过这些技术知识的介绍，可以深入了解网络通信的基础，为后续章节的详细探讨奠定坚实的理论基础。

1.1　计算机网络基础概述

计算机网络是下一代互联网技术的基础，是一种综合运用计算机技术和通信技术的系统，通过通信协议和传输介质将分散在不同地点的计算机设备有机地连接起来。这种连接不仅实现了设备之间的信息交流，还为资源共享和数据传输提供了高效的手段。计算机网络技术的广泛应用涉及微电子技术、光通信技术和智能控制技术等多个领域。为了应对复杂性，计算机网络系统的设计采用分层的方式，将功能分散到各个层次，既有利于问题的简化处理，也方便系统的维护和扩展。总体而言，计算机网络在连接世界、促进信息共享、推动科技创新等方面发挥着关键作用，成为现代社会不可或缺的基础设施之一。

1.1.1　网络通信基本概念

计算机网络是一个综合性的技术领域，涵盖了丰富的理论概念和技术知识。深入了解和规范计算机网络通信中的基本概念对于这一领域的学习至关重要。

(1)网络：通过通信设备和通信介质互相连接起来的、具有独立功能的多台计算机和外部设备的集合体。这些计算机和设备通过网络传输数据和共享资源，使得它们之间可以进行信息交流、文件共享、远程控制等操作。

(2)节点：计算机网络中的主机(计算机)或路由器，根据其功能可以分为访问节点、交换节点和端节点。访问节点和交换节点的代表性例子是路由器，而端节点则是主机。端节点充当信源和信宿的角色，访问节点则直接连接到信源和信宿，而交换节点则与其他节点连接，主要用于数据传输、交换和通信控制。这些节点具有发送、接收和转发网络中的协议数据单元(protocol data unit，PDU)的能力，是构建计算机网络的关键组成部分。

(3)协议：在计算机网络中用于在不同设备之间进行通信和数据交换的规则的集合。这些规则定义了数据传输的格式、序列、错误检测和纠正方法，以及设备之间如何建立、维护和结束通信。

(4)拓扑：网络拓扑是指计算机网络中设备之间物理或逻辑连接的方式或结构。它描述了网络中设备和节点之间的布局和关系，定义了数据在网络中如何流动以及设备之间如何相互连接。拓扑示例包括星型拓扑、总线拓扑、环型拓扑、网状拓扑、树状拓扑和混合拓扑。

(5)信源、信宿：信源是信息的产生或发起地，它可以是任何产生信息的实体。信宿是信息传输的目标或终点，它是接收和处理来自信源的信息的地方。

(6)传输介质：在计算机网络或通信系统中用于传递数据的物理媒体或通信通道。常见的传输介质包括同轴电缆、双绞线、光纤等有线传输介质，以及无线电波、红外线、微波等无线传输介质。

(7)面向连接、无连接：在面向连接的通信中，通信双方在数据传输前需要建立一个可靠的连接。在整个数据传输过程中，会维护这个连接的状态，以确保数据的可靠性和顺序性。在无连接的通信中，通信双方之间不需要事先建立连接，每个数据包都是独立的，每个数据包都包含足够的信息，使其能够独立传输到目的地址。

(8)接口：两个系统、组件或模块之间进行交互的方法。它规定了系统之间的通信规则、数据传输方式以及功能调用的方式。

(9)服务：一种可通过网络提供的功能。它是一种模块化的、可重用的软件组件，通过网络协议进行访问，并提供某种特定的功能。

(10)服务质量：衡量服务提供商所提供的服务。服务质量(quality of service，QoS)涵盖了多方面，包括可靠性、响应时间、性能、可用性、安全性、可维护性等。

1.1.2 网络通信参考模型

网络通信参考模型是一种结构化的框架，用于指导和理解计算机网络中各个组件的功能和交互。两个最著名的网络通信参考模型是 OSI 参考模型和 TCP/IP 参考模型。这些模型提供了一种层次化的方式来理解网络协议和组件之间的关系，降低了网络设计、实施和维护的复杂性。

1. OSI 参考模型

在 20 世纪 70 年代，计算机和通信技术的发展迅猛，但不同厂商生产的设备之间存在互操作性问题。为了解决这一问题，国际标准化组织(ISO)启动了开放系统互连(open systems interconnection，OSI)项目，旨在制定一种通用的网络架构，使得不同类型的计算机和网络设备能够协同工作。OSI 参考模型是 ISO 于 20 世纪 80 年代制定的一种网络通信标准。该模型被设计为一个抽象的框架，旨在帮助不同厂商开发的计算机系统和网络设备互相通信。OSI 参考模型的主要目标是提供一种通用的、开放的标准，以促进不同系统之间的互操作性。尽管 OSI 参考模型并没有在互联网的通信协议中成为主流，但它在理论上和教育上仍然有很大的影响，为理解网络协议和网络体系结构提供了一个清晰的框架。

OSI 参考模型将计算机网络体系结构划分为七个层次，每个层次负责不同的功能，从下向上依次为物理层、数据链路层、网络层、传输层、会话层、表示层和应用层，也称为七层结构。OSI 参考模型如图 1-1 所示。

OSI 参考模型的七层结构可以划分为两个主要部分：低四层和高三层。

(1)低四层：这部分包括物理层、数据链路层、网络层和传输层。这些层次定义了如何进行端到端的数据传输，涉及网络连接的建立、维护和断开，属于"通信子网"部分。

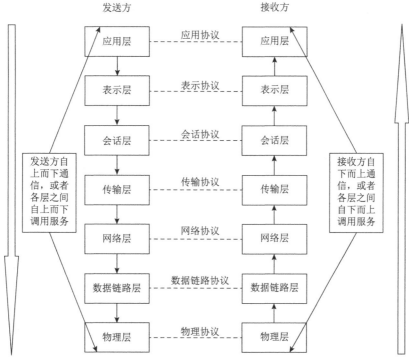

图 1-1 OSI 参考模型

（2）高三层：包括会话层、表示层和应用层。这些层次定义了用户数据的端到端传输，处理了应用程序之间的通信和数据流的重建，属于"资源子网"部分。

不论采用何种层次划分方式，OSI 参考模型的每一层都有着特定的功能，每层都直接为其上层提供服务，并调用其下层提供的服务。这种分层结构确保了模块化的设计，每个层次都专注于特定的任务，提高了系统的灵活性和可维护性。在通信的过程中，每层通过自上而下的方式提供服务。在发送方的数据从应用层传递至物理层；在接收方，数据则自下而上地经过各层所提供的服务。在这个过程中，通信双方必须在相同的对等层次上进行通信，这体现了对等通信的原理。不同层次之间的协同工作使得整个通信系统更具可扩展性和互操作性。并不是每一次通信都需要经过 OSI 参考模型的全部七层，通信的类型和需求会决定具体经过的层次。

现今看来，OSI 参考模型的七层结构划分在某些方面显得较为不够科学，主要存在两个问题：首先，层次数目相对较多，增加了复杂性；其次，在进行网络系统设计时，可能会感到相对烦琐。此外，独立划分"会话层"和"表示层"在实际应用中意义不够明显，与其他层次相比并没有很明确的用途。因此，后来的 TCP/IP 参考模型中省略了这两个层次，简化了结构，更加实用和直观。这种简化有助于降低设计和实施的复杂性，更符合实际网络通信的需求。

2. TCP/IP 参考模型

TCP/IP 参考模型的发展可以追溯到 20 世纪 70 年代初，当时美国国防部高级研究计划局（Defense Advanced Research Projects Agency，DARPA）启动了 ARPANET 的计算机网络项目。

ARPANET 是互联网的前身，旨在实现分布式的、去中心化的通信系统，以增强军事和科研机构之间的信息交流。随着 ARPANET 的发展，研究人员意识到需要一种通用的、跨平台的协议体系结构来实现各种网络设备之间的通信。于是，TCP/IP 参考模型应运而生，成为互联网的主流参考模型。TCP/IP 参考模型的开放性和通用性使其成为计算机网络领域的主导力量。它被广泛用于各种网络环境，不仅限于互联网，还有企业内部网络、局域网和广域网等各种场景的应用。

TCP/IP 参考模型划分为四个层次，每个层次负责不同的功能，包括数据链路层、网络层、传输层和应用层。OSI 与 TCP/IP 参考模型的对比如图 1-2 所示。

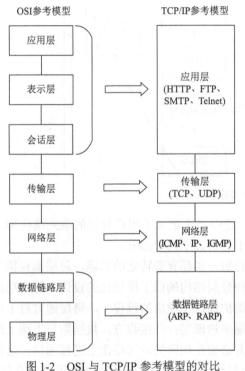

图 1-2　OSI 与 TCP/IP 参考模型的对比

TCP/IP 是一个协议簇的标识。在 TCP/IP 协议中，IP 和 TCP 是两个至关重要的协议。IP 负责计算机网络的连接和为网络中的计算机寻址，它提供无连接的数据报服务，并实现了尽力而为的交付服务。TCP 是一个面向连接的网络协议，它实现了端节点到端节点的可靠数据传输。作为复杂的传输层协议，TCP 的主要任务是弥补 IP 网络服务的不足，为应用层进程提供可靠的运输服务。TCP 通过在数据传输前建立连接、分段和重组数据，以及进行错误检测和纠正等，确保数据的可靠性和有序性。这种面向连接的特性使得 TCP 适用于对数据传输可靠性要求较高的场景，如文件传输和网页加载等。

(1) 应用层协议包括超文本传输协议（hypertext transfer protocol，HTTP）、文件传输协议（file transfer protocol，FTP）、简单邮件传输协议（simple mail transfer protocol，SMTP）以及许多其他协议。

(2) 传输层主要有两个性质不同的协议，即传输控制协议（transmission control protocol，TCP）和用户数据报协议（user datagram protocol，UDP）。

(3) 网络层协议主要包括互联网控制消息协议（internet control message protocol，ICMP）、互联网协议（Internet protocol，IP）、互联网组管理协议（internet group management protocol，IGMP）等。

(4) 数据链路层协议主要包括地址解析协议（address resolution protocol，ARP）、反向地址解析协议（reverse address resolution protocol，RARP）等。

1.1.3　网络数据转发过程

数据传输通过数据交换实现，常见的数据交换方式有三种，分别是电路交换、报文交换和分组交换。

1. 电路交换

电路交换是通信网络中最早应用并广泛采用的交换方式，主要用于电话通信网络，负责实现电话通话连接。这种传统的交换方式在通信史上扮演着重要角色，尤其是在电话通信中，起到了关键的作用。曾经，拨号上网所采用的方式也是电路交换。这种交换方式的核心思想是在通话期间建立专用的电路连接，确保实时、可靠的语音传输。尽管随着技术的发展，分组交换等新型交换方式逐渐崭露头角，但电路交换仍然在某些场景下发挥着重要的作用，为通信提供了稳定和可靠的基础。

电路交换在通信过程中通常包括三个关键步骤，如图 1-3 所示。

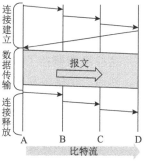

图 1-3　电路交换

（1）连接建立：在通信开始之前，呼叫方通过拨号等方式与呼叫主机建立专用的物理通路。这个过程涉及一系列信令和控制操作，确保通信资源的分配和建立专用的电路连接。

（2）数据传输：一旦连接建立，就进入通话阶段，通信双方占用专用通路进行实时的数据传输。在这个阶段，通信资源被保持并用于维持电路连接，确保通话的连贯性和可靠性。

（3）连接释放：通话结束后，通信双方释放电路连接，归还通信资源。这一步是为了有效地利用通信资源，确保它们能够被其他通信会话所使用。连接释放可以由一方或双方发起，通常通过挂断电话或其他类似的操作完成。

这三个步骤构成了电路交换的基本流程，其特点是在通话期间建立专用的物理通路，使得通信双方在通话期间占用相应的资源。虽然电路交换在电话通信领域已经有了很长时间的历史，但随着技术的不断进步，报文交换、分组交换等更灵活、高效的交换方式逐渐崭露头角。

2. 报文交换

报文交换是一种数据通信的方式，与电路交换和分组交换不同，它强调的是整个报文的传输，而不是将其分割成小的数据包。在报文交换中，整个报文一次性地发送给接收方，这有助于保持报文的完整性和一致性。

如图 1-4 所示，报文交换通过采用存储转发的方式解决了电路交换中建立连接所带来的时间消耗和资源利用率低的问题。在报文交换中，数据被直接发送到网络中，而路由器或交换机在接收到数据后会先进行存储，然后根据数据头部的控制信息选择一个相对空闲的路由器、交换机或目的主机进行转发。

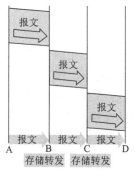

图 1-4　报文交换

报文交换在通信过程中通常包括以下步骤。

（1）报文生成：通信的一方产生需要传输的完整报文，可以是文本、图像、音频或其他形式的数据。

（2）报文封装：报文被封装成数据包，包括报文内容和控制信息，如源地址、目的地址、校验和等。控制信息用于路由和交换设备在网络中正确地传递数据包。

（3）报文传输：数据包一次性地发送到网络中。这可能涉及物理介质，如有线或无线通信通道。

（4）存储转发：路由器或交换机接收到数据包后，进行存储，即缓存整个数据包。存储转发允许设备在决定最佳路由时考虑更多的信息，提高了网络的灵活性。

（5）路由和转发：路由器或交换机根据数据包头部的控制信息，选择一个比较空闲的路线，转发数据包到下一台路由器、交换机或目的主机。

（6）存储转发后解封装：接收方的设备接收到整个数据包后，进行解封装操作，即提取报文内容和控制信息。

（7）应用处理：接收方的应用程序处理接收到的完整报文，执行相应的操作，如显示文本、播放音频等。

（8）报文释放：通信完成后，连接被释放，通信双方不再保持持久的连接状态。这使得网络中的资源可以被其他通信会话共享和利用。

这些步骤概括了报文交换的基本流程，其中存储转发的特点使得网络资源得以灵活利用。然而，存储转发也带来了一些延迟，需要在设计网络时权衡不同的需求和约束。

3. 分组交换

分组交换和报文交换在无须建立连接和使用存储转发的方式上有相似之处。它们都采用了一种灵活的数据传输方式，不要求通信双方在通信开始前建立持久的连接。在实际应用中，用户传输的数据可能十分庞大，如果直接将整个数据一次性发送，可能导致网络阻塞，其他数据需要等待该数据传输完成。如图 1-5 所示，为了解决这个问题，分组交换将数据切分为合适大小的分组，并在每个分组的头部插入足够的控制信息，使得这些分组可以独立地进行存储和转发。这样，在数据 A 发送的过程中，数据 B 也有机会发送，从而避免了网络阻塞。

分组交换的主要特点包括：①分组存储转发，数据被划分成小的数据包，每个数据包都包含足够的信息，使得路由器或交换机能够独立地存储和转发；②资源共享，与报文交换类似，分组交换也实现了网络资源的共享，提高了网络利用率；③无须建立连接，分组交换不需要在通信开始前建立持久的连接，使得通信更为灵活；④高延迟，由于存储转发和排队的过程，分组交换的延迟相对较高，尤其是在网络负载较高时；⑤不可靠性，目标端收到的数据可能是错序的或缺失的，这是因为不同分组可能通过不同的路径到达，导致数据的不确定性。

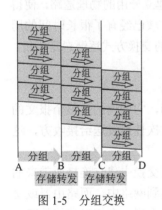

图 1-5　分组交换

4. 三种交换方式对比

电路交换在通信前需建立连接，连接建立后传输数据，最后释放连接以归还通信资源。一旦建立连接，中间的交换机形成直通通路，比特流可以直达终点。相比之下，报文交换和分组交换无须事先建立连接。报文交换允许随时发送报文，整个报文在各节点交换机存储后进行查表转发。分组交换将原始报文划分为分组，这些分组依次在各节点交换机上存储转发，减少了转发时延并避免了过长报文占用链路的问题。报文交换和分组交换的灵活性使它们适用于不同的通信需求，而电路交换则更适合需要稳定连接的应用场景。

表 1-1 展示了三种数据交换方式的优缺点对比。

表 1-1　电路交换、报文交换、分组交换的优缺点

交换方式	电路交换	报文交换	分组交换
优点	通信时延小 有序传输 无冲突 适用范围广 实时性强 控制简单	无须建立连接 动态分配线路 线路可靠性高 线路利用率高 提供多目标服务	无须建立连接 线路利用率高 简化存储管理 传输速度快 减少出错概率 减少重发数据量
缺点	建立连接时间长 线路独占，利用率低 灵活性差	转发时延高 存储缓存空间需求大 需要传输额外的信息量	转发时延高 需要传输额外的信息量 存在失序、丢失或重复分组的问题

1.1.4　网络通信典型场景

网络通信场景在当今社会扮演着至关重要的角色，成为人们日常生活中不可或缺的一部分。随着互联网技术的飞速发展，进入了一个全球性的数字化时代，各种通信工具和平台日新月异。随着 5G 技术的应用，网络通信变得更为迅捷稳定，推动了高清视频通话、虚拟现实和物联网等新兴应用的快速普及。然而，这个场景也面临着信息泛滥、隐私保护和网络安全等诸多挑战，需要不断探索创新，以更好地适应这个充满活力和复杂性的网络通信时代。在这个连通世界各地的网络交汇点，共同构筑着一个日益紧密而又充满可能性的数字社会。

1. 教育领域

网络技术在教育领域的应用非常广泛。通过网络，学生可以在线学习课程，参与远程教育。教师可以通过网络教学平台上传课件、布置作业、进行在线考试等。同时，网络还为学生提供了丰富的学习资源，如在线图书馆、学术论文数据库等。此外，网络技术还为学生和教师之间的交流提供了便利，他们可以通过电子邮件、在线讨论等方式进行互动。

2. 医疗领域

网络技术在医疗领域的应用也非常重要。通过远程医疗技术，医生可以远程诊断、远程手术等。患者可以通过网络咨询医生，获取医疗建议。此外，网络技术还可以帮助医生共享病例、医学文献等信息，提高医疗水平。同时，网络技术还可以用于医院管理，如电子病历、医疗资源调度等。

3. 商业领域

网络技术在商业领域的应用也非常广泛。通过网络，企业可以实现在线购物、在线支付等。同时，网络还为企业提供了更广阔的市场，他们可以通过网络推广产品、进行网络营销等。此外，网络技术还可以帮助企业进行供应链管理、客户关系管理等，提高企业的运营效率。

4. 娱乐领域

网络技术在娱乐领域的应用也非常丰富。通过网络，人们可以观看在线视频、听音乐、玩游戏等。网络还为人们提供了社交平台，如微博、微信等，可以通过网络与朋友、家人保持联系。此外，网络技术还可以帮助人们获取最新的新闻资讯等。

5. 交通领域

网络技术在交通领域的应用也越来越广泛。通过网络，可以使用导航软件进行路线规划、实时交通信息查询等。此外，网络技术还可以帮助交通管理部门进行交通流量监测、交通事故预警等。同时，网络技术还为人们提供了网约车、共享单车等便捷的交通工具。

6. 农业领域

网络技术在农业领域的应用也非常重要。通过网络，农民可以获取农业信息，如天气预报、农产品价格等。网络技术还可以帮助农民进行农业生产管理，如远程监控农田、自动灌溉等。此外，网络技术还可以帮助农民进行农产品销售，如农产品电商平台等。

总结起来，网络技术在各个领域的应用非常广泛。它不仅为人们的生活带来了便利，也为各行各业的发展提供了新的机遇。随着科技的不断进步，网络技术的应用场景还将不断扩大。应该充分利用网络技术，探索更多的应用方式，为社会的发展做出贡献。

1.2　IPv4 的局限性与问题挑战

IPv4 和 IPv6 是互联网协议簇中的两个主要版本，用于标识和定位网络上的设备。IPv4 是早期广泛采用的版本，它使用 32 位地址，但随着互联网的快速发展，IPv4 地址空间面临枯竭的问题。为解决这一问题，IPv6 应运而生，采用 128 位地址，提供了更加庞大的地址空间，以满足未来互联网发展的需求。

1.2.1　IPv4 地址空间枯竭

1. IPv4 的基础知识

IPv4 是在 1974 年开始研制的，最初用于 ARPANET。其设计目标是在网络硬件受到损坏后，尽量减少对整个网络的影响，将网络中复杂的可靠性问题留给网络边缘进行解决。IPv4 实现了提供尽力交付的服务，采用 IP 地址这一逻辑地址实现了网络的互联，同时在网络中充当计算机设备网络接口的连接标识，为不同网络和网络中计算机设备的互连提供了重要支持。

一个 IP 数据报由首部和数据两部分组成。每个 IP 数据报都以一个 IP 报头开始，IP 报头中包含大量信息，如源 IP 地址、目的 IP 地址、数据报长度、IP 版本号等，其中每个信息被称为一个字段。图 1-6 展示了 IPv4 的格式，首部的前一部分长度固定，共 20 字节，是所有 IPv4 数据报必须具有的。在首部的固定部分的后面是一些可选字段，其长度是可变的。下面介绍每个字段的含义。

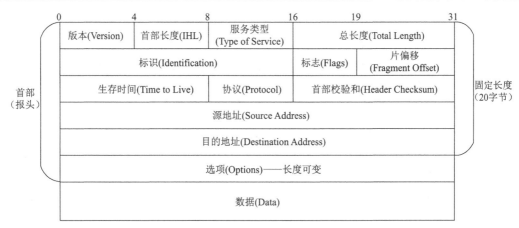

图 1-6 IPv4 格式

(1)版本(Version):占 4 位,指 IP 版本协议,如 IPv4 和 IPv6,双方通信的协议必须一致。

(2)首部长度(internet header length,IHL):占 4 位,指 IP 数据报的首部长度,如果不带选项(Options)字段,则为 20,最长为 60,该值限制了记录路由选项,以 4 字节为一个单位。

(3)服务类型(Type of Service):占 8 位,用来获得更好的服务。只有在使用 QoS 区分服务时,这个字段才起作用。

(4)总长度(Total Length):占 16 位,指首部和数据之和的长度,单位为字节,最长为 65535 字节,以太网最初对报文长度没有限制。网络层最大可以接收 65535 字节,但是数据链路层以太网对于长报文无法可靠地传输,而且长报文丢失后重传也会占用大量的网络资源,所以现在一旦 IP 数据报的总长度超过最大传输单元(MTU),就会对 IP 报文进行分片,依次传输。在数据链路层下帧的格式规定最大传输单元不能超过 MTU(目前以太网的 MTU 为 1500 字节)。

(5)标识(Identification):占 16 位,IP 软件在存储器中维持一个计数器,每产生一个数据报,计数器就加 1,并将此值赋给标识字段。但这个"标识"并不是序号,因为 IP 是无连接服务,数据报不存在按序号接收的问题。当数据报由于长度超过网络的 MTU 而必须分片时,这个标识字段的值就被复制到所有的数据报的标识字段中。相同的标识字段使分片后的各数据报片最后能正确地重装成为原来的数据报。

(6)标志(Flags):占 3 位,但只有 2 位有意义。标志字段中的最低位记为 MF,MF = 1 表示后面"还有分片"的数据报,MF = 0 表示这已是若干数据报片中的最后一个。标志字段中间的一位记为 DF,意思是"不能分片"。只有当 DF = 0 时才允许分片。

(7)片偏移(Fragment Offset):占 13 位,表示在较长的分组分片后,某片在原分组中的相对位置。也就是说,相对用户数据字段的起点,该片从何处开始。片偏移以 8 字节为偏移单位。因此,每个分片的长度一定是 8 字节(64 位)的整数倍。

(8)生存时间(Time to Live,TTL):占 8 位,表示数据报在网络中的寿命。由发出数据报的源点设置这个字段。其目的是防止无法交付的数据报无限制地在因特网(Internet)中转发,白白消耗网络资源。最初的设计是以秒作为 TTL 的单位。每经过一台路由器时,就把 TTL 减去数据报在路由器中消耗的一段时间。若数据报在路由器中消耗的时间小于 1s,就把 TTL 值减 1。当 TTL 值为 0 时,就丢弃这个数据报。

(9)协议(Protocol):占 8 位,表示数据报携带的数据使用的协议,以便使目的主机的 IP

层知道应将数据部分上交给哪个过程。

(10) 首部校验和(Header Checksum)：占 16 位，只校验数据报的首部，不包括数据部分。这是因为当数据报每经过一台路由器时，路由器都要重新计算首部校验和(一些字段，如生存时间、标志、片偏移等，都可能发生变化)，不校验数据部分可减少计算的工作量。

(11) 源地址(Source Address)：占 32 位，表示发送方地址。

(12) 目的地址(Destination Address)：占 32 位，表示接收方地址。

(13) 选项(Options)：可选内容，为后续版本提供新的功能而预留或者为特定的应用提供一种灵活性，以避免为了支持少数应用而增大首部长度。

2. IPv4 地址空间的局限性

Internet 经历了快速膨胀的发展。由于历史原因，IPv4 在设计时存在一些局限性。该协议最初的目标是用于军用网络，认为网络的用户是可靠的，没有考虑到网络安全问题。当初只考虑在网络中传输计算数据和文本信息，没有考虑对多种服务的支持，也未提供服务质量(QoS)保证。在设计时，使用 32 位(bit)标识 IP 地址空间，当时认为这是一个巨大的数字，足以满足对网络地址的连接标识。

TCP/IP 的工程师和设计人员在 20 世纪 80 年代初期就已经意识到了升级 IP 的需求。因为那时已经发现，随着 Internet 的发展，IPv4 地址空间只能支持很短的时间。对 IPv4 节点的配置一直相对复杂，而网络管理员和用户更倾向于"即插即用"的方式，即将计算机插入网络后就能立即开始使用。IPv4 主机移动性的增强也需要更好的配置支持，尤其是当主机在不同网络间移动并使用不同的网络接入点时。

IP 地址是 32 位长的，通常以 4 个 2 位十六进制数字表示，也可以用 4 个 0~255 的数字表示，数字之间以小数点分隔。每个 IP 主机地址包含两部分：网络地址，用于指示该主机属于哪一个网络(同一网络中的主机共享相同的网络地址)；主机地址，唯一地标识了网络上的主机。这种安排既是 IP 协议的优势，同时也导致了地址危机的出现。

由于 IPv4 的地址空间可能具有多于 40 亿个的地址，有人可能会认为 Internet 很容易容纳数以亿计的主机，至少几年内仍可以应付连续的倍增。但是，这只适用于 IP 地址以顺序化分布的情况，即第一台主机的地址为 1，第二台主机的地址为 2，以此类推。通过使用分级地址格式，即每台主机首先依据它所连接的网络进行标识，再加上 IP 可支持简单的选路协议，主机只需要了解彼此的 IP 地址，就可以将数据从一台主机转移至另一台主机。这种分级地址把地址分配的工作交给了每个网络的管理者，从而不再需要中央授权机构为 Internet 上的每台主机指派地址。到网络外的数据依据网络地址进行选路，在数据到达目的主机所连接的路由器之前无须了解主机地址。

通过中央授权机构顺序化地为每台主机指派地址可能会使地址指派更加高效，但是这几乎使所有其他的网络功能不可行。例如，选路将实质上不可行，因为这将要求每台中间路由器去查询中央数据库以确定向何处转发包，而且每台路由器都需要最新的 Internet 拓扑图以获知向何处转发包。每一次主机的地址变动都将导致中央数据库的更新，因为需在其中修改或删除该主机的表项。

IP 地址被分为五类，只有三类用于 IP 网络，这三类地址一度被认为足以满足将来网络互联的需求。A 类地址只有 126 个，用于最大的实体，如政府机关，因为其连接着最多的主机：理论上最多可达 1600 万台。B 类地址大约 16000 个，用于大型机构，如大学和大公司，理论上可支持超过 65000 台主机。C 类地址超过 200 万个，每个 C 类地址网络上的主机数量不超过 255 台，用于使用 IP 网络的其他机构。

更小的公司中，某些只有几台主机，对 C 类地址的使用效率很低；而大型机构在寻找 B 类地址时却发现越来越难；那些幸运地获得 A 类地址的少数公司很少能够高效地使用 1600 万个主机地址。这导致了在过去几年中一直使用的网络地址指派规程陷入了困境，在试图更有效地分发地址空间的同时，还要注意保存现有的未指派地址。与此同时，一些解决地址危机的方法被广泛使用，其中包括无类别域间路由选择(classless inter-domain routing，CIDR)、网络地址转换和使用非选路网络地址。

1.2.2　网络地址转换

网络地址转换(network address translation，NAT)让家庭网络等专用网络可以使用私有的专用地址(一般称为私网 IP 地址)在内部交换数据，当内网的主机想访问互联网时，可以通过 NAT 路由器将其私网 IP 地址转换为全球 IP 地址(一般称为公网 IP 地址)以进行访问，这种转换的技术就称为 NAT。

1. 私有地址

RFC 1918 预留了一部分私有地址，这些地址只能作为本地地址，不能作为全球地址。它们可以用于某个机构的内部通信，只需要保证在机构内部这些地址是唯一的。不同的机构或者家庭网络都可能使用相同的私有地址(如中国很多的家庭网络都使用 192.168.0.0/16 这部分地址块，并且网关的私网接口都是 192.168.1.1)。在互联网中的所有路由器，对于目的地址是专用地址的数据报一律不进行转发。表 1-2 展示了三个专用私有地址。

表 1-2　三个专用私有地址

范围	记法	数量/个
10.0.0.0～10.255.255.255	10.0.0.0/8	2^{24}
172.16.0.0～172.31.255.255	172.16.0.0/12	2^{20}
192.168.0.0～192.168.255.255	192.168.0.0/16	2^{16}

采用这样的专用 IP 地址的互联网络称为专用互联网或本地互联网，或更简单些，就称为专用网络。显然，全世界可能有很多的专用互联网络具有相同的专用 IP 地址，但这并不会引起麻烦，因为这些专用地址仅在本机构内部使用。专用 IP 地址也称为可重用地址。

2. NAT 技术

NAT 产生的主要动机是应对急剧减小的有限 IP 地址空间。NAT 可以让多个私网 IP 对应同一个公网 IP，从而让更多的主机可以通过 NAT 连接互联网。解决 IPv4 地址池枯竭问题的理想的方式是 IPv6 技术，NAT 只是一种权宜之计，是在 IPv6 全面部署前的过渡技术。

NAT 的实现需要一台运行 NAT 软件的路由器，私网 IP 地址和全球 IP 地址的转换依赖于 NAT 路由器上的 NAT 转换表，NAT 转换表有简单的传统 NAT 和带端口号的 NAPT 两种。传统 NAT 是不带端口号的，它做的是私网 IP 地址和目的 IP 地址的映射。然而，如果 NAT 路由器只有一个全球 IP 地址，但专用网络内同时有多台主机需要接入互联网，那么当它们同时访问同一台外部服务器时，转换表的外部地址就会完全相同。当服务器回应数据报时，无法通过 NAT 转换表知道该数据报应该传递给哪一台主机。因此，传统 NAT 要想完全不出错地工作，只能一个私网 IP 地址对应一个全球 IP 地址。但这样就没有解决全球 IP 地址短缺的问题。一个补救的方法是给 NAT 路由器分配多个全球 IP 地址，使用一种全球地址池的技术。假如 NAT 路由器的全球地址池有 N 个全球 IP 地址，那么它最多可以让 N 台专用网络主机同时与同一台外部主机通信，每个连接都使用了一个不同的全球 IP 地址(毕竟多台内部主机同时访问同一台外部服务器的情况不常见，所以大部分时候，N 个全球 IP 地址可以对应超过 N 个专用私网 IP 地址)。但是，这还是不能与同样的目的端建立 N 条以上的连接。为了解决上述问题，需要在转换表的映射中加入更多的信息，也就是下面讲的网络地址和端口号转换。

网络地址和端口号转换(network address and port translation，NAPT)是一种使用端口号的 NAT。运行 NAPT 的路由器在做转换工作时，会将专用主机的私网 IP 地址和端口号映射为路由器的全球 IP 地址和新的端口号，对于不同的主机，只要保证新的端口号不同，就可以区分开。因为端口号有 16 位，所以有 $2^{16} = 65536$ 个不同的端口号可供使用，这样一个公网 IP 地址就可以同时对应超过 6 万个私网 IP 地址，IPv4 地址短缺的问题就可以暂时解决了。

3. NAT 技术的局限性

在 NAT 技术中，通信只能由专用网络发起，本地网络不能作为服务器让外部网络访问。此外，NAT 转发表的生成以及每个数据包经过 NAT 路由器重写寻址信息都会造成开销。除了这些固有的缺点，NAPT 使用端口号确实背离了分层的体系结构。网络层使用了传输层的端口号，这也遭到了一些人的反对。但是，NAT 作为 IPv6 全面部署前的过渡技术，确实目前被广泛使用，比如，很多家庭网络都离不开 NAT。

1.2.3　服务质量保证问题

IPv4 协议在设计之初并未考虑服务质量的保障，这导致了 IPv4 服务质量难以得到可靠的保证。以下是 IPv4 服务质量面临的主要挑战。

(1)无差异服务模型：IPv4 采用无差异服务模型，即所有数据包在网络中被平等对待，没有明确的服务质量区分。这种模型无法满足实时性、敏感性要求较高的应用(如语音和视频传输)的特殊需求。

(2)网络拥塞和延迟：在 IPv4 网络中，由于缺乏对流量的差异化处理，网络拥塞可能导致数据包丢失、延迟增加，从而影响对实时性要求较高的应用的性能。

(3)带宽不足：IPv4 地址空间的有限性可能导致带宽不足，尤其是在网络负载较大的情况下。这会对数据传输的速度和效率产生负面影响。

(4)无法满足特定应用需求：某些应用对服务质量有特殊需求，例如，对于视频会议、在线游戏等实时性要求高的应用，IPv4 无法提供足够的保障。

解决 IPv4 服务质量难以保证的问题涉及采取一系列技术和策略来提高网络性能和服务质量。以下是一些可能的解决方案。

(1)IPv6 的推广和过渡：推广 IPv6 的采用，使更多的设备和网络支持 IPv6 协议。IPv6

的设计考虑了服务质量的需求，可以提供更好的差异化服务。逐渐过渡到 IPv6 可以在网络中提供更灵活的服务质量支持。

(2)差异化服务：在 IPv4 网络中，使用差异化服务来标记数据包，以便网络设备能够对不同优先级的流量进行差异化处理。这有助于满足对服务质量的特定需求，缓解拥塞和延迟问题。

(3)流级服务质量标记：在 IPv4 和 IPv6 网络中，实施数据流级别的服务质量标记，允许为每个数据流分配特定的服务质量参数。这有助于提高对实时应用的支持，确保它们能够在网络中得到优先处理。

(4)带宽管理和优化：进行带宽管理，采用流量工程等手段，以确保网络资源的合理分配和利用。优化网络拓扑结构和配置，以减少拥塞和提高数据传输的效率。

(5)网络加速和优化技术：使用网络加速和优化技术，如内容分发网络(content delivery network，CDN)、加速器等，以提高数据传输的速度和性能。

(6)新兴技术的采用：探索新兴技术，如软件定义网络(software defined networking，SDN)和网络功能虚拟化(network function virtualization，NFV)，以提高网络的灵活性和可管理性，从而更好地保证服务质量。

这些解决方案需要综合考虑，并依赖于行业标准和技术发展。随着互联网的不断演进，技术和策略的不断创新将有助于提高 IPv4 服务质量。

1.2.4 安全性与可扩展性

1. 安全性

IPv4 是互联网协议的第四个版本，虽然在它设计之初并没有考虑到很多安全性方面的问题，但在实际应用中，人们逐渐认识到网络的安全性至关重要。以下是 IPv4 主要涉及的安全性问题。

(1)IP 地址欺骗(IP spoofing)：IPv4 中的地址是相对容易伪造的，攻击者可以通过伪装源 IP 地址来欺骗目的主机或网络设备。这可能导致身份认证问题，使得攻击者能够冒充合法用户或主机。

(2)数据包嗅探(packet sniffing)：IPv4 数据包在传输过程中可能被非法截获，攻击者可以使用嗅探工具来监听网络上的数据流量，获取敏感信息，如用户名和密码等。

(3)拒绝服务(denial of service，DoS)攻击：攻击者可以通过向目标系统发送大量的请求，使其超负荷而无法正常工作，从而导致拒绝服务。IPv4 的有限地址空间使得地址过滤和流量过滤变得更为困难，增加了 DoS 攻击的威胁。

(4)中间人(man-in-the-middle，MitM)攻击：攻击者可以在通信的路径上插入自己，截获和篡改数据。这可能导致信息泄露、篡改或通信被劫持。

(5)无加密传输：IPv4 本身不提供对数据的加密服务，因此通信内容可能在传输过程中被窃听或篡改。这使得敏感信息容易受到威胁。

(6)IP 源路由选项：IPv4 的源路由选项允许发送方指定数据包的路由路径，但它也容易被滥用，成为攻击者追踪或伪装其来源的手段。

(7)IP 分片攻击：攻击者可能通过在数据包中使用大量分片来进行 IP 分片攻击，以混淆和绕过网络安全设备的检测。

(8)ICMP 攻击：ICMP 协议在 IPv4 中用于网络通信，但攻击者可以通过发送大量的 ICMP 请求来进行洪泛攻击或网络探测。

为了增强 IPv4 的安全性，网络管理员和安全专业人员采取了以下一些措施。

(9)防火墙和入侵检测系统(intrusion detection system，IDS)：使用防火墙来过滤和监控流量，以及使用入侵检测系统来检测潜在的攻击。

(10)虚拟专用网络(virtual private network，VPN)：通过使用 VPN 技术，对数据进行加密，确保在公共网络上的安全传输。

(11)网络地址转换(NAT)：使用 NAT 技术隐藏内部网络的真实 IP 地址，提高网络的安全性。

(12)安全协议和加密通信：采用安全协议(如安全套接字层(secure socket layer，SSL)/传输层安全协议(transport layer security，TLS))和加密通信，以保护数据的机密性和完整性。

(13)更新和维护：及时更新操作系统和网络设备的软件，以修复已知漏洞，并定期进行安全审计。

虽然 IPv6 作为 IPv4 的后继版本在设计时考虑了更多的安全特性，但在过渡期间，确保 IPv4 网络的安全性仍然是一个重要的挑战。

2. 可扩展性

IPv4 的可扩展性是指其在面对不断扩大的互联网规模和不断增长的设备数量时，是否具有能够有效地支持和适应的能力。在设计 IPv4 时并未考虑到互联网规模的迅速扩大，因此其在可扩展性方面存在一些挑战。以下是 IPv4 可扩展性的详细介绍。

(1)有限的地址空间：IPv4 使用 32 位地址，提供了约 43 亿个唯一的地址。虽然在 IPv4 刚开始被设计和部署时这个数量是足够的，但随着互联网用户和设备的爆炸性增长，IPv4 地址空间很快变得有限。这导致了 IPv4 地址枯竭问题，使得越来越多的地区和组织无法获得足够数量的 IP 地址。

(2)地址分配不均匀：由于地址空间的有限性，一些大型互联网服务提供商或组织拥有大量 IP 地址，而其他一些小型组织或地区只能获得有限的 IP 地址。这导致了 IPv4 地址的不均匀分配，使得一些地区的地址资源紧缺。

(3)网络地址转换的广泛使用：为了解决 IPv4 地址枯竭问题，广泛采用了网络地址转换(NAT)技术，允许多台内部设备共享一个公共 IP 地址。尽管 NAT 延长了 IPv4 的寿命，但引入了一些问题，如限制了对内部设备的直接访问、增加了网络管理的复杂性等。

(4)限制了互联网的增长：IPv4 地址空间的有限性成为互联网发展的瓶颈，阻碍了新设备、新技术和新服务的快速部署和发展。这对互联网的可持续发展构成了挑战。

(5)IPv4 子网划分的限制：IPv4 地址的子网划分受到 32 位地址的限制，使得在进行网络规划和划分时存在一些限制。这可能影响网络的灵活性和管理效率。

对于 IPv4 可扩展性的挑战，推动 IPv6 的部署成为一种主要应对方案。IPv6 采用 128 位地址，提供了远远超过 IPv4 的地址数量，解决了 IPv4 的地址枯竭问题，同时具备更好的可扩展性。随着 IPv6 的推广，未来互联网将更好地支持日益增长的设备和服务。

3. 其他局限性

IP 最初被视为一种实验性的技术，其主要目标是在各种网络之间探索可靠、健壮和高效的数据传输机制，以促进不同计算机的互操作性。在很大程度上，IP 成功地实现了这一目标。然而，成功并不意味着 IP 能够永远满足需求，也不表示对 IP 的修改无法进一步提高其性能。在过去的几年中，对 IP 的改进需求变得越来越明显，新的技术发展也推动了对 IP 的修改。在这次升级中，一些关键议题包括最大传输单元、最大包长度、IP 头的设计、校验和的使用以及 IP 选项的应用等。针对这些议题，专门的建议已经提出，并已经在 IPv6 中引入，这将有助于提高 IPv6 的性能，并提升 IPv6 作为继续高速发展的网络的基础能力。

1.3　IPv6 的引入与应用发展

IPv4 的地址空间有限，导致 IPv6 的逐渐推广。IPv6 的引入不仅解决了 IPv4 地址短缺问题，还提供了改进的安全性、性能和配置特性。IPv6 的地址长度使其能够支持更多的设备连接到互联网，并且 IPv6 通过简化头部结构提高了路由和网络设备的处理效率。尽管 IPv6 的推广进展较慢，但它将逐渐成为未来互联网的主导协议，为全球网络提供更为可持续和可扩展的发展路径。

1.3.1　IPv6 概述

1. IPv6 的产生背景

IPv4 作为网络的基础设施而广泛地应用在 Internet 和难以计数的小型专用网络上，它是一种令人难以置信的成功的协议，可以把数十个或数百个网络上的数以百计或数以千计的主机连接在一起，并已经在全球 Internet 上成功地连接了数以万计的主机。

但是，IPv4 从诞生到如今，几乎没什么改变。1983 年 TCP/IP 协议被 ARPANET 采用，直至发展到后来的互联网。那时只有几百台计算机互相联网。1989 年联网计算机数量突破 10 万台，并且出现了骨干网。因为互联网数字分配机构(Internet Assigned Numbers Authority，IANA)把大片的地址空间分配给了一些公司和研究机构，20 世纪 90 年代初就有人担心 10 年内 IP 地址空间就会不够用，并由此导致了 IPv6 的开发。IPv6 是互联网工程任务组(Internet Engineering Task Force，IETF)于 20 世纪 90 年代中期提出的下一代互联网协议，用来取代当前主流的 IPv4 协议。

2. IPv6 的产生动机

今天的 Internet 大多数应用的是 IPv4，从 1983 年 1 月 TCP/IP 作为 ARPANET 网络的标准协议以来，IPv4 已经使用了 40 多年，IPv4 以其简单易用性获得了巨大的成功，同时随着应用范围的扩大，它也面临着越来越不容忽视的危机。首先，IPv4 面临地址枯竭问题。IPv4 地址空间有限，只有约 43 亿个可用的地址，而随着互联网的迅猛发展，这个数量远远不够。其次，IPv4 及时通过 NAT 实现地址分配，缺乏灵活性。IPv4 还存在安全性、性能以及对服务质量保证支持不够等方面的问题。这就需要设计和研究新的网络协议来替代 IPv4。

IPv6 是下一代 Internet 协议 IPng 的实现。首先，IPv6 的地址空间极其庞大，可以提供约 340 万亿个地址，以满足未来的互联网增长需求。其次，IPv6 引入了地址分配和管理的新机制，简化了网络配置和管理，它取消了 IPv4 中的 NAT 的需求，使得设备可以直接获得全球唯一的 IPv6 地址，简化了网络设计和维护。更进一步，IPv6 在设计上考虑了一些安全性和性能方面的问题，例如，它包含了 IPSec(internet protocol security，互联网安全协议)的一部分，提供了对数据的加密和身份验证功能，从而提高了网络的安全性。IPv6 还为新兴的应用和服务提供了支持，尤其是在物联网领域。由于 IPv6 地址空间的庞大，每个物联网设备都可以分配唯一的全球地址，方便了设备间的通信。IPv6 的引入有助于促进全球互联。一些地区和国家已经采取了政策来推动 IPv6 的部署，以确保其在全球范围内的可用性和可访问性。

综合考虑这些动机，IPv6 被视为解决 IPv4 地址枯竭问题并提高互联网性能、安全性以及支持新技术发展的关键技术。随着时间的推移，IPv6 的部署逐渐增加，以适应不断增长的新兴业务需求。

1.3.2　IPv6 标准化与目标

1. 与 IPv6 有关的国际标准组织

与 IPv6 技术有关的国际标准组织主要包括 IETF、3GPP、ICANN、ITU、ISOC、ISO 和 IPv6 Forum。

1) IETF

IETF(互联网工程任务组)是一个大型、开放的国际社群，由网络设计师、运营商、厂商和研究人员组成，致力于互联网的发展和平稳运行。IETF 的工作组涵盖了广泛的领域，每个工作组都专注于特定的 IPv6 技术或主题。IETF 基于开放参与的原则运作，任何具有技术专长并对与互联网相关的协议和标准感兴趣的人都可以参与，参与者通过邮件列表、会议和工作组进行协作，为协议和标准的发展做出贡献。IETF 的成果以一系列名为请求评论(request for comments，RFC)的出版物记录下来。RFC 是官方文档，描述了互联网的各个方面，包括协议、程序和概念。RFC 在发布前经历开发、审查和修订等过程。一些 RFC 描述互联网标准，而另一些 RFC 提供信息或实验性协议。这些工作组的目标是共同推动 IPv6 的发展和部署，确保互联网能够更好地应对未来的需求。

2) 3GPP

3GPP(3rd Generation Partnership Project，第三代合作伙伴计划)是一个国际标准化组织，致力于制定和发展移动通信标准。3GPP 的工作对于移动通信领域的发展至关重要，而 IPv6 在这个领域也有着重要的作用。3GPP 成立于 1998 年，由来自全球各地的电信标准组织、运营商、设备制造商和其他利益相关方组成。其成员来自欧洲电信标准化协会(ETSI)、美国电信行业解决方案联盟(ATIS)、中国通信标准化协会(CCSA)等组织。3GPP 的主要任务是制定全球移动通信的技术标准，包括 2G(GSM)、3G(UMTS/WCDMA)、4G(LTE)和 5G 等技术。这些标准涵盖了无线接入、核心网络、协议规范、服务和性能要求等方面。3GPP 在 LTE 和 5G 标准中明确了对 IPv6 的支持，并在其规范中包含了有关 IPv6 的详细说明。这有助于确保移动通信网络能够适应未来的互联网增长和设备连接需求。

3) ICANN

ICANN(Internet Corporation for Assigned Names and Numbers,互联网名称与数字地址分配机构)是一个国际性非营利组织,负责全球互联网的域名系统(domain name system,DNS)管理和 IP 地址分配。ICANN 的任务是确保互联网的稳健和稳定运行,促进全球互联网的统一和互通。ICANN 在确保 IPv6 与域名系统和 IP 地址分配相关的方方面面都起到了关键作用,促进了 IPv6 在全球互联网中的广泛应用。

4) ITU

ITU(International Telecommunication Union,国际电信联盟)是一个联合国特殊机构,成立于 1865 年,总部位于瑞士日内瓦。ITU 的使命是协调和制定全球电信标准,促进全球通信网络的互联互通,以确保信息和通信技术(ICT)的发展和使用。ITU 涵盖了广泛的电信和信息通信技术领域,包括无线通信、卫星通信、标准制定、频谱管理、发展中国家的技术支持等。ITU 在 IPv6 方面的工作主要涉及协调和推动 IPv6 的全球部署、促进网络互联互通,以及与其他组织合作制定相关标准。

5) ISOC

ISOC(Internet Society,互联网协会)是一个国际性的非营利组织,致力于推动互联网的开放发展和使用。ISOC 成立于 1992 年,总部位于瑞士日内瓦。其使命是通过推动技术发展、开展研究、支持教育和参与政策制定,促进全球互联网的开放性、稳定性和可持续性。ISO致力于促进 IPv6 的广泛应用,帮助互联网社区更好地迎接未来的互联网增长和设备连接的挑战。

6) ISO

ISO 是一个国际标准制定组织,成立于 1947 年,总部位于瑞士日内瓦。ISO 的使命是通过协调和制定全球范围内的工业和商业标准,促进国际贸易和创新,并确保产品、服务和系统的质量、安全和效率。ISO 并不直接负责 IPv6 协议的制定,因为 IPv6 是由 IETF 负责制定的开放标准。然而,ISO 在与互联网和网络技术相关的标准化工作中扮演了一定的角色,其中一些标准与 IPv6 有关。在网络和信息安全领域,ISO 的标准可以为组织提供一套框架,以确保其 IPv6 网络的安全性、可管理性和互通性。

7) IPv6 Forum

IPv6 Forum 是一个国际性的非营利组织,致力于促进 IPv6 技术的发展、推动 IPv6 的应用以及支持 IPv6 的全球部署。该组织成立于 1999 年,由全球各地的网络专业人士、政府机构、行业组织和厂商等组成。IPv6 Forum 在全球范围内建立了分支机构和合作伙伴关系,通过国际大会、研讨会和培训活动等形式促进了 IPv6 技术的传播和应用。该组织的工作对于推动全球 IPv6 的发展和应用具有重要作用。

2. 中国 IPv6 标准化工作的开展

我国在信息领域起步较晚,因此我国提交的国际标准相对较少。然而,以 IPv6 为基础的下一代网络带来了新一轮全球竞争的机遇和挑战。IPv6 标准体系涵盖了丰富的内容,我国在 IPv6 标准化工作方面有很多研究和很大的发展空间。随着 IPv6 在全球范围内的日益重视,中国作为全球最需要 IP 地址的国家之一,需要积极参与 IPv6 标准的制定,并推进 IPv6 的产业化和商业化进程。

　　我国政府对 IPv6 技术及产业发展给予了极大的关注与支持。政府在 IPv6 的标准制定、技术研发、国家立项与资金支持等方面发挥了积极的推动作用。这种支持有助于推动 IPv6 技术在国内的广泛应用，并推动 IPv6 产业的快速发展。在 IPv6 产业化进程中，中国不仅在技术研发上取得了一系列成果，还在政策层面提供了有力支持。政府的引导和推动为企业提供了更好的发展环境，激发了创新活力。随着 IPv6 的全球普及，中国在这一领域的积极参与将有助于增强我国在全球信息产业中的影响力。

　　目前，我国在 IPv6 标准化方面主要开展两项工作：接口与协议的标准及其测试，以及网络设备的标准及其测试。在接口与协议的标准及其测试方面，主要工作内容包括将国际标准本地化，根据中国具体情况对国际标准中的一些选项进行选择。这确保了国际标准在中国的实际应用中能够更好地适应和发挥作用。而在网络设备的标准及其测试方面，主要工作内容包括网络设备入网测试。在国外，这属于运营商内部工作；而在国内，网络设备的标准及其测试已成为行业管制的重要部分。当前，对网络设备及其入网的测试对于保障公用电信网基本服务质量以及网间互联互通仍然至关重要。因此，制定设备标准以及设备测试标准仍然具有必要性。

　　在未来，电信行业标准的趋势是负责运营商网间互联互通以及保证网络服务质量等工作，而设备性能和功能的要求应当留给运营商自行决定。目前，我国的 IPv6 标准已经形成体系，并且随着技术的发展将逐渐补充和完善。表 1-3 展示了中国有关 IPv6 的具体标准。

表 1-3　中国有关 IPv6 的具体标准

名称	说明
《IPv6 地址分配和编码规则　接口标识符》 GB/T 43844—2024	IPv6 基础架构的国家标准，规定了 IPv6 的接口编码方法，主要包括 EUI-64 编码方法和加密变换编码方法
《支持 IPv6 的路由协议技术要求》 GB/T 28514.3—2012	描述了 OSPFv3 的工作原理和实现要求，使其能够有效地处理 IPv6 地址和特性
《信息技术　系统间远程通信和信息交换　基于 IPv6 的无线网络接入要求》 GB/T 40695—2021	该标准规定了工业场景中无线网络接入 IPv6 网络的网络架构和技术要求，适用于工业场景中无线网络接入 IPv6 网络的实施与部署
《信息技术　信息设备资源共享协同服务》 GB/T 29265.203—2012	该标准规定了基于 IPV6 的 IGRS 通信协议，对 IGRS 设备的组网机制、资源共享机制等所涉及的设备交互过程进行了 IPV6 扩展

　　这些标准是中国在 IPv6 领域制定的一部分，有助于推动 IPv6 技术在国内的发展和应用。

3. IPv6 目标

　　在全球范围内，互联网连接设备不断增加，使得 IPv4 地址资源供不应求。此外，IPv4 存在安全性问题，其地址和数据包的传输并没有内建的安全机制，需要额外的安全协议（如 IPSec）来提供数据的机密性和完整性。另外，IPv4 对服务质量的支持有限，对于一些对网络性能和响应时间敏感的应用，如实时音视频通信和在线游戏，IPv4 存在一些局限性。

　　为了解决这些问题，IPv6 作为 IPv4 的后继版本被设计和推广。IPv6 采用 128 位地址，提供了远远超过 IPv4 的地址空间，从而解决了地址匮乏的问题。IPv6 在设计时考虑了安全性，支持 IPSec，同时对服务质量提供了更好的支持。尽管 IPv6 的部署仍然在逐步进行，但它被认为是解决 IPv4 面临的问题的主要方案之一，以确保互联网的可持续发展。

　　早在 20 世纪 90 年代初期，IETF 就开始着手制定下一代互联网协议。IETF 在互联网技术文档 RFC 1550 中发起了对新 IP 的征求意见，并公布了新协议需要实现的主要目标。这些目标主要包括：

　　(1) 支持几乎无限大的地址空间；

　　(2) 减小路由表的大小；

　　(3) 简化协议，使路由器能更快地处理数据包；

　　(4) 提供更好的安全性，实现 IP 级的安全；

　　(5) 支持多种服务类型，尤其是实时业务；

　　(6) 支持多点传送，即支持多播(组播)；

　　(7) 允许主机不更改地址就能实现异地漫游；

　　(8) 允许新旧协议共存一段时间；

　　(9) 支持未来协议的演变，以适应底层网络环境或上层应用环境的变化；

　　(10) 支持自动地址配置；

　　(11) 协议必须能扩展，满足将来 Internet 的服务需求；

　　(12) 扩展必须是不需要网络软件升级就可实现的；

　　(13) 协议必须支持可移动主机和网络。

1.3.3　IPv6 典型应用

　　IPv6 作为下一代互联网协议，相对于 IPv4 具有更大的地址空间、更好的安全性和更高的可扩展性。在实际中，IPv6 被广泛应用于各个领域，对网络连接、物联网、移动通信等方面产生了深远的影响。下面列举 5 个 IPv6 典型的实际应用案例。

　　1. 物联网

　　物联网是指通过互联网将各种物理设备连接起来，实现设备之间的信息交互和数据传输。IPv6 的地址空间较大，可以为物联网中的各种设备提供足够的 IP 地址，支持海量的设备连接。通过 IPv6，物联网中的传感器、智能家居设备、医疗设备等可以直接与互联网通信，实现智能化、远程控制等功能。这使得每个物联网设备都可以拥有唯一的全球性标识，不仅简化了网络配置，还提高了设备的可识别性。物联网中的设备可以通过 IPv6 地址直接与互联网通信，实现了更高水平的智能化和远程控制。在 IPv6 的支持下，物联网的各类设备能够更加灵活地参与互联网生态系统，实现实时数据传输、云端存储和分析。这为各种行业带来了创新的机会，包括智慧城市、智能交通、工业自动化等领域。同时，IPv6 的安全特性也有助于确保物联网中数据的安全传输。因此，IPv6 在物联网的发展中发挥着关键作用，为物联网的快速发展提供了必要的基础支持。

　　2. 智慧城市

　　在智慧城市建设中，智能停车系统是一个重要的应用。智能停车系统需要涉及车位的预约、指引、计费、地理位置及停车位信息等。在 IPv6 的地址空间中，可以充分利用地址，将每一个车位都分配一个 IPv6 地址。通过使用 IPv6 技术，可以构建一个地理化的停车位管理系统，实现车辆安全高效地停放。在智慧城市中，智能路灯系统是一种非常实用的应用。通过使用 IPv6 技术，每个路灯都可以分配唯一的 IP 地址。这就意味着，每个路灯都可以通过网络被远程监控和控制。例如，可以通过控制中心对路灯进行集中控制，以降低能源消耗和管理成本。此外，根据路灯灯号和位置信息，智能路灯系统还可以实现自我诊断和自动维护。在智慧城市建设中，智能家居系统是一个新兴的市场。通过使用 IPv6 技术，每个物理设备都可以被分配唯一的 IPv6 地址。这使得智能家居设备可以互相通信和交互。如此一来，智能家居系统可以通过网络进行远程控制，实现设备之间的互动和智能化控制。例如，可以通过智能手机操控智能门锁，远程开锁或者设置密码。也可以通过智能家居系统来实现室内温度、湿度、光线等环境监测。随着世界各国的城市化程度的加深，环境治理的问题越来越受到各界关注。智能环保是一个新兴的市场，其中 IPv6 技术的应用也是必须考虑的重要因素之一。例如，可以使用物联网技术将空气质量、水质等环境参数传输到服务器，通过智能算法计算出污染源的高峰区域，以便采取相应的治理措施。

3. 视频监控

基于 IPv6 技术的网络视频监控可以大有作为，主要表现在以下四个方面。

(1) 基于 IPv6 技术的网络视频监控系统具有 CIF、DCIF、D1 等多种录像分摊率，能满足用户对图像高清晰度的要求。系统可以实现在 CIF 和 D1 之间的任意转换，允许多个远程用户通过 Web 浏览器对网络摄像头进行多种控制操作，浏览、回放、控制云台、镜头调节等支持监控摄像头和访问终端之间的相互认证功能，支持图像传输质量的自适应控制。基于 IPv6 技术的网络视频监控系统同时还具有良好的接入认证鉴权与计费能力，拒绝非可信用户入网，支持多种计费方式，有良好的业务受理、系统故障报告等运营、维护和管理功能等。

(2) 基于 IPv6 的无线网络监控系统具有多种无线宽带接入技术，能够实现一个有完整体系结构、通信服务质量保障和灵活扩展能力的宽带无线监控系统，实现基于无线城域网的 IPv6 语音通信和多媒体传输服务，支持 802.16、802.16ad、802.16e 和 IPv6 的无线基站原型设备，支持 IPv6 分组路由功能和多协议标签交换 (MPLS) 功能。

(3) 基于 IPv6 的网络视频会议系统具有视频会议所需的全部功能，可以实现网络语音和视频全方位交流、方便的远程会议管理、便捷的文件传送，通过 PC Internet 的方式，把一个全新的媒体与通信体验带给用户。

(4) 基于 IPv6 的网络视频服务器系统能支持多媒体业务和流媒体业务，能合理调度和使用系统内的资源，具有适应下一代网络特点的地址或编号方案，可与现有网络的视频会议系统实现互通，提供数字版权保护机制，具有保障片源提供者利益的机制。

4. 智慧农业

IPv6 技术与现代化农业结合的应用表现在以下几方面：进行数据库建设与 IPv6 网络技术创新研究，并构建农业专家对接系统，对农业生产中的非结构化信息和非系统信息进行建模和描述，通过 IPv6 网络，为主要农作物、畜禽和水产品的全过程管理提供切实可行的技术支持，有效促进先进技术知识在农业生产和科学管理中的推广应用。IPv6 采用无状态地址分配方案，能高效解决地址分配问题。区域内分布的各类传感器监测点远程在线采集土壤墒情、养分、气象等信息，同时结合种植的农作物的生长生理特点，实现大田墒情自动预报、精准把握灌溉时间和灌溉量智能决策。智慧化管理也可实现远程、自动控制灌溉设备等功能，准确施肥、合理灌溉，以节约用水，提高水肥利用率，减少环境污染。通过农业物联网实现全面感知、智能控制功能，从而实现农业生产过程信息化、自动化与智能化，最终实现高效智慧的农业物联网。

5. 医疗行业

医疗物联网：无处不在的连接和控制是医疗物联网(MIoT)的基本要求，IPv6 可以直接解决物联网设备地址不足的问题，保持网络互联互通性，降低网络互联复杂性和成本，更高效地保障网络传输，在物联网时代将扮演重要的角色。

远程医疗：建立基于 IPv6 协议的远程医疗系统，在 CT、MRI、CR、B 超等医疗设备上配置 IPv6 地址，经 IPv6 网络将实时获取的各种信息清晰、完整地传输给远端的诊断医生，解决因资源分布不平衡，一些地区的医务人员不足、技术水平不高的问题。

智慧医疗服务：基于 IPv6 的社区智慧医疗服务体系可改善传统家庭医生上门服务所带来的不便，用户和医生通过采集健康数据的传感器即可实时检测并查看数据，省去了上门采集的烦琐，同时基于 IPv6 的 App 和网站的开发也简化了用户和医生的沟通渠道。

医院信息化建设离不开等级保护和《中华人民共和国网络安全法》相关要求的约束，如何在 IPv6 改造时规划好安全体系建设，根据 IPv6 建立有效的安全技术保障体系，构建匹配业务发展的基于 IPv6 的"防御+检测+响应"的安全能力，既满足等级保护要求，又充分发挥安全技术体系的有效性，抵御新威胁，切实地解决安全问题，减少事故发生的概率，是需要重点关注的，符合 IPv6 的发展。

总结起来，IPv6 的实际应用案例涵盖了物联网、智慧城市、移动通信、云计算、视频监控、无线传感器网络、虚拟现实、智慧农业、智能交通和远程医疗等多个领域。IPv6 的广泛应用推动了各行各业的数字化和智能化发展，为构建更加安全、高效和智能的互联网提供了重要支撑。

1.3.4　IPv6 的引入和应用发展

IPv4 所使用的 32 位地址空间有限，导致地址数量不足，难以满足全球范围内日益增长的互联网设备需求。由于 IPv4 的设计早已过时，缺乏内置的安全特性，因此在安全性方面受到一定的限制。大部分网络设备和应用程序仍然基于 IPv4 协议进行工作，因此在过渡期间需要确保与 IPv6 的互操作性。

IPv6 采用了 128 位地址空间，拥有庞大的地址储备规模，能够支持更广泛的互联网连接，并为每个人、每台设备提供独立的全球唯一地址。IPv6 的地址长度为 128 位，提供了约 340 万亿个可用地址，几乎可以实现无限扩展。IPv6 引入了更多的安全机制，包括 IPSec 的内置支持，增加了数据传输的保密性、完整性和可靠性。IPv6 为未来的应用提供了更好的灵活性和可扩展性，支持新兴的技术，如物联网和大规模传感器网络。

1. 全球 IPv6 采用率和部署情况

IPv6 采用率是指互联网上使用 IPv6 协议的比例。根据互联网数字分配机构(IANA)的数据，IPv6 地址的分配数量不断增加，表明 IPv6 的全球采用率正在逐渐提高。许多互联网服务提供商(internet service provider, ISP)已经开始广泛部署 IPv6，以解决 IPv4 地址短缺问题。

一些 ISP 甚至已经全面采用 IPv6，将 IPv4 协议作为转换机制的一部分。一些国家和地区在推动 IPv6 部署方面取得了显著进展。例如，中国、美国和日本等国家已经采取积极措施，提出了 IPv6 发展计划并推动 IPv6 的广泛采用。此外，越来越多的网站和互联网应用程序已经开始支持 IPv6。这些网站和应用程序通过对 IPv6 的支持，为 IPv6 用户提供更好的访问体验。为了实现平稳过渡，许多组织采用了 IPv6 转换机制，使 IPv4 和 IPv6 之间可以互相通信。例如，双栈(dual stack)允许设备同时支持 IPv4 和 IPv6，而隧道(tunneling)技术将 IPv6 数据封装在 IPv4 数据包中传输。

2. 互联网设备增长及对 IPv6 的需求

(1)物联网设备：物联网涉及连接各种设备和传感器，如智能家居设备、智能医疗设备、智能工业设备等。由于 IPv6 提供了更大的地址空间和更好的网络配置能力，可以满足物联网设备数量的增长需求，因此 IPv6 对于物联网的支持至关重要。

(2)移动设备：全球智能手机和移动设备的普及导致了移动数据流量的爆炸性增长。IPv6 能够为每台移动设备提供全球独立的 IPv6 地址，而无须使用 NAT 等技术，从而提供更好的连接质量和用户体验。

(3)云计算和大数据：云计算和大数据技术的广泛应用使得企业和组织需要更多的 IP 地址来支持大规模的计算和数据传输。IPv6 的大地址空间可以满足这种需求，并为云计算和大数据应用提供更好的网络资源管理能力。

(4)新兴技术和应用：5G 通信技术、虚拟现实(VR)、增强现实(AR)、人工智能(AI)等新兴技术和应用的快速发展对互联网设备的需求将进一步增长。IPv6 的广泛部署为这些新兴技术和应用提供了更好的网络基础。

进一步，IPv6+是针对 5G 和云时代的全新 IP 网络创新框架。它能够促进技术和业务的开放与活跃创新，提供更高效灵活的网络构建和服务交付，提升性能和用户体验，同时增强运维智能化和安全保障。这一体系将为下一代互联网的升级和创新发展提供有力支撑。当前，推动增强型 IPv6 网络的发展，通过规模化的 IPv6 商用部署和 IPv6+创新，显著提升网络能力，促进网络与业务的深度融合。这一进程在政务、制造、金融和能源等行业的数字化转型中发挥了关键作用，为数字经济的连接基础奠定了坚实基础。

3. 物联网发展对 IPv6+的推动

物联网设备之间的直接连接对于实现真正的物联网具有重要意义。IPv6+的大地址空间和网络层面的改进使得物联网设备可以直接进行端到端通信，无须通过网络中介或进行复杂的地址映射，提高了物联网的灵活性和效率。物联网是全球性的网络，需要设备在全球范围内进行通信和协作。IPv6+作为一个全球性的协议，具备解决物联网全球互联问题的能力。通过 IPv6+的支持，物联网设备可以在全球范围内实现连接和交互，打破了地域限制，促进了国际合作和应用的发展。

4. IPv6+在企业网络、移动互联网和云计算中的应用

(1)企业网络：IPv6+为企业网络提供了更大的地址空间，降低了网络地址分配的复杂性。此外，IPv6+还支持更多的设备和传感器连接，有助于实现物联网在企业中的应用。

（2）移动互联网：IPv6+在移动互联网中具有重要的作用。IPv6+为移动终端提供了更多的地址，使得移动设备互联更加便捷。此外，IPv6+具有更好的支持移动设备漫游和 QoS 的功能，有助于提升用户体验。

（3）云计算：IPv6+对云计算的发展具有积极影响。它支持直接端到端连接，提升了跨云计算网络的性能和安全性。IPv6+的部署还为云提供了更好的可伸缩性和弹性，以适应不断增长的云服务需求。

小　　结

网络通信基础是计算机网络领域中至关重要的内容，它为理解网络通信的原理和机制提供了基础。本章首先学习了网络通信的基础知识，包括基本概念、参考模型、转发过程和典型场景。其次，了解 IPv4 局限性和问题挑战。最后，探讨了 IPv6 以及 IPv6+的引入和应用背景。通过对这些内容的学习和理解，能够更好地掌握网络通信的基本原理和技术，为进一步深入学习和实践奠定坚实的基础。

思考题及答案

答案 1

1. OSI 和 TCP/IP 的异同是什么？
2. IPv6 与 IPv4 相比具有哪些优点？
3. 试从多个方面比较电路交换、报文交换和分组交换的主要优缺点。

第 2 章　IPv6 基本概念与特性

IPv6 是由 IETF 设计的下一代 Internet 协议，也称为 IPng 的实现。IETF 于 1993 年成立了 IPng 工作组，在 RFC 1550 中发表了有关新 IP 的征求意见，并公布了新协议需要实现的主要目标。随着互联网路由表的快速增长以及互联网用户数的急剧增大，有必要设计和测试新的网络层协议来接替 IPv4。最初，IPv6 地址的申请进展缓慢，直到 2007 年，地区性因特网注册（Regional Internet Registry，RIR）机构开始迎来大量关于 IPv6 地址空间的请求，这是因为 RIR 支持在更广泛范围内推动 IPv6 的部署。

2.1　IPv6 地址结构

IPv6 的显著变革之一是将 IPv4 地址长度扩展了 4 倍，由 32 位增至 128 位。这庞大的地址空间提供了约 340 万亿个唯一地址，为连接不断增多的智能设备、传感器和互联网终端提供了充足的编址资源。为了实现更高效的网络管理和路由，IPv6 采用了层次化的地址结构，通过地址前缀对地址空间进行细致的层次划分。这样的设计有助于网络设备更迅速、更智能地处理数据包，从而提高整个网络的性能。IPv6 定义了三种主要的地址类型：单播地址（unicast address，UA）、组播地址（multicast address，MA）和任播地址（anycast address，AA）。每种类型都有其独特的应用场景，从点到点通信到一对多或多对多的通信，再到一对最近的通信。这多元化的地址类型为不同的网络通信问题提供了灵活的解决方案。

总体而言，IPv6 的设计不仅满足了当前互联网的需求，还为未来互联网的创新和发展奠定了坚实的基础，使互联网能够更好地应对快速增长和多样化的网络连接需求。IPv6 的引入标志着互联网协议的进化，其中单播地址是一种位数更为庞大、灵活且可掩码的地址形式，为连接数量庞大的网络节点提供了丰富的编址资源。这种改变从根本上解决了 IPv4 地址枯竭的问题，为未来的数字化社会提供了更广阔的发展空间。IPv6 的单播地址具有多种形式，包括基于全球提供者的地址、地理位置相关的地址、网络服务接入点（NSAP）地址、互联网分组交换（IPX）地址、本地站点地址、本地链路地址以及兼容 IPv4 的主机地址等。这种多样性为不同网络场景提供了更多选择，使得 IPv6 在面对日益复杂和多样化的网络需求时更为灵活。在 IPv6 中，多播地址则用于实现一对多或多对多的通信，成为网络中节点组成的有效方式。多播地址广泛应用于多媒体传输，而且 RFC 2373 中提供了一系列明确定义的多播地址，详细规定了它们的使用方法和规则。这样的设计使得 IPv6 在支持大规模多媒体应用的同时，更好地适应了网络的发展趋势。另外，任播地址则实现了一个标识符对应多个接口。当报文传送到任播地址时，它将被发送到由该地址标识的一组接口中的最近一个接口，这样的选择是基于路由选择协议和距离度量方式的智能决策。这种任播地址的使用方法对于网络用户的定位和寻址具有重要的意义，尤其是对于那些经常变动和移动的用户。综合而言，IPv6 的设计在保留原有协议的基础上，通过更灵活的寻址方案，更好地满足了未来互联网的发展需求，同时提供了更多的选择和更好的适应性，为网络的高效运行和创新奠定了坚实的基础。

2.1.1　地址长度与表示

RFC 2373 规定了 IPv6 地址结构，包括首选格式、压缩表示格式和内嵌 IPv4 地址的 IPv6 地址格式。IPv6 采用更为清晰和简洁的表示方式。首选格式和压缩表示格式使 IPv6 地址更简洁，首选格式是标准形式，由 8 个 16 位的块组成，每个块以冒号分隔。压缩表示格式通过省略连续的 0 块，将 IPv6 地址缩写为更紧凑的形式。IPv6 还支持内嵌 IPv4 地址的格式，方便不同网络标识的互通，提供更好的灵活性和便利性。

1. 首选格式

首选格式是 IPv6 地址的标准形式，采用了将 IPv6 的 128 位二进制地址每 16 位划分为一组的方法。整个地址可以分为 8 个组，每组用一个 4 位的十六进制整数表示，并通过冒号进行分隔。IPv6 地址首选格式的基本表达方式是 x:x:x:x:x:x:x:x，其中，x 表示一个 4 位的十六进制整数（对应 16 位二进制数）。每个十六进制整数包含 4 个二进制位，每组有 4 个十六进制整数，一个 IPv6 地址包括 8 个这样的十六进制整数，总计 128 位。以一个 128 位的 IPv6 地址 0010000000000001:0000110111101000:1000010110100011:0000000000000000:0000000000000000:1000101000101110:0000000011100000:0111001100110100 为例，将其划分为 16 位一组，每组用一个 4 位的十六进制整数表示，各组之间由冒号间隔，得 2001:0db8:85a3:0000:0000:8a2e:0370:7334。这些整数采用十六进制表示，其中 A~F 分别表示十进制的 10~15。每个整数在地址中都需要明确表示。这种格式旨在更清晰地呈现 IPv6 的 128 位地址，并通过十六进制整数的形式使其更易读。冒号的引入有助于区分每组的十六进制整数，进一步增强了地址的可读性。

2. 压缩表示格式

在某些 IPv6 地址中，可能存在一系列连续的 0，就如前面所提到的例子。针对这种情况，IPv6 标准允许采用"空隙"来表示这一串 0，并且可以省略一个 4 位十六进制整数的起始 0，但是中间和结尾的 0 不可省略。以首选格式表示的 IPv6 地址 2001:0410:0000:0001:0000:0000:0000:45FF 为例，可以使用压缩表示格式将其简化为 2001:410:0:1:0:0:0:45FF。为了便于书写和阅读的清晰，RFC 2373 规定，当地址中存在一个或多个连续的 16 位字符 0 时，可以采用两个冒号（双冒号）表示。双冒号可以替代地址中连续的 0，这两个冒号表明该地址可以扩展到一个完整的 128 位地址。因此，上述地址也可表述为 2001:410:0:1::45FF。需要特别注意，在使用压缩表示格式时，IPv6 标准规定双冒号在地址中只能出现一次，并且不能省略一个组中有效的 0。通过遵循这些规则，能够更加灵活地处理 IPv6 地址的表示，确保其清晰可读且符合规范。

3. 内嵌 IPv4 地址的 IPv6 地址格式

在 IPv4 和 IPv6 相互融合的场景中，内嵌 IPv4 地址的 IPv6 地址格式成为 IPv4/IPv6 过渡时期的一种特殊表达方式。IPv6 地址的最低 32 位可以用于呈现 IPv4 地址，通过混合模式表示为 x:x:x:x:x:x:d.d.d.d。这里，X 代表一个十六进制整数（对应 16 位二进制数），而 d 表示一个十进制整数（对应 8 位二进制数）。以实例地址 0:0:0:0:0:0:202.161.68.97 为例，这种独特的表示方式将 IPv4 地址嵌入 IPv6 地址中，形成了一个合法的 IPv6 地址，同时也可以将其简化表示为 202.161.68.97。内嵌 IPv4 地址的 IPv6 地址格式最早由 RFC 1884 定义，并在后续的 RFC 2373 中进行了调整。IPv6 提供了两种嵌有 IPv4 地址的特殊地址，高阶 80 位全部为 0，低阶 32 位包含 IPv4 地址。如果中间的 16 位被设置为 FFFF，那么这个地址就是 IPv4 映像的 IPv6 地址。IPv4 兼容地址被节点用于通过 IPv4 路由器，以隧道方式传输 IPv6 包，这使得这些节点能够同时理解 IPv4 和 IPv6。而 IPv4 映像地址则被 IPv6 节点用于访问仅支持 IPv4 的节点。这种内嵌 IPv4 地址的 IPv6 地址格式为 IPv4 与 IPv6 协议在过渡时期提供了一种平稳、兼容的共存方式，确保不同版本的网络节点能够有效地进行通信。这一设计旨在促进网络的平稳升级，使 IPv4 和 IPv6 网络能够协同运行，更好地适应多样化的网络节点需求。

2.1.2　地址分类

IPv6 地址分为单播、多播和任播三种地址类型，为网络通信提供了更多灵活性和效率。

1. 单播地址

IPv6 的单播地址是 IPv6 地址中的关键组成部分，扮演着网络通信中的基础角色。与 IPv4 的单播概念相类似，IPv6 的单播地址通过引入一系列新特性，来适应当今不断发展的网络环境。在 IPv6 网络中，单播地址的核心任务是唯一标识每个独立的网络接口，这确保了通过网络传输的数据包最终能够准确到达唯一的节点，而不会导致混乱或冲突。每个网络接口都需要分配唯一的 IPv6 单播地址，这个地址本质上是一个由两个字段组成的实体，其中一个字段用于标识网络，另一个字段用于标识该网络上节点的接口。这样的设计允许对地址空间进行细分，以满足网络管理的不同需求。IPv6 单播地址在功能上与 IPv4 地址相似，采用了 CIDR 机制，将地址划分为前缀和网络接口标识符两部分。从格式的角度来看，IPv6 地址可被视为一个 128 位的数据块，同时也可分为接口标识符和子网前缀两部分，提供了更灵活的地址分配和路由选择功能。接口标识符的长度根据子网前缀的不同而变化，这种灵活性允许根据网络的地理位置和特性来调整接口的标识。远离骨干网的节点接口可能采用较短的接口标识符，而靠近骨干网的路由器可能只需要较短的位数来指定子网前缀，从而使得大部分的地址位都可以用于标识接口。接下来介绍几种常见的单播地址类型。

1）可汇聚全球单播地址

在 IPv6 中，可汇聚全球单播地址扮演着至关重要的角色，作为 IPv6 的公网地址，其设计考虑了网络的整体架构和组织机构的需求。这类地址的结构清晰，主要包括 ISP 分配的前缀、站点拓扑和接口 ID 三个关键部分。ISP 分配的前缀是可汇聚全球单播地址的第一部分，由 ISP 为组织机构分配的前缀属于 ISP 前缀的一部分。这个前缀的最小长度是 /48，表示网络前缀的高 48 位。这种设计使得每个组织都能获得足够大的地址空间，确保了灵活的地址分配。站点拓扑是可汇聚全球单播地址的第二部分，组织机构使用 ISP 提供的 /48 前缀，并可利用前缀的 49～64 位来划分子网。每个子网的地址数量至多可以达到 65535 个，为组织机构提供了丰富的子网划分选项，适应了多样化的网络拓扑结构。接口 ID（接口标识符）构成了可汇聚全球单播地址的低 64 位，用于标识具体的网络接口。这一设计保证了在整个 IPv6 地址中每个接口都有唯一的标识，避免了冲突和混淆。RFC 2373 规定了可汇聚全球单播地址的具体格式，起始的 3 位被固定为 001，这一标志性的起始位有助于网络设备准确解释和处理 IPv6 地址。

可汇聚全球单播地址格式如图 2-1 所示，这种可汇聚全球单播地址的精心设计旨在为全球范围内的 IPv6 网络提供稳定、高效的地址方案，满足不同组织的需求。

3位	13位	8位	24位	16位	64位
FP	TLAID	RES	NLAID	SLAID	接口ID

图 2-1　可汇聚全球单播地址格式

总体而言，可汇聚全球单播地址的设计考虑了全球性的网络规模和组织的层级结构，为 IPv6 的广泛应用奠定了坚实的基础。通过细致的划分和灵活的分配，这类地址不仅满足了当前互联网的需求，还为未来网络的扩展和发展提供了可持续的支持。

可汇聚全球单播地址的格式包含多个字段，每个字段都有特定的功能，用于识别和定位 IPv6 地址在全球 IPv6 地址空间中的位置。以下是各字段的功能解释。

（1）FP（前缀）：长度为 3 位，标识 IPv6 地址在地址空间中所属的类别。对于可汇聚全球单播地址，该字段值为 001，唯一地标识了可汇聚全球单播地址的格式。

（2）TLAID（顶级汇聚标识符）：长度为 13 位，包含最高级地址选路信息，指示网络互联中最大的选路信息。目前，该字段长度为 13 位，支持最多 8192 个不同的顶级路由。

（3）RES（保留）：长度为 8 位，为将来使用而保留，可能用于扩展顶级或下一级汇聚标识符字段，以适应未来的网络需求和标准。

（4）NLAID（下一级汇聚标识符）：长度为 24 位，用于控制顶级汇聚以安排地址空间。一些机构使用此标识符按照自己的寻址分级结构划分地址空间，支持大型 ISP 和其他提供公网接入的机构。通过切分此 24 位字段，机构可以灵活地分配地址空间，促进了网络资源的合理利用。

（5）SLAID（站点级汇聚标识符）：长度为 16 位，被一些机构用于安排内部分级网络结构。每个机构可以使用类似 IPv4 的方式创建自己的内部分级网络结构。该字段如果全部用于平面地址空间，则最多可以有 65535 个不同的子网。机构可以选择使用前 8 位作为高级选路，以支持 255 个高级子网，每个高级子网最多可包含 255 个子网。

（6）接口 ID：长度为 64 位，包含 IEEE EUI-64 接口标识符的 64 位值，为 IPv6 地址提供了灵活的组合方式，允许灵活的子网和拓扑结构设计。站点级汇聚标识符和下一级汇聚标识符为网络接入供应商和机构提供了分级结构的功能，以便更好地管理和组织地址资源。

总体而言，可汇聚全球单播地址的字段设计考虑了全球 IPv6 网络的复杂性和灵活性需求，为各种网络拓扑结构和组织层级提供可持续的支持。这些字段的明确定义和规范化有助于确保 IPv6 地址的一致性和可扩展性。

2）本地链路地址

本地链路地址是 IPv6 中一种具有固定地址格式的地址类型，主要应用范围受限制，仅用于同一本地链路上的节点之间的通信。这种地址类型在 IPv6 协议中的邻居发现等机制中发挥重要作用。本地链路地址格式如图 2-2 所示。

10位	54位	64位
1111111010	0	接口ID

图 2-2　本地链路地址格式

本地链路地址格式具有独特的标识符，其中最高的 10 位值为 1111111010。这种地址类型由两个主要部分组成：特定的前缀和接口 ID。前缀采用特定的本地链路前缀 FE80::/64，而低 64 位则用于表示接口 ID。

在网络中，当节点启动 IPv6 协议栈时，每个接口都会自动分配一个本地链路地址。这种机制的独特之处在于连接到同一链路上的两个 IPv6 节点无须进行任何配置即可实现通信。本地链路地址的设计考虑了网络节点之间的直接通信需求，以提供简便而有效的通信机制，这种自动分配的方式消除了手动配置的烦琐过程，使得节点之间的通信更为轻松和即时。通过本地链路地址，IPv6 网络实现了一种高效的、零配置的节点间通信，为连接到同一本地链路上的设备提供了便捷而可靠的通信手段。本地链路地址的自动配置涉及特定的本地链路前缀 FE80::/64。这一前缀的固定性使得可以探讨 IPv6 接口 ID 的获取原理。获取 64 位接口 ID 的方法通常是采用 EUI-64 地址。EUI-64 地址由 IEEE 为网卡制造商指定的 24 位标识符，以及制造商为产品指定的 40 位标识符组合而成。IEEE EUI-64 地址格式如图 2-3 所示。

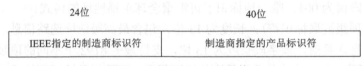

图 2-3   IEEE EUI-64 地址格式

在本地链路地址的应用中，前缀的前 10 位标识了地址类型为本地链路地址。当路由器在其源端和目的端处理具有本地链路地址的数据包时，不会对其进行路由转发。因此，这些数据包将局限在同一链路上。本地链路地址的中间 54 位均设置为 0，而 64 位接口标识符则采用前述的 IEEE 结构。这一地址空间的设计允许个别网络连接多达 2^{64} 个主机。通过这种自动配置机制，IPv6 网络在本地链路上为主机分配唯一标识，从而确保连接到同一链路的设备能够直接通信，无须进行烦琐的手动配置。这种高效而便捷的通信方式提升了网络的可用性和易用性。

3）本地站点地址

本地站点地址是一种应用范围受限的 IPv6 地址，其应用仅限于一个站点内，类似于 IPv4 中的专用地址（私有地址）的概念。这种地址专门为未获得 ISP 分配的可聚合全球单播地址的组织机构和单位提供，提供了在站点内进行通信的解决方案。与本地链路地址不同，本地站点地址不是自动生成的。本地站点地址的前 48 位采用固定的格式，其中前 10 位是二进制位组合 1111111011，接下来的 38 位为 0，后面跟着 16 位的子网 ID 字段，最后是 64 位的接口 ID。本地站点地址格式如图 2-4 所示。

10位	38位	16位	64位
1111111011	0	子网ID	接口ID

图 2-4   本地站点地址格式

这意味着本地站点地址适用于站点内数据传输，但不允许直接路由到全球 Internet。站点内的路由器仅能在站点范围内转发数据包，而不能将其转发到站点外。本地站点地址的 10 位前缀与本地链路地址的 10 位前缀略有不同，但后面也是一系列的 "0"。本地站点地址的设计使其成为站点内部通信的理想选择，确保了站点之间的数据传输局限于站点内，不会泄露到全球 Internet。

2. 多播地址

多播地址用于标识一组网络接口，分布在不同的节点上。数据包发送到多播地址将传递给该组中的所有网络接口，适用于实现一对多或多对多的通信。全球多播地址和唯一本地多播地址为不同层次的多播通信提供了灵活的选择，以满足广泛的应用场景。

多播是一种网络通信模式，其中源节点发送的单个数据包可以同时被多个明确定义的目标节点接收。在 IPv6 中，多播地址是一种特殊的地址类型，类似于 IPv4 中的 D 类地址，其最高 8 位二进制位组合为 11111111。IPv6 的多播地址格式经过严格定义，只能用作目的地址，而不能用作数据报的源地址。IPv6 多播地址的格式与单播地址不同，采用了更为精细的结构。IPv6 中的多播地址格式如图 2-5 所示，IPv6 协议规定了多播地址格式中各字段的含义。

（1）标识：多播地址的第一个字节全为 "1"，用于标识其为多播地址。这个标识符确保了多播地址在 IPv6 地址空间中的唯一性，占用了整个 1/256 的地址空间。

（2）标志：占据 4 位，其中目前只定义了第 4 位。该位用于表示多播地址的类型，区分是由 Internet 编号机构指定的熟知多播地址，还是用于特定场合的临时多播地址。如果该标志位为 "0"，则表示该地址为熟知多播地址；如果为 "1"，则表示该地址为临时多播地址。其他 3 个标志位目前保留，预留用于将来的扩展。

（3）范围：占据 4 位，用于限制多播数据流在网络中的传播范围。这一字段定义了多播组是仅包括同一子网内的节点，还是跨越多个子网的全局范围。多播范围的定义有助于精确控制多播数据的传递路径。

（4）组 ID：占据 112 位，标识了一个特定的多播组。

图 2-5　IPv6 中的多播地址格式

当节点预订多播地址时，它实际上在声明自己要成为多播组的一个成员。这个过程使得本地路由器意识到该节点已经成为某个特定的多播组的一部分。一旦节点成功预订了多播地址，那么当同一网络上的其他节点要向这个多播组发送信息时，IPv6 多播包会被封装到数据链路层的多播数据传输单元中，以确保信息传达给所有成员。在这个过程中，本地路由器扮演着关键的角色，负责处理多播包的传输。对于本地网络内的传输，路由器通过某种机制将多播包传送给各个订户。这通常可以通过一些点对点电路传输的网络实现，或者通过其他专门的机制实现，确保所有成员都能收到相应的信息。对于来自本地网络以外的多播，也采用类似的机制进行处理。路由器起到中转的作用，将多播包从外部网络传递给预订了该多播组的节点。这种方式保证了多播信息的有效传递，使得成员节点能够接收到从本地网络和外部网络发出的多播信息。整个过程确保了多播通信的高效性和可靠性。

3. 任播地址

任播地址标识一组网络接口，通常属于不同的节点。IPv6 引入了任播地址作为一种新的地址类型，用于提供距离最近服务。一个任播地址被分配给多个接口，但数据包将仅被发送到路由意义上距离最近的一个节点的网络接口。这种地址类型有助于提高网络服务的传递效率，适用于需要将数据包传递到最近节点的特定应用场景。

IPv6 的地址规划和分配更加细致，满足全球化和本地化的网络通信需求。这种多样性使得 IPv6 成为未来互联网发展的关键基础，为各种网络应用提供了更好的灵活性和可扩展性。这些地址类型的引入使 IPv6 更加适应当前和未来的网络需求。IPv6 地址长度为 128 位，相较于 IPv4 的 32 位，提供了更广阔的地址空间，同时支持更灵活的子网划分，简化了网络管理。IPv6 作为 IPv4 的后继协议，为全球互联网的可持续发展奠定了坚实的基础。

任播地址是 IPv6 协议中引入的一种特殊地址类型，适用于一对多的通信。它用来标识一组网络接口，这些接口通常分布在不同的节点上。路由器负责将目标地址是任播地址的数据包发送给距离路由器最近的一个网络接口，实现了一种到最近节点的发现机制。值得强调的是，任播地址只能用作 IPv6 数据报的目的地址，并且只能分配给 IPv6 路由器。在实际应用中，任播地址与多播地址有相似之处，都是多个节点共享一个地址。与多播地址不同的是，只有一组接口中的一个节点期待接收到针对任播地址的数据报。这种特性使得任播地址在提供某些服务时非常有用，特别是对于客户机和服务器之间无须建立特定关系的服务。域名服务器是一个典型的例子，它可以使用任播地址。无论距离远近，域名服务器都应该在整个网络中工作得一样好。同样，时间服务器的情况也类似，离用户越近，响应的时间越准确。因此，当主机需要获取信息时，向任播地址发送请求，接收到响应的应该是与该任播地址关联的最近服务器。任播地址在移动通信中发挥着重要的作用，因为接收方只需要是一组接口中的一个，这有助于减少对移动用户地理位置的限制。这种灵活性使得任播成为 IPv6 网络中支持动态通信和服务发现的有力工具。值得注意的是，任播地址与单播地址位于相同的地址范围内，它们具有相同的地址格式。当一个单播地址同时属于多个接口时，它就被视为任播地址。从地址本身的角度来看，节点无法区分单播地址和任播地址，因此节点需要通过明确的配置来指明一个地址是否是任播地址。RFC 2526 详细描述了任播地址的格式，并规定了保留的子网任播地址和相应的标识 ID。在每个子网内，接口标识符的取值范围为 0～127，其中 0～125 和 127 被保留，而 126 则用于移动 IPv6 家乡代理的任播。这样的规定有助于确保在 IPv6 网络中任播地址的正确分配和使用。

任播地址具有多种用途，其一是识别为特定路由域提供接入服务的一组路由器。例如，RFC 3068 中描述了 6to4（IPv6 over IPv4）中的任播地址，6to4 是一种用于在 IPv4 网络上传递 IPv6 数据的机制。在 6to4 隧道中，IPv6 数据被封装在 IPv4 数据包中，以便在 IPv4 网络上进行传输。RFC 3068 是有关 6to4 的 RFC 文档，其中描述了 6to4 中的任播地址。在 6to4 中，IPv6 地址使用 IPv4 地址进行前缀编码。这样，IPv6 地址可以通过 IPv4 网络进行传输，而不需要在 IPv4 网络中直接部署 IPv6 协议。任播地址在 IPv6 网络中有特殊的用途，通常用于标识一组具有相似功能的节点，而不是单个节点。在 6to4 中，任播地址用于识别 IPv6 到 IPv4 隧道入口点，以便 IPv6 数据可以通过 IPv4 网络路由到正确的地方。总体而言，6to4 是一种帮助 IPv6 在 IPv4 基础设施上进行传输的技术，使得 IPv6 能够逐渐部署而无须立即替代 IPv4。该地址用于支持 IPv6 通过 IPv4 网络进行访问。其二是为公司网络内的所有路由器配置一个专门的任播地址，以提供因特网访问服务。当数据包被发送到这个任播地址时，它会被路由到最近的提供因特网访问服务的路由器上，实现了一种有效的流量管理和路由选择机制。这样的设计有助于提高网络性能和可用性，同时降低了网络管理的复杂性。

IPv6 协议中的任播地址格式如图 2-6 所示，任播选路是在有限范围内进行路由选择的机制，这个有限范围通常是一个子网区域。任播地址通过其前缀定义了所有任播节点存在的地理区域。以一个实际的例子来说明，一个互联网服务提供商(ISP)可能要求每个用户单位提供一个时间服务器，这些时间服务器可以共享一个单一的任播地址。任播地址的选路信息包括一些指针，这些指针指向共享该任播地址的所有节点的网络接口。主机在具有任播地址的情况下，可能分布在全球范围内，因此相关的任播地址必须添加到遍及全球的所有路由器的路由表上。这种全球性的路由管理在实现上会相对复杂。任播技术被直接嵌入到路由系统中，以提供服务器复用功能和处理负载均衡。然而，任播技术也存在一些问题，如安全性。攻击者可能试图将客户端的请求吸引到自己的主机上，这涉及身份认证的问题。这类问题可以通过在任播组成员向路由器登记的过程中引入身份认证机制来解决。

需要具有一个EUI-64格式的4位接口标识符的任播地址

64位	57位(接口ID字段)	7位
子网前缀	1111110111…1111	任播地址

对于所有其他类型的IPv6任播地址

n位	121-n位(接口ID字段)	7位
子网前缀	1111111111…1111	任播地址

图 2-6　IPv6 协议中的任播地址格式

目前规定任播地址不能作为数据报的源地址，主要的担忧是在多个任播组成员的情况下难以确定数据报的真实来源。然而，在开放的网络中，攻击者容易伪造数据报的源节点。为了增强安全性，更好的方法是在高层协议中处理，或者采用 IPSec 等加密技术。此外，全球性任播的发展仍然面临着多方面的问题，包括如何有效应用任播服务到网络多媒体中。这需要在技术、安全性和全球网络架构等方面进行更深入的研究和创新。

2.2　IPv6 与 IPv4 的差异与兼容性比较

IPv4 和 IPv6 是网络层协议的两个版本，它们之间无法互相兼容。尽管如此，在功能实现和应用描述方面，这两者并没有本质上的不同。可以通过数据平面、控制平面和管理平面这三个层面来深入理解和分析。在数据平面，它们都采用了尽力而为的方式，用于存储和转发数据分组；在控制平面，通过静态或动态手段获取路由信息，从而决定数据分组的最佳转发路径；在管理平面，它们提供了必要的设备和信息，为网络管理和维护提供全方位支持。

通过 IPv4 与 IPv6 的比较，可以明显看出 IPv6 具备以下优势。

(1)更广阔的地址空间：IPv6 采用 128 位的地址长度，相比 IPv4 的 32 位，拥有更广阔的地址空间，达到 2^{128} 个地址，为网络提供了更为充裕的地址资源。

(2)更紧凑的路由表：IPv6 的地址分配遵循聚类原则，从一开始就鼓励地址的集中分配，这样做有助于减小路由器中的路由表长度。每条记录可以代表一个子网，大幅度提高了路由器的数据包转发速度。

（3）加强的多播和流支持：IPv6 具备更强大的多播支持和对流的控制，为网络上的多媒体应用提供了更为有利的发展环境，同时为服务质量控制奠定了良好的网络基础。

（4）自动配置的支持：IPv6 引入了对自动配置的支持，是对动态主机配置协议（dynamic host configuration protocol，DHCP）的改进和扩展。这使得网络管理变得更加方便和迅速，特别是在局域网中。

（5）更高的安全性：在 IPv6 网络中，用户能够对网络层的数据进行加密，并对 IP 报文进行校验，从而显著增强了网络的安全性。

2.2.1　地址空间差异

IPv6 地址采用 128 位（16 字节）的长度，其中 64 位用于表示网络标识，另外 64 位用于表示主机标识。这种分割使得 IPv6 可以更灵活地支持大规模网络和更多设备的连接。与此同时，IPv6 地址的主机部分通常来源于设备的 MAC 地址或其他唯一的接口标识，为网络设备提供了更精确的标识。相较于 IPv4，IPv6 的体系结构更为复杂，主要体现在引入了更复杂的子网前缀和更广阔的地址空间。IPv6 的子网前缀结构提供了更多的网络划分选择，增强了网络的可管理性和安全性。IPv6 地址采用文本格式表示为 xxxx:xxxx:xxxx:xxxx:xxxx:xxxx:xxxx:xxxx，每个 x 表示一个 4 位的十六进制数。此外，IPv6 的文本表示中还支持一次双冒号 "::"，用于简化连续的 0 位。这种灵活的表示方式提高了 IPv6 地址的可读性和管理效率。IPv6 的地址结构的设计考虑了未来网络的可扩展性和设备的增长，为互联网的持续发展奠定了坚实的基础。

IPv4 地址采用 32 位（4 字节）的长度，其中包括网络部分和主机部分，这取决于地址的类别。根据地址的前几位，IPv4 地址可以分为五个类别：A、B、C、D、E。IPv4 地址的总数量为 4294967296，限制了可用地址的数量。IPv4 地址的文本格式为 nnn.nnn.nnn.nnn，其中每个 nnn 表示一个 0～255 的十进制数。在文本表示中，可以省略前导零，并且每个地址部分的取值范围为 0～255。每个 IPv4 地址的最大打印字符数为 15 个，不包括可能存在的子网掩码。这种地址空间的设计在 IPv4 的早期阶段是足够的，但随着互联网的不断发展和设备的爆炸式增长，IPv4 地址空间的有限性逐渐显现。IPv4 地址的管理和分配面临越来越大的挑战，推动了 IPv6 的引入，以提供更广阔的地址空间和更好的网络支持。

IPv6 采用更长的地址长度和更复杂的结构，提供更精确的设备标识，并通过灵活的网络划分和地址表示方式增强了网络的可管理性和安全性。

IPv6 的地址分配目前仍处于早期阶段。目前的建议来自互联网工程任务组（IETF）和因特网架构委员会（IAB），它们主张为每个组织、家庭或实体分配一个/48 的子网前缀长度。这种分配策略保留了 16 位，供组织内部进行进一步的子网划分。在 IPv6 中，地址空间是相当庞大的，每个/48 的子网前缀长度都提供了极大的地址数量。实际上，这样的分配策略使得 IPv6 能够为世界上每个人、每个组织或实体提供一个独立的子网前缀长度，确保了充分的地址可用性。这种分配方式的目的是支持未来互联网的发展，以应对日益增长的设备数量和网络规模。IPv6 的设计理念是提供使用更为广泛和灵活的地址分配方式，以满足各种网络需求，同时确保地址空间的有效利用。

IPv4 的地址分配最初是按照网络类别进行的，这包括 A、B 和 C 类网络，根据网络的规模和需求进行不同的地址分配。然而，随着时间的推移和 IPv4 地址空间的快速消耗，出现了更加灵活的地址分配方式，其中一个关键的发展是 CIDR 的引入。CIDR 允许更小粒度的地址分配，不再受限于传统的 A、B、C 类地址的划分。它使用前缀长度表示网络的大小，从而实现更加灵活和高效的地址分配。CIDR 的引入使得网络能够更好地适应不同规模和需求的组织，提高了地址空间的利用率。然而，IPv4 的地址并没有在机构和国家或地区之间进行平均分配。由于历史原因、早期互联网的规模和需求不同，一些地区可能获得了更大的地址块，而其他地区则相对较小。这导致了 IPv4 地址的不均衡分配，也是 IPv4 地址枯竭的一个重要因素之一。为解决这个问题，IPv6 引入了更为均匀和灵活的地址分配策略。

在地址生命周期方面，IPv6 地址引入了两个重要的概念：首选生命周期和有效生命周期。这两个生命周期都对地址的使用和有效性起着关键的作用，值得深入了解。首选生命周期是指地址在网络中被首选的时间段。当首选生命周期到期时，如果存在其他同等优先级的地址，该地址将不再作为新连接的源 IP 地址。换句话说，首选生命周期到期后，系统将优先选择其他可用地址来建立新的连接，以确保更有效的地址利用。有效生命周期则表示地址在网络中有效的总时间。一旦有效生命周期结束，该地址将不再被用作入站信息包的有效目的 IP 地址或源 IP 地址。有效生命周期的结束意味着该地址在网络中不再被认可为有效地址，不再被用于新的通信。需要注意的是，有些 IPv6 地址具有无限多个首选生命周期和有效生命周期，如本地链路地址。这意味着这些地址在网络中具有长期的有效性，不会因为生命周期的到期而失效。综合而言，首选生命周期和有效生命周期为 IPv6 地址的管理提供了更为灵活和精细的控制手段，确保网络能够高效地利用地址资源。

在 IPv4 中，与 IPv6 中的首选生命周期和有效生命周期不同，通常情况下并不涉及地址的生命周期概念。IPv4 地址分配通常是一次性的，而且不涉及地址生命周期的控制。以下是一些相关的特点：①静态分配和动态分配，在 IPv4 网络中，地址可以通过静态分配（手动配置）或动态分配（使用 DHCP 等协议）来分配给设备，无论是静态分配还是动态分配，IPv4 地址的有效性通常都取决于网络管理员的配置和设备的连接状态；②DHCP 的作用，DHCP 是一种用于动态分配 IP 地址的协议，但它并不涉及地址生命周期的概念。DHCP 分配的地址在租约到期后可能会被重新分配给其他设备；③地址回收，在 IPv4 网络中，地址回收是指网络管理员可以重新使用之前分配给某台设备的地址，而不需要等待地址的生命周期结束。这种回收和再分配的过程是比较灵活的。总体而言，IPv4 地址通常被视为静态或动态分配，而不涉及像 IPv6 那样明确的生命周期概念。

在 IPv6 中，不再使用传统的子网掩码来表示网络和主机部分。IPv6 采用了更灵活的前缀长度表示法，其中子网的边界不再受到固定长度的子网掩码的限制。在 IPv4 中，子网掩码是一个 32 位的值，用于将 IP 地址分割成网络部分和主机部分。例如，对于 IPv4 地址 192.168.1.1，使用子网掩码 255.255.255.0，前 24 位表示网络部分，后 8 位表示主机部分。而在 IPv6 中，使用前缀长度来表示网络的边界。IPv6 地址的常见表示法为 xxxx:xxxx:xxxx:xxxx:xxxx:xxxx:xxxx:xxxx/yy，其中 yy 表示前缀长度，即网络部分的位数。例如，2001:0db8::1/64 表示前 64 位为网络部分，后 64 位为主机部分。IPv6 的这种表示方式更加灵活，允许网络管理员更方便地划分和配置子网，而不受固定长度子网掩码的限制。这也有助于简化 IPv6 网络的管理。

IPv6 的地址前缀用于指定地址的子网前缀，通常以打印格式表示为 nnn，其中 nnn 为最多 3 位的十进制数字，取值范围为 0~128。例如，fe80::982:2a5c/10 中，前 10 位组成子网前缀，表示该 IPv6 地址属于一个/10 的子网。与此不同，IPv4 的地址前缀有时用于从主机部分指定网络。在 IPv4 中，前缀长度的表示形式通常为 nn，其中 nn 为一个十进制数字，表示网络部分的位数。这种表示方式在 CIDR 的概念中得到广泛应用，以支持更灵活的地址分配和路由表管理。

在 IPv6 中，地址作用域是网络体系结构的一个重要方面。单播地址具有两个明确定义的作用域，分别是本地链路和全局链路。此外，多播地址具有 14 个不同的作用域。在 IPv6 中，选择默认地址时需要考虑地址的作用域。作用域区域是特定网络中作用域的实例，有时必须将 IPv6 地址与区域标识相关联。区域标识的语法是%zid，其中 zid 可以是一个数字(通常较小)或名称，写在 IPv6 地址之后前缀之前，如 2ba::1:2:14e:9a9b:c%3/48。在 IPv4 中，地址作用域的概念不适用于单播地址。IPv4 有指定的专用地址范围和回送地址，在除此范围之外的情况下，地址被假设为全局地址。IPv4 中不需要像 IPv6 那样显式指定区域标识。

在 IPv6 中，地址解析协议(ARP)的功能被整合到 ICMPv6 中。这种整合将地址解析功能嵌入到 IP 层自身，成为 IPv6 的无状态自动配置和邻节点发现算法的一部分。相较之下，IPv4 使用 ARP 来查找与 IPv4 地址相关联的物理地址，如 MAC 地址或链路地址。因此，在 IPv6 中，不再需要类似于 ARP 的协议，而是通过 ICMPv6 实现相应的功能，提供更加高效和集成的解决方案。这有助于简化网络协议栈，同时提供更先进的自动配置和邻节点发现机制。

2.2.2　协议特性对比

1. 在 FTP 方面的特性差异

IPv6 和 IPv4 在文件传输协议(FTP)方面的特性存在一些差异，可以就 FTP 的主要方面进行比较。

(1)地址表示：IPv4 使用 32 位地址，而 IPv6 使用 128 位地址。在 FTP 中，IPv6 地址相对较长，通过 IPv6 的优越地址空间，FTP 服务器和客户端可以更灵活地处理大量的连接请求，支持更多的用户和文件传输会话。

(2)主动模式和被动模式：FTP 使用主动模式和被动模式进行数据传输。在 IPv4 中，主动模式要求客户端在数据连接上开启监听，而被动模式要求服务器开启监听。IPv6 的引入对这两种模式没有直接影响，且 IPv6 更大的地址空间有助于减少地址资源短缺对 FTP 主动模式的限制。

(3)协议支持：IPv4 和 IPv6 都能够支持 FTP 协议，因为 FTP 本身与底层网络层的协议关系不大。然而，在使用 FTP 时，系统管理员需要确保 FTP 服务器和客户端的 IPv6 支持，以便在 IPv6 网络环境中进行文件传输。

(4)防火墙配置：IPv6 的 FTP 流量可能需要在防火墙中进行特殊配置，以确保安全性和流畅的数据传输。与 IPv4 相比，IPv6 的防火墙规则可能需要进行调整，以适应新的地址表示和流量管理。

(5)网络性能：由于 IPv6 的一些改进，如更智能的路由选择和更大的地址空间，FTP 在 IPv6 网络中能体现出更好的性能，特别是在处理大量并发连接时。

综合而言，IPv6 对 FTP 的影响主要体现在地址表示和网络性能方面。系统管理员需要确保 FTP 服务器和客户端在 IPv6 环境中能够正常运作，同时考虑到 IPv6 网络的特性，适时地进行配置和优化以实现最佳的文件传输体验。

2. 在 ICMP 方面的特性差异

在 ICMP 方面，IPv6 和 IPv4 之间存在一些重要的特性差异。

（1）报文头部变化：IPv6 的 ICMPv6 与 IPv4 的 ICMP 相比，在报文头部结构上有显著的变化。IPv6 引入了 ICMPv6 以替代 IPv4 中的 ICMP。ICMPv6 支持更多类型和代码，同时还包括邻居发现、无状态地址配置等 IPv6 特定功能的报文类型。

（2）邻居发现：IPv6 中引入了邻居发现协议，它是 ICMPv6 的一部分，用于在数据链路层地址和 IPv6 地址之间建立映射关系。相比之下，IPv4 中的 ARP 协议用于解析 IPv4 地址到数据链路层地址的映射。IPv6 的邻居发现更为高效和灵活，且在局域网中的广播减少。

（3）报文大小和路径 MTU 发现：IPv6 中取消了 IPv4 中的分片机制，而是依赖于路径 MTU 发现。当数据包在网络上移动时，IPv6 节点能更智能地确定通信路径上的 MTU，减少分片的需求。相比之下，IPv4 需要使用分片来适应不同的网络 MTU。

（4）ICMP 报文类型：IPv6 引入了新的 ICMPv6 报文类型，如路由器请求和路由器通告，用于支持 IPv6 网络中的路由信息。这些报文类型在 IPv6 网络中发挥关键作用，而在 IPv4 中并不存在对应的报文类型。

（5）多播组成员查询：IPv6 引入了新的 ICMPv6 多播组成员查询报文，用于确定主机是否为特定多播组的成员。相比之下，IPv4 中的 IGMP 用于多播组成员管理。

总体而言，IPv6 的 ICMPv6 在设计上更为精细，支持更多特性和功能，并对邻居发现和路径 MTU 发现等方面进行了改进，以满足 IPv6 网络的需求。在配置 IPv6 网络和开发应用时，系统管理员和开发者需要注意这些差异，确保相关的网络工具和应用能够正确处理 IPv6 的 ICMPv6 报文。

3. 在 IGMP 方面的特性差异

互联网组管理协议（IGMP）主要用于在主机和相邻路由器之间传递有关主机对特定多播组的成员资格信息。在 IPv6 和 IPv4 之间，IGMP 的特性存在一些区别。

（1）IPv6 中的组管理：IPv6 中并没有直接使用与 IGMP 等效的协议，而且采用了一种不同的多播组管理机制，即"多播组成员查询"通过 ICMPv6 消息类型进行。IPv6 使用邻居发现协议的一部分来处理多播组成员查询。

（2）IPv4 中的 IGMP：在 IPv4 中，IGMP 是一个独立的协议，主要用于在主机和相邻路由器之间传递多播组成员信息。IGMP 通过报文交互，允许主机通知路由器它们对哪些多播组感兴趣。

（3）IPv6 的多播组成员查询：在 IPv6 中，多播组成员查询是通过 ICMPv6 报文来实现的。当主机加入或离开一个多播组时，它会发送特定的 ICMPv6 多播组成员查询报文，路由器可以通过这些报文了解主机的多播组成员资格。

（4）IPv6 多播地址范围：IPv6 的多播地址范围相比 IPv4 更为广泛，采用了全球唯一的地址范围。IPv6 中的多播地址使用单一范围，而不像 IPv4 中分为用于全球互联网的范围和专门用于本地网络的范围。

总体而言，IPv6 通过 ICMPv6 报文处理多播组成员查询，摒弃了独立的 IGMP 协议，采用更整合和综合的方法。这种设计更紧密地集成到 IPv6 的核心协议栈中，提高了多播组成员管理的效率和一致性。在 IPv6 网络中，系统管理员和网络工程师需要了解 IPv6 的多播组管理机制，以确保网络的可靠运行。

4. 在 ARP 方面的特性差异

在地址解析协议(ARP)方面，IPv6 和 IPv4 有着显著的差异。ARP 主要用于将网络层的 IP 地址映射到数据链路层的物理地址，以便进行数据包的正确传递。以下是 IPv6 和 IPv4 在 ARP 方面的特性对比。

(1)IPv4 中的 ARP：在 IPv4 网络中，ARP 是一种广泛使用的协议，用于将 32 位的 IPv4 地址映射到 48 位的 MAC 地址。当主机需要与另一主机进行通信时，它会发送 ARP 请求，请求目的主机的 MAC 地址，以便构建数据帧进行通信。

(2)IPv6 中的邻居发现协议：IPv6 引入了邻居发现协议(neighbor discovery protocol，NDP)，它取代了 IPv4 中的 ARP。NDP 不仅包括 IPv6 地址到 MAC 地址的解析，还提供了一些额外的功能，如发现邻节点的 IPv6 地址、发现路由器等。NDP 通过路由器请求和路由器通告等消息类型来完成邻居关系的建立。

(3)广播和多播：在 ARP 中，主机广播 ARP 请求，所有网络中的主机都会收到这个请求，但只有与请求的 IP 地址匹配的主机会回应。相比之下，IPv6 的 NDP 使用多播来发送邻居发现消息，减少了广播带来的网络负载。

(4)安全性：NDP 在设计时考虑了更强的安全性。IPv6 网络中，NDP 引入了安全邻居发现(secure neighbor discovery，SEND)扩展，通过加密和身份验证机制，提高了邻居发现的安全性。相较之下，IPv4 的 ARP 没有内建的安全机制，容易受到欺骗攻击。

总体而言，IPv6 的邻居发现协议在功能上不仅包含了 IPv4 中 ARP 的地址解析功能，而且引入了一些新的特性以适应 IPv6 网络的需求，如更好的广播控制和更强的安全性。这些改进使得 IPv6 网络中的地址解析更为高效和安全。

5. 在 DHCP 方面的特性差异

在动态主机配置协议(DHCP)方面，IPv6 和 IPv4 之间存在一些显著的差异。以下是它们在 DHCP 方面的主要特性对比。

(1)IPv4 中的 DHCP：在 IPv4 网络中，DHCP 广泛用于动态分配 IP 地址、子网掩码、默认网关和 DNS 服务器等配置信息。IPv4 的 DHCP 是一种成熟的协议，被广泛支持和应用。

(2)IPv6 中的 DHCPv6：IPv6 引入了 DHCPv6，用于为 IPv6 主机分配 IPv6 地址和其他网络配置信息。与 IPv4 中的 DHCP 类似，DHCPv6 通过服务器为主机提供 IPv6 地址、路由信息、DNS 服务器等参数。然而，DHCPv6 在 IPv6 网络中的功能更加强大，支持更多的配置选项。

(3)自动地址配置：IPv6 引入了无状态地址自动配置(stateless address automatic configuration，SLAAC)的自动配置机制，允许主机在不需要 DHCP 服务器的情况下通过网络前缀信息自动配置自己的 IPv6 地址。这使得 IPv6 网络中的主机可以更加灵活地获取地址，减少对中央 DHCP 服务器的依赖。

(4)DHCP 选项：IPv6 的 DHCPv6 引入了一些新的选项，以满足 IPv6 特有的配置需求。其中包括 IPv6 地址的前缀长度、MTU 等选项。

(5) DHCPv6 和 SLAAC 的结合使用：在 IPv6 中，DHCPv6 和 SLAAC 可以结合使用。主机可以使用 SLAAC 自动配置地址，同时通过 DHCPv6 获取其他配置信息。这种组合使用的方式增加了 IPv6 网络中的灵活性和配置选项的多样性。

总体而言，IPv6 的 DHCPv6 在设计上考虑了 IPv6 网络的独特特性，提供了更多的配置选项，并与 SLAAC 协议协同工作，使得 IPv6 网络中主机的配置更加灵活和高效。与 IPv4 相比，IPv6 的 DHCP 机制更为综合且适应性更强。

6. 在 OSPF 方面的特性差异

开放最短路径优先（open shortest path first，OSPF）协议是一种用于路由选择的内部网关协议（interior gateway protocol，IGP），它在 IPv6 和 IPv4 网络中都得到了广泛的应用。以下是 IPv6 和 IPv4 在 OSPF 方面的主要特性对比。

(1) OSPFv2 和 OSPFv3：在 IPv4 网络中，使用的是 OSPFv2，而在 IPv6 网络中，使用的是 OSPFv3。OSPFv3 是专门为 IPv6 设计的版本，支持 IPv6 的地址格式和其他 IPv6 相关特性。

(2) 地址格式：在 IPv4 网络中，OSPFv2 使用 IPv4 地址来标识路由器和网络。而在 IPv6 网络中，OSPFv3 使用 IPv6 地址，适应了 IPv6 更长的地址长度和新的地址表示。

(3) 邻居关系建立：OSPFv2 和 OSPFv3 在邻居关系建立方面有一些差异。在 IPv4 网络中，OSPFv2 使用 Hello 报文建立邻居关系。在 IPv6 网络中，OSPFv3 使用 IPv6 的 Hello 报文进行邻居关系的建立。

(4) 区域 ID：OSPF 网络通常被划分为区域，每个区域有唯一的区域 ID。在 IPv4 的 OSPFv2 中，区域 ID 是 32 位的。在 IPv6 的 OSPFv3 中，区域 ID 是 128 位的，与 IPv6 地址的长度一致。

(5) 链路状态通告：OSPF 使用链路状态通告（link state advertisement，LSA）来传递网络拓扑信息。在 IPv4 网络中，LSA 的格式适应 IPv4 网络；而在 IPv6 网络中，OSPFv3 使用适应 IPv6 地址的 LSA 格式，以传递 IPv6 网络的拓扑信息。

(6) 支持 IPv6 的其他特性：OSPFv3 在设计上考虑了 IPv6 网络的独特特性，支持 IPv6 中的各种特性，如地址自动配置、前缀信息、MTU 等。

总体而言，OSPF 在 IPv6 和 IPv4 网络中的基本原理和运作方式相似，但在细节上存在一些差异，以适应各自的地址表示和网络特性。网络管理员需要根据网络的 IPv4 或 IPv6 特性来选择和配置相应的 OSPF 版本。

7. 在 PPP 方面的特性差异

点到点协议（point-to-point protocol，PPP）是一种用于在两个点之间建立通信链路的数据链路层协议，常用于通过串行线路进行点到点连接。在 IPv6 和 IPv4 网络中，PPP 都被广泛应用，但存在一些差异。

(1) 地址配置：在 IPv4 网络中，PPP 通常使用 IPv4 地址进行配置，这可以通过 PPP 的 IP 控制协议（IP control protocol，IPCP）来完成。在 IPv6 网络中，PPP 也可以通过 IPv6 控制协议（IPv6CP）来配置 IPv6 地址。

(2) 协议类型字段：在 IPv4 的 PPP 协议中，点到点协议字段用于指定上层协议，其中 0x0021 代表 IPv4。在 IPv6 的 PPP 协议中，使用了新的字段（0x0057）来表示 IPv6，以便识别

IPv6 的数据包。

(3)地址和控制字段：IPv4 的 PPP 数据包中，地址字段和控制字段通常是 8 位，而在 IPv6 的 PPP 数据包中，这两个字段被设置为 0x03，以适应 IPv6 的需求。

(4)自动配置：PPP 在 IPv6 网络中能够通过 IPv6 控制协议（IPv6CP）实现地址的自动配置，这与 IPv4 网络中的 IPCP 自动配置相似。IPv6CP 能够协商和分配 IPv6 地址，提高了 IPv6 网络中 PPP 连接的便捷性。

(5)MTU 设置：由于 IPv6 报文头部较 IPv4 更长，IPv6 的 PPP 连接需要更大的 MTU。在 IPv6 网络中，通过 IPv6 控制协议（IPv6CP）可以协商和配置合适的 MTU 值。

(6)支持的协议：IPv6 的 PPP 连接同时支持 IPv6 及 IPv4，因此可以同时传输 IPv6 和 IPv4 的数据。这种灵活性使得 IPv6 和 IPv4 网络可以共存并在同一 PPP 链路上进行通信。

总体而言，PPP 在 IPv6 和 IPv4 网络中都能够提供可靠的点到点连接服务，但在配置、协议字段等方面存在一些差异，以适应 IPv6 网络的特性。网络管理员需要根据具体的网络环境和需求选择相应的 PPP 配置和协议。

8. 在 RIP 方面的特性差异

路由信息协议（routing information protocol，RIP）是一种用于路由选择的内部网关协议（IGP），用于在路由器之间交换路由信息。IPv6 引入了一种新的版本 RIPng 来支持 IPv6 网络。以下是 IPv6 和 IPv4 在 RIP 方面的特性对比。

(1)RIPv2 和 RIPng：在 IPv4 网络中，使用的是 RIPv2。而在 IPv6 网络中，引入了 RIPng。RIPng 支持 IPv6 地址格式和新的 IPv6 特性。

(2)地址表示：RIPv2 使用 IPv4 地址，而 RIPng 使用 IPv6 地址。IPv6 地址的长度较长，采用十六进制表示法，与 RIPv2 中的 IPv4 地址表示存在差异。

(3)路由标签：RIPv2 支持路由标签，可用于标识路由信息，以提供更多的信息。而 RIPng 没有引入路由标签，因为 IPv6 的路由表设计更为灵活且包含了更多的信息。

(4)支持的地址族：RIPv2 主要支持 IPv4 地址族。而 RIPng 专注于 IPv6 地址族。两者在地址表示、分配和传递的方式上存在明显的区别。

(5)报文格式：RIPv2 和 RIPng 在报文格式上有所不同。RIPng 的报文格式适应了 IPv6 的地址长度，同时也对报文格式进行了一些调整以支持 IPv6 的新特性。

总体而言，RIPng 是专门为 IPv6 设计的路由信息协议，与 RIPv2 相比，更好地适应了 IPv6 的地址表示和网络需求。网络管理员在部署路由协议时，需要考虑网络的 IP 版本，并选择相应版本的 RIP 来实现有效的路由信息交换。

9. 在 SNMP 方面的特性差异

简单网络管理协议（simple network management protocol，SNMP）是一种用于网络设备状态管理和监控的协议。以下是 IPv6 和 IPv4 在 SNMP 方面的主要特性对比。

(1)SNMP 版本：SNMP 有多个版本，其中最常用的是 SNMPv1、SNMPv2c 和 SNMPv3。这些版本都能够在 IPv4 和 IPv6 网络中运行，但在具体实施中可能存在一些差异。

(2)SNMPv3 的安全性：SNMPv3 引入了更强的安全机制，包括身份验证和加密功能。这对于在网络中传输敏感信息的 IPv4 和 IPv6 设备都是重要的。SNMPv3 的安全机制能够保护管理信息，防止未经授权的访问。

（3）IPv6 地址表示：SNMP 协议本身对 IP 地址的表示没有特别的要求，但在使用 SNMP 时，IP 地址通常是通过字符串表示的。IPv6 地址较 IPv4 更长，因此在管理 IPv6 网络时，SNMP 管理系统需要支持 IPv6 地址的长格式。

（4）对象标识符的扩展：SNMP 使用对象标识符（object identifier，OID）来唯一标识管理信息。在 IPv6 网络中，OID 需要扩展以支持 IPv6 特定的管理信息，如 IPv6 地址、邻居发现等。

（5）IPv6 特定的管理信息库：SNMP 的管理信息库（management information base，MIB）定义了被监测和管理的对象。IPv6 引入了一些新的 MIB 模块，以支持 IPv6 特有的功能，如 IPv6 地址信息、邻居发现等。这些 IPv6 特定的 MIB 模块使得在 IPv6 网络中更全面地监测和管理设备成为可能。

（6）传输协议：SNMP 协议可以在 IPv4 和 IPv6 网络上使用不同的传输协议，包括 UDP 和 TCP。在 IPv6 网络中，同样可以使用 UDP 或 TCP 传输 SNMP 消息。

总体而言，SNMP 在 IPv4 和 IPv6 网络中都能够提供网络设备的管理和监测功能。在 IPv6 网络中，由于 IPv6 地址长度的增加和一些新的网络特性，SNMP 的实施需要对 OID、MIB 和安全性进行一些调整，以适应 IPv6 环境。网络管理员在配置和管理 SNMP 时需要注意 IPv6 网络的特殊需求。

2.2.3　双栈部署与切换

在面临 IPv4 地址耗尽的问题时，双栈技术作为一种解决方案，该技术允许 IPv4 和 IPv6 共存于同一设备或网络中。这一技术的规范性文档为 RFC 2893。采用该技术的节点能够同时运行 IPv4 和 IPv6 两套协议栈，从而在面对 IPv4 与 IPv6 混合网络环境时，实现节点之间的互通性。双栈技术提供了直接有效的方式，实现了 IPv4 和 IPv6 的兼容性，确保顺畅通信。尽管双栈技术实现了完全的 IPv4 和 IPv6 兼容性，但未解决 IPv4 地址耗尽问题。维护双路由基础设施可能增加网络复杂度。在部署双栈技术时，需考虑网络规模、性能需求和 IPv4 地址短缺等因素，以确保最佳网络运行效果。

IPv6 和 IPv4 都属于网络层协议，它们在数据链路层和物理层协议平台上使用相似的底层基础设施，同时可以承载相同的传输层协议，如 TCP 或 UDP。通过在同一主机上实现 IPv6/IPv4 双栈，主机可以在 IPv6 网络和 IPv4 网络之间灵活切换，实现对不同协议版本的支持。主机拥有 IPv6/IPv4 双栈后，可以与仅支持 IPv4 或 IPv6 的主机进行通信，从而实现了在混合网络环境中的互通性。该技术的协议结构如图 2-7 所示。

图 2-7　IPv6/IPv4 双栈的协议结构

双栈节点在与 IPv6 节点通信时表现为纯 IPv6 节点，而在与 IPv4 节点通信时则表现为纯 IPv4 节点。这种节点具有三种操作模式，可以通过配置开关进行切换，实现不同的协议版本支持。

（1）启用 IPv4 栈而禁用 IPv6 栈：在这种模式下，节点像一个纯 IPv4 节点一样运行，仅使用 IPv4 协议进行通信。

（2）启用 IPv6 栈而禁用 IPv4 栈：在这种模式下，节点像一个纯 IPv6 节点一样运行，只使用 IPv6 协议进行通信。

（3）同时启用 IPv4 栈和 IPv6 栈：在这种模式下，节点同时启用 IPv4 栈和 IPv6 栈，可以使用这两种协议版本进行通信，实现 IPv4 和 IPv6 的共存。

双栈节点的操作模式可以通过配置进行灵活调整，根据网络环境和需求来选择不同的模式。在 IPv4 栈启用时，节点使用 IPv4 的地址配置机制，可以是静态配置或通过 DHCP 获取；在 IPv6 栈启用时，节点使用 IPv6 的地址配置机制，可以是静态配置或自动配置。这种灵活的操作模式使得双栈节点能够适应不同的网络，并顺利实现 IPv4 向 IPv6 的过渡，同时确保对 IPv4 和 IPv6 网络的兼容性。

尽管双栈技术为 IPv4 和 IPv6 的共存提供了一种方案，但需要注意上述缺点，以便在部署和管理过程中更好地应对相关的问题。

（1）整体软件升级的需求：为了在网络中运行两个独立的协议栈（IPv4 和 IPv6），必须对整个网络设备中的软件进行升级。这包括路由器等网络设备，以确保它们能够同时支持 IPv4 和 IPv6。

（2）同步存储表的复杂性：在启用 IPv4 和 IPv6 转发功能的情况下，需要同步存储所有相关的表，如路由表。这可能导致管理复杂，因为必须确保这两种协议的路由信息在网络中得到同步和正确的处理。

（3）双重配置路由协议：在双栈网络中，需要为 IPv4 和 IPv6 分别配置路由协议。这增加了配置的复杂性，因为网络管理员需要采取适当的步骤来确保两个协议的正常运行。

（4）不同命令的使用：对于网络管理来说，由于 IPv4 和 IPv6 是两种不同的协议，因此需要使用不同的命令进行测试和配置。例如，在使用 Microsoft（微软）操作系统的主机上，测试网络连接通路时，IPv4 使用 ping.exe，而 IPv6 使用 ping6.exe。

有限双栈技术（limited dual stack model，LDSM）是对双栈技术的一种改进。它要求服务器主机和路由器必须支持双栈，而非服务器主机则只需要支持 IPv6 协议。相比传统的双栈技术，有限双栈技术在 IPv4 地址需求上更加节约。有限双栈技术的优点在于它只需要较少的 IPv4 地址资源。通过将 IPv4 功能限制在服务器主机和路由器上，其他终端设备只需要支持 IPv6，可以减少对 IPv4 地址的需求。这种方式可以有效地推动 IPv6 的部署和使用，同时减轻了 IPv4 地址短缺的压力。RFC 2893 规范提供了有关如何实施有限双栈技术的详细指导，并介绍了相关的配置和操作方法。

在以 IPv6 为主导的网络环境下，节点有时需要与一些未实现双栈技术的 IPv4 节点进行通信，因此需要节点支持双协议栈。然而，在网络中支持 IPv6 和 IPv4 协议也带来了一些管理方面的负担，如需要处理大量的地址分配、对路由设备性能的要求高等。为了更有效地解决这些问题，较为优越的方法是调整网络策略，以最大限度地支持 IPv6。双栈过渡机制（dual stack transition mechanism，DSTM）技术可应于以 IPv6 为主导的网络中，为双栈节点分配临时的 IPv4 地址，并采用 IPv4 over IPv6 隧道机制。这种方法有助于双栈节点在 IPv6 网络中与 IPv4 节点进行通信，同时避免使用网络地址转换（NAT）。在 IPv6 网络的早期阶段，DSTM 被广泛采用，特别是在需要与传统 IPv4 设备和应用程序进行交互的场景中，为网络演进提供了一种有效的解决方案。通过合理应用 DSTM 和调整网络策略，能够更好地适应以 IPv6 为主导的网络环境，提高整体网络管理的效率。

在 DSTM 网络中，通过为双栈节点分配临时 IPv4 地址，实现了与 IPv4 节点的通信，而无须对 IPv4 节点和 IPv4 应用程序进行任何修改。DSTM 系统主要由 DSTM 服务器和 DSTM 节点组成，其中 DSTM 服务器负责为客户节点分配唯一的 IPv4 地址，并为 DSTM 节点指定隧道端点(tunnel end point，TEP)。DSTM 服务器在一定时间内保证所分配的 IPv4 地址的唯一性。DSTM 节点利用 TEP 将 IPv4 数据封装在 IPv6 数据包中，并将其发送至 DSTM 边界路由器。一旦边界路由器接收到这种 IPv4 over IPv6 的数据包，它就会从 IPv6 数据包中提取 IPv4 数据包，然后将 IPv4 数据包发送至 IPv4 目的地。相似地，当 DSTM 边界路由器接收到返回的 IPv4 数据包时，它会将 IPv4 数据包封装在 IPv6 数据包中，并将其转发至正确的 DSTM 节点。整个 DSTM 网络的组成和实现如图 2-8 所示。

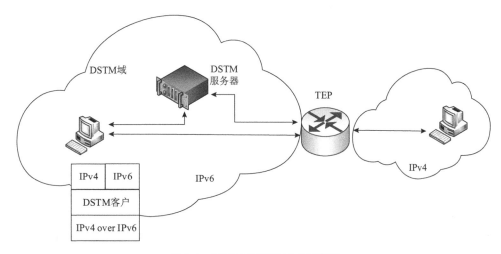

图 2-8　DSTM 网络的组成和实现

DSTM 网络由三个主要组成部分构成，包括 DSTM 服务器、DSTM 域及 TEP。DSTM 服务器的实现涵盖了多个模块，其中客户访问模块负责根据客户的请求提供 IPv4 地址和 TEP 信息，并在需要时返回相应的信息；地址访问模块用于维护 IPv4 地址的生命周期；而路由信息访问模块则用于学习和配置 DSTM 域内的 TEP 信息，以便向客户提供正确的 TEP 信息。

DSTM 客户节点从 DSTM 服务器获取 IPv4 地址和 TEP 信息，获得的 IPv4 地址具有一定的生命周期，过期后节点无法继续使用该地址。节点不允许动态更新 DNS 向 DSTM 服务器访问模块提供的 IPv4 地址。节点可以手动配置 TEP 或使用动态隧道技术配置 TEP。

TEP 具备解封装 IPv4 over IPv6 数据包的能力。当通信限于内部网络时，可以使用私有地址。如果域内某个节点需要访问公共 IPv4 节点，DSTM 服务器最好分配公共 IPv4 地址给该节点，以确保连接的有效性。

DSTM 技术具有若干优势：首先，该协议在网络层面上实现了透明性，采用封装机制，无须 IPv4 路由器介入 IPv6 网络。其次，对应用程序而言，DSTM 协议同样保持透明性，双协议栈主机上的应用程序无须进行修改，可以像在 IPv4 上一样运行。另外，采用 DHCPv6 允许对 IPv4 地址进行动态分配，促进了地址资源的有效利用。

　　然而，DSTM 也存在一些问题：首先，它不支持不对称路径，即从 IPv4 节点返回的数据必须经过相同的 TEP 设备，限制了一些特定网络场景的应用。其次，DSTM 在网络处理上存在一定的延迟，可能无法满足实时业务应用的需求。这些问题需要在使用 DSTM 技术时仔细考虑和权衡。

2.3　IPv6 协议体系结构

　　在网络通信的演进中，IPv6 协议体系结构成为一个不可或缺的焦点。IPv6 并非仅仅是地址空间的扩展，还重新思考了协议头的设计，简化了头部结构，提高了路由器的处理效率。此外，IPv6 还携带了 IPSec 安全特性，为数据传输提供了内建的加密和认证机制，以及更多的 QoS 支持，使网络安全和性能得到了更全面的考量和保障。IPv6 协议体系结构的引入不仅仅是为了解决地址瓶颈，更是为了构建一个更安全、更稳定、更高效的全球网络基础设施。

2.3.1　网络层协议

1. ICMPv6

1）ICMPv6 概述

　　ICMPv6 是 IPv6 网络中的一个重要协议，专门用于在 IPv6 网络中传输控制消息。确保了 IPv6 网络通信的有效性和可靠性。其主要作用如下。

　　（1）ICMPv6 负责邻居发现。这项功能允许设备在 IPv6 网络中识别和定位相邻的设备，通过发送邻居发现消息，设备可以确认彼此的存在和状态。这对于地址解析、路由器重定向和地址配置等任务至关重要。

　　（2）ICMPv6 处理错误报告和状态信息传递。在网络通信中出现问题时，ICMPv6 负责传递错误报告，如目的地不可达或生存时间超时等。它还传递有关状态的信息，如路由器通告和重定向消息，帮助网络设备调整其路由表和路径选择。

　　（3）ICMPv6 还管理数据包的生命周期。它负责分段和重组数据包，确保它们在网络中正确传输。同时，ICMPv6 还监控数据包的生命周期限，及时识别和处理生存时间超时的数据包。

　　此外，ICMPv6 还涉及多播组管理。它允许设备加入或离开多播组，并在需要时传递相关信息，确保多播通信的有效性。ICMPv6 报文的一般格式如图 2-9 所示。携带 ICMPv6 报文的 IPv6 分组的格式如图 2-10 所示。

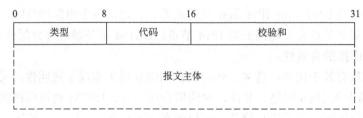

图 2-9　ICMPv6 报文的一般格式

图 2-10　携带 ICMPv6 报文的 IPv6 分组的格式

2）主要消息类型

（1）邻居发现。

当设备需要将 IPv6 地址转换为 MAC 地址时，它发送邻居请求消息到目标设备。如果目标设备在线且可达，它将回复邻居通告消息，提供所需的 MAC 地址信息。这种地址解析机制帮助设备构建有效的地址表，从而确保数据包能够正确传送到目标设备。邻居发现也对路由器重定向和地址配置起着关键作用。通过邻居发现，路由器可以向设备发送路由器通告消息，提供网络参数和路由信息。同时，设备可以通过邻居发现机制自动配置 IPv6 地址，减少网络管理员的手动干预。

邻居发现是 IPv6 网络中维护设备间关系、进行地址解析和配置的关键机制。它通过邻居请求和邻居通告消息促进设备之间的通信，有助于构建并维护网络中的邻居关系，提高网络通信的有效性和可靠性。

（2）错误报告与状态信息。

错误报告传递是 ICMPv6 的重要功能之一。它允许设备在发生问题时向其他设备报告错误。例如，目的地不可达或生存时间超时等网络通信问题将会触发错误报告的发送。这些消息会被发送到数据包源地址，告知源设备发生了错误或无法到达目标设备，进而触发相应的网络调整和路径选择。

状态信息传递也是 ICMPv6 的重要功能。该消息类型用于传递状态更新或重要信息，帮助设备调整其状态或路由表。举例而言，路由器通告消息可以告知设备网络的可达路由器和网络参数变化，使设备能够及时更新自身路由表和配置信息，确保数据包正确地发送到目的地。

这些消息类型对于网络的稳定性和可靠性至关重要：错误报告的及时传递可以帮助网络管理员快速诊断和解决网络问题，提高网络的健壮性；状态信息的传递有助于设备及时调整路由表和配置，保持网络的正常运行状态。

错误报告和状态信息传递是 ICMPv6 的关键功能，它们允许设备在网络通信中发现问题并传递重要的状态信息。这些消息类型有助于确保网络通信的正常进行，并在出现问题时提供必要的支持和修复机制。

3）数据包生命周期管理

（1）数据包生命周期管理是 IPv6 网络中 ICMPv6 的重要功能之一，它涵盖了数据包在网络传输过程中的分段、重组和生存时间的管理。

数据包会被分段为更小的片段，以适应网络传输的要求。这个过程称为分段，确保数据包能够在网络中正确传输，并在到达目的地时被正确重组。ICMPv6 负责监控和管理数据包的生存时间。每个数据包都有一个生存时间（TTL）字段，路由器每转发一个数据包，TTL 字段就会递减。当 TTL 减至零时，ICMPv6 会丢弃数据包并发送生存时间超时消息，防止数据包在网络中无限循环，有助于保持网络的正常运行。

数据包生命周期管理保证了数据包在网络中的正确传输和处理，维护了网络通信的有效性和稳定性。

4）其他消息类型

多播组管理消息在 ICMPv6 中是至关重要的，它们允许设备有效管理和维护多播组成员身份。这些消息类型包括多播组查询和多播组通告。多播组查询消息允许设备查询网络中特定的多播组。通过发送查询消息，设备可以确认特定多播组的成员身份或验证组播组的存在。接收到查询消息的设备可以通过多播组通告消息回复，确认其多播组的成员身份，提供相应的组播组信息。多播组通告消息用于向网络中的设备广播多播组的相关信息。这些消息包括组播组的地址、成员身份和其他相关参数。设备收到多播组通告消息后，可以根据这些信息加入或离开特定的多播组，从而管理自身的多播组成员身份。多播组管理消息有助于设备有效管理和加入多播组，促进多播通信。通过这些消息类型，设备可以识别并加入所需的多播组，确保在多播通信中能够收到相关的数据包，提高网络通信的效率和灵活性。

参数问题报告消息在 ICMPv6 中用于指示和处理出现问题的参数。若设备在处理数据包时发现问题，如数据包中的某些参数不符合规范或不被支持时，它会发送参数问题报告消息。这些消息指示了数据包中存在的问题，并提供必要的信息，帮助诊断和解决问题。其次，接收端设备收到参数问题报告消息后，会针对消息中指示的问题进行相应的处理。这可能涉及修改特定参数、调整配置或协议方面的改进。参数问题报告消息的发送方可以在后续通信中使用更新后的参数，确保数据包的正确传输。参数问题报告消息有助于设备之间识别并解决参数方面的问题，提高了网络通信的质量和准确性。通过这些消息的交换，设备能够快速诊断和解决出现的问题，确保数据包在网络中正确地传输和处理。

5）ICMPv6 面临安全上的挑战

ICMPv6 在网络中具有重要功能，但也面临着一些安全挑战。一是可能的安全漏洞，导致网络暴露于拒绝服务（DoS）攻击、欺骗攻击或网络钓鱼等威胁。二是伪造消息也是潜在的风险，攻击者可能伪造 ICMPv6 消息来欺骗网络设备，干扰通信或进行欺诈。为了应对这些挑战，网络安全方面的工作至关重要。加密通信是防范伪造消息的重要手段，通过认证和加密机制保护 ICMPv6 消息的完整性和真实性。网络设备应实施有效的访问控制和过滤策略，限制对 ICMPv6 消息的访问和使用，减少潜在的攻击风险。不断更新和加强网络设备的安全性也是关键举措。及时应用安全补丁和更新能够修复已知漏洞，增强设备的防护能力。同时，实施安全培训和意识提升计划有助于员工更好地了解安全威胁，增强对网络安全的重视。

ICMPv6 将继续发展以适应日益复杂的网络环境和安全挑战。其中一个发展趋势是更好的安全性和隐私保护。随着网络攻击日益增多，ICMPv6 协议将追求更强的加密和身份验证机制，以确保消息的真实性和完整性，并保护用户的隐私。另一个发展趋势是更智能和高效的网络管理。随着物联网和边缘计算的兴起，网络中连接的设备数量将继续增加，ICMPv6 将朝着更智能、自动化的方向发展，实现更有效的网络管理和配置，以适应大规模设备的管理需求。随着 IPv6 的普及，ICMPv6 协议将成为 IPv6 网络中不可或缺的一部分，并且随着 IPv6 的发展，ICMPv6 的功能和性能也将不断优化和完善，以适应更多元化的网络需求。

ICMPv6 将面临更多挑战和机遇，加强安全性、智能化网络管理以及 IPv6 的广泛应用将是 ICMPv6 未来发展的主要方向，以应对日益复杂和多样化的网络环境。

2. IPv6 路由协议

IPv6 路由协议是 IPv6 网络中负责路由信息的交换和路径选择的协议体系，旨在确定数据包的传输路径。它定义了数据包在网络中的传输方式，并确保数据可以从源节点传输到目的节点。IPv6 路由协议根据网络拓扑结构、跳数、链路状态等信息，建立和维护路由表，以指导数据包的传输。IPv6 路由协议承担了指导数据包转发的重要职责，通过路由表中的信息决定数据包的最佳路径，以高效、快速地传输数据包。它支持路由器之间的路由信息交换和更新，确保网络中设备之间能够有效地通信，并能够适应网络拓扑的变化。

1）RIPng

RIPng 是 IPv6 环境下的路由信息协议，旨在进行 IPv6 网络中的路由选择。RIPng 是 RIP 协议的扩展，专为 IPv6 设计，以适应 IPv6 网络的特性。RIPng 基于距离矢量路由算法，使用 Hop Count（跳数）作为路径的度量标准。每台路由器将其已知的路由信息定期发送给相邻的路由器，以广播和交换网络中的路由信息。这种定期的信息交换有助于维护网络中的路由表，使得路由器可以了解到可达目的地的路径。RIPng 具有简单、易实现的特点。它的路由选择基于跳数，当路由器在接收到的路由信息中发现了更短的路径时，会立即更新自己的路由表。然而，这种基于跳数的度量也带来了一些限制，例如，无法区分不同链路的带宽或延迟，可能导致不够精确的路由选择。由于 RIPng 的信息交换较为频繁，可能会引发一定的网络流量。RIPng 适用于中小型 IPv6 网络，尤其适合对路由协议要求不高、实现简单的场景。然而，在大型网络或需要更精确的路由选择的情况下，其他路由协议如 OSPFv3 和边界网关协议（border gateway protocol，BGP）的 IPv6 版本可能更为合适，因为它们提供了更高的可配置性和更复杂的路由选择机制。RIPng 的报文格式如图 2-11 所示。

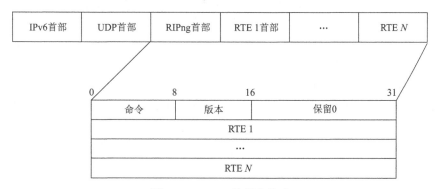

图 2-11　RIPng 的报文格式

2）OSPFv3

OSPFv3 是 IPv6 环境下常用的动态路由协议，旨在为 IPv6 网络提供高效的路由选择和网络拓扑计算服务。与 OSPFv2 相比，OSPFv3 针对 IPv6 进行了调整和改进。它是一种链路状态路由协议，通过洪泛（flooding）链路状态信息的方式，构建网络的拓扑图，并计算出最短路径。OSPFv3 利用 Dijkstra 算法，根据链路状态信息计算出到达目的地的最佳路径，并使用区域的概念将网络划分为更小的拓扑单元，从而减小整个网络的复杂性。OSPFv3 具有较为复杂的路由选择机制，允许根据不同的需求和环境进行定制配置。它支持多种路由类型和路径选择标准，例如，按照带宽、成本等不同指标进行路径选择。此外，OSPFv3 还支持网络分割，将大型网络划分为更小的区域，以提高网络的可管理性和稳定性。由于 OSPFv3 的灵活性和丰富的配置选项，它常用于大型企业网络和互联网服务提供商环境中。需要注意的是，OSPFv3 相比 RIPng 等简单的协议更为复杂，需要较高的配置和维护成本，OSPFv3 在小型网络中的应用并不十分高效。

OSPFv3 作为一种强大而灵活的路由协议，为 IPv6 网络提供了高效的路由计算和选择机制，适用于复杂的大型网络环境。在部署时需要根据具体网络环境和需求进行合理配置和管理。OSPFv3 报文首部的格式如图 2-12 所示。

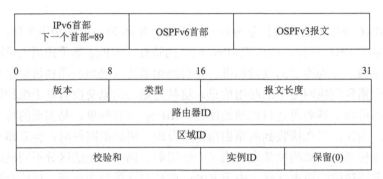

图 2-12　OSPFv3 报文首部的格式

3）BGP 的 IPv6 版本

BGP 是用于在自治系统之间交换路由信息的协议，在 IPv6 环境中有其对应的版本。BGP 的 IPv6 版本（BGPv6）是一种路径矢量协议，用于 IPv6 网络中路由信息的交换和选择。BGPv6 在 IPv6 网络中起着关键作用，它负责交换和选择路由，决定了数据包在不同 IPv6 网络之间的最佳路径。相比 BGPv4，BGPv6 引入了对 IPv6 地址族的支持，并通过 TCP 连接交换路由信息，使用 UPDATE 消息交换 IPv6 前缀及其相关的路由属性。通过这些属性，BGPv6 能够确定最佳路径，同时也允许对路由进行精细的控制和策略制定。这使得 BGPv6 成为大型 ISP 网络和企业网络中常用的路由协议。然而，BGPv6 的部署和管理相对复杂。它需要高水平的配置和维护，确保网络的安全和稳定。在大型网络中，BGPv6 能够提供高度的可扩展性和灵活性，但在小型网络中可能显得过于复杂。BGPv6 是 IPv6 网络中连接不同自治系统的重要协议，为网络提供了路由选择和交换的核心机制。尽管其复杂性可能对小型网络产生一定挑战，但在大型网络中，BGPv6 的可扩展性和路由控制能力使其成为网络架构中不可或缺的一部分。BGP 报文首部格式及位置如图 2-13 所示。

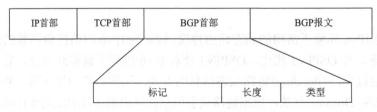

图 2-13　BGP 报文首部格式及位置

2.3.2　传输层协议

1. TCPv6

TCPv6 是 IPv6 网络环境下的传输控制协议,承载着确保数据传输的可靠性和顺序性的任务。与 IPv4 相比,TCPv6 在适应 IPv6 环境方面进行了优化和调整。作为 IP 套件的一部分,TCPv6 在 OSI 参考模型中负责完成传输层功能,管理数据的分段、传输和重组。它确保数据能够可靠地从源地址传送到目的地址,同时维护数据的顺序性,以确保数据包在传输过程中按正确的顺序到达。TCP 的报文格式如图 2-14 所示。

源端口(16比特)							目的端口(16比特)
序列号(32比特)							
确认号(32比特)							
数据偏移 (4比特)	保留 (6比特)	URG	ACK PSH	RST	SYN	FIN	窗口(16比特)
校验和(32比特)							紧急指针(32比特)
选项和填充							

图 2-14　TCP 报文格式

TCPv6 为 IPv6 网络奠定了稳定的基础,充分利用了 IPv6 更广阔的地址空间。这种协议针对现代互联网的需求进行了调整,能够支持更多设备和更大规模的数据传输。其重要性体现在为互联网通信提供了可靠性和持久性。TCPv6 的流量控制、拥塞控制和错误校验等机制确保了数据传输的完整性和可靠性。总的来说,TCPv6 在 IPv6 网络中是不可或缺的,为全球互联网的稳定性和持续发展提供了重要保障。TCPv6 和 IPv6 密切合作,使得 IPv6 网络得以高效运行。TCPv6 依赖于 IPv6 提供的大规模地址空间,同时 IPv6 也依赖于 TCPv6 来确保数据传输的可靠性和顺序性。二者共同构成了 IPv6 网络传输层的基石,为现代互联网通信奠定了坚实的基础。这种紧密结合的关系使得 IPv6 网络能够应对未来互联网发展的挑战,并满足各种类型的数据传输和通信需求。

1)TCPv6 核心特性

(1)可靠的数据传输。

TCPv6 作为 IPv6 网络中的传输控制协议,核心特性之一是确保数据的可靠传输,保证数据在源和目的地之间的安全交付和顺序传送。在实现可靠数据传输方面,TCPv6 采用了多种机制来保证数据的完整性和可靠性。首先,TCPv6 使用序列号和确认应答机制。发送端将数据分割成合适的数据包,并为每个数据包分配一个序列号,接收端通过发送确认应答来确认收到的数据包序列号,从而确保数据包的顺序性和完整性。重传机制也是 TCPv6 确保可靠传输的重要手段。如果发送端未收到确认应答,它会假定数据包丢失,并重新发送该数据包。这种机制确保即使发生数据包丢失或损坏,TCPv6 也能重新传输并确保数据的完整性。

TCPv6 以其强大的数据传输机制确保了数据的可靠性。通过序列号、确认应答、重传、流量控制和拥塞控制等功能，TCPv6 保证了数据在 IPv6 网络中的安全传输，使得数据能够准确、完整地从发送端到达接收端。这些特性使得 TCPv6 成为构建可靠网络通信的重要基石。

(2) 流量控制和拥塞控制。

在 TCPv6 中，流量控制和拥塞控制是确保网络传输效率和稳定性的重要机制，旨在防止数据传输过程中的速率失衡和网络拥塞。流量控制是通过接收端向发送端发送窗口大小的信息，控制发送端的数据流量，以适应接收端处理数据的速度。这种机制允许接收端控制发送端的数据流量，防止过多数据涌入接收端，导致数据丢失或系统过载。拥塞控制是 TCPv6 应对网络拥塞的重要手段。拥塞控制通过检测网络的拥塞情况并做出相应的反应，来确保网络运行的稳定性和可靠性。它通过监测网络的状况，如丢包率和延迟，调整数据的发送速率，以防止网络的过载和拥塞进一步加剧。TCPv6 中的拥塞控制机制通常包括慢启动、拥塞避免和快速恢复等算法。慢启动算法使得发送端逐渐增加数据发送速率，直到网络开始出现拥塞的迹象。一旦网络出现拥塞，拥塞避免算法将逐步减小数据发送速率，以缓解拥塞情况，确保网络的稳定性。此外，快速恢复算法允许发送端在检测到数据包丢失时快速恢复发送速率，而无须等待超时，以提高网络吞吐量。

流量控制和拥塞控制是 TCPv6 保持网络稳定和高效运行的重要机制。它们通过控制数据的发送速率、监测网络状况并调整数据流量，确保数据在 IPv6 网络中的可靠传输，防止网络拥塞和数据丢失，保证了网络的稳定性和性能。这些机制是 TCPv6 在处理大量数据传输时保持网络稳定和高效运行的关键所在。

2) TCPv6 的功能和安全特性

(1) 错误校验与数据完整性。

TCPv6 在确保数据完整性方面实施了严格的错误校验机制，以保障数据在传输过程中不会遭受损坏或发生错误。TCPv6 利用序列号和确认应答机制来确保数据的完整性。每个数据包都带有序列号，接收端根据序列号对数据包进行排序并发送确认应答，这样发送端就能够确认数据包是否成功到达，避免了数据包的丢失或错乱。此外，TCPv6 在数据传输中实施了重传机制，一旦接收端未能确认某个数据包的接收，发送端便会进行相应的重传，以保证数据包的完整性和可靠性。这些错误校验和数据完整性保障机制有效地保证了 TCPv6 在 IPv6 网络中数据传输的准确性和安全性。通过校验和、序列号、确认应答和重传等机制，TCPv6 能够检测和纠正在传输过程中出现的数据错误，确保数据的可靠传输，为数据在网络中的安全性提供了保障。这些机制使得 TCPv6 成为构建可靠、安全网络通信的关键组成部分。

(2) 安全特性。

TCPv6 在 IPv6 网络中提供了一系列安全特性，以确保数据传输的安全性和隐私保护。一是数据加密和身份验证。TCPv6 可以与其他安全协议(如 IPSec)结合使用，通过加密数据包和对通信各方的身份进行验证，确保数据在传输过程中的保密性和完整性。这种机制可以防止数据被未经授权的第三方窃取或篡改。二是安全套接字。通过使用 SSL/TLS 协议建立安全连接，TCPv6 可以确保数据在传输过程中的保密性和完整性，有效地防止数据被窃取或篡改。三是防止网络攻击。TCPv6 通过其错误校验和重传机制，能够识别和处理网络中的异常情况，如数据包的丢失、重复或错乱。这种机制有助于防止网络攻击，确保数据的传输安全和正确性。四是对抗网络欺骗的安全特性。它通过确认应答机制和序列号，防止数据包被伪造或重放，从而避免了网络欺骗攻击的发生。

TCPv6 通过加密、身份验证、安全套接字、防止网络攻击和对抗网络欺骗等安全特性，确保了数据在 IPv6 网络中的安全传输。这些特性有效地保护了数据的完整性和隐私性，为 IPv6 网络中的通信提供了安全保障。

（3）TCPv6 的发展。

在 IPv6 网络中，TCPv6 作为传输控制协议扮演着重要角色，并为网络通信提供了稳定性和可靠性。下面将对 TCPv6 的作用进行总结，并展望其未来发展。

TCPv6 作为 IPv6 环境下的关键传输协议，在确保数据可靠传输方面具有显著优势。通过序列号、确认应答、流量控制、拥塞控制等机制，TCPv6 保证了数据的顺序传输和完整性。同时，其错误校验、数据加密和身份验证等安全特性为数据传输提供了安全保障，防止了数据的篡改和窃取。

随着互联网的不断发展，TCPv6 仍将扮演着关键角色，并有望在未来迎来更多发展。未来，随着物联网设备的不断增多和互联网规模的扩大，TCPv6 将继续应对增长的网络需求，其在传输可靠性、安全性和稳定性方面的特性将更为重要。未来的研究和发展可能会聚焦于优化 TCPv6 在大规模网络中的性能，以满足日益增长的数据传输需求。另外，随着新兴技术的出现，TCPv6 可能会与新的安全协议和技术整合，进一步加强数据传输的保障。

总之，TCPv6 作为 IPv6 网络中的关键组成部分，在数据传输、安全性和稳定性方面的优势将继续为互联网发展提供支持。其未来发展可能会侧重于性能优化与新技术的整合，以满足日益增长的网络通信需求。这些发展将进一步巩固 TCPv6 在未来互联网中的地位。

2. UDPv6

1）UDPv6 概述

UDPv6 作为 IPv6 网络中的传输层协议，在数据传输中扮演着重要角色。UDPv6 是一个无连接的协议，注重快速、简单的数据传输，与 TCPv6 相比，不具备可靠性和流量控制的特性。在 IPv6 网络中，UDPv6 以其简洁和高效而闻名。其无连接的特性使得数据传输更加直接，不需要在通信之前建立连接，也不需要维护连接状态，从而减少了通信的开销和延迟。UDPv6 的主要作用是快速传输数据包，适用于对延迟要求较高的应用场景，如音频和视频流媒体传输、在线游戏等。

尽管 UDPv6 提供了快速、直接的数据传输方式，但这种无连接性不具备 TCPv6 的可靠性和流量控制能力。在 UDPv6 中，发送的数据包不会得到接收端的确认，也不会进行丢包重传。这意味着 UDPv6 传输的数据包可能会在传输过程中丢失或无法按顺序到达目的地。因此，在一些对数据完整性要求极高的情况下，UDPv6 不太适用。

UDP 的报文格式如图 2-15 所示。

源端口(16比特)	目的端口(16比特)
长度(16比特)	校验和(16比特)
数据	

图 2-15　UDP 报文格式

2) UDPv6 的核心特性

(1) 高效性和低延迟特性。

UDPv6 不像 TCPv6 那样需要在通信之前建立连接，而是采用一种简单的传输模式，允许数据包直接从源发送到目的地，不需要维护复杂的连接状态或在通信开始前进行握手。UDPv6 的无连接机制减少了通信的开销和延迟，非常适合对实时性要求较高的应用场景。应用场景具体如下。

实时音视频传输：在视频会议、直播或在线教育领域，UDPv6 能够提供更低的延迟和更高的实时性，确保数据快速到达目的地，避免了因连接管理而引起的不必要延迟。

在线游戏：在多人在线游戏环境中，UDPv6 能够快速传输玩家的操作指令和游戏数据，保证游戏的实时性和流畅性。

传感器数据传输：对于一些传感器数据的采集和传输，如工业自动化、物联网设备等领域，UDPv6 的快速传输特性能够确保数据的实时性。

(2) UDPv6 的可靠性和安全性

UDPv6 的可靠性：在 UDPv6 的数据包中有一个"校验和"字段，这个字段存储了对数据包进行校验计算的结果。发送端根据数据包的内容计算校验和，然后将其添加到数据包中，接收端在接收到数据包后会进行相似的计算。将接收端的计算结果与数据包中的校验和进行比较，若不一致则表明数据包在传输过程中发生了错误或丢失。尽管校验和机制能够发现一部分错误，但它并不能提供像 TCPv6 那样的重传机制或确认应答功能。UDPv6 不会对丢失或错误的数据包进行重传或请求确认，因此无法保证所有的数据包都能够完整到达接收端。这意味着 UDPv6 传输的数据可能会出现丢失、重复或乱序的情况。因此，在 UDPv6 中，应用程序需要自行处理数据的完整性和顺序性，通常采用一些应用层的手段来解决这些问题。比如，在音视频传输中，在数据中添加序号或时间戳，接收端可以根据这些信息进行数据重组和纠正。UDPv6 通过简单的校验和机制来保障数据的基本完整性，但并不提供类似 TCPv6 那样的可靠传输服务。因此，在一些对数据完整性要求较高的场景下，需要应用层来处理数据包的丢失、错误或乱序，以确保数据的准确性。

UDPv6 的安全性：尽管 UDPv6 提供了快速、简洁的数据传输服务，但相较于 TCPv6，其在安全性方面并不具备同等的特性。UDPv6 并未内置如加密或身份验证等安全机制，导致数据在传输过程中可能更容易遭受窃听或篡改。为增强安全性，应用层可以使用加密算法或其他安全协议（如 IPSec）来保护 UDPv6 传输的数据。这种外部加密和认证机能够确保数据在传输过程中的隐私性和完整性。由于 UDPv6 的无连接性和简单性，其在安全性方面存在一些潜在风险。例如，UDPv6 的无连接特性使得它容易受到一些网络攻击，如分布式拒绝服务（distributed denial of service，DDoS）攻击或欺骗攻击。为了解决这些问题，网络管理员可以通过实施流量过滤、访问控制列表或防火墙等措施来增强网络安全性，对 UDPv6 传输的数据进行监测和保护。使用加密和认证手段，能够有效地保护 UDPv6 传输的数据的隐私性和完整性，同时采取网络安全措施可以降低潜在的攻击风险。

3) UDPv6 的适用性和未来发展

UDPv6 对下一代互联网具有重要贡献。其简洁高效的特性为网络通信提供了一种快速且直接的传输方式，尤其是在对实时性要求较高，而对数据可靠性要求较低的应用场景中发挥着关键作用。

　　随着物联网、实时通信和多媒体传输的不断发展，UDPv6 将继续在 IPv6 网络中扮演重要角色，并逐渐拓展到更多的新型应用领域。同时，UDPv6 相关技术将持续演进和发展。UDPv6 的研究和应用方向主要集中在提升其安全性、改善数据传输的可靠性，以及在更多场景下的应用扩展。IPv6 网络中其他关键技术的整合与发展为 UDPv6 的应用提供更广阔的空间。随着新兴技术的涌现，UDPv6 的未来发展方向将更加多样化，可能会涉及更多领域的整合和应用创新。

2.3.3　应用层协议

1. DHCPv6

1）DHCPv6 基础概念

　　DHCPv6 是 IPv6 网络中的应用层协议，旨在为 IPv6 设备动态分配网络配置参数。其功能类似于 IPv4 环境下的 DHCP，但针对 IPv6 网络环境做了相应的调整和优化。DHCPv6 在 IPv6 网络中扮演着至关重要的角色。它负责为 IPv6 设备分配 IP 地址、网关信息、DNS 服务器地址以及其他网络配置参数。相较于静态配置，DHCPv6 的动态分配方式更加灵活和高效，能够自动化管理网络地址，降低网络管理的复杂性。这种灵活性使得网络中的设备能够更加方便地加入和离开网络，更好地适应网络拓扑结构的变化。与 IPv4 版本的 DHCP 相比，DHCPv6 具有一些区别。IPv6 网络采用了一种新的地址分配方式，如 SLAAC 和 DHCPv6 的组合使用，使得 DHCPv6 并非网络中的唯一地址分配方式。此外，DHCPv6 还提供了更多种类的配置信息，如更灵活的前缀授权和附加信息的分发。图 2-16 解释了 DHCPv6 通信过程。

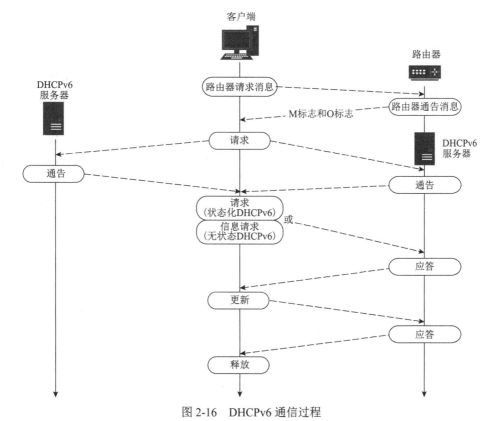

图 2-16　DHCPv6 通信过程

2）DHCPv6 中的消息类型

在 DHCPv6 中，消息类型是客户端和服务器之间通信的基础，它们承载着各自的含义和功能，促成了 IPv6 设备动态获取网络配置参数的过程。以下是 DHCPv6 中常见的消息类型及其作用。

（1）Solicit 消息：是 IPv6 设备在连接到网络时向 DHCPv6 服务器发送的第一条消息。这条消息通知网络中的 DHCPv6 服务器设备正在寻求网络配置参数。服务器在收到 Solicit 消息后，会向设备发送 Advertise 消息，提供可选的网络配置建议。

（2）Advertise 消息：是 DHCPv6 服务器对 Solicit 消息的响应。它包含了针对 IPv6 设备的网络配置建议，如 IP 地址、DNS 服务器地址等信息。服务器会在 Advertise 消息中提供多个可选的配置建议，让设备选择适合自身的配置。

（3）Request 消息：是设备对 DHCPv6 服务器所提供配置的确认。在收到 Advertise 消息后，设备会选择其中一个配置建议，并将其包含在 Request 消息中发送给服务器，表明设备选择了特定的网络配置。

（4）Reply 消息：是 DHCPv6 服务器对设备发送的 Request 消息的回复。在收到设备的 Request 消息后，服务器会发送 Reply 消息，确认设备的网络配置，或者如果有必要，重新提供配置。

这些消息类型构成了 DHCPv6 中的交互流程，从设备请求配置开始到最终确认并完成分配配置。这种消息交换方式使得 IPv6 设备能够动态获取网络配置参数，确保网络中的设备可以顺利地加入到网络中并正常通信。

3）DHCPv6 的特性与优势

DHCPv6 作为 IPv6 网络中的动态主机配置协议，具有一系列动态网络配置特性，为设备提供了灵活性和便利性，以及管理网络配置的自动化方式。

（1）自动地址分配：DHCPv6 允许 IPv6 设备在连接到网络时自动获取 IP 地址。设备通过 Solicit 消息向服务器请求地址分配，服务器根据网络情况和可用地址池动态为设备分配合适的 IPv6 地址。这种自动分配方式减少了手动配置的需求，降低了网络管理的复杂性。

（2）灵活的网络参数配置：除了 IP 地址，DHCPv6 还支持分配其他网络参数，如网关信息、DNS 服务器地址、子网掩码等。Advertise 消息提供了多个可选的配置建议，使得设备可以选择适合自身的网络配置参数。这种灵活性允许设备根据网络需求自主选择合适的配置。

（3）动态性和实时性：DHCPv6 的动态分配使得网络配置参数能够实时更新和调整。当网络拓扑结构变化或配置信息发生变更时，设备可以向 DHCPv6 服务器请求新的配置，而无须手动干预。这种动态性保证了网络中的设备始终拥有最适应网络环境的配置。

（4）简化网络管理：自动化的网络配置减轻了网络管理员的工作负担。管理员不再需要手动为每台设备分配地址和配置参数，而是通过 DHCPv6 服务器设置和管理地址池，降低了管理配置的复杂性。这种自动化机制简化了网络管理流程，提高了管理效率。

（5）适应多种网络环境：DHCPv6 的动态配置特性使得它适用于各种网络环境，包括企业网络、家庭网络、移动网络等。无论是大型网络还是小型网络，DHCPv6 都能够根据需求为设备提供动态配置，满足不同网络规模的设备管理需求。

在 IPv6 网络中，DHCPv6 在提供网络配置参数的同时也涉及安全性和管理问题。以下是 DHCPv6 的安全性和管理方面的重要考虑因素。

（1）认证和身份验证：DHCPv6 消息传输中的安全性是重要的。认证和身份验证机制能够确保消息来自合法的 DHCPv6 服务器，并防止恶意攻击或欺骗。采用安全的身份验证手段（如 IPSec 等协议）可以确保消息的完整性和真实性，防止伪造的 DHCPv6 服务器发送虚假的配置信息。

（2）防止劫持和欺骗：DHCPv6 服务器劫持和欺骗是网络安全的重要问题。为防止这种情况，网络管理员应实施基于 MAC 地址绑定或端口安全措施的策略，限制 DHCPv6 服务器的访问范围。此外，基于访问控制列表（access control list，ACL）的限制能够控制消息的源和目的地，防止未经授权的访问。

（3）安全升级和监控：网络管理员需要保持 DHCPv6 服务器的安全性和更新，定期更新和升级 DHCPv6 服务器的软件和固件版本，以填补潜在的漏洞和弱点。同时，实施定期的安全审计和监控机制，检测和识别异常活动，及时采取应对措施，保障网络的安全。

（4）错误配置检测和冲突解决：在 DHCPv6 环境中，错误配置和地址冲突可能导致网络中断或信息泄露。因此，建立错误配置检测和冲突解决机制是关键的。网络管理员需要使用监控工具，及时发现和解决地址冲突，并且设置合适的超时和重试机制，以减少配置错误的影响。

（5）用户权限管理：对 DHCPv6 服务的管理和控制需要合理的权限分配。网络管理员应设定适当的用户权限和访问控制策略，限制对 DHCPv6 服务器的管理权限，确保只有授权人员能够进行配置和管理操作，以减少潜在的安全风险。

2. DNSv6

1）DNSv6 消息结构和格式

DNSv6 消息的结构和格式与 IPv4 版本的 DNS 略有不同。DNSv6 消息被构建为一系列数据包，以域名解析为目的。其基本结构包括了头部和数据部分。头部包含了标识和控制信息，指示了消息的类型、查询类型、权限等。数据部分则包含了查询和应答数据。在 IPv6 网络中，DNSv6 消息的格式相对于 IPv4 的 DNS 消息有所改进。IPv6 地址的长度比 IPv4 长，因此 DNSv6 需要适应更长的地址。DNSv6 消息头部和数据部分的格式都进行了相应调整，以便更好地支持和处理 IPv6 地址。另外，DNSv6 还支持新的资源记录类型，使得消息的结构更灵活，能够更好地满足 IPv6 网络中对不同类型资源记录的需求。

DNSv6 引入了一系列新特性和改进，以更好地适应 IPv6 网络的需求。首先，DNSv6 具有更高效的解析能力，能够更快速地解析 IPv6 地址。其次，DNSv6 还加强了安全性，支持更多种类的安全 DNS 功能，如 DNS 安全扩展（DNS security extensions，DNSSEC），以确保域名解析的安全性和完整性。在 IPv6 网络中，DNSv6 具有更好的兼容性，能够更好地处理 IPv6 地址的各种表示，确保域名解析的准确性和一致性。此外，DNSv6 还提供了更强大的缓存机制，能够更有效地管理和存储 IPv6 地址信息，从而提升解析的效率和性能。

2）DNSv6 的运作方式

DNSv6 解析过程是将域名转换为 IPv6 地址的关键步骤。当用户需要访问一个域名时，设备会向 DNSv6 服务器发送查询请求。这个查询请求中包含了需要解析的域名信息。DNSv6 服务器收到请求后，会执行以下步骤。

（1）查询接收与解析：DNSv6 服务器首先接收到查询请求，然后解析请求中的域名信息。

（2）本地缓存查询：服务器会查看本地缓存，如果之前有过类似的查询结果，可以直接返回缓存的 IPv6 地址，从而节省解析时间。如果缓存中不存在，就需要进行后续的查询。

(3)迭代递归查询：若本地缓存中未找到相应的解析记录，则 DNSv6 服务器开始进行递归查询。它会向更高层次的 DNSv6 服务器发起查询请求，依次向更高级别的服务器询问，直到获得最终的解析结果。

(4)获取并返回解析结果：DNSv6 服务器接收到最终的解析结果后，将 IPv6 地址信息发送回设备。设备可以使用这个地址与所需资源建立连接。

(5)结果缓存：解析的结果会被 DNSv6 服务器存储在本地缓存中，以备将来的查询使用，从而提高响应速度。

DNSv6 解析过程的关键在于服务器的递归查询，这使得 DNSv6 能够在 IPv6 网络中高效地解析出域名对应的 IPv6 地址。其采用逐层查询的方法，直至找到所需的解析结果，从而为用户提供快速的访问体验。

3) DNSv6 的高级特性和优化

DNSv6 作为 IPv6 网络中的重要组成部分，不断演进和优化以满足新网络环境的需求。其高级特性和优化主要体现在以下方面。

(1)解析优化策略：在 IPv6 网络中，DNSv6 的解析优化是提升解析效率的关键。它包括了针对 IPv6 地址的优化解析策略和缓存机制。DNSv6 可以根据 IPv6 地址的不同表示形式，采用更快速、更有效的解析方式，以提升解析速度和准确性。同时，DNSv6 服务器会维护一个缓存数据库，存储最近的解析结果，以便在下次相同查询时可以直接返回缓存的结果，减少查询时间。

(2)安全性增强：DNSv6 在安全性方面有所加强，支持更多种类的安全 DNS 特性，如 DNSSEC。DNSSEC 可以确保解析的域名数据的完整性和真实性，防止 DNS 欺骗攻击和信息篡改，从而保障了用户的网络安全。

(3) IPv6 兼容性和灵活性：DNSv6 兼容并支持 IPv6 网络的各种特性，能够有效地解析 IPv6 地址。此外，DNSv6 也具有更好的灵活性，支持更多类型的资源记录和解析方式，以适应 IPv6 网络不断变化的需求。

(4)缓存管理和调优：DNSv6 的缓存管理是其优化的重要部分。服务器会根据缓存数据的访问频率和使用情况进行管理和调优，优先保留最常用的解析结果，从而提高缓存命中率，减少对上级服务器的查询，降低网络负载和延迟。

DNSv6 通过解析优化策略、安全性增强、IPv6 兼容性和灵活性、缓存管理和调优等多方面的高级特性和优化，不断提升其在 IPv6 网络中的效率和可靠性。这些优化措施保障了 IPv6 网络中域名解析的准确性、安全性和快速性，为用户提供更稳定、更高效的网络体验。

小　结

IPv6 地址结构是 IPv6 协议的基础，为网络中的设备分配唯一标识。与 IPv4 相比，IPv6 采用 128 位长度的地址，采用十六进制表示，分为多个块，每块占 16 位。最小分配单位是/64，而典型的 ISP 前缀为/48，为组织提供了更大的地址灵活性。这种设计不仅扩大了地址空间，而且提供了更多的地址层次结构，有效解决了 IPv4 地址枯竭问题。IPv6 的数据报格式包括头部结构和扩展头部。IPv6 头部相对 IPv4 更简单，减少了协议开销，提高了数据传输效率。

扩展头部的引入使 IPv6 更具灵活性，可以携带更多的可选信息，如路由、分段和认证等。这种格式的调整使 IPv6 更好地适应了日益复杂的网络需求。IPv6 与 IPv4 在多个方面存在差异，其中包括地址空间、地址表示和头部结构。IPv6 更为简洁，且地址空间庞大。为实现平滑过渡，网络中存在 IPv6 与 IPv4 的兼容性。双栈部署是一种常见的策略，即同时支持 IPv4 和 IPv6，以逐步过渡到 IPv6。这种兼容性策略确保了 IPv6 与 IPv4 网络的互通，并在适当的时机切换到 IPv6，实现网络的升级与演进。IPv6 协议体系结构包括网络层、传输层和应用层。网络层使用 ICMPv6 进行错误报告和管理，IPv6 路由协议更新路由表，确保数据的正确传递。传输层包括 TCPv6 和 UDPv6，分别提供可靠的、面向连接的通信和无连接的通信。应用层使用 DHCPv6 进行地址配置，DNSv6 用于 IPv6 地址与域名的解析。这一体系结构提供了 IPv6 在各个网络层次的全面协议支持，为网络的运行奠定了坚实的基础。

思考题及答案

1. 在 IPv6 协议体系架构中，解释一种针对 IPv6 地址配置的主要机制，并讨论其优点和缺点。

2. 简述 IPv6 静态路由配置过程。

答案 2

实 践 练 习

实验：IPv6 地址配置实验

IPv6 地址
配置实验

1. 实验拓扑

在本实验中，R1 是一台网关路由器，它通过两个物理接口分别连接物联网终端 R4（通过一台路由器模拟）及 PC1，实验拓扑如图 2-17 所示。

说明：本实验的实验平台为 eNSP。本实验中的 R1 及 R4 推荐使用 AR2220 及以上设备。

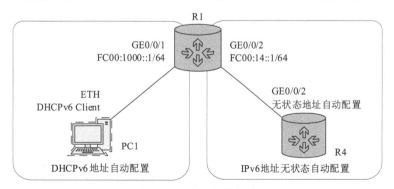

图 2-17　实验拓扑结构

2. 实验目的

（1）掌握网络设备 IPv6 地址静态配置。

(2) 掌握 IPv6 地址无状态自动配置的应用。

(3) 掌握通过 DHCPv6 部署 IPv6 地址实现配置自动化。

(4) 掌握基本的 IPv6 网络连通性测试方法。

3. 实验需求

(1) 完成 R1 的 IPv6 基础配置。

(2) 在 R1 的 GE0/0/2 接口上启动 RA 报文通告，使得物联网终端 R4 的 GE0/0/0 接口能够通过无状态自动配置获取 IPv6 地址。

(3) 在 R1 的 GE0/0/1 接口上部署 DHCPv6，使得 PC1 能够通过 DHCPv6 协议自动获取 IPv6 地址。

第 3 章　IPv6 路由技术

3.1　IPv6 路由基础

IPv6 路由在构建新一代互联网中扮演着至关重要的角色，是确保数据在网络中准确传输的核心机制。本节将详细介绍 IPv6 路由技术的重要性以及它在网络架构中的作用。

3.1.1　IPv6 路由概述

1. IPv6 路由的基本原理

IPv6 路由作为新一代互联网架构的关键组成部分，其重要性体现在地址空间的扩展、智能化的路由选择、路由协议的支持等多个方面。深入理解 IPv6 路由对于构建稳定、高效的 IPv6 网络重要性。IPv6 地址的 128 位结构使其与 IPv4 有着显著的不同。理解 IPv6 地址结构和路由前缀对于理解 IPv6 路由的基本原理至关重要。IPv6 地址由 128 位二进制数组成，通常表示为 8 个十六进制块，每个块用冒号分隔。这种长度远超 IPv4 的 32 位地址结构，为互联网提供了更大的地址空间。

1）地址段含义

网络前缀（network prefix）：前 64 位，用于标识网络部分，由 ISP 或网络管理员分配，用于识别特定网络。

接口标识符（interface identifier）：后 64 位，用于标识主机或设备，通常基于 MAC 地址生成，用于确保设备在特定网络中的唯一性。

路由前缀是 IPv6 地址结构中的一部分，用于确定数据包的路由。它是 IPv6 地址的网络部分，包含网络地址的信息，用于确定数据包的目的网络。路由前缀通常是 64 位长，是 IPv6 地址的前半部分。

2）路由前缀的作用

路由决策：路由器根据目的地址的路由前缀来确定数据包的转发路径，选择适当的下一跳地址。

网络识别：路由前缀用于识别特定网络，帮助路由器区分不同的 IPv6 网络，确保数据包被传输到正确的网络。

3）路由前缀的特性

层级性：路由前缀的结构具有层级性，允许对网络进行分级和划分，便于路由器进行路由选择和管理。

地址聚合：路由前缀可以进行地址聚合，减少路由表的条目数量，提高路由器的效率和性能。

IPv6 地址结构由 128 位二进制数组成，分为网络前缀和接口标识符两部分。网络前缀中的路由前缀是确定数据包路由的关键部分，用于路由器进行路由选择和识别特定网络，是

IPv6 路由中不可或缺的一部分。

2. IPv6 与 IPv4 路由的主要区别

1）地址长度和表示方式的区别

IPv6 采用 128 位地址长度，相较于 IPv4 的 32 位地址长度更长。这种长度的增加给予了 IPv6 更宽广的地址空间。以 IPv6 的 128 位地址长度来比较，其理论上可以提供远远超过 IPv4 的地址数量，这在互联网的发展和地址分配上具有显著优势。

IPv4 的地址由 32 位二进制数组成，通常以点分十进制（如 192.168.0.1）表示。由于 32 位的限制，IPv4 地址空间有限，已经导致了 IPv4 地址枯竭问题。这限制了 IPv4 网络的发展和互联网规模的扩展。

IPv6 的 128 位地址长度和表示方式以 8 组十六进制数呈现，大大扩展了可用地址数量，为未来的互联网发展提供了足够的 IP 地址空间。这种地址长度和表示方式的不同使 IPv6 能够提供更大的地址空间，解决了 IPv4 地址枯竭问题，为互联网的规模化发展提供了支持。

2）地址分配和管理的区别

IPv6 采用了更为灵活的地址分配方式，支持多种方式的地址分配，其中包括动态分配和静态分配两种主要方式。IPv6 允许设备通过 SLAAC 自动配置 IP 地址，不需要中央服务器进行地址分配，而是基于设备的 MAC 地址和网络前缀生成全球唯一的 IPv6 地址。类似于 IPv4 的 DHCP，DHCPv6 可以通过集中式服务器对设备进行 IP 地址的动态分配和管理。这种方式更加灵活，允许管理员为设备分配指定的 IPv6 地址。

IPv6 的地址分配机制更灵活，支持更多种类的地址分配方式，使网络管理员能够更好地管理和配置 IP 地址，同时也解决了 IPv4 地址短缺的问题。这些差异性使得 IPv6 的地址分配更具弹性和可扩展性，能够更好地适应日益扩大的互联网规模和日益增长的设备数量。

3）路由协议和路由表规模的区别

（1）IPv6 的路由协议。

OSPFv3：与 IPv4 的 OSPF 类似，是 IPv6 网络中常用的路由协议之一，用于动态路由选择和路径计算。它支持 IPv6 的地址格式和扩展。

BGP：IPv6 网络中使用的重要路由协议，用于互联网中的自治系统之间的路由信息交换。IPv6 中的 BGP 与 IPv4 的 BGP 相似，但支持 IPv6 地址。

（2）IPv4 的路由协议。

RIP：在 IPv4 网络中常用的路由协议之一，但在 IPv6 中并不常用。RIP 是一种基于距离矢量的协议，对于大规模网络可能不够适用。

OSPF：与 OSPFv3 相比，IPv4 中的 OSPF 同样用于动态路由选择，但是它仅支持 IPv4 地址。

IPv6 的路由表规模通常会更大。由于 IPv6 地址空间的广泛性，路由器需要处理更多的前缀和路由信息。这意味着路由器需要更大的存储空间来存储 IPv6 的路由表，并且需要更多的计算资源来处理这些路由。相比之下，IPv4 的地址空间较小，路由表规模相对较小。IPv6 路由表规模的增大可能导致路由器的内存和处理能力要求增加，这是 IPv6 网络管理的一项挑战。IPv6 的路由协议更加专注于支持 IPv6 的地址格式和特性，为 IPv6 网络的可扩展性和安全性提供了更好的支持。

4)路由前缀和地址聚合的区别

(1)IPv6 的路由前缀和地址聚合。

路由前缀：用于识别一个 IP 地址的网络部分。IPv6 地址由网络前缀和接口标识符 (Interface ID)组成。前缀长度通常是固定的 64 位或更长。

地址聚合：IPv6 通过使用较长的网络前缀来支持地址聚合。这意味着网络管理员可以根据地址前缀来减少路由表的条目数量。地址聚合能够将多个具有相同前缀的地址范围合并为一个单一的前缀条目。

(2)IPv4 的路由前缀和地址聚合。

路由前缀：类似于 IPv6 中的路由前缀，但通常较短，一般为 24 位或更短。

地址聚合：虽然 IPv4 也支持地址聚合，但由于地址空间较小和地址分配较散，地址聚合的效果不如 IPv6 明显。IPv4 地址聚合的难度较大，且并不像 IPv6 那样容易实现。

IPv6 的地址聚合更为有效，其更长的地址前缀和更大的地址空间使得地址聚合更容易实现。这种地址聚合减少了路由表的条目数量，同时减少了路由器需要处理的路由表条目，提高了路由器的性能和网络的效率。相比之下，IPv4 路由表的规模更大，路由器需要处理更多的路由表条目，可能影响网络性能和路由器的处理能力。IPv6 中的路由前缀和地址聚合机制使得网络更具可扩展性，管理效率更高，有助于减少路由器的负载和网络流量的传输延迟。

5)路由选择和最佳路径决策的区别

(1)IPv6 的路由选择和最佳路径决策。

路由选择：依赖于更先进和更复杂的路由选择协议，如 OSPFv3、RIPng 和 BGP4+。这些协议专门设计用于支持 IPv6 地址，并具有更好的可扩展性和性能。

最佳路径决策：IPv6 路由器根据一系列的度量标准(如跳数、链路质量、流量负载等)来选择最佳路径。IPv6 的路由选择算法被设计为更有效地处理大型 IPv6 网络，以找到最佳路径。

(2)IPv4 的路由选择和最佳路径决策。

路由选择：主要依靠如 RIP、OSPF 和 BGP 等传统路由协议。这些协议已经存在很长时间，但在处理大型网络时可能面临性能和可扩展性方面的挑战。

最佳路径决策：IPv4 路由器通常使用基于度量值的算法来决定最佳路径。这些度量包括跳数、带宽、延迟等。然而，在 IPv4 网络中，路由器可能更难找到最佳路径，尤其是在复杂网络结构下。

IPv6 的路由选择协议更加现代化，适应性更强，能够更有效地应对 IPv6 地址空间的可扩展性和路由表规模的增大。相比之下，IPv4 的路由选择机制和协议可能面临限制，尤其是在大型网络中，可能会遇到性能瓶颈和路由表的复杂性问题。IPv6 的路由选择能力更强，能够更好地适应未来互联网的需求，支持更大规模的网络和更优秀的路由决策，从而提高了网络的性能和可靠性。

3.1.2　IPv6 路由表

1. 路由表的结构与组成

1)路由表的概述

路由表是网络设备(如路由器)中的一种数据结构，用于存储网络中各个目的地的路由信息，帮助确定数据包在网络中的传输路径。它记录了不同目的网络地址和如何到达这些地址的信息，是网络数据包进行转发决策的基础。通过查阅路由表，网络设备可以根据目的地址找到最佳的转发路径。当数据包到达路由器时，路由器会检查目的地址，并根据路由表中匹配的条目决定将数据包转发到哪个接口以及下一跳设备。

路由表是网络设备用来确定数据包传输路径的核心工具。其作用原理是基于对路由表条目的查找和匹配，以及最长前缀匹配原则来确定数据包的下一跳和传输路径。

路由表条目的查找和匹配：当数据包到达路由器时，路由器会检查数据包的目的 IP 地址。路由器会逐条检查路由表中的条目，尝试找到一个最匹配（即最长前缀匹配）目的 IP 地址的路由表条目。

最长前缀匹配原则：路由器使用最长前缀匹配原则来确定数据包的最佳路由。它会寻找路由表中能够最精确匹配目的 IP 地址的条目。这意味着，如果有多个匹配的路由表条目，路由器会选择最长的前缀与目的 IP 地址匹配的条目作为最佳匹配。

下一跳确定和数据包转发：一旦找到了最佳匹配的路由表条目，路由器就会根据该条目中指定的下一跳信息和出接口信息来决定如何转发数据包。下一跳可以是另一台路由器或者目的主机，而出接口则指明了数据包应该从哪个网络接口出去。

更新与维护：路由表需要不断更新和维护，以保证其中的路由信息是最新的和最优的。动态路由协议和路由器间的信息交换可以使路由表动态地更新，使网络能够更快地适应拓扑变化和路径选择。

2）路由表的基本组成

路由表中的条目是存储在路由器中的关键信息，用于指导数据包的转发。每个路由表条目都包含着特定目的网络的路由信息，如目的网络地址、下一跳地址、子网掩码和出接口等重要字段。

（1）目的网络地址：数据包想要到达的目的网络的地址。它是一个 IP 地址，用于唯一标识网络上的特定主机、子网或网络段。

（2）下一跳地址：表示数据包在到达目的网络之前需要经过的下一台设备的地址。这个地址可以是另一台路由器的接口地址，也可以是目的主机的地址。

（3）子网掩码：决定了在特定网络中哪些部分是网络地址，哪些部分是主机地址。它与目的网络地址一起，确定了该路由表条目所涵盖的地址范围。

（4）出接口：标识了数据包应该从路由器的哪个接口发送出去，以便到达目的地。

路由表条目的有效性和准确性对网络的性能和稳定性至关重要。静态路由表条目由网络管理员手动配置，而动态路由表条目则通过路由协议（如 OSPF、BGP 等）自动更新和维护。路由器根据最长前缀匹配原则匹配数据包的目的 IP 地址与路由表条目，以决定数据包的转发路径。每个路由表条目都是路由器做出路由决策的基础，它们组成了路由表的核心内容。网络设备通过对路由表中的条目进行查找和匹配，选择最佳路径来转发数据包，从而实现网络通信的可靠性和高效性。

3）路由表的组织与管理

路由表是按照一定的结构组织和存储路由信息的，这种结构有助于快速有效地查找和匹配目的地址，从而决定数据包的转发路径。

(1) 基于前缀长度的存储方式：路由表经常采用树状结构(如前缀树或二叉树)来存储路由信息。这种结构根据目的地址的前缀长度进行存储和组织。通过按照前缀长度排序，最长前缀匹配原则可以更有效地应用于路由表的查询。

(2) 路由聚合：为了减小路由表的大小和提高路由表查询的效率，网络管理员通常会使用路由聚合技术。

(3) 最长前缀匹配原则：路由表的组织结构必须能够支持最长前缀匹配。这种原则是路由器用来确定数据包最佳匹配路由的基础。路由表中的条目按照前缀长度排序，当有多个匹配的路由表条目时，路由器会选择最长前缀匹配的条目作为最佳匹配。

(4) 层级结构：有些路由表还采用层级结构，将路由表分割为多个层级，每个层级负责不同范围的网络地址。这样的结构可以提高路由表的查询效率和减少路由器的负担。

路由表的组织结构旨在提高路由表的查询效率和减少存储开销。有效的组织结构能够使得路由器更快速地匹配目的地址并做出正确的路由决策，从而提高网络的性能和稳定性。

4) 路由表的优化与性能

为了提高路由表的效率和性能，网络管理员和工程师采用了多种优化技术来管理和维护路由表。

(1) 路由聚合：一种常见的优化技术，它将多个具有连续地址范围的路由表条目合并为一个更广泛的地址块，从而减少了路由表的条目数量。这不仅降低了路由表的复杂度，还减少了路由器在查找匹配路由时需要遍历的条目数量，提高了转发效率。

(2) 路由策略和过滤：网络管理员可以通过路由策略和过滤来控制路由表的大小和内容。这种技术允许管理员根据特定的需求，选择性地添加或移除特定的路由表条目，从而精简和优化路由表，避免不必要的路由信息被加入到表中。

(3) 动态路由协议调整：动态路由协议(如 OSPF、BGP 等)能够自动更新路由表，但它们的配置和调整也是路由表优化的关键。调整动态路由协议的参数和设置可以有效地控制路由表的大小和内容，确保路由表保持在一个优化的状态。

(4) 快速查找算法：为了加速路由表的查找过程，路由器通常采用了快速查找算法，如Trie 树等数据结构。这些算法能够快速地匹配目的地址，并找到最佳的路由表条目，提高了路由器的转发效率。

这些优化技术可以帮助网络管理员管理和维护路由表，确保路由表的规模适中、内容精简，以提高网络的性能和稳定性。通过合理的优化措施，路由器能够更高效地进行数据包转发，降低网络延迟，提升整体网络性能。

2. IPv6 路由信息的存储、更新与维护

1) 路由信息的存储

路由表作为 IPv6 网络设备中的核心数据结构，负责存储路由信息以确定数据包的传输路径。其存储结构是确保高效路由查询和最佳数据包转发的基础。IPv6 路由表的存储结构通常采用树状结构或哈希表等形式。其中，树状结构包括前缀树(Trie 树)、Patricia 树等，它们按照目的地址的前缀长度进行存储和组织。哈希表是另一种常用的存储结构，它利用哈希函数将目的地址映射到表中的索引位置。但可能存在哈希冲突导致的性能问题。在 IPv6 网络中，由于地址空间较大，哈希表的设计和优化显得尤为重要。

路由表的存储结构设计关乎着路由器的转发效率。合适的结构能够加速路由器对目的地址的匹配，降低数据包转发时的延迟。而存储结构的优化也包括对路由表条目的聚合，即将多个具有连续地址范围的路由表条目合并为更广泛的地址块，以减少表的条目数量，提高查询效率。总之，IPv6 路由表的存储结构是确保网络高效性的重要组成部分。优化合理的存储结构能够提升路由器的转发效率，确保数据包快速、准确地到达目的地，从而实现网络通信的高效和稳定。

2）路由信息的更新与维护

路由信息的更新与维护在 IPv6 网络中是确保路由表信息准确性和网络稳定性的关键环节。网络拓扑和路由选择的动态变化需要路由表及时更新，并定期维护以清理过期或无效的路由信息，以反映最新的路由信息。

动态路由协议是路由信息更新的主要机制，OSPFv3、BGP 等协议能够在路由器之间传递路由信息，并及时更新路由表。OSPFv3 用于局域网内部路由，通过洪泛链路状态通告（LSA）并依据 Dijkstra 算法计算最短路径；而 BGP 则主要用于不同自治系统之间的路由信息交换，它通过路由更新消息实现路由信息的交换和更新。定期清理和维护路由表也是确保路由信息准确性的重要步骤，失效或过期的路由信息会导致数据包的转发错误，因此需要定期清除这些无效的条目。维护也包括对路由表的优化，剔除冗余信息或合并连续的地址范围以减小表的大小。

路由信息的更新与维护对网络性能和稳定性有着直接的影响。及时更新能够保证路由器选择最佳路径进行数据包的转发，减少网络延迟，提高数据传输效率。而维护路由表则可以避免因无效路由信息而导致的转发错误，确保网络的稳定性和可靠性。在 IPv6 网络中，动态更新和及时维护路由信息是确保网络高效运行的关键环节。合理选择和配置动态路由协议，以及定期维护和优化路由表，将有助于确保网络路由信息的准确性和及时性，从而提高整个网络的性能和稳定性。

3.2 路　由　协　议

IPv6 路由协议是一种关键的网络协议，旨在有效地在 IPv6 网络中管理和导航数据包。与 IPv4 相比，IPv6 引入了更为先进和灵活的路由机制，以适应不断发展的网络环境的需求。IPv6 路由协议的主要目标是确保网络可达性，从而确保数据可以以最高效的方式从源主机传输到目的主机。这一目标的实现涉及路由器之间的信息共享和路由表的有效维护。IPv6 中存在多种重要的路由协议，它们各自发挥着关键作用。

1. 路由信息协议 RIPng

RIPng 是一种广泛使用的动态路由协议，通过定期的路由信息交换来维护网络拓扑。该协议基于跳数，使用 UDP 协议传递路由信息，是小型网络简单而有效的路由解决方案。

2. 开放最短路径优先协议 OSPFv3

OSPFv3 是一种基于链路状态的路由协议，用于路由器之间的拓扑信息传递。其支持多种网络类型，包括点到点(peer-to-peer，P2P)和广播网络，通过计算最短路径来优化数据包的传输。

3. 边界网关协议 BGP4+

BGP4+是一种高度灵活且可扩展的 IPv6 路由协议，主要用于连接不同自治系统的路由。它通过实施多样化的路由策略，实现对网络流量的精细控制。

4. 多播路由协议

IPv6 中的多播路由协议旨在有效地在多台主机之间传递数据包。通过使用多播组地址标识特定组，该协议确保数据包仅传输到属于相应组的主机。这些 IPv6 路由协议共同构成了灵活而高效的路由架构，为不断演变的 IPv6 网络奠定了可靠的导航基础。在规划和配置网络时，应根据网络的规模、结构和性能需求进行权衡和决策，以选择适当的路由协议。

3.2.1　静态路由协议

IPv6 的静态路由协议在网络管理中扮演着关键的角色，它以手动配置的方式定义了网络设备如何引导和传输数据包。与其说是一种协议，不如说是一种手工雕琢的艺术，管理员可以通过精准的设置，手动引导网络数据包，为网络提供个性化、定制化的导航路径。在 IPv6 网络环境中，静态路由的应用通常需要管理员亲自配置，明确指定目的网络和相应的下一跳路由器。这种手动的操作方式使得在网络结构相对简单或需要对路由路径进行精准掌控的情况下，静态路由成为一种理想的选择。静态路由的配置通常需要管理员进入全局配置模式，手动输入目的网络的 IPv6 地址以及下一跳路由器的 IPv6 地址。通过这样的设置，当数据包在网络中传输时，路由器会按照管理员事先规划好的路径，将其引导至预定的目的网络。

虽然静态路由需要人工参与，但它却以其独特之处脱颖而出。这种手动化的管理方式简单易懂，无须频繁交换动态路由信息，也对网络资源的消耗要求相对较低。然而，在规模庞大或拓扑结构频繁变化的网络中，动态路由协议可能更为适用，因为它们能够更智能地适应网络结构的变化。

总体来说，IPv6 的静态路由协议是一门手艺，为网络提供了一种精心雕琢的手工路由管理方式。管理员可以根据具体网络需求进行巧妙的配置和优化，以确保网络在各种情况下都能够高效运行。在进行网络规划时，管理员需要深思熟虑，综合考虑网络规模、复杂性以及对路由控制的实际需求，以确定是静态路由还是动态路由更适合当前网络的状况。

1. IPv6 静态路由配置

本部分将详细说明如何为网络拓扑结构中的所有路由器配置静态路由，以确保各网络之间的可达性。为了使 Cisco 路由器能够正确路由 IPv6 数据包，必须在全局配置模式下启用 ipv6 unicast-routing 命令。需要注意的是，在 Cisco IOS 中，默认情况下是禁用此命令的，因此为了启用路由器的 IPv6 路由功能，必须手动启用该命令，并配置相应的 IPv6 路由协议。如图 3-1

```
R1(config)# ipv6 unicast-routing
R2(config)# ipv6 unicast-routing
R3(config)# ipv6 unicast-routing
ISP(config)# ipv6 unicast-routing
```

图 3-1　利用命令 ipv6 unicast-routing
启用路由器的 IPv6 路由功能

所示,与 IPv4 中的 ip routing 命令类似,ipv6 unicast-routing 命令是必需的,但与后者不同的是,ip routing 在 IPv4 中是默认启用的。这样做是为了强调在实际配置中,需要确保每台路由器都具备正确的 IPv6 路由设置。这些设置对于确保网络通信的正常运行至关重要,因此在配置过程中应仔细检查每台路由器的设置,并根据实际需求进行调整。

根据 Cisco IOS IPv6 命令参考,ipv6 route 命令的语法描述如下。

ipv6-prefix:静态路由的目的 IPv6 网络,配置静态主机路由时,也可以是主机名。

/prefix-length:IPv6 前缀的长度,十进制数值表示前缀(地址的网络部分)是由多少个高阶连续比特组成的。十进制数值之前必须有一条斜线。

vrf(可选):指定所有 VRF(VPN routing forwarding,VPN 路由转发)表或者与某 IPv4 地址或 IPv6 地址相对应的特定 VRF 表。

vrf-name(可选):与某 IPv4 地址或 IPv6 地址相对应的特定 VRF 表的名字。

ipv6-address:可用于到达指定网络的下一跳的 IPv6 地址,下一跳的 IPv6 地址不必是直连网络,可以通过递归查找来发现直连下一跳的 IPv6 地址。如果指定了接口类型和接口号,那么就可指定数据包将要输出的下一跳的 IPv6 地址。注意,如果将本地链路地址用作下一跳(本地链路下一跳必须是邻接路由器),那么就必须指定接口类型和接口号。必须按照 RFC 4291 的要求使用该选项,即使用十六进制形式的以冒号分隔的 16 比特值。

interface-type:接口类型。利用问号"?"在线帮助功能,可以获得所支持的接口类型信息。通过 interface-type 可以指定静态路由直接输出到点到点接口(如串行接口或隧道接口)和广播接口(如以太网接口)。与点到点接口一起使用 interface-type 时,无须指定下一跳的 IPv6 地址。与广播接口一起使用 interface-type 时,必须指定下一跳的 IPv6 地址或者确保将指定前缀分配给本地链路。下一跳地址的作用只是确定下一跳路由器的正确数据链路层(MAC)地址,以避免在路由表中执行下一跳地址的递归查找。本地链路地址通常与出接口相关联。

nexthop -vrf(可选):指示下一跳是 VRF。

vrf-name(可选):下一跳 VRF 的名字。

default(可选):指示下一跳是默认 VRF。

administrative-distance(可选):管理距离,默认值为 1,因而静态路由的优先级要高于除直连路由之外的其他路由。

administrative-multicast-distance(可选):当该路由被选择为多播 RPF(reverse path forwarding,反向路径转发)时使用的距离。

unicast(可选):指定不能用于多播 RPF 选择进程的路由。

multicast(可选):指定不能安装到单播 RIB (routing information base,路由信息库)中的路由。

next-hop-address(可选):用于到达指定网络的下一跳的地址。

tag tag(可选):通过路由映射来控制路由重分发时,该标签值可以被用作"匹配"值。

name route-name(可选):指定路由的名字。

2. IPv6 静态路由应用场景

　　IPv6 的静态路由协议可比作网络设计的调色盘，它为管理员提供了一个手工绘制网络路径的艺术平台。这并不仅仅是一种协议，更像是网络画家的创作工具，可以创造出独特而精致的网络画面。这项协议在实际应用中有着广泛的用途，允许网络设计者以各种巧妙而个性化的方式操纵数据包的传输路径。在 IPv6 网络环境中，静态路由协议的应用场景多种多样，如同调色盘上的各种颜料，可以根据管理员的艺术意愿进行巧妙搭配。一种常见的应用场景是在小型网络中，管理员可以手动配置静态路由，为各个子网绘制独特的路径，提升网络数据的可达性。这种手工制作的方式使得整个网络结构清晰可见，每个子网都有着独特的线条和色彩。另一种常见的应用场景是网络安全。通过静态路由，管理员可以精准地控制网络流量的流向，实现对网络流量的精细管理。这对于构建对网络安全性要求较高的网络环境，特别是需要保护敏感信息传输的场景，具有显著的实用性。在某些网络拓扑结构下，如对网络流量进行特定的负载均衡，静态路由同样可以发挥独特的作用。通过精心配置，管理员可以将流量引导到不同的路径，平衡网络各部分负载，提高整个网络的性能和稳定性。

　　总体来说，IPv6 的静态路由协议如同网络画家的调色盘，其应用场景丰富多样。在网络的画布上，管理员可以根据需求巧妙搭配不同的颜色，即路径，创造出适应不同网络环境的精美画卷。在网络的构建中，管理员需要充分发挥静态路由的创造性，因为它不仅仅是一种管理工具，更是一种能够解放网络创意的介质。IPv6 的静态路由协议在网络设计中扮演着多重角色，适用于各种场景，为网络管理员提供了丰富的工具箱。静态路由不仅仅是简单的路径规划，更是一种手工调校网络导航的机制，具有多方面的实际应用，如网络分段与可达性优化、安全性与流量控制、多路径负载均衡、灾备与备份路径、简化管理与减少动态路由开销等。

3.2.2　动态路由协议

　　IPv6 动态路由协议是当今互联网架构中至关重要的一部分，它为网络提供了自适应和灵活的导航机制。通过深入挖掘互联网上的资料，可以更全面地了解 IPv6 动态路由协议的各个方面。

　　(1)实时感知网络拓扑的变化：IPv6 动态路由协议通过实时感知网络拓扑的变化，能够即时做出调整，确保路由表的准确性。这种特性对于大型、复杂网络尤为重要，因为网络拓扑的变化是常态，动态路由能够迅速适应。

　　(2)自动更新路由表：与静态路由不同，IPv6 动态路由协议能够自动更新路由表。这样的自动化更新减轻了管理员的工作负担，使网络的管理更加高效，特别是在动态网络环境中，如移动网络或物联网。

　　(3)多协议支持：IPv6 动态路由协议支持多种协议，包括 OSPF、RIPng 等。这种多协议支持的特性使得管理员可以根据具体网络需求选择最适合的协议，实现更灵活的网络导航。

　　(4)高效负载均衡与流量优化：动态路由协议支持负载均衡，它能够智能地分配流量到不同路径，以提高网络的负载均衡性能。这对于大规模网络中的高流量场景非常关键，确保网络资源得到最有效的利用。

　　(5)适用于大型网络环境：在大型网络中，设备的增减和链路的变化频繁发生，动态路由协议适应性强，能够智能地适应网络的复杂变化，确保数据传输的顺畅，提高整个网络的可用性。

（6）支持路由聚合：IPv6 动态路由协议支持路由聚合，将多个子网的路由信息汇聚成一个更为紧凑的路由，减小路由表的规模。这有助于提高路由的效率和减少网络开销。

（7）网络安全性提升：动态路由协议通过使用认证机制和安全协议，提升了网络的安全性。管理员可以配置安全选项，确保路由信息的完整性和可信度。

（8）IPv6 动态路由协议的路由信息广播：动态路由协议通过路由信息广播机制，实现路由信息的实时分享。这样的广播机制有助于整个网络实时获取最新的路由信息，确保网络中各个节点对拓扑结构变化有准确、及时的感知。

1. OSPFv3 的 IPv6 支持

OSPF（开放最短路径优先）是一种先进而强大的链路状态路由协议，其主要目标是代替传统的距离矢量路由协议 RIP。尽管 RIP 在早期网络互联的路由选择方面表现不俗，但随着网络规模的迅速扩大，RIP 所采用的以跳数为唯一度量的选择机制逐渐显得无法满足大型网络对高效且健壮路由解决方案的需求。在这一背景下，OSPF 的引入成为网络设计的重要创新，其采用了无类别路由的设计思想，并引入了区域的概念，从而实现了卓越的扩展。

OSPFv2 和 OSPFv3 是两个在不同 IP 版本下运行的开放最短路径优先协议。它们分别在 IPv4 和 IPv6 环境中发挥着关键作用。下面是它们之间的一些主要对比。

1）IP 版本支持

OSPFv2：专门设计用于 IPv4 网络。

OSPFv3：适用于 IPv6 网络，为 IPv6 提供了专门的路由协议。

2）地址表示

OSPFv2：使用 IPv4 地址表示，依赖于 IPv4 地址和子网掩码。

OSPFv3：使用 IPv6 地址表示，支持 IPv6 的 128 位地址。

3）支持的网络类型

OSPFv2：支持各种 IPv4 网络，包括点到点、点到多点、广播和非广播多点等。

OSPFv3：支持各种 IPv6 网络，如点到点、点到多点、广播和非广播多点，但适用于 IPv6 地址空间。

4）配置方式

OSPFv2：配置主要涉及 IPv4 地址和相关的网络参数，如子网掩码等。

OSPFv3：配置需要考虑 IPv6 地址，也涉及 IPv6 的特定参数，如区域 ID 等。

5）路由信息广播

OSPFv2：使用 Hello 协议和 LSA（链路状态通告）在 IPv4 网络中进行路由信息广播。

OSPFv3：采用 Hello 协议和 LSA 在 IPv6 网络中进行路由信息的传递。

综合而言，OSPFv2 和 OSPFv3 分别适用于 IPv4 和 IPv6 网络，在 IP 版本支持、地址表示、支持的网络类型、配置方式等方面存在差异，而同时保持了一些相似的概念和设计原则，如区域的概念、LSA 的使用等。在网络设计中，根据实际需求选择合适的版本是至关重要的。

2. RIPng 的特点与应用

RIPng 是一种动态的内部路由协议,它基于 Bellman-Ford 算法,属于距离矢量路由协议的一种,其计算路由的过程如图 3-2 所示。RIPng 使用跳数作为度量,度量值为 0～15。该协议是基于传输层协议(UDP)的,只在路由器上实现,每台使用 RIPng 的路由器都有一个路由进程在 UDP 端口 521 上发送和接收数据。RIPng 通常在中小型网络中得到广泛应用。RIPng 的概念主要来源于 RIPv1 和 RIPv2,技术文档 RFC 1058 描述了 RIPv1,包括距离矢量算法的详细说明,而 RFC 2453 定义和描述了 RIPv2。为了解决 RIP 与 IPv6 的兼容性问题,IETF 在 1997 年通过 RFC 2080 对 RIP 协议进行修改,从而提出了 RIPng。RIPng 与 RIPv1 和 RIPv2 相比有以下主要区别。

(1)协议支持:RIPng 仅支持 TCP/IP 协议簇,而 RIPv1 和 RIPv2 不仅适用于 TCP/IP 协议簇,还能适用于其他网络协议簇。

(2)安全性策略:RIPng 使用 IPv6 的安全策略,不单独设计安全性验证报文。

(3)下一跳字段的处理:RIPng 中的下一跳字段作为一个单独的路由表项存在,称为路由表条目(routing table entry, RTE),以提高路由信息的传输效率。每个 RTE 的长度可为 20 字节。

(4)路由报文发送方式:RIPng 采用多播方式发送路由报文,以减少网络中传输的路由信息的数量,而 RIPv1 使用广播方式发送路由信息,导致同一局域网的所有主机都会收到路由报文。

(5)路由报文长度和数目:RIPng 对路由报文的长度和 RTE 的数目没有具体的限制,而 RIPv1 和 RIPv2 规定了报文长度的限制,并规定每个报文最多可以携带 25 个 RTE。

(6)IPv6 地址和前缀长度:由于 IPv6 地址前缀有明确的含义,RIPng 中不再有子网掩码的概念,而使用前缀长度替代。同样,由于使用 IPv6 地址,RIPng 中不再区分网络路由、子网路由和主机路由的概念。

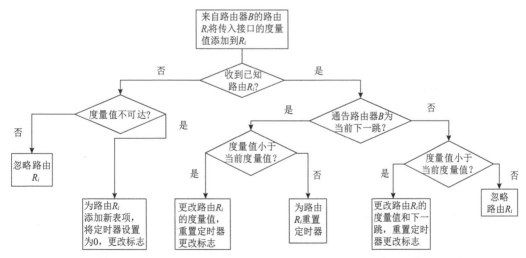

图 3-2　Bellman-Ford 算法计算路由的过程

这些变化使得 RIPng 更加适应 IPv6 网络的特性,并在提高效率、减少广播和多播流量以及更好地支持安全性方面取得了改进。在 IPv6 网络中,每台路由器都维护着一个路由表,其中详细记录了通向各目的 IPv6 地址的最佳路径。

RIPng 最初被设计作为中型网络内部的路由协议，但与 RIPv1 和 RIPv2 版本一样，也存在一些局限性，需要思考和寻找解决这些问题的方法。首先，RIPng 的直径有限，其传播路由信息的成本是通过网络(链路)的数量来计算的，每穿越一个网络的成本为 1。IPv6 路由的最长路径的度量值为 15，即跳数限制了网络规模的扩大。这种限制使得 RIPng 在处理大规模网络时可能面临性能上的挑战。其次，RIPng 使用跳数作为到达目的地址的度量值，无法准确反映网络的带宽、延时、负载和可靠性等实时参数。因此，在选择最佳路由时，度量值的限制可能导致不够精准的路由选择。然后，RIPng 的收敛时间，即使在处理网络拓扑变化时，也可能受到限制。最后，路由器之间的同步问题也是一个挑战。各路由器周期性地与相邻的路由器交换路由信息，这可能导致网络的周期性拥塞，需要寻找方法来最小化这种影响。因此，为了克服这些局限性，需要在 RIPng 的设计和实施中思考并引入一些创新的方法，以适应不断发展的网络环境和更高的性能需求。

总体而言，RIPng 作为一种简单而有效的路由协议，适用于中小型 IPv6 网络，其报文格式如图 3-3 所示。然而，在大规模和复杂网络中，由于其基于跳数的度量和一些设计上的限制，可能会面临性能和可扩展性的挑战。

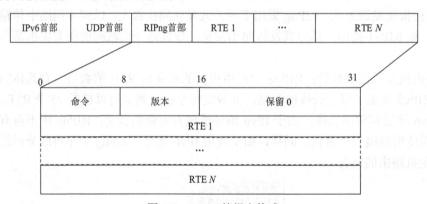

图 3-3　RIPng 的报文格式

每个路由表条目(RTE)占 20 字节，RIPng 首部后面跟着一个或多个路由表条目，路由表条目的格式如图 3-4 所示。

图 3-4　路由表条目的格式

每一个路由表条目由 4 部分组成。

(1)IPv6 前缀(IPv6 prefix)，占 16 字节。

(2)路由标记(route tag)，占 2 字节，主要用于对外部路由进行标记，区分 RIPng 内部路由和 RIPng 外部路由，外部路由可能来自外部网关协议(external gateway protocol，EGP)或其他的 IGP 协议。

(3)前缀长度(prefix length)，占 1 字节，指明前缀中有效位的长度，IPv6 中使用前缀长度代替了 IPv4 中的子网掩码。由于 IPv6 地址的意义很明确，在 RIPng 中不再区分网络路由、子网路由或主机路由。前缀长度的取值范围为 0～127。

（4）路由度量值（metric），占 1 字节，指明到目的网络的成本度量值，包含了发送方使用的路由度量值。由于 RIPng 的最大工作直径为 15 跳，一个有效的度量值的取值范围是 1～15。度量值 16 表示路由器对于发送路由器来说是不可达的。该字段的含义只能是跳数，路由器不能对该字段做其他解释。

3. BGPv4 与 IPv6 的关系

以下是 BGPv4 的一些关键特点和原理。

（1）自治系统间路由信息交换：BGPv4 主要用于不同自治系统之间的路由信息交换。自治系统是互联网中一组拥有相同路由策略的网络和路由器的集合。BGPv4 负责在不同自治系统之间传递路由信息，使得互联网上的各个部分能够互相通信。

（2）路径矢量协议：BGPv4 是一种路径矢量协议，它以路径（一系列经过的自治系统）为单位传递路由信息。每个 BGP 路由器都维护一个路由表，其中包含到达目的网络的路径信息。

（3）可扩展性：BGPv4 被设计为高度可扩展的协议，能够有效地处理大规模的路由信息。这是因为在互联网中存在数以百万计的路由条目，而 BGPv4 需要能够适应这样的规模。

（4）策略性路由选择：BGPv4 允许路由器基于各种策略选择路由。这些策略可以包括最短路径、特定服务质量要求、成本等。这使得 BGPv4 能够满足各种网络运营商和自治系统的需求。

（5）TCP 协议：BGPv4 使用 TCP 协议作为底层传输协议，确保可靠的路由信息传递。BGPv4 路由器之间通过 TCP 连接进行通信，这有助于提高协议的稳定性和可靠性。

（6）路由策略：BGPv4 支持丰富的路由策略定义，可以根据多种因素，如前缀长度、AS 路径、路由起源等，来制定路由选择的策略。这使得网络管理员能够更灵活地控制路由选择的行为。

总体而言，BGPv4 是互联网中最重要的路由协议之一，它在不同自治系统之间实现了灵活、可靠的路由信息交换，为全球互联网奠定了基础。

BGPv4 与 IPv6 之间存在密切的关联，它们共同构建了互联网中的路由体系。BGPv4 是一种用于在不同自治系统之间交换路由信息的协议，而 IPv6 则是互联网协议套件中的下一代协议，用于支持更多的地址空间和其他改进。以下是它们之间关系的一些要点。

（1）IPv6 地址族的支持：BGPv4 被扩展以支持 IPv6 地址族。这样，BGPv4 就能够传递和交换 IPv6 路由信息，使得在 IPv6 网络中的自治系统之间建立起有效的路由。

（2）地址族标识符（address family identifier，AFI）和子序列地址族标识符（subsequent address family identifier，SAFI）：BGPv4 通过 AFI 和 SAFI 来识别和支持不同的地址族。IPv6 的地址族在 BGPv4 中通过这些标识符进行标识，确保了协议能够处理 IPv6 路由信息。

（3）Multiprotocol BGP（MP-BGP）：BGPv4 的扩展，支持多协议传输。在 IPv6 的情境下，MP-BGP 允许 BGPv4 传递 IPv6 路由信息，实现了在混合 IPv4 和 IPv6 环境中的路由传播。

（4）IPv6 前缀和路由信息：BGPv4 能够处理 IPv6 的前缀和路由信息，使得不同自治系统之间能够有效地交换有关 IPv6 网络的路由选择信息。

（5）全球路由表的扩展：随着 IPv6 的推广，全球路由表的规模逐渐增大。BGPv4 在这一背景下发挥着关键作用，确保了在 IPv6 互联网中实现规模化而高效的路由选择。

总体而言，BGPv4 为 IPv6 提供了关键的路由协议支持，促使了全球互联网向 IPv6 的过渡。通过 BGPv4，IPv6 网络能够在不同自治系统之间实现可靠而有效的路由通信。

3.3　OSPFv3 基础

OSPF（开放最短路径优先）是一种链路状态路由协议，主要用于替代距离矢量路由协议 RIP。虽然 RIP 能够满足早期网络对路由选择的需求，但由于 RIP 将跳数作为选择最佳路由的唯一度量，随着网络规模的增大，其性能已经无法满足对健壮路由解决方案的需要。

在 1989 年，RFC 1131 "OSPF Specification" 定义了 OSPFv1 规范。1991 年，John Moy 在 RFC 1247 "OSPF Version 2" 中对 OSPFv2 进行了定义，这一版本对 OSPFv1 进行了重大改进。1998 年，RFC 2328 "OSPF Version 2" 对 OSPFv2 规范进行了更新，目前该 RFC 是 OSPFv2 的最新规范。RFC 2328 将 OSPF 的度量定为可以取任意值的开销，而 Cisco IOS 则将带宽作为 OSPF 的开销度量。

随着 IPv6 的引入，1999 年，John Moy、Rob Coltun 和 Dennis Ferguson 合作编写的 RFC 2740 "OSPF for IPv6" 中发布了用于 IPv6 的 OSPFv3。后来，在 RFC 5340 "OSPF for IPv6" 中对 OSPFv3 进行了更新。OSPFv3 不仅是一种适用于 IPv6 网络的新型路由协议，而且进行了重大改写。这些发展使得 OSPF 成为现代网络中广泛使用的高性能、灵活且可扩展的路由协议。

3.3.1　OSPFv3 概述

OSPFv3 是 IPv6 网络中主流和核心的链路状态路由协议。其技术规范文档为 RFC 2740，该文档着重于定义 IPv6 的 OSPF 和 IPv4 的 OSPF 之间的区别。OSPFv3 报文直接封装在 IPv6 数据报中，对应的 IPv6 数据报下一个首部字段的值为 89。OSPFv3 在 IPv6 网络中发挥着关键的作用，它是一种动态路由协议，能够自适应地找到最短路径，以实现网络中节点之间的高效通信。相较于 IPv4 的 OSPF（OSPFv2），OSPFv3 经过调整以适应 IPv6 的特性和需求。

下面是对 OSPFv3 和 IPv4 OSPF 的一些主要区别、区域结构和外部路由的讨论。随后，将对 OSPFv3 进行深入分析，从其报文格式开始，详细说明 OSPFv3 的执行细节，讨论邻居关系，最后探讨实际的链接状态数据库和路由表的计算。这个全面的视角将有助于理解 OSPFv3 在 IPv6 网络中的关键作用和操作机制。

IPv4 的开放最短路径优先（OSPFv2）协议的规范是在 RFC 2328 中明确定义的。这一标准文档详尽阐述了 OSPFv2 的协议运作、路由计算和通信细节。此外，还存在一些有关 OSPFv2 的扩展文档：RFC 1584，详细描述了 OSPF 的 IPv4 多播扩展，该扩展使 OSPF 能够在支持多播的网络上通过多播功能来发送和接收 OSPF 信息，从而提高了协议在网络中的效率；RFC 1587，引入了 OSPF 的次末节区域（not-so-stubby area，NSSA）扩展。次末节区域是 OSPF 末节区域的扩展。与末节区域一样，它们可防止将 AS 外部 LSA 泛洪到 NSSA 中。因此，NSSA 必须位于 OSPF 路由域的边缘。NSSA 比末节区域更灵活，因为 NSSA 可以将外部路由导入 OSPF 路由域，从而向不属于 OSPF 路由域的小型路由域提供中转服务。

OSPFv3 是一种链路状态路由协议，通常用作内部路由协议，主要应用于同一个路由域内。这个路由域指的是一个自治系统(AS),即一个采用统一路由策略或路由协议进行路由信息交换的网络,如 Internet。在 OSPFv3 中,链路状态通告(LSA)被传送给同一区域内的所有路由器。与此不同,运行距离矢量路由协议的路由器通常将部分或全部的路由表传递给其相邻的路由器。在 OSPFv3 网络中,每台 IPv6 路由器都有效地通告各种 LSA。当所有路由器的LSA 通告都完成后,OSPFv3 网络就完成了收敛过程。这种方式有助于确保整个网络内的路由器都具有一致的路由信息,从而提高了网络的可靠性和稳定性。

基于 LSA 的集合,每台路由器通过链路状态数据库(link state database,LSDB)中的数据计算以自己为根的最短路径树。这棵路径树上的路径最终成为 IPv6 网络中路由器的 OSPFv3路由表。在一个自治系统(AS)中,可以创建若干个区域。每个区域是一组连续的网段,至少有一个区域被指定为骨干区域。OSPFv3 允许在骨干区域边界上进行路由信息的汇总。通过创建这些区域,可以有效地减小 LSDB 占用的空间。这种结构化的方式有助于提高路由器的计算效率,并促使网络更具可扩展性。

3.3.2　OSPFv3 路由计算

IPv6 的 OSPFv3 路由计算与 IPv4 的 OSPFv2 路由计算在步骤上有很多相似之处。对于IPv6和 IPv4,路由表变化引起的事件以及等效多路径逻辑都是相同的。两者在计算最短路径(SPF)树时使用的图也是相同的。IPv6 的最短路径计算与 IPv4 类似,分为两个主要步骤:进行 Dijkstra计算;将末端链路视为叶子,并将其添加到树中。

以链路状态数据库(LSDB)为基础,每台路由器都构建了一个 SPF 树,并将计算出的路由添加到其路由表中。每台路由器的链路状态数据库包含以下内容。

(1)链路 LSDB:包含所有带有本地链路洪泛范围的 LSA。这些 LSA 记录了路由器所连接的直接邻居信息,包括邻居的 IPv6 地址、链路状态 ID 等。

(2)区域 LSDB:包含所有带有区域洪泛范围的 LSA。这些 LSA 涵盖了整个区域内的网络拓扑结构和链路状态信息。

(3)自治系统 LSDB:包含所有带有 AS 洪泛范围的 LSA。这些 LSA 跨越整个自治系统,涵盖了 AS 内所有区域的汇总信息。

(4)区域边界路由器(area border router,ABR):对于每个本地链路的区域,ABR 为其准备了一个区域 LSDB。这包含了不同区域之间的网络拓扑和链路状态信息。

这些 LSDB 的构建和维护过程确保了每台路由器都具有关于本地、区域和整个自治系统范围的链路状态信息。通过在此基础上执行 SPF 计算,路由器能够建立最短路径树(shortestpath tree,SPT),从而确定最佳路径并更新其路由表。这有助于确保网络中的路由器具有准确、及时的路由信息,支持 IPv6 网络的高效通信。

SPF 树构建所用到的网络拓扑如图 3-5 所示,其中传输链路的度量值为 10,点到点的度量值为 15。在路由器 R1 中:链路 LSDB 包含 4 个 Link-LSA,其中 R1 用于接口 2 和接口 3,R2 用于接口 3,R5 用于接口 2。AS LSDB 包含由自治系统边界路由器(autonomous systemborder router,ASBR)R20 通告的每个外部路由,每条路由都有一个 AS External LSA。区域 1的 LSDB 包含 5 个 Router-LSA,R1~R5 各一个;2 个 Network-LSA,其中 R2 用于网络 2,R5 用于网络 4;5 个 Intra-Area-Prefix-LSA,其中 3 个用于路由器 R1~R3,另外 2 个用于传输链路网络 2 和网络 4;4 个 Inter-Area-Prefix-LSA,由 R4 和 R5 通告区域 0 和区域 2;2 个

Inter-Area-Router-LSA,由 R4 和 R5 通告 ASBR 路由器 R20。通过这些步骤,每台路由器都构建了完整的 LSDB,包含了与本地、区域和整个自治系统相关的链路状态信息。SPF 树的构建涉及以下 3 个步骤。

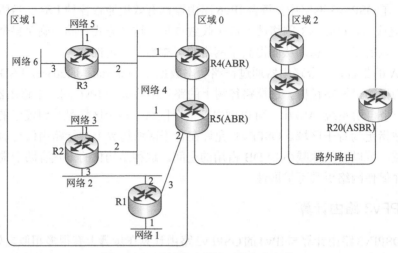

图 3-5　SPF 树构建所用到的网络拓扑

1. 区域内路由

(1)在这个区域中,每台路由器使用 Router-LSA 和 Network-LSA 构建了核心树。值得注意的是,这两个 LSA 包含了实际的指示器。在核心树的构建过程中,每台路由器将自己的 Router-LSA 放在树的根部。Router-LSA 中的每个链路条目表示一个指向另一个 Router-LSA(链路类型 1 和 4)或 Network-LSA(链路类型 2)的指示器。链路类型 2 上的邻居 ID 和接口 ID 用于识别各自的 LSA。每个邻居的 LSA 以及其度量值一起作为一个分支临时性地放在树中,而最低成本分支则是永久性的,因为它代表最短的路径。

(2)将检查每个 LSA。如果它是一个 Router-LSA,每个链路条目将提供一组新的 LSA 作为树的候选对象。如果它是一个 Network-LSA,每个附加的路由器将一组新的 LSA 识别为树的候选对象。这次没有度量值,因为传输链路的度量值已经被确定了。候选对象被临时性地添加到树中,直到候选对象在树中变成永久性的,因此可以被忽略。

需要注意的是,度量值最小的 LSA(从根部累加的度量值)将作为唯一的分支,并对其内容进行检查。如果这个特定的 LSA 作为一个临时性的分支存在于树的其他任何地方,那么临时分支将被删除。这个过程将一直继续下去,直到没有可添加的 Network-LSA 或 Router-LSA 为止。假设有两个以上的分支具有相同的最低成本,那么每个分支都将被视为较为稳定的连接标识。

在建立 SPF 核心树时,树并不包含选址信息,而是由 Intra-Area-Prefix-LSA 提供。路由器将 Intra-Area-Prefix-LSA 添加到 Router-LSA 或 Network-LSA 中,仅按照引用的 LSA。

(3)找到下一跳的信息。下一跳地址是直接连接的路由器的本地链路地址,这个信息由直接连接的路由器发起的 Link-LSA 提供。

现在,路由器已经发现了区域内的所有路由器,并将它们作为区域内路由添加到 OSPF 路由表中。路由器 R1 在区域 1 建立的 SPF 树如图 3-6 所示。

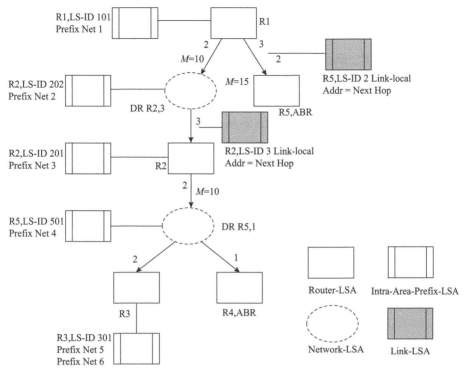

图 3-6 路由器 R1 在区域 1 建立的 SPF 树

区域 1 的链路状态数据库如表 3-1 所示，而 R1 的接口链路状态数据库如表 3-2 所示。

表 3-1 区域 1 链路状态数据库(第一步)

LS-Type	Adv. Rtr	LS-ID
Router	R1	R1
	R2	R2
	R3	R3
	R4	R4
	R5	R5
Network	R5	1
	R2	3
Intra-Area-Prefix	R1	101
	R2	201
	R3	301
	R2	202
	R5	501

表 3-2 R1 的接口链路状态数据库

LS-Type	Adv. Rtr	LS-ID
Link	R1	2
Link	R1	3
Link	R2	3
Link	R5	2

2. 区域间路由

在处理区域间路由时，路由器将识别该区域内的所有 Inter-Area-Link-LSA。其 ABR 必须存在于先前构建的树中。这些 Inter-Area-Link-LSA 现在与 ABR 相关，并被添加到带有广播过的度量值的树中，这将区域间路由的 IPv6 前缀附加到树中。

这些路由的总成本由 ABR 成本和在 Inter-Area-Link-LSA 中广播的成本组成。如果相同的前缀出现不止一次，那么将考虑最佳总成本的前缀。如果成本是相等的，所有相等成本前缀都必须被接收到区域间路由表中。下一跳地址是通往 ABR 的最短区域内路径上的直接连接的路由器的地址。路由器 R1 的区域间路由如图 3-7 所示。区域 1 链路状态数据库如表 3-3 所示。

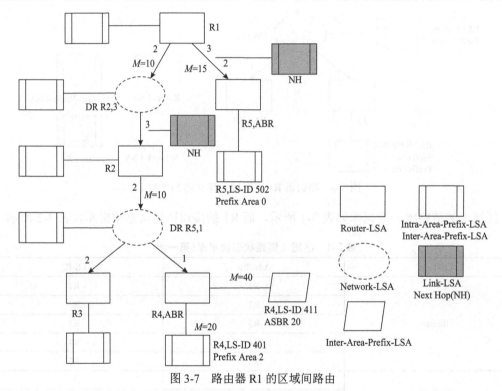

图 3-7　路由器 R1 的区域间路由

表 3-3　区域 1 链路状态数据库（第二步）

LS-Type	Adv. Rtr	LS-ID	Metric，Info
Intra-Area-Prefix	R4	401	20，Area 2
Intra-Area-Prefix	R4	402	10，Area 0
Intra-Area-Prefix	R5	501	40，Area 2
Intra-Area-Prefix	R5	502	10，Area 0
Intra-Area-Prefix	R4	411	40，ASBR 20
Intra-Area-Prefix	R5	511	60，ASBR 20

如果路由器自身是一个 ABR，那么只有由其他 ABR 发起的 Inter-Area-Link 才会被考虑。这是因为路由器自身作为 ABR，已经有了通往目的地址的区域内路径，并且通常会倾向于选择区域内路径。因此，对于自身是 ABR 的路由器，所有由其他 ABR 发起的 Inter-Area-Link-LSA

都将被考虑，而表示直接附加的区域间路由的 Inter-Area-Link-LSA 将被忽略。这是因为在自身是 ABR 的情况下，选择区域内路径更为直接和常见。这样的处理方式有助于路由器在构建区域间路由表时更加有效地选择和使用合适的路径。

3. 外部路由

在处理外部路由时，路由器首先识别所有的 Inter-Area-Router-LSA，并将它们与第二步中描述的 ABR 联系起来。这确保了所有的 ASBR 都已经被识别。接下来，路由器将所有的 AS-External-LSA 与它们相应的 ASBR 联系起来，并将它们添加到 SPF 树。新添加 LSA 的 IPv6 前缀形成了外部路由。

根据度量值类型的不同，现在，路由器将这些路由输入到 External-1（Ext 1）或 External-2（Ext 2）路由表中。如果相同的前缀多次出现，那么将考虑最佳总成本的前缀。如果成本是相等的，所有相等成本都必须被接受。如果在 LSA 中已经设置了 F 位，那么下一跳位置是通往 ASBR 或传输地址的最短区域内路径上的直接连接的路由器。路由器 R1 的外部路由如图 3-8 所示。自治系统链路状态数据库如表 3-4 所示。

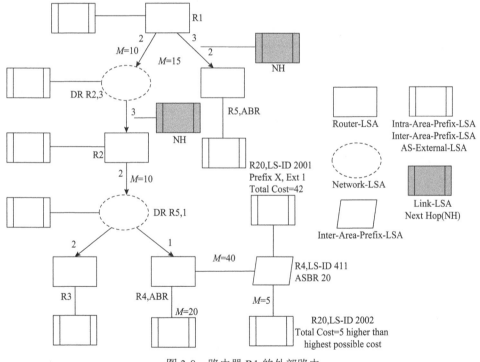

图 3-8　路由器 R1 的外部路由

表 3-4　自治系统链路状态数据库

LS-Type	Adv. Rtr	LS-ID	Metric, Info
AS-External	R20	2001	2, Prefix X, Ext 1
AS-External	R20	2002	5, Prefix Y, Ext 2

3.3.3　OSPFv3 部署与应用

关于 OSPFv3 的部署与应用，以在 Cisco 路由器上配置 OSPFv3 为例进行介绍。

下面通过一个拓扑结构的示例来解释 OSPFv3 的配置。

当配置 R1、R2 和 R3 以共享路由信息时，使用 OSPFv3 在 IGP 路由域中进行配置。仍然需要为 R3 配置一条通过 ISP 路由器的默认路由，并通过 OSPFv3 配置 R3 以将该默认路由分发给其他 OSPFv3 路由器。同时，仍需为 ISP 路由器配置一条静态路由，指向目的地址 2001:db8:cafe::/48。这两条静态路由的情况如图 3-9 所示。

R3(config) # ipv6 route ::/0 serial 0/1/0
ISP(config) # ipv6 route 2001:db8:cafe::/48 serial 0/0/0

图 3-9　R3 和 ISP 路由器上的静态路由

在路由器 R1 上使用命令 ipv6 unicast-routing 的作用是启用 IPv6 路由功能，这使得路由器能够处理 IPv6 数据包的转发。此命令告知路由器开启 IPv6 单播路由功能，从而使其具备 IPv6 路由能力。

接下来，使用全局配置命令 ipv6 router ospf 配置 OSPFv3 进程。类似于 OSPFv2 中的 router ospf process-id 命令，OSPFv3 中的 ipv6 router ospf 命令用于启动和配置 OSPFv3 进程。与 OSPFv2 一样，OSPFv3 中的 process-id（进程号）只在本地具有意义，不需要与 OSPF 域中的其他路由器相同。在路由器配置模式下，使用 router-id 命令配置 OSPF 路由器 ID。由于这些路由器的接口上没有配置 IPv4 地址，因此必须手动配置每台路由器的 OSPF 路由器 ID，而不能动态选择。OSPFv3 拓扑结构如图 3-10 所示，这些命令的语法格式如表 3-5 所示。

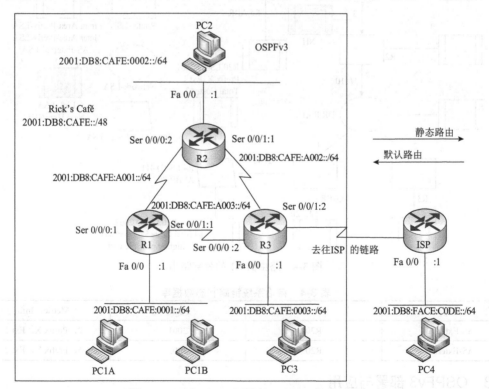

图 3-10　Rick's Café 网络的 OSPFv3 拓扑结构

表 3-5　创建 OSPFv3 路由进程的命令的语法格式

命令	描述
Router(config)# ipv6 router ospf process-id	启用 IPv6 的 OSPF 路由进程, process-id 用于标识特定的路由进程, OSPF 路由域中所有路由器的 process-id 都不必相同
Router(config-rtr)# router-id router-id	路由器为 OSPFv3 使用 32 比特以点分十进制形式表示的 IPv4 地址来选择路由器 ID

　　继续看图 3-11(a) 中的配置。通过命令 ipv6 ospf process-id area area-id 为 R1 的接口启用 OSPFv3,在这个命令中,process-id 参数用于标识特定的 OSPFv3 路由进程,并且必须与用于创建路由进程的 ipv6 router ospf process-id 命令中使用的 process-id 相同。

```
R1(config) # ipv6 unicast-routing

R1(config) # ipv6 router ospf 1

R1(config-rtr) # router-id 10.1.1.1

R1(config-rtr) # exit

R1(config) # ipv6 router ospf 1

R1(config) # interface fastethernet 0/0

R1(config-if) # ipv6 ospf 1 area 0

R1(config-if) # exit

R1(config) # interface serial 0/0/0

R1(config-if) # Ipv6 ospf 1 area 0

R1(config-if) # exit

R1(config) # interface serial 0/0/1

R1(config-if) # end

R1#
```

(a) 在R1上启用OSPFv3

```
R2(config) # ipv6 unicast-routing
R2(config) # ipv6 router ospf 1
R2(config-rtr) # router-id 10.2.2.2
R2(config-rtr) # exit
R2(config) # interface fastethernet 0/0
R2(config-if) # ipv6 ospf 1 area 0
R2(config-if) # exit
R2(config) # interface serial 0/0/0
R2(config-if) # Ipv6 ospf 1 area 0
R2(config-if) # exit
R2(config) # interface serial 0/0/1
R2(config-if) # ipv6 ospf 1 area 0
R2(config-if) # end
R2#
```
```
R3(config) # ipv6 unicast-routing
R3(config) # ipv6 router ospf 1
R3(config-rtr) # router-id 10.3.3.3
R3(config-rtr) # exit
R3(config) # interface fastethernet 0/0
R3(config-if) # ipv6 ospf 1 area 0
R3(config-if) # exit
R3(config) # interface serial 0/0/0
R3(config-if) # Ipv6 ospf 1 area 0
R3(config-if) # exit
R3(config) # interface serial 0/0/1
R3(config-if) # ipv6 ospf 1 area 0
R3(config-if) # end
R3#
```

(b) 在R2和R3的OSPFv3配置

图 3-11　OSPFv3 配置

　　在指定接口上启用 OSPFV3 路由进程的命令语法如下:

Router(config-if)# ipv6 ospf process-id area area-id

　　其中的 process-id 用于标识特定的路由进程,必须与用于创建路由进程的命令 ipv6 router ospf process-id 中的 process-id 相同;参数 area-id(区域号)是与该 OSPFv3 接口相关联的区域,虽然可以为该区域配置任意值,这里选择区域号 0 的原因是 Area 0 是骨干区域。所有其他区域都要连接到骨干区域之上,这样便于将来根据需要迁移到多个区域,实现多区域 OSPF 的灵活性。

　　注意,图 3-11(b) 示例中路由器 R2 和 R3 的 OSPFv3 配置情况。虽然可以使用不同的 process-id,但是为了保持一致性,这里使用的 process-id 仍然为 1。

　　为了完成 OSPFv3 的配置,需要将 R3 上的默认路由分发给 OSPF 路由域中的其他路由器,因此在 R3 上配置了路由器配置命令 default-information originate,如图 3-12 所示。

命令 default-information originate 的完整语法格式如下：

Router（config-rtr）# default-information originate [always | metric metric-value | metric-type type-value | route-map map-name]

```
R3(config) # ipv6 Router ospf 1
R3(config-rtr) # ?
    area                      OSPF area parameters
    auto-cost                 Calculate OSPF interface cost according to bandwidth
    default                   Set a command to its defaults
    default-information       Distribution of default information
    default-metric            Set metric of redistributed routes
    discard-route             Enable or disable discard-route installation
    distance                  Administrative distance
    distribute-list           Filter networks in routing updates
    exit                      Exit from IPv6 routing protocol configuration mode
    ignore                    Do not complain about specific event
    interface-id              Source of the interface ID
    log-adjacency-changes     Log changes in adjacency state
    maximum-paths             Forward packets over multiple paths
    no                        Negate a command or set its defaults
    passive-interface         Suppress routing updates on an interface
    process-min-time          Percentage of quantum to be used before releasing
    redistribute              Redistribute IPv6 prefixes from another routing protocol
    router-id                 router-id for this OSPF process
    shutdown                  Shutdown protocol
    summary-prefix            Configure IPv6 summary prefix
    timers                    Adjust routing timers
R3(config-rtr) # default-information originate
R3(config-rtr) # end
R3#
```

图 3-12　在 R3 上分发默认路由

该命令会生成一条默认外部路由并进入 OSPFV3 路由域，其参数如下。

（1）always（可选）：无论软件是否有默认路由，都要宣告该默认路由。

（2）metric metric-value（可选）：度量值代表路由开销，如果省略了该度量值或者没有利用设置默认度量的路由器配置命令来指定度量值，那么默认度量值就为 10。默认度量值范围是 $0\sim16777214$。

（3）metric-type type-value（可选）：将与默认路由相关联的外部链路类型宣告到 IPv6 OSPF 路由域中，类型值为 1（1 类外部路由）或 2（2 类外部路由），默认值为 2。2 类路由的开销总是到达该路由的外部开销，而不是内部开销（OSPF 域内开销）。1 类路由的开销是到达该路由的外部开销加内部开销。

（4）route-map map-name（可选）：在满足路由映射的情况下，路由进程会生成该默认路由。

3.4　IS-IS 基础

3.4.1　IS-IS 概述

中间系统到中间系统（intermediate system to intermediate system，IS-IS）路由协议最初是 ISO

为它的无连接网络协议(connectionless network protocol，CLNP)设计的一种动态路由协议。随着 TCP/IP 协议的流行，为了提供对 IP 路由的支持，RFC 1195 中对 IS-IS 进行了扩充和修改，使它能够同时工作在 TCP/IP 和 OSI 网络环境中，称为集成 IS-IS(integrated IS-IS)，并且在 RFC 5308 中支持了对于 IPv6 的路由。与 OSPF 相同，IS-IS 也是一种基于链路状态的内部网关协议(IGP)，其具有收敛速度快、拓展性强、抗攻击能力强等特点，可以实现大规模网络的互通。

1. IS-IS 路由器分类

IS-IS 中的路由器称为中间系统(intermediate system)，终端设备则称为终端系统(end system)，为了支持大规模网络的区域内路由，IS-IS 在路由域内采用二级的分层结构，即一个大的域被分为多个区。IS-IS 网络中三种不同级别的路由设备为 Level-1(L1)路由器、Level-2(L2)路由器以及 Level-1-2(L1-L2)路由器，如图 3-13 所示。

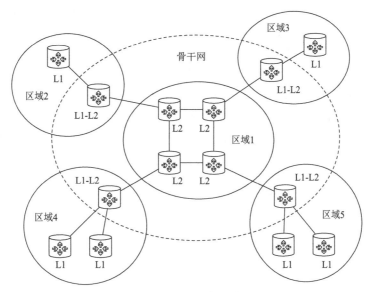

图 3-13　IS-IS 拓扑示意图

1) Level-1 路由器

Level-1 路由器只负责自己所在区内的路由，它只与属于同一区的路由器形成邻居关系。Level-1 路由器只负责维护本区内的路由信息，即链路状态数据库(LSDB)，对于目的地不在本区内的路由，Level-1 路由器会将该路由的目的地标识为最近的 Level-1-2 路由器。

2) Level-2 路由器

Level-2 路由器负责区间的路由，一个 Level-2 路由器将与路由域内所有 Level-2 路由器形成邻居关系，并交换路由信息，形成一个 Level-2 的 LSDB，该 LSDB 包含区间的路由信息。所有 Level-2 路由器构成路由域的骨干网，负责不同区间的通信，路由域中 Level-2 路由器必须是连续的，以保证骨干网的连续性。只有 Level-2 路由器才能直接与区外的路由器交换数据报文或路由信息。

3) Level-1-2 路由器

Level-1-2 路由器既是自己所在区内的 Level-1 路由器，也是 Level-2 路由器。其作为 Level-1 路由器与自己所在区内的 Level-1 路由器形成邻居关系，其作为 Level-2 路由器可以

实现自己所在区与其他区之间的跨区通信。一个 Level-1 路由器必须通过自己区内的 Level-1-2
路由器才能连接至其他区。Level-1-2 路由器维护两个 LSDB，Level-1 的 LSDB 用于区内路由，
Level-2 的 LSDB 用于区间路由。

如图 3-13 所示，一个运行 IS-IS 协议的网络，所有 Level-2 路由器构成骨干网，将路由
域内的所有区连接起来，其中区域 1 中的所有路由器均为 Level-2 路由器，其他区中的 Level-2
路由器是 Level-1-2 路由器，所有 Level-1 路由器均可通过自己区内的 Level-1-2 路由器实现与
其他区路由器的互联互通。

2. IS-IS 的报文类型

IS-IS 报文有以下几种类型：Hello PDU、LSP 和 SNP。

1）Hello PDU

Hello PDU 用于 IS-IS 路由器之间建立和维持邻居关系，也称为 IIH（IS-to-IS Hello PDU）。
其中，广播网络中的 Level-1 路由器之间使用 Level-1 LAN IIH，Level-2 路由器之间使用
Level-2 LAN IIH，而非广播网络中则使用 P2P IIH。它们的报文格式有所不同，P2P IIH 中相
对于 LAN IIH 来说，多了一个表示本地链路 ID 的 Local Circuit ID 字段，缺少了表示广播网
络中指定中间系统（designated intermediate system，DIS）的优先级的 Priority 字段以及表示 DIS
和伪节点（pseudonode）System ID 的 LAN ID 字段。

（1）广播网络 Hello：LAN IIH，其格式如图 3-14 所示，其中 No. of Octets 代表字节数。

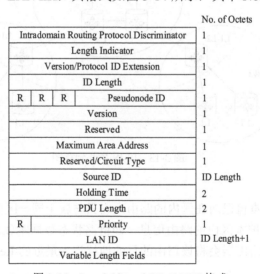

图 3-14　Level-1/Level-2 LAN IIH 格式

（2）P2P Hello：格式如图 3-15 所示。

值得注意的是，在所有类型的 IS-IS 报文中，前 8 字节都是公用的。Hello PDU 中各个主
要字段的含义及作用如下。

Intradomain Routing Protocol Discriminator：区域内路由选择协议鉴别符，用来标识网络
层协议数据单元，该字段的值固定为 0x83。

Length Indicator：长度标识符，用来标识固定头部的长度。

ID Length：用来标识路由选择域内 System ID 的长度。

Maximum Area Address：表示 IS-IS 区域所允许的最大区地址数量。目前，该字段固定为 0，表示最多支持 3 个区地址。

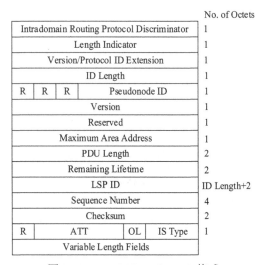

图 3-15　P2P Hello 格式

Reserved/Circuit Type：高 6 位保留置为 0，低 2 位用于表示链路类型，01 表示 Level-1 路由器，且该链路仅用于传输 Level-1 类型的流量；10 表示 Level-2 路由器，且该链路仅用于发送 Level-2 类型的流量；11 表示 Level-1-2 路由器，该链路用于发送 Leve-1 和 Level-2 类型的流量。

Source ID：路由器的 System ID。

Holding Time：保持计时器的时间。

Variable Length Fields：使用 TLV 填充，即 Type/Length/Value（类型/长度/值），不同 PDU 类型所包含的 TLV 是不同的。

2）LSP

链路状态数据单元（link state PDU，LSP）用于交换链路状态信息。LSP 分为两种：Level-1 LSP 和 Level-2 LSP。Level-1 LSP 由 Level-1 路由器发送，Level-2 LSP 由 Level-2 路由器发送，Level-1-2 路由器则可发送以上两种 LSP。两类 LSP 报文格式相同，如图 3-16 所示。

No. of Octets

Intradomain Routing Protocol Discriminator					1
Length Indicator					1
Version/Protocol ID Extension					1
ID Length					1
R	R	R	Pseudonode ID		1
Version					1
Reserved					1
Maximum Area Address					1
PDU Length					2
Remaining Lifetime					2
LSP ID					ID Length+2
Sequence Number					4
Checksum					2
R	ATT		OL	IS Type	1
Variable Length Fields					

图 3-16　Level-1/Level-2 LSP 格式

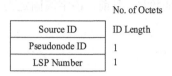

	No. of Octets
Source ID	ID Length
Pseudonode ID	1
LSP Number	1

图 3-17　LSP ID 格式

主要字段的解释如下。

Remaining Lifetime：指定 LSP 的过期时间，单位为秒。

LSP ID：LSP 的 ID 信息，其格式如图 3-17 所示，其中包含 Source ID、Pseudonode ID 以及 LSP Number。

Sequence Number：LSP 的序列号。

ATT：占 4bit，表明路由器连接到其他区所使用的度量指标。

OL：占 1bit，过载标志位，0 表示路由器的 LSP 数据库没有过载；1 表示路由器的 LSP 数据库已经过载，因此该路由器不参与到路由计算中。

IS Type：占 2bit，表示路由器的类型，01 表示 Level-1 路由器，11 表示 Level-2 路由器。

3）SNP

序列号数据单元(sequence numbers PDU，SNP)通过描述全部或部分 LSP 的摘要信息来同步各 LSDB，它包括全序列号协议数据单元(complete sequence numbers PDU，CSNP)和部分序列号协议数据单元(partial sequence numbers PDU，PSNP)。CSNP 包括 LSDB 中所有 LSP 的摘要信息，从而可以在相邻路由设备间保持 LSDB 的同步。

在广播链路和点到点链路上，SNP 运行机制略有不同：在广播链路上，CSNP 由 DIS 设备周期性地发送。当邻居发现 LSDB 不同步时，发送 PSNP 报文来请求缺失的 LSP 报文。在点到点链路上，CSNP 只在第一次建立邻居关系时发送，邻居发送 PSNP 报文来做应答。当邻居发现 LSDB 不同步时，同样发送 PSNP 报文来请求缺失的 LSP 报文。

3.4.2　IS-IS 邻居关系与路由计算

1. 邻居关系建立

两个运行 IS-IS 的路由设备在交互协议报文以实现路由功能之前必须首先建立邻居关系。在不同类型的网络上，IS-IS 的邻居关系建立方式并不相同。

1）广播链路邻居关系的建立

如图 3-18 所示，以 Level-2 路由器为例，广播链路中建立邻居关系的过程如下。

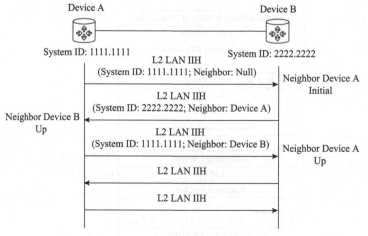

图 3-18　广播链路邻居关系建立过程

（1）Device A 广播发送 Level-2 LAN IIH，此报文中无邻居标识。

（2）Device B 收到此报文后，将自己和 Device A 的邻居状态标识为 Initial。然后，Device B 向 Device A 回复 Level-2 LAN IIH，此报文中标识 Device A 为 Device B 的邻居。

（3）Device A 收到此报文后，将自己与 Device B 的邻居状态标识为 Up。然后 Device A 向 Device B 发送一个标识 Device B 为 Device A 邻居的 Level-2 LAN IIH。

（4）Device B 收到此报文后，将自己与 Device A 的邻居状态标识为 Up。这样，两台路由设备就成功建立了邻居关系。

Level-1 路由器建立广播链路邻居关系的过程相同。

因为是广播网络，需要选举 DIS，所以在邻居关系建立后，路由设备会等待两个 Hello 报文间隔，再进行 DIS 的选举。Hello 报文中包含 Priority 字段，Priority 值最大的将被选举为该广播网络的 DIS。若优先级相同，接口 MAC 地址较大的被选举为 DIS。

2）P2P 链路邻居关系的建立

在 P2P 链路上，邻居关系的建立不同于广播链路，有两种方式，分别为两次握手机制和三次握手机制。

（1）两次握手机制：只要路由设备收到对端发来的 Hello 报文，就单方面宣布邻居为 Up 状态，建立邻居关系。

（2）三次握手机制：通过发送三次 P2P 的 IS-IS Hello PDU 建立起邻居关系，类似广播邻居关系的建立。

两次握手机制存在明显的缺陷。当路由设备间存在两条及以上的链路时，如果某条链路上到达对端的单向状态为 Down，而另一条链路同方向的状态为 Up，路由设备之间还是能建立起邻居关系。SPF 在计算时会使用状态为 Up 的链路上的参数，这就导致没有检测到故障的路由设备在转发报文时仍然试图通过状态为 Down 的链路。三次握手机制解决了上述不可靠点到点链路中存在的问题。这种方式下，路由设备只有在知道邻居路由设备也接收到它的报文时，才宣布邻居路由设备处于 Up 状态，从而建立邻居关系。

2. LSDB 同步

1）LSP 报文处理

（1）产生的原因。IS-IS 路由域内的所有路由设备都会产生 LSP，以下事件会触发一个新的 LSP。

①邻居 Up 或 Down。

②IS-IS 相关接口 Up 或 Down。

③引入的 IP 路由发生变化。

④区域间的 IP 路由发生变化。

⑤接口被赋予新的 Cost 值。

⑥周期性更新。

（2）收到邻居新的 LSP 的处理过程。

①将接收的新的 LSP 合入到自己的 LSDB 中，并标记泛洪标记。

②本端设备泛洪新的 LSP 到除了收到该 LSP 的接口之外的接口。

③邻居扩散到其他邻居。

（3）LSP 的泛洪。LSP 的泛洪是指当一台路由设备向相邻路由设备通告自己的 LSP 后，相邻路由设备将同样的 LSP 报文传送到除发送该 LSP 的路由设备外的其他邻居，并这样逐级将 LSP 传送到整个层次内的所有路由设备的一种方式。通过这种"泛洪"，整个层次内的每一台路由设备都可以拥有相同的 LSP 信息，并保持 LSDB 的同步。每一个 LSP 都拥有一个标识自己的 4 字节的序列号。在路由设备启动时所发送的第一个 LSP 报文中的序列号为 1，以后当需要生成新的 LSP 时，新 LSP 的序列号在前一个 LSP 序列号的基础上加 1。更高的序列号意味着更新的 LSP。

2）广播链路上 LSDB 同步

（1）DIS 和伪节点。在广播网络中，IS-IS 需要在所有的路由设备中选举一台路由设备作为指定中间系统（DIS）。DIS 用来创建和更新伪节点，并负责生成伪节点的 LSP，用来描述这个网络上有哪些网络设备。伪节点是用来模拟广播网络的一个虚拟节点，并非真实的路由设备。在 IS-IS 中，伪节点用 DIS 的 System ID 和 1 字节的 Circuit ID（非 0 值）标识。如图 3-19 所示，使用伪节点可以简化网络拓扑，使路由设备产生的 LSP 长度较小。另外，当网络发生变化时，需要产生的 LSP 数量也会较少，减少 SPF 的资源消耗。

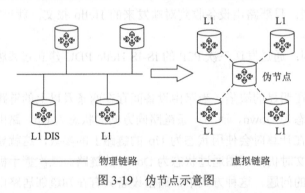

图 3-19　伪节点示意图

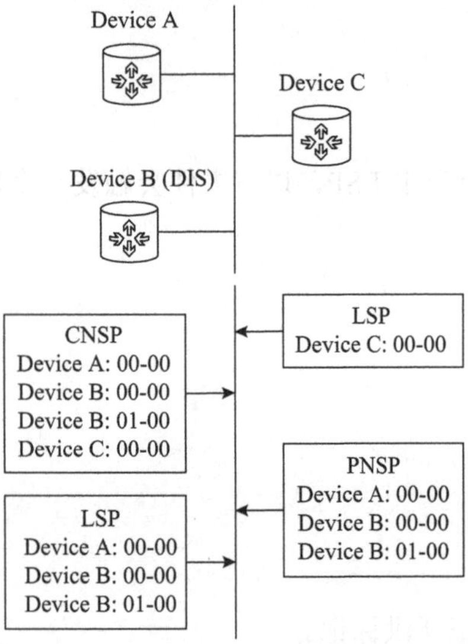

（2）广播链路中新加入路由设备与 DIS 同步 LSDB 的过程。

①如图 3-20 所示，新加入的路由设备 Device C 发送 Hello 报文，与该广播域中的路由设备 Device A 和 Device B 建立邻居关系，邻居关系建立之后，Device C 等待 LSP 刷新定时器超时，然后将自己的 LSP 发往邻居设备，这样网络上所有的邻居都将收到该 LSP。

②该网段中的 DIS 会把收到 Device C 的 LSP 加入到 LSDB 中，等待 CSNP 报文定时器超时，然后发送 CSNP 报文，进行该网络内的 LSDB 同步。

③Device C 收到 DIS 发来的 CSNP 报文，对比自己的 LSDB，然后向 DIS 发送 PSNP 报文请求自己没有的 LSP。

④DIS 收到该 PSNP 报文请求后，向 Device C

图 3-20　广播链路数据库同步过程

发送对应的 LSP 进行 LSDB 的同步。

（3）DIS 的 LSDB 更新过程。

①当 DIS 接收到 LSP 时，它会在数据库中搜索相应的记录。如果在数据库中找不到该 LSP，则将其加入数据库，并广播新的数据库内容。

②若收到的 LSP 序列号大于本地 LSP 的序列号，就替换为新报文，并广播新数据库内容；若收到的 LSP 序列号小本地 LSP 的序列号，就向入端接口发送本地 LSP 报文；若两个序列号相等，则比较 Remaining Lifetime 字段。若收到的 LSP 的 Remaining Lifetime 小于本地 LSP 的 Remaining Lifetime，就替换为新报文，并广播新数据库内容；若收到的 LSP 的 Remaining Lifetime 大于本地 LSP 的 Remaining Lifetime，就向入端接口发送本地 LSP 报文。

③若两个序列号和 Remaining Lifetime 都相等，则比较 Checksum。若收到的 LSP 的 Checksum 大于本地 LSP 的 Checksum，就替换为新报文，并广播新数据库内容；若收到的 LSP 的 Checksum 小于本地 LSP 的 Checksum，就向入端接口发送本地 LSP 报文。

④若两个序列号、Remaining Lifetime 和 Checksum 都相等，则不转发该报文。

（4）选举 DIS。

在广播网络中，任意两台路由器之间都要传递信息。如果网络中有 n 台路由器，则需要建立 $n \times (n-1)/2$ 个邻接关系。这使得任何一台路由器的状态变化都会导致多次传递，浪费了带宽资源。为解决这一问题，IS-IS 协议定义了 DIS，所有路由器都只将信息发送给 DIS，由 DIS 将网络链路状态广播出去。

DIS 选举发生在邻居关系建立后，Level-1 和 Level-2 区域的 DIS 是分别选举的，用户可以为不同级别的 DIS 选举设置不同的优先级。IS-IS 协议选举 DIS 的过程是每一台路由器的接口都被指定一个 L1 类型的优先级和 L2 类型的优先级，路由器通过其每一个接口发送 Hello 数据包，并在 Hello 数据包中通告它的优先级。DIS 优先级数值最大的路由器被选为 DIS。如果优先级数值最大的路由器有多台，则其中 MAC 地址最大的路由器会被选中。不同级别的 DIS 可以是同一台路由器，也可以是不同的路由器。

在选举 DIS 过程中，IS-IS 协议与 OSPF 协议的不同点如下。

①优先级为 0 的路由器也参与 DIS 的选举。

②当有新的路由器加入，并符合成为 DIS 的条件时，这台路由器会被选中成为新的 DIS，此更改会引起一组新的 LSP 泛洪。

3）P2P 链路上 LSDB 同步

（1）两台设备建立 P2P 邻居关系之后，先互相发送 CSNP 报文。如果对端的 LSDB 与 CSNP 没有同步，则发送 PSNP 请求索取相应的 LSP。

（2）如图 3-21 所示，假定 Device B 向 Device A 索取相应的 LSP。Device A 发送 Device B 请求的 LSP 的同时启动 LSP 重传定时器，并等待 Device B 发送的 PSNP 作为收到 LSP 的确认。

（3）如果在接口 LSP 重传定时器超时后，Device A 还没有收到 Device B 发送的 PSNP 报文作为应答，则重新发送该 LSP 直至收到 PSNP 报文。

如图 3-21 所示，在 P2P 链路上 PSNP 有两种作用：作为 ACK 应答以确认收到的 LSP 和用来请求所需的 LSP。

3. 路由计算

IS-IS 采用 SPF 算法计算路由，可以达到路由快速收敛的目的。IS-IS 协议使用链路状态通告 (LSA) 描述网络拓扑，Router-LSA 用于描述设备之间的链接和链路的属性。设备将 LSDB 转换成一幅带权的有向图，这幅图便是对整个网络拓扑结构的真实反映，各台设备得到的有向图是完全相同的，过程如图 3-22 所示。

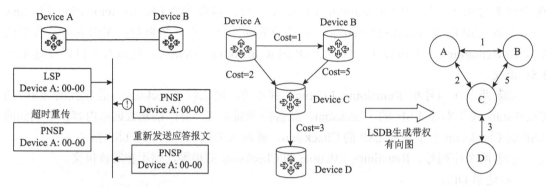

图 3-21　P2P 链路数据库更新过程　　　　　图 3-22　由 LSDB 生成带权有向图

每台设备根据有向图，使用 SPF 算法计算出一棵以自己为根的最短路径树，这棵树给出了到自治系统中各节点的路由。最小生成树如图 3-23 所示。

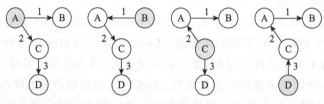

图 3-23　最小生成树

当链路状态数据库 (LSDB) 发生改变时，需要重新计算最短路径，如果每次改变都立即计算最短路径，将占用大量资源，并会影响设备的效率，通过调节 SPF 的计算间隔时间，可以抑制由网络频繁变化带来的占用过多资源。缺省情况下，SPF 时间间隔为 5s。

具体的计算过程如下。

(1) 计算区域内路由：Router-LSA 和 Network-LSA 可以精确地描述出整个区域内部的网络拓扑，根据 SPF 算法，可以计算出到各台设备的最短路径。根据 Router-LSA 描述的网段情况，可以得到到达各个网段的具体路径。在计算过程中，如果有多条等价路由，SPF 算法会将所有等价路由都保留在 LSDB 中。

(2) 计算外部路由：从一个区域内部看，相邻区域的路由对应的网段好像是直接连接在 ABR 上的，而到 ABR 的最短路径已经在上一过程中计算完毕，所以直接检查 Network Summary LSA，就很容易得到这些网段的最短路径。另外，ASBR 也可以看成连接在 ABR 上，所以到 ASBR 的最短路径也可以在这个阶段计算出来。如果进行 SPF 计算的设备是 ABR，那么只需要检查骨干区域的 Network Summary LSA。

(3) 计算自治系统外路由：由于自治系统外部的路由可以看成直接连接在 ASBR 上，而到 ASBR 的最短路径在上一过程中已经计算完毕，所以逐条检查 AS External LSA 就可以得到到达各个外部网络的最短路径。

3.4.3　IS-IS 扩展应用

1. IS-IS 扩展

1) IS-IS for IPv6

IETF 的标准协议中规定了 IS-IS 为支持 IPv6 所新增的内容，通过新增支持 IPv6 路由信息的两个 TLV 和一个新的 NLPID (network layer protocol identifier，网络层协议标识符)，使 IS-IS 支持 IPv6 路由的处理和计算。

新增的两个 TLV 如下。

(1)IPv6 Reachability：其类型值为 236(0xEC)，通过定义路由信息前缀、度量值等信息来说明网络的可达性。

(2)IPv6 Interface Address：其类型值为 232(0xE8)，相当于 IPv4 中的"IP Interface Address" TLV，只是把原来的 32 比特的 IPv4 地址改为 128 比特的 IPv6 地址。

NLPID 是标识网络层协议报文的一个 8 比特字段，IPv6 的 NLPID 值为 142(0x8E)。如果 IS-IS 支持 IPv6，则向外发布 IPv6 路由时必须携带 NLPID 值。

2) IS-IS for SR-MPLS

段路由(segment routing，SR)是基于源路由理念而设计的在网络上转发数据包的一种协议。Segment Routing MPLS 是指基于 MPLS 转发平面的 Segment Routing，简称为 SR-MPLS。

Segment Routing 将网络路径分成一个个段，并且为这些段和网络中的转发节点分配段标识 ID，即 Segment ID(SID)。通过对段和网络节点进行有序排列(Segment List)，就可得到一条转发路径。Segment Routing 将代表转发路径的段序列编码在数据包头部，随数据包传输。接收端收到数据包后，对段序列进行解析，如果段序列的顶部段标识是本节点，则弹出该标识，然后进行下一步处理；如果不是本节点，则使用 ECMP(equal cost multiple path，等价多路径)方式将数据包转发到下一节点。

SR-MPLS 使用 IGP 协议进行拓扑信息、前缀信息、段路由全局块(segment routing global block，SRGB)和标签信息的通告。IS-IS 协议为了完成上述功能，对于协议报文的 TLV 进行了一些扩展。IS-IS 协议主要针对 SID 和网元 SR-MPLS 能力的子 TLV(Sub-TLV)进行了一些扩展。

携带 SR 信息的 IS-IS LSP 报文格式如图 3-24 所示。

(1)Prefix-SID Sub-TLV：用于通告 SR-MPLS 的 Prefix SID。

(2)Adj-SID Sub-TLV：用于在 P2P 网络中通告 SR-MPLS 的 Adjacency SID。

(3)LAN-Adj-SID Sub-TLV：用于在局域网(local area network，LAN)中通告 SR-MPLS 的 Adjacency SID。

(4)SID/Label Sub-TLV：用于通告 SR-MPLS 的 SID 或 MPLS Label。

(5)SID/Label Binding TLV：用于通告前缀到 SID 的映射。

（6）SR-Capability Sub-TLV：用于对外通告自己的 SR-MPLS 能力。

3）IS-IS for SRv6

SRv6 是基于源路由理念而设计的在网络上转发 IPv6 数据包的一种协议。SRv6 通过在 IPv6 报文中插入一个段路由头（segment routing header，SRH），在 SRH 中压入一个显式的 IPv6 地址栈，并由中间节点不断地进行更新目的地址和地址偏移指针的操作，来完成数据包的逐跳转发。SR 使用 IGP 协议进行拓扑信息、前缀信息、Locator 和 SID 信息的通告。IS-IS 协议为了完成上述功能，对协议报文的 TLV 进行了一些扩展。

携带 SRv6 信息的 IS-IS LSP 报文格式如图 3-25 所示。

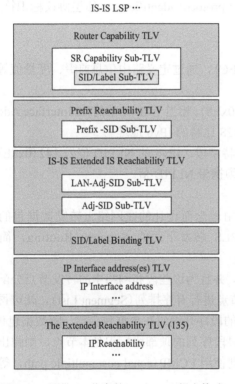
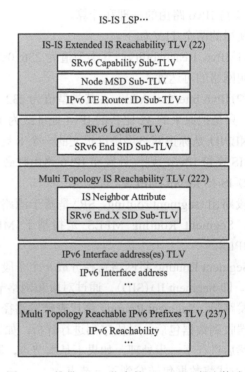

图 3-24　携带 SR 信息的 IS-IS LSP 报文格式　　图 3-25　携带 SRv6 信息的 IS-IS LSP 报文格式

（1）SRv6 Locator TLV：用于通告 SRv6 的 Locator 以及与该 Locator 相关的 End SID。

（2）SRv6 Capability Sub-TLV：用于通告 SRv6 能力。

（3）SRv6 End SID Sub-TLV：用于通告 SRv6 的 SID。

（4）SRv6 End.X SID Sub-TLV：用于在 P2P 网络中通告 SRv6 的 SID。

（5）Node MSD Sub-TLV：用于通告设备能够接受的最大 SID 栈深度（maximum SID depth，MSD）。

2. IS-IS 与 OSPF 的区别

IS-IS 与 OSPF 的区别如下。

（1）协议类型：OSPF 使用 IP 层协议，IS-IS 使用数据链路层协议。

（2）协议可扩展性：OSPF 通过扩展 LSA type 来满足新的需求，可扩展性一般。比如，对 IPv6 的支持，需要新的 OSPFv3 协议。IS-IS 本身 TLV 的报文结构决定了其超强的可扩展性。比如，对 IPv6 的支持，仅需扩展 TLV。

（3）适用范围：OSPF 应用于规模适中的网络，最多可支持几百台设备，如中小型企业网络。IS-IS 应用于规模较大的网络中，如大型 ISP。

（4）路由算法：OSPF 采用最短路径 SPF 算法，通过链路状态通告（LSA）描述网络拓扑，依据网络拓扑生成一棵最短路径树（SPT），计算出到网络中所有目的地的最短路径。IS-IS 采用最短路径 SPF 算法，依据网络拓扑生成一棵最短路径树（SPT），计算出到网络中所有目的地的最短路径。在 IS-IS 中，SPF 算法分别独立地在 Level-1 和 Level-2 数据库中运行。

（5）区域划分：OSPF 是基于接口划分区域的，IS-IS 是基于路由器划分区域的。

3.5　BGP4+技术原理与应用

3.5.1　BGP4+概述

RFC 4271 中定义的 BGPv4 协议是一种部署在不同自治系统之间的外部路由协议。由于最初的 BGPv4 规范中假设路由协议在 IPv4 网络上运行，因此路由消息仅携带 IPv4 路由。RFC 2858 更新了 BGPv4 规范以支持 IPv6 之类的附加协议。扩展的 BGP 通常称为 BGP4+。RFC 2545 中指定将 BGP4+用于 IPv6 网络中。

在 BGP4+中，每个 AS 都有一个自治系统编号（autonomous system number，ASN）。ASN 可以是公共 ASN，也可以是私有 ASN。公共 ASN 是全球唯一的标识符，由 RIR 或 NIR 等组织分配。IANA 已将 AS64512～AS65535 保留为私有 ASN。RIR 代表区域互联网注册处，负责分配和管理世界特定地区的 IP 地址和 ASN。NIR 代表国家互联网注册中心，负责特定国家的 IP 地址分配和管理。

BGP4+使用路径矢量算法，并通过在路由消息中包含到目的地的路径来解决路由环路检测问题。当 BGP4+路由器接收到路由更新消息时，路由器将更新路径信息以包括其 ASN，然后将该路由重新分发给其他 AS。BGP4+是一种外部路由协议，路由信息在 AS 之间交换，每个 AS 具有不同的路由策略，该策略控制哪些信息在外部可见。因此，路由消息中携带的路径信息是 ASN 的列表，而不是特定路由器的列表，以便隐藏该路径上每个 AS 的内部拓扑。

两台 BGP4+路由器通过端口号为 179 的 TCP 连接来建立对等关系，这两台 BGP4+路由器称为 BGP 对等体（peers），互为对等节点。通常，BGP4+用于 AS 间路由，但拥有数百个分支机构的大型组织和企业也会在 AS 之间部署 BGP4+。当一个 BGP4+路由器与同一 AS 的另一个 BGP4+路由器对等时，这些路由器称为内部 BGP（internal BGP，IBGP）对等体。当一个 BGP4+路由器与另一个 AS 的 BGP4+路由器对等时，这些路由器称为外部 BGP（external BGP，EBGP）对等体。图 3-26 说明了 IBGP 和 EBGP 对等体的概念。

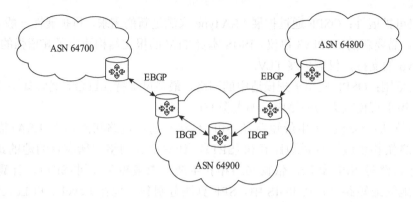

图 3-26　IBGP 对等体与 EBGP 对等体

BGP 对等关系的建立过程如图 3-27 所示。首先，一台 BGP4+路由器向另一台 BGP4+路由器发起一个 TCP 连接，有可能两台路由器同时向彼此发起 TCP 连接，为了避免建立两个 TCP 连接，BGP 标识符较小的 BGP 路由器将取消其 TCP 连接请求。一旦 TCP 连接建立成功，双方都需要向对方发送 OPEN 消息，并使用 KEEPLIVE 消息来应答，这一过程称为建立 BGP 对等会话（BGP peering session）。BGP 对等会话建立完成后，使用 UPDATE 消息来交换各自的路由数据库中的信息。

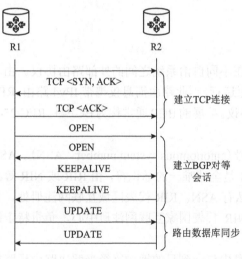

图 3-27　BGP 对等关系建立

每台 BGP 路由器都维护着两个数据库，其中一个用来存储其对等节点发来的路由通告信息，另一个用来存储其向对等节点通告的路由信息，通过维护这两个数据库，每台 BGP 路由器就可以确定向其对等节点发送哪些路由信息，以减少路由信息交换的开销。

由于 BGP 主要部署在不同的 ISP 之间或不同的公司之间，路由策略和这些策略的实施在 BGP 中起着重要作用。ISP 或公司必须定义哪些类型的路由可以从对等节点接收，哪些类型的路由可以分发给对等节点，哪些外部路由可在内部和外部重新分发，入站流量应该采用哪些入口点，出站流量应该采用哪些出口点，等等。

3.5.2　BGP4+协议消息

1）BGP 首部

BGP 首部格式及位置如图 3-28 所示，BGP 首部位于 TCP 首部之后，其固定大小为 19 字节。

图 3-28　BGP 首部格式及位置

（1）标记（marker），占 16 字节，可以填入认证数据用于两个对等节点之间的认证，如果不使用认证，所有位均置为 1。

（2）长度（length），占 2 字节，指出 BGP 首部与 BGP 报文的总长度，最小值为 19，最大值为 4096。

（3）类型（type），占 1 字节，指定 BGP 消息的类型，BGP4+中有四种消息类型，如表 3-6 所示。

表 3-6　BGP4+消息类型

消息类型	名称	描述
1	OPEN	OPEN 消息是通过 TCP 连接发送的第一条消息，用于发起对等会话的建立
2	UPDATE	UPDATE 消息携带路由信息，并在对等节点之间进行交换。路由器还可以发送 UPDATE 消息以撤回先前通告的路由
3	NOTIFICATION	路由器检测到错误情况并关闭连接时发送 NOTIFICATION 消息
4	KEEPALIVE	BGP4+路由器不依赖 TCP keep-alive 机制，而是发送 KEEPALIVE 消息来检测其对等端的活动性，防止 BGP 连接过期。KEEPALIVE 消息用于响应 OPEN 消息，以完成初始对等握手

2）OPEN 消息

OPEN 消息是两个 BGP 对等节点之间建立 TCP 连接后交换的第一条消息，用于初始化 BGP 连接，检验对等节点的有效性，并协商会话中使用的参数。要检验对等节点的有效性，双方都必须配置 IP 地址和 ASN，OPEN 消息格式及位置如图 3-29 所示。

图 3-29　OPEN 消息格式及位置

OPEN 消息各字段功能如下。

（1）版本（version），占 1 字节，指出发送对等节点所使用的 BGP 版本，当前版本为 4。如果双方版本不兼容，则会话终止。

（2）本自治系统号（my autonomous system number），占 2 字节，指出发送路由器的 ASN，路由器必须验证其是否为对等节点的 ASN，如果不是，则会话终止。如果此 ASN 与接收路由器的 ASN 相同，则对等节点就是内部的（IBGP），否则为外部的（EBGP）。

（3）保留时间（hold time），占 2 字节，指定 BGP 连接的超时时间，单位为秒。对等体双方会根据二者该字段的较小值设置一个定时器，如果在这段时间内仍未收到对方发送的消息，将会断开 BGP 连接。

（4）BGP 标识符（BGP identifier），占 4 字节，每台路由器必须由唯一的、全球分配的 BGP 标识符来识别。

（5）可选参数长度（optional parameters length），占 1 字节，指出协商的可选参数的长度，0 代表没有可选参数。

（6）可选参数（optional parameter），每个可选参数由一个 TLV 三元字节组成。两台路由器都必须知道可选参数，并达成一致，否则对等节点将拒收该参数，并终止会话。OPEN 消息可选参数如表 3-7 所示。

表 3-7　OPEN 消息可选参数

类型	名称	描述
1	认证	该参数由两个字段组成：认证代码和认证数据。认证代码定义了使用的认证机制和标记，以及认证数据字段是如何计算出来的
2	BGP 能力	该参数由一个或多个识别不同 BGP 能力的 TLV<Type, Length, Value>三元字节组成

3）UPDATE 消息

UPDATE 消息用于 BGP 对等体之间交换路由信息，UPDATE 消息可以添加路由信息、更新现有路由信息或撤销已发送的路由信息，其格式与位置如图 3-30 所示。

图 3-30　UPDATE 消息格式及位置

（1）不可行路由长度（unfeasible routes length），占 2 字节，定义撤销路由字段的长度，值为 0 时表示没有需要撤销的路由。该字段与撤销路由字段仅用于 IPv4 路由。

（2）撤销路由（withdraw routes），长度可变，表示需要撤销的 IPv4 路由列表，形式为<length,prefix>，其中 length 表示 prefix 的长度，单位为字节，prefix 即为 IPv4 地址的前缀。

（3）总路径属性长度（total path attribute length），占 2 字节，表明所有路径属性的总长度，值为 0 时，表示没有路径属性要通告。

（4）路径属性（path attribute），长度可变，包含要更新的路由属性列表，按其类型号从小到大的顺序排序，填写更新的路由的所有属性。每一个属性单元包括属性类型、属性长度、属性值三部分。其编码采用 TLV 格式，如图 3-31 所示。

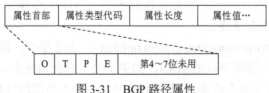

图 3-31　BGP 路径属性

BGP 路径属性首部占 1 字节，各部分功能解释如下。

O 位（可选位，optional bit），决定属性是否为必携带属性。可选属性设为 1，公认属性设为 0，每个 BGP 路由器都能够识别并支持的属性为公认属性，可选属性可能无法被一些路由器识别。

T 位(传递位，transitive bit)，表示属性的可传递性，对于可选属性，如果可传递，则设为 1，不可传递的设为 0，对于公认属性，必须设为 1。

P 位(部分位，partial bit)，只应用于可选的可传递属性。如果沿着更新路径的任何路由器都不能识别可选的可传递属性，则将 P 设为 1，这表示路由路径汇总至少有一台路由器不能识别这个属性。对于可选的不可传递属性或公认属性，P 位设为 0。

E 位(扩展的长度位，extended length bit)，决定属性长度是否需要扩展，不需要扩展则设为 0，属性长度占 1 字节，需要扩展则设为 1，属性长度占 2 字节。

属性类型代码(attribute type code)，占 1 字节，定义了属性的类型，常用的路径属性如表 3-8 所示。

表 3-8　常用的路径属性

类型	名称/标签	描述
1	ORIGIN(公认的)	定义了这条路由的初始源。IGP：0。EGP：1。Incomplete：2
2	AS_PATH(公认的)	在更新期间这台路由器经过的一系列 AS 号。最右边的 AS 号定义了发起 AS。经过的每个 AS 都是预先设计的，防止循环，并能够为策略所用
3	NEXT_HOP(公认的)	指定下一跳的 IPv4 地址，不能用于 IPv6
4	MED(可选不可传递的)	指出了通往对等节点的路由器的期望优先级(4 字节)，期望优先级越低越好。其为两个 AS 之间的多个 EBGP 连接设计，用于分配入站通信的负载
5	LOCAL_PREF(公认的)	定义了路由的本地优先级(4 字节)，本地优先级越高越好。它通常在到达外部对等节点的路由上被计算，并保存在内部对等节点中。其设计用于分配出站通信的负载
6	ATOMIC_AGGREGATE(公认的)	说明已经有某台路由器选择了这条路由
7	AGGREGATOR(可选不可传递的)	路由器的 BGP 标识符将路由聚集到这条路由中
8	COMMUNITY(可选不可传递的)	装载了一个 4 字节信息标签，可以用于路由选择过程，在 RFC 1997 中定义
14	MP_REACH_NLRI(可选不可传递的)	广播多协议 NLRI，用于 IPv6 前缀
15	MP_UNREACH_NLRI(不可选不可传递的)	撤销多协议 NLRI，用于 IPv6 前缀

4) NOTIFICATION 消息

NOTIFICATION(通知)消息用于报告错误，在发送该消息后路由器会立即结束 BGP 连接，其格式及位置如图 3-32 所示。

图 3-32　NOTIFICATION 消息格式及位置

错误代码(error code)和错误子代码(error subcode)均占 1 字节，错误代码指定错误类型，错误子代码提供具体的错误。数据(data)字段是可变长的，用于附加错误的具体内容。所有的错误代码请参阅 RFC 1771，RFC 2858 中详细说明了 IPv6 的 BGP 扩展错误报文。

5）KEEPALIVE 消息

KEEPALIVE 消息仅包含 BGP 首部，因此大小为 19 字节。发送 KEEPALIVE 消息是为了避免保留时间过期，其作用与 TCP KEEPALIVE 相同，即验证连接状态。KEEPALIVE 消息有速率限制，每秒不能发送超过一条。如果协商的保留时间为零，则不得发送 KEEPALIVE 消息。

3.5.3 BGP4+对 IPv6 的扩展

为了适应支持多协议的新需求，需要将 IPv6 网络信息反映到网络层可达信息(network layer reachability information，NLRI)和下一跳中，BGP4+添加了两个新的属性，这两个新的属性是 MP_REACH_NLRI 和 MP_UNREACH_NLRI，分别用来通告可达路由和下一跳信息，以及用来撤销不可达路由，两者具有可选不可传递的属性，以便于 BGP 对等体进行通信。下一跳属性用 IPv6 地址标识，可以是全球单播地址或下一跳的本地链路地址。

BGP4+使用 TCP 作为传输层协议，对 CIDR 提供支持，减少了路由表条目。距离矢量中记录了路由所经过路径上的所有 ASN，可以有效避免复杂拓扑结构中可能出现的环路问题。BGP4+路由器一旦与其他 BGP4+路由器建立了对等关系，仅在初始化过程中交换整个路由表，以后只有当自身路由表发生改变时，才会使用 UPDATE 消息传递变化的路由信息。

1）MP_REACH_NLRI 路径属性

BGP4+中规定了 MP_REACH_NLRI 路径属性具有的功能，具体如下。

(1)向 BGP 对等节点通告一条有效的路由。

(2)允许路由器通告其网络层地址，其中网络层地址位于 MP_NLRI 属性的网络层可达信息字段中，该地址用来作为前往目的地的下一跳地址。

(3)允许一个指定的路由器通告所在自治系统内的部分或全部的附加子网连接点(subnetwork points of attachment)。

IPv6 的 MP_REACH_NLRI 路径属性如图 3-33 所示。

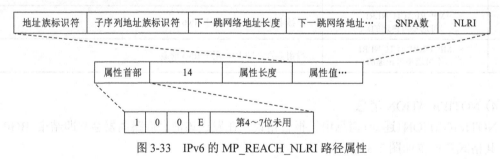

图 3-33　IPv6 的 MP_REACH_NLRI 路径属性

MP_REACH_NLRI 路径属性中各字段的功能如下。

(1)地址族标识符(AFI)，占 2 字节，定义了网络层协议，IPv6 设为 2。

(2)子序列地址族标识符(SAFI)，占 1 字节，表明协议传输模式，包括单播传输(SAFI=1)、多播传输(SAFI=2)或二者都使用(SAFI=3)。

(3)下一跳网络地址长度(length of next hop network address，LNHNA)，占 1 字节，定义了下一跳网络地址字段的已用字节数，根据提供的下一跳网络地址数，IPv6 将这个字段设置为 16 或 32。

（4）下一跳网络地址（network address of next hop，NANH），包含 IPv6 路由的下一跳 IPv6 地址。

（5）子网接入点（subnetwork point of attachment，SNPA）数，1 字节，指定属性中存在的 SNPA 的数量。对于 IPv6，此字段设置为 0，这意味着省略了 SNPA 数据字段。

（6）网络层可达信息（NLRI），路径属性所通告的 IPv6 路由列表。NLRI 以＜length,prefix＞格式编码，length 占 1 字节，表明了 prefix 的大小。

2）MP_UNREACH_NLRI 路径属性

MP_UNREACH_NLRI 路径属性允许发送节点撤销不可达的 IPv6 路由。IPv6 的 MP_UNREACH_NLRI 路径属性如图 3-34 所示。

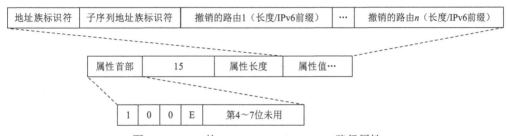

图 3-34　IPv6 的 MP_UNREACH_NLRI 路径属性

MP_UNREACH_NLRI 路径属性中地址族标识符和子序列地址族标识符与 MP_REACH_NLRI 路径属性相同，后面为所撤销的 IPv6 路由列表，同样使用＜length,prefix＞格式编码，length 占 1 字节，表明了 prefix 的大小。

3.5.4　BGP4+路由选择

BGP 路由选择发生在 BGP 路由器从其对等端接收到 UPDATE 消息时。BGP4 路由选择过程需要考虑 AS 内部的路径段和 AS 外部的路径段。通常，应用于路由选择的策略对于两个路径段是不同的，这反映在各种属性的设置中，如 LOCAL_PREF 和 MULTI_EXIT_DISC 属性。

BGP 路径选择算法称为最佳路径选择算法，因为路由选择是基于偏好度的。路径选择算法由两个阶段组成：在第一阶段，确定每条路线的偏好；在第二阶段，考虑所有可行的路线，并选择具有最高偏好度的路线作为最佳路线。当多条路由具有相同的首选项时，执行平局决胜规则（tiebreaker rules）以选择单个条目。如果 NEXT_HOP 属性是可解析的，并且 AS_PATH 属性不包含接收方的 ASN，则认为路由是可行的。

BGP4+路由选择算法在到相同前缀的所有可能路径中选择具有最高偏好度的路由。如果某条路由是到给定前缀的唯一路由，则该路由将被选为最佳路径。由于在计算偏好度时使用 LOCAL_PREF 而不是预配置的策略，因此首选具有最高 LOCAL_PREP 值的路由。

当同一前缀的多条路由具有相同的优先顺序时，以下规则将作为选择单条路线的平局决胜规则。

（1）首选 AS_PATH 最短的路线。

（2）首选 ORIGIN 代码最低的路线。换言之，源自 IGP 的路由比源自 EGP 的路由更优先。

（3）首选 MULTI_EXIT_DISC 值最低的路线。MULTI_EXIT_DISC 比较适用于从同一 AS 学习的路由，在这种情况下，不带 MULTI_EEXIT_DISC 属性的路由比附加 MULTI_EXIT_DISC

特性的路由更优先。

(4)EBGP 对等体通告的路由优先于 IBGP 对等体通告的相同路由。

(5)首选到下一跳路由器的内部成本最小的路由，由 MP_REACH_NLRI 属性的下一跳网络地址字段指定。

(6)首选标识符最低的 BGP 路由器发布的路由。

(7)首选地址最低的 BGP 路由器发布的路由。

小　　结

IPv6 路由技术是新一代互联网中最重要的部分之一，其能够支撑数据包的精确传输，进而实现 IPv6 网络的互联互通。本章首先介绍了 IPv6 路由的基础，其中包括 IPv6 基本原理、IPv6 路由表的结构与组成、IPv6 路由信息的存储与更新。然后对静态路由协议与动态路由协议两种路由协议的工作方式进行了简要介绍。最后围绕 OSPFv3、IS-IS 以及 BGP4+三种路由协议进行具体展开，详细介绍了它们的基本原理、邻居关系建立、路由计算以及部署应用等相关内容。

思考题及答案

答案 3

1. 简述 OSPFv3 涉及的技术。
2. IS-IS 协议如何实现对 IPv6 的支持？
3. IS-IS 与 OSPF 的区别是什么？
4. 简述 BGP 对等关系的建立过程。
5. 简述 BGP4+对 IPv6 的扩展内容。

实 践 练 习

IPv6 静态路由基础实验

实验：IPv6 静态路由基础实验

1. 实验拓扑

在给定的网络拓扑中，R1、R2 和 R3 这三台路由器通过以太网链路相互连接。R1 和 R3 分别连接一个子网，这里只展示了两台 PC，代表了这些子网中的部分设备。PC1 和 PC2 分别将 R1 和 R3 配置为自己的缺省网关。实验拓扑结构如图 3-35 所示。

2. 实验目的

(1)掌握路由器的 IPv6 基础配置。

(2)掌握静态 IPv6 路由的基础配置。

(3)理解 IPv6 数据报文的路由过程。

3. 实验需求

（1）在 R1、R2 和 R3 上完成配置，确保这三台路由器之间可以相互通信。

（2）在 R1、R2 和 R3 上完成配置，确保 PC1 和 PC2 所在的网段之间可以相互通信。

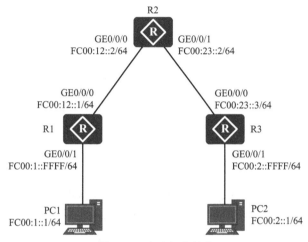

图 3-35　实验拓扑结构

第4章 IPv6+基础交换技术

4.1 园区网络基本概述

园区网络是指在特定地理区域内建立的、为满足各种业务需求而设计和部署的网络基础设施。这种网络通常服务于一个集中的商业、科技、工业或其他类型的园区，连接各种组织、企业和机构，以支持信息和资源的共享、合作和管理。

4.1.1 园区网络分类

园区网络作为连接园区与数字世界的基础设施，在园区的日常运营、生活、办公和生产中扮演着越来越关键的角色。由于园区的规模和行业属性各异，园区网络呈现出丰富多样的特征。从行业角度来看，不同类型的园区网络应运而生，典型的包括校园网络、政务园区网络、产业园区网络、办公园区网络以及制造园区网络等。这些网络类型根据各自行业的需求和特点，提供定制化的服务，进一步推动了园区网络的发展。

园区网络通常可以根据其使用和目的进行划分。

企业园区网络：基于以太网的企业办公网，关注网络可靠性、先进性，持续提升员工的办公体验，保障运营生产的效率和质量。企业园区网络通常还需要强化安全性，以保护商业机密和敏感信息。

校园网络：分为普教园区和高教园区。高教园区相对复杂，通常存在教研网、学生网，还可能有运营性的宿舍网络。其可管理性、安全性要求高，对网络先进性亦有要求。校园网络通常需要提供大量带宽以满足学生和教职员工的需求。

政务园区网络：政府机构的内部网络。其安全性要求极高，通常采用内网和外网隔离的措施以保障涉密信息的绝对安全。安全性和可靠性是政务园区网络的重要考虑因素。

商业园区网络：商场、超市、酒店、公园等，主要用于服务消费者，此外还包含服务内部办公的子网。其提供上网服务，并构建商业智能化系统，以提升用户体验，降低运维成本，提高商业效率，实现价值转移。

4.1.2 园区网络典型物理架构

园区网络典型的物理架构可以采用分层设计，如图4-1所示，常见的包括出口区、核心层、汇聚层、接入层、终端层、数据中心、网管运维区等。以下是对每个层级的简要说明。

1) 出口区

出口区是园区内部网络到外部网络的边界，用于实现内部用户接入到公网，外部用户(包括客户、合作伙伴、分支机构、远程用户等)接入到内部网络。

出口区是园区网络连接到互联网的入口点，也称为边界网关。这个区域通常包含防火墙、路由器、负载均衡器等设备，用于控制数据流出网络，并管理对外部网络的访问。

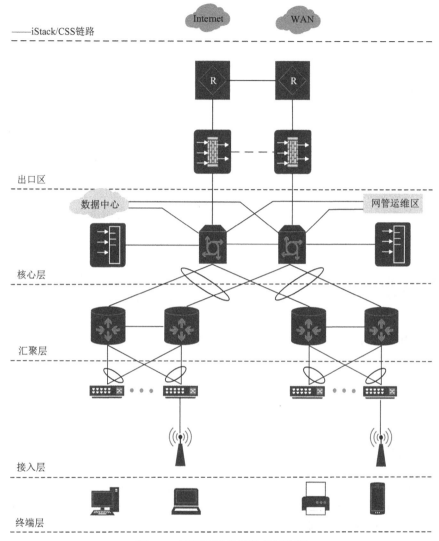

图 4-1　园区网络典型物理架构图

2）核心层

核心层是园区数据交换的核心，连接园区网络的各个组成部分，如数据中心、管理运维区、出口区等。

核心层是园区网络的骨干，连接着不同区域的网络，并提供高速、高容量的数据传输服务。这一层的设备通常是高性能的交换设备或路由器，用于快速转发数据包，以确保网络的快速和可靠传输。

3）汇聚层

汇聚层主要用于转发用户间的"横向"流量，同时转发到核心层的"纵向"流量。汇聚层可作为部门或区域内部的交换核心，另外还可以扩展接入终端的数量。

汇聚层位于核心层和接入层之间，主要负责连接接入层的设备到核心层，并对流量进行汇聚和分发。在大型网络中，汇聚层可以帮助减轻核心层的负担，并提供更灵活的流量管理服务。

4）接入层

接入层为用户提供各种接入方式，是终端接入网络的第一层。

接入层是用户设备接入网络的地方，连接着终端设备到网络的边缘。这个层级通常包括交换机、无线接入点等设备，用于连接用户设备并提供网络服务。

5）终端层

终端层是指接入园区网络的各种终端设备，如计算机、打印机、IP 话机、手机、摄像头等。这些设备连接到接入层，通过网络获取服务和资源。

6）数据中心

数据中心是部署服务器和应用系统的区域，为企业内部和外部用户提供数据和应用服务。

数据中心是专门用于存储和处理大量数据的区域，通常包含服务器、存储设备和网络设备等。这些设备提供各种服务，如云存储、应用程序托管等。

7）网管运维区

网管运维区是管理网络服务器（如网管系统、认证服务器等）的区域。

这个区域是专门用于网络管理和运维的地方，包括监控设备、配置管理、故障排除等。网络管理员在这个区域管理和维护整个网络架构。

这些层级和区域的划分可以帮助组织和管理复杂的网络结构，并在设计和运维网络时提供指导。实际网络架构可能会根据具体的园区规模、需求和技术选择进行调整和定制。

4.2　以太网交换基础

4.2.1　以太网二层交换基本原理与配置

二层交换指的是交换机根据数据帧的第二层头部中的目的 MAC 地址进行帧转发的行为，是以太网交换机的基本功能。以太网二层交换机通过学习源 MAC 地址和相应的接口关系，建立并维护一个 MAC 地址表。当交换机接收到数据帧时，它会记录源 MAC 地址和接收到该帧的接口。MAC 地址表存储了各台设备的 MAC 地址与相应接口的对应关系。这样，交换机能够快速查找目标设备的接口，从而实现数据帧的准确转发。

1. 以太网二层交换与 MAC 地址表

二层交换机工作在数据链路层，它对数据帧的转发是建立在 MAC 地址基础之上的。交换机不同的接口发送和接收数据是独立的，各接口属于不同的冲突域，因此有效地隔离了网络中的冲突域。

二层交换机通过学习以太网数据帧的源 MAC 地址来维护 MAC 地址与接口的对应关系，通过其目的 MAC 地址来查找 MAC 地址表，以决定向哪个接口转发。

MAC 地址的长度为 48bit，通常采用十六进制格式表示。存在三种类型的 MAC 地址。

（1）单播 MAC 地址：这种类型的 MAC 地址唯一标识了以太网上的节点，全球唯一，也称为硬件地址。单播 MAC 地址用于将数据帧从一个源地址传输到一个特定的目的地址，即一对一通信。如果设备 A 想要向设备 B 发送数据，它会使用设备 B 的单播 MAC 地址。

（2）广播 MAC 地址：全 1 的 MAC 地址为广播地址（FFFF-FFFF-FFFF），标识了局域网上的所有节点。广播 MAC 地址用于将数据帧传输到网络中的所有设备，即一对多通信。当设备需要向整个网络发送信息时，它会使用广播 MAC 地址。

（3）组播 MAC 地址：除广播地址外，第 8 位为 1 的 MAC 地址为组播 MAC 地址（如 0100-0000-0000），标识了局域网上的一组节点。其中以 01-80-c2 开头的组播 MAC 地址称为 BPDU MAC，一般作为协议报文的目的 MAC 地址，表示某种协议报文。组播 MAC 地址用于将数据帧传输到特定组内的设备，即一对一到多通信。当设备想要将数据发送到网络中的特定组时，它会使用组播 MAC 地址。

这三种 MAC 地址类型在网络通信中扮演不同的角色，允许设备以不同的方式进行通信。单播用于点到点通信，广播用于向所有设备传输信息，而组播允许在特定组内进行通信。表 4-1 展示了三种 MAC 地址的特点对比。

表 4-1　单播、广播、组播 MAC 地址特点

MAC 地址类型	标识节点数量	目的地址	在数据传输中的角色
单播	单一节点	单一节点	源地址或目的地址
广播	局域网上所有节点	链路上所有节点	目的地址
组播	一组节点	一组节点	目的地址

MAC 地址表记录了交换机学习到的 MAC 地址与接口的对应关系，以及接口所属虚拟局域网（virtual local area network，VLAN）等信息。设备在执行二层交换操作时，根据报文的目的 MAC 地址查询 MAC 地址表，如果 MAC 地址表中包含与报文目的 MAC 地址对应的表项，并且收到该报文的接口与对应的表项的接口不相同，则直接通过该表项中的出接口转发该报文；如果相同，则丢弃该报文。如果 MAC 地址表中不包含报文目的 MAC 地址对应的表项，设备将采取广播方式在所属 VLAN 内除接收接口外的所有接口转发该报文。MAC 地址老化时间是指交换机中动态学习的 MAC 地址表项在一定时间内没有被使用，这些表项会被自动删除的时间。默认情况下，MAC 地址的老化时间为 300s。MAC 地址表项有三种类型。

（1）动态 MAC 地址表项：由接口通过报文中的源 MAC 地址学习获得，可老化。在系统复位、接口板热插拔或接口板复位后，动态表项会丢失。

（2）静态 MAC 地址表项：由用户手工配置并下发到各接口板，不可老化。在系统复位、接口板热插拔或接口板复位后，保存的表项不会丢失。接口和 MAC 地址静态绑定后，其他接口收到源 MAC 是该 MAC 地址的报文时将丢弃。

（3）黑洞 MAC 地址表项：由用户手工配置，并下发到各接口板，不可老化。配置黑洞 MAC 地址后，源 MAC 地址或目的 MAC 地址是该 MAC 的报文将会被丢弃。

2. 以太网二层交换基本原理

二层交换设备通过解析和学习以太网帧的源 MAC 地址来维护 MAC 地址与接口的对应关系，通过其目的 MAC 来查找 MAC 地址表以决定向哪个接口转发，基本流程如图 4-2 所示。

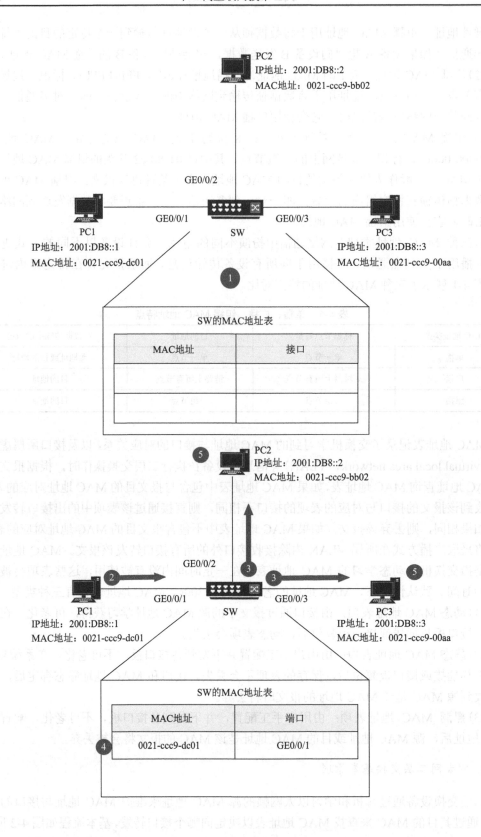

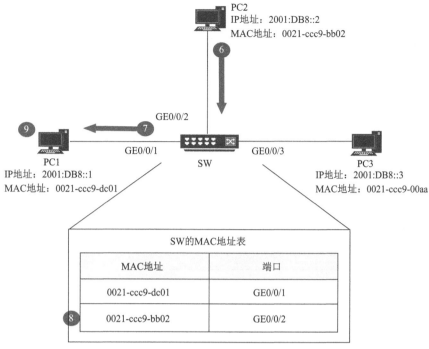

图 4-2　交换机工作流程图

（1）初始状态下，交换机并不知道所连接主机的 MAC 地址，所以交换机的 MAC 地址表为空。

（2）PC1 发送一个单播帧给 PC2（假设已知对端的 IP 地址和 MAC 地址）。

（3）交换机 SW 收到数据帧后，在其 MAC 地址表中查询该帧的目的 MAC 地址，发现没有对应表项，因此该帧为"未知单播帧"。交换机对该帧进行"泛洪"处理，即从除了接收端口外的其他所有端口转发一份副本。

（4）SW 将收到的数据帧的源 MAC 地址和对应端口编号记录到 MAC 地址表中。

（5）PC3 收到数据帧后发现目的 MAC 地址与本地地址不符，于是丢弃该帧；PC2 则接收该帧。

（6）PC2 回应一个单播帧给 PC1。

（7）SW 收到该帧后，在其 MAC 地址表中查询该帧的目的 MAC 地址，发现有一个匹配的表项，于是将数据帧从 GE0/0/1 接口转发出去。

（8）SW 将收到的数据帧的源 MAC 地址和对 E6 应端口编号记录到 MAC 地址表中。

（9）PC1 接收该帧。

4.2.2　VLAN 的基本原理与配置

VLAN 是将一个物理的 LAN 在逻辑上划分成多个广播域的通信技术。

1. VLAN 基本概念

每个 VLAN 都是一个广播域，VLAN 内的主机间通信就和在一个 LAN 内一样，而 VLAN 间则不能直接互通，这样，广播报文就被限制在一个 VLAN 内。局域网逻辑划分如图 4-3 所示。

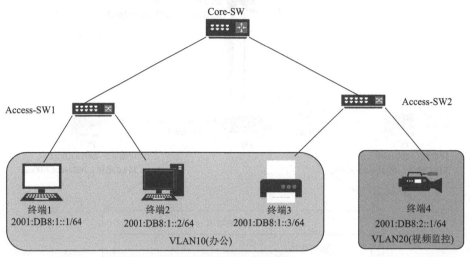

图 4-3　局域网逻辑划分

Core-SW：核心交换机

一个 VLAN 中所有设备都在同一广播域内，不同的 VLAN 为不同的广播域。VLAN 内的设备间可以直接通信，而 VLAN 间不能直接互通。VLAN 之间互相隔离，不同 VLAN 间需通过三层设备实现通信。一个 VLAN 一般为一个逻辑子网。VLAN 中成员多基于交换机的端口分配，VLAN 划分通常指的是将交换机的接口添加到特定的 VLAN 中，从而该接口所连接的设备也就加入到了该 VLAN。

为什么需要 VLAN？

（1）安全性：VLAN 可以帮助提高网络安全性。通过将网络设备划分到不同的 VLAN 中，可以限制这些设备之间的通信，即使它们连接到同一组交换机或同一物理网络。这减少了未经授权访问的风险，并减轻了网络攻击可能造成的影响。

（2）性能和管理：通过使用 VLAN，网络管理员可以更有效地管理流量。VLAN 允许在逻辑上将网络分割成多个独立的部分，这有助于控制广播域的大小，并且可以更精确地控制数据包的流向和处理，提高网络性能。

（3）灵活性和可扩展性：使用 VLAN 可以更轻松地对网络进行重组和调整，而无须物理上重新布线。这种灵活性使得网络能够更容易地适应不断变化的需求，而无须大规模的设备更改。

（4）组织结构分割：在大型组织或企业中，VLAN 可以根据不同的部门、功能或安全级别来划分网络。这种分割可以帮助组织在内部网络中建立逻辑上的隔离，提高管理效率并确保不同部门之间的数据安全。

2. VLAN 划分方式

基于接口划分：根据交换机的接口来划分 VLAN，最简单的方式是将一台交换机的端口划分到不同的 VLAN 中。每个端口可以属于一个特定的 VLAN，这样数据包就只会在同一 VLAN 内传输。

基于 MAC 地址划分：根据数据帧的源 MAC 地址来划分 VLAN，有些网络设备允许管理员根据设备的 MAC 地址将其归入不同的 VLAN。这种方法允许特定的设备在不同的 VLAN 中进行通信。

基于子网划分：VLAN 也可以根据不同的子网划分，允许不同子网内的设备进行通信，即使它们物理上连接到同一台交换机。

基于协议划分：根据数据帧所属的协议（族）类型来划分 VLAN，某些 VLAN 的划分可以基于传输的协议类型，例如，将某些协议（如 IP 电话流量）归入一个 VLAN，而将其他协议归入另一个 VLAN。

基于策略划分：根据配置的策略划分 VLAN，能实现多种组合的划分方式，包括接口、MAC 地址、IP 地址等。有些情况下，VLAN 的划分可能基于管理员设定的策略，可能是结合以上多种方式的特定规则。

3. VLAN 跨交换机实现

SW1（交换机）与 SW2 同属一个企业，该企业统一规划了网络中的 VLAN。PC3 发出的数据经过 SW1 和 SW2 之间的链路到达了 SW2，如果不加处理，后者无法判断该数据所属的 VLAN，也不知道应该将这个数据输出到本地哪个 VLAN 中。

要使交换机能够分辨不同 VLAN 的报文，需要在报文中添加标识 VLAN 信息的字段。IEEE 802.1Q 协议规定，在以太网数据帧的目的 MAC 地址和源 MAC 地址字段之后、协议类型字段之前加入 4 字节的 VLAN 标签（又称为 VLAN Tag，简称 Tag），用以标识 VLAN 信息，见图 4-4。

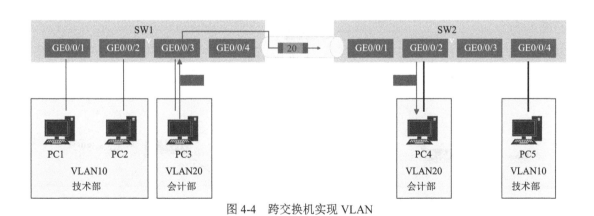

图 4-4　跨交换机实现 VLAN

4. VLAN 应用

网络分割和安全性提升：通过将网络划分为不同的 VLAN，可以增强网络安全性。敏感数据可以放置在一个 VLAN 中，而普通数据则放置在另一个 VLAN 中，这样可以降低不同安全级别数据之间的风险。

（1）部门隔离：在企业网络中，不同部门可能需要不同的网络访问权限。VLAN 可以根据部门将网络设备分组，使得各个部门的数据流量可以独立管理和控制。

（2）广播控制：在传统的局域网中，广播会影响整个网络。通过使用 VLAN，可以限制广播消息在同一 VLAN 内传播，减少网络中的广播风暴。

（3）虚拟化和灵活性：在虚拟化环境中，VLAN 可以帮助创建虚拟网络，以支持多个虚拟机或容器。

（4）语音和视频流量优化：对于需要高质量服务的应用，如语音和视频通信，可以将它们放置在单独的 VLAN 中，以确保其有足够的带宽和服务质量。

（5）可扩展性：VLAN 允许更好地管理网络拓扑结构。它可以帮助将网络划分成更小、更易管理的部分，提高网络的可扩展性和性能。

5. 以太网二层接口类型概述

以太网二层接口是用于在数据链路层进行通信的接口。它负责在局域网中传输数据帧，并使用 MAC 地址来标识网络设备。这些接口通常用于连接设备，如交换机或者网卡，以便在局域网中传输数据。

交换机的以太网二层接口主要存在以下三种类型，见图 4-5。

Access：常用来连接用户 PC、服务器等终端设备的接口。Access 接口所连接的这些设备的网卡往往只收发无标记帧。Access 接口只能加入一个 VLAN。

Trunk：允许多个 VLAN 的数据帧通过，这些数据帧通过 802.1Tag 实现区分。Trunk 接口常用于交换机之间的互连，也用于连接路由器、防火墙等设备的子接口。

Hybrid：允许多个 VLAN 的数据帧通过，这些数据帧通过 802.1Tag 实现区分。用户可以灵活指定 Hybrid 接口在发送某个（或某些）VLAN 的数据帧时是否携带 Tag。

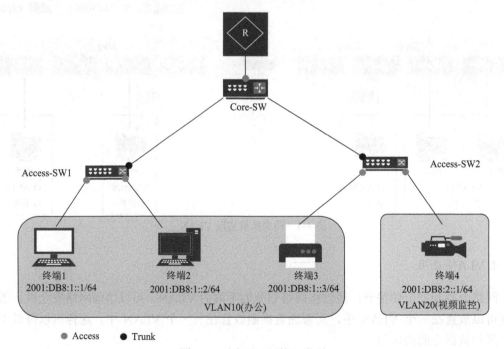

图 4-5　以太网二层接口类型

6. VLAN 基础配置命令

VLAN 基础配置命令格式如下。

#创建 VLAN

[Huawei] vlan vlan-id

#通过此命令创建 VLAN 并进入 VLAN 视图，如果 VLAN 已存在，直接进入该 VLAN 的视图。vlan-id 是整数形式，取值范围是 1～4094。

[Huawei] vlan batch { vlan-id1 [to vlan-id2] }

#通过此命令批量创建 VLAN。

其中，vlan-id1 表示第一个 VLAN 的编号；vlan-id2 表示最后一个 VLAN 的编号。

7. VLAN 知识小结

一个 VLAN 中所有设备都处于同一广播域内，不同的 VLAN 为不同的广播域。

VLAN 之间互相隔离，广播帧不能跨越 VLAN 传播，因此不同 VLAN 之间的设备一般无法直接通信(二层通信)，不同 VLAN 间需通过三层设备实现相互通信(三层通信)。

一般情况下，一个 VLAN 对应一个 IP 子网。

可以基于接口、MAC 地址、子网、协议、策略来划分 VLAN。

VLAN 可以跨交换机实现。

4.3　VLAN 间的 IPv6 通信

一个 VLAN 即一个广播域，相同 VLAN 内的设备可以直接进行二层通信，而不同 VLAN 的设备无法直接通信。要实现 VLAN 之间的通信，需借助三层设备(具备路由功能的设备)，如路由器或者三层交换机等。

4.3.1　路由器实现 VLAN 间路由

实现 VLAN 间通信的最简单的方法是借助路由器。在路由器上为每个 VLAN 分配一个单独的接口，并使用一条物理链路连接到二层交换机上。当 VLAN 间的主机需要通信时，数据会经由路由器进行三层路由，并被转发到目的 VLAN 内的主机，这样就可以实现 VLAN 之间的相互通信，如图 4-6 所示。

路由器使用物理接口与 VLAN 对接，每个物理接口为单个 VLAN 服务。SW 的 GE0/0/23 及 24 接口需配置为 Access 类型(Access 类型通常指的是 VLAN 中交换机端口的一种配置。在网络中，交换机端口可以配置为不同的类型，其中之一就是 Access 类型。这些设备不需要处理多个 VLAN，因此交换机端口被配置为 Access 类型，使其成为特定 VLAN 的一部分)，因为该接口只加入一个 VLAN。

路由器实现 VLAN 间路由配置简单，但是可扩展性不高；成本太高，每增加一个 VLAN 就需要一个端口和一条物理链路，浪费资源；可扩展性差，当 VLAN 增加到一定数量后，路由器上可能没有足够多端口支撑；某些 VLAN 之间的主机可能不需要频繁进行通信，每个 VLAN 占用一个端口会导致路由器的接口利用率很低。

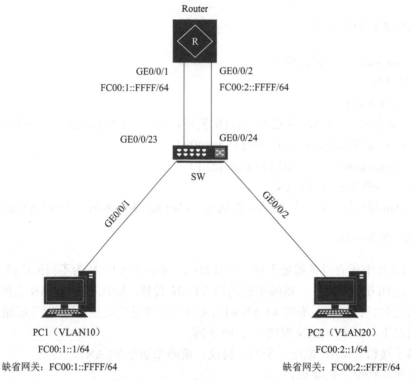

图 4-6　路由器实现 VLAN 间路由

4.3.2　子接口实现 VLAN 间路由

在网络中，子接口是一种将单一物理接口划分为多个逻辑接口的技术。这通常用于实现虚拟局域网（VLAN）间的路由，其中每个子接口关联一个特定的 VLAN。子接口使用 802.1Q 标签来标识不同的 VLAN，从而允许在单个物理接口上传输多个 VLAN 的数据。

这样可以实现 VLAN 间的隔离，防止不同 VLAN 的广播和数据流量相互影响，如图 4-7 所示。

子接口使用 802.1Q 标签来标识传输的数据属于哪个 VLAN。这个标签包含在数据帧中，使得交换机和路由器能够正确地将数据定位到相应的 VLAN。

每个子接口被视为一个逻辑接口，具有自己的配置参数，如 IP 地址、子网掩码和其他网络参数。这使得每个 VLAN 都有自己独立的 IP 子网。

子接口常用于在路由器上实现不同 VLAN 之间的路由。每个子接口代表一个 VLAN，并能够将数据从一个 VLAN 路由到另一个 VLAN。

路由器基于物理接口创建多个子接口，通过子接口为 VLAN 提供服务。每个子接口为单个 VLAN 提供服务。一个物理接口可以承载多个子接口，子接口是逻辑接口，因此增加及维护子接口非常方便。

SW 的 GE0/0/24 接口需配置为 Trunk 类型（Trunk 是一种网络连接类型，用于在单个物理链路上传输来自多个 VLAN 的数据。通过使用标记（标签），Trunk 连接使网络设备能够区分和处理不同 VLAN 之间的数据。这有助于优化网络资源的使用，减少物理连接的数量，同时支持不同 VLAN 之间的通信。Trunk 连接通常用于连接交换机之间、交换机和路由器之间，

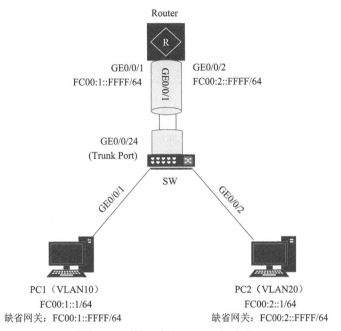

图 4-7　子接口实现 VLAN 间路由

或连接交换机和服务器之间的链路），因为需承载多个 VLAN 的流量，不同 VLAN 的数据从该接口发往路由器（Router）时需打上相应 802.1Q（VLAN）标记。

4.3.3　交换机 VLANIF 实现 VLAN 间通信

VLANIF（VLAN interface，VLAN 接口）是一种在支持虚拟局域网（VLAN）的网络设备上用于配置虚拟接口的术语。这种接口通常用于在设备上创建与 VLAN 相关的逻辑接口，使得设备能够处理不同 VLAN 之间的数据流。VLANIF 的使用主要涉及在设备上进行 Layer 3（网络层）的配置，允许设备在不同的 VLAN 之间充当路由器。

VLANIF 是设备上的逻辑接口，用于与特定 VLAN 关联。每个 VLANIF 都充当一个虚拟接口，与一个或多个 VLAN 相关。

与每个 VLANIF 关联的是一个 IP 地址，用于标识该接口在网络中的位置。这使得设备能够执行 Layer 3 路由功能。

使用 VLANIF，设备能够在不同的 VLAN 之间进行 IP 路由，实现了 VLAN 间的通信。每个 VLANIF 通常与一个 VLAN 关联。

VLANIF 使得设备能够处理不同子网之间的 IP 路由，因此它在 Layer 3 上工作。这对于在 VLAN 间实现网络分割和通信是至关重要的。

在某些交换机上，VLANIF 用于实现不同 VLAN 间的通信。它是一个虚拟接口，用于路由交换机中不同 VLAN 间的路由和通信。

三层交换机同时具备二层及三层功能。在一台三层交换机上创建了一个 VLAN 后，可以在交换机上配置这个 VLAN 对应的 VLANIF，该接口能够与同处于这个 VLAN 内的设备进行二层通信。VLANIF 允许不同 VLAN 之间的设备进行通信，而不需要离开交换机，增加了内部网络的灵活性和效率，如图 4-8 所示。

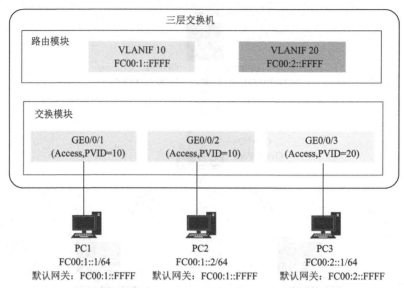

图 4-8　交换机 VLANIF 实现 VLAN 间通信

VLANIF 作为一个三层接口，可以进行 IP 地址配置，而通常情况下，这个地址会作为 VLAN 中终端的默认网关地址。

4.3.4　VLANIF 基础配置

SW 的关键配置如下：

```
[SW] vlan batch 10 20
[SW] ipv6
[SW] interface vlanif 10
[SW-vlanif10] ipv6 enable
[SW-vlanif10] ipv6 address FC00:1::FFFF/64
[SW] interface vlanif 20
[SW-vlanif20] ipv6 enable
[SW-vlanif20] ipv6 address FC00:2::FFFF/64
```

如图 4-9 所示，PC1 属于 VLAN10，PC2 属于 VLAN20，在三层交换机上完成配置，使得 PC1 及 PC2 能够互通。

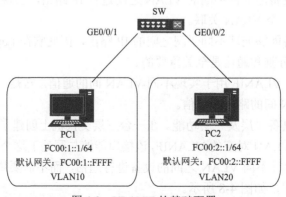

图 4-9　VLANIF 的基础配置

4.4　园区网络技术

4.4.1　以太网链路带宽及可靠性

在一个商用网络中，网络的高可靠性以及链路带宽是两个重要的内容。

(1) 链路聚合(link aggregation，LAG)是将多条物理链路捆绑在一起成为一条逻辑链路，从而增加链路带宽的技术，如图 4-10 所示。完成聚合后的链路称为以太网聚合链路。

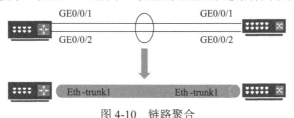

图 4-10　链路聚合

(2) 生成树协议(spanning tree protocol，STP)是一种网络协议，用于在局域网(LAN)中创建一个无环的树状网络拓扑结构，通过选择一个最优的路径来确保网络中的所有节点都能够相互通信，同时避免数据包在网络的环路中不断转发，造成网络拥塞和性能下降。生成树协议的主要目的是防止网络环路的出现，网络环路会导致广播风暴，影响网络的稳定性和性能。因此，需要解决交换网络中的环路问题，动态地适应网络拓扑变更，配合冗余链路，以保证二层网络可靠性。

4.4.2　WLAN 与主要网元

WLAN(wireless local area network，无线局域网)广义上是指以无线电波、激光、红外线等来代替有线局域网中的部分或全部传输介质所构成的网络。本书介绍的 WLAN 技术基于 802.11 标准系列。802.11 是 IEEE 在 1997 年为 WLAN 定义的一个无线网络通信的工业标准。此后这一标准又不断得到补充和完善，形成 802.11 的标准系列，如 802.11、802.11a、802.11b、802.11e、802.11g、802.11i、802.11n、802.11ac 及 802.11ax 等。

网元，简单理解就是网络中的元素，或网络中的设备，网元是网络管理中可以监视和管理的最小单位，通常用于描述网络中的各种设备或组件。它可以指代网络中的任何一个单独的、可管理的网络设备，如路由器、交换机、防火墙、服务器等。网元是构成整个网络基础设施的基本组成部分，其功能和作用各不相同。在网络管理和运营中，网元是管理和监控的基本单元。网络管理员可以通过管理网元来配置、监控和维护网络的正常运行。网元通常具有自己的管理界面和特定的管理协议，使管理员能够远程访问、配置和控制这些设备。总之，网元是指网络中的各种设备、组件或节点，它们通过相互连接形成了整个网络，提供数据传输、管理和其他网络服务。

4.4.3　园区网络安全

园区边界：

(1) 通过防火墙实现不同安全区域之间的划分及业务隔离、安全管控；

(2) 通过 Anti-DDoS 设备抵御 DDoS 攻击；

(3) 通过入侵防御系统(intrusion prevention system，IPS)设备进行入侵检测及安全态势感知。

核心及汇聚层：

(1)对不同的业务进行隔离部署、互访流量管控；

(2)按需部署网络准入控制；

(3)部署设备本机防攻击，提高设备抗攻击能力。

接入层：

(1)建议开启广播风暴控制、DHCP Snooping(动态主机配置协议监听)、IPSG(IP source guard，IP 源防护)、DAI Dynamic ARP Inspection(动态 ARP 检测)等安全功能，部署端口隔离，加强用户通信安全；

(2)部署网络准入控制，对接入园区的用户的身份或终端进行认证，并根据结果授予网络访问权限；

(3)部署无线空口安全及无线业务安全。

园区网络见图 4-11。

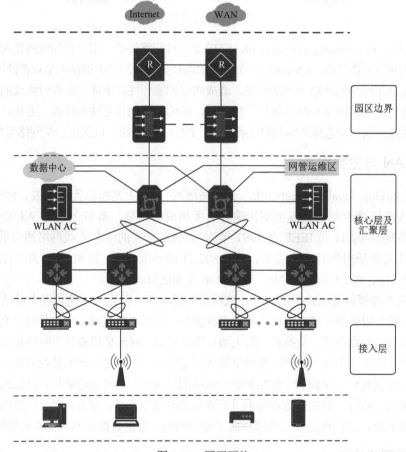

图 4-11　园区网络

小　　结

本章对 IPv6 交换技术进行了深入解析，介绍了园区网络、以太网二层交换基本原理与配置以及如何实现 VLAN 之间的 IPv6 通信。以太网二层交换和 VLAN 配置作为园区网络的基础，对于确保数据传输的高效性和安全性至关重要。VLAN 是将一个物理的 LAN 在逻辑上划分成多个广播域的通信技术，随着 IPv6 的普及，VLAN 间的 IPv6 通信成为实现跨部门、跨地域信息共享的关键。在现实中，VLAN 广泛应用于各种类型的园区网络中，用于实现业务单元的隔离，例如，办公网络中，基于不同的业务部分规划不同的 VLAN。不同的园区网络规模大小不一，业务需求也不尽相同，往往需要使用不同的网络架构和解决方案。此外，本章还探讨了园区网络技术的应用，为提升网络整体性能提供了有力支持。

思考题及答案

答案 4

1. 简述二层交换机如何利用 MAC 地址表进行数据帧的转发，并解释单播、广播和组播 MAC 地址的区别及用途。

2. 解释以下 VLAN 划分方式的区别和应用场景：

(1) 基于接口的 VLAN 划分；

(2) 基于 MAC 地址的 VLAN 划分；

(3) 基于子网的 VLAN 划分；

(4) 基于协议的 VLAN 划分；

(5) 基于策略的 VLAN 划分。

实 践 练 习

实验：IPv6 以太网二层交换基础实验

IPv6 以太网二层交换基础实验

1. 实验拓扑

本实验模拟一个简单的以太网二层交换网络，二层交换机 AS1 与 AS2 均接入了 VLAN10 及 VLAN20 的终端，并且这两台交换机之间也存在互联链路，实验拓扑结构如图 4-12 所示。

说明：本实验使用的实验平台为 eNSP。

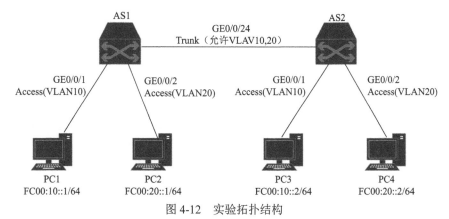

图 4-12　实验拓扑结构

2. 实验目的

(1) 掌握 VLAN 的基础配置。

(2) 掌握 Trunk 的基础配置。

3. 实验需求

完成 AS1 及 AS2 的配置，使得 VLAN10 内的 PC1 与 PC3 能够相互通信，VLAN20 内的 PC2 与 PC4 能够相互通信。

第5章　IPv6 网络安全基础

在数字化时代，网络安全是必须面对的重要课题，而随着 IPv6 协议的广泛部署，它所带来的安全特性和挑战成为关注的焦点。本章首先概述 IPv6 安全，然后从基础协议安全、交换网络安全、路由协议安全、网络边界安全及业务通信安全等多个维度详细介绍常见的网络安全技术。

5.1　IPv6 安全概述

在 IPv6 中，安全性是设计的核心部分。例如，与 IPv4 相比，IPv6 原生支持 IPSec，这为数据传输提供了强有力的加密和认证机制。然而，IPv6 的实施也引入了新的安全挑战，在接下来的讨论中，将概述 IPv6 的关键安全特性，探讨它如何提升网络安全，并分析面临的威胁。

5.1.1　IPv6 的安全优势

网络从 IPv4 演进至 IPv6，不仅仅是终端网络地址的变化，网络地址空间、报文结构、各种技术与适配协议均发生变化。相比于 IPv4，IPv6 提供了更大的地址空间和更高的安全性，具体来讲，IPv6 协议实现了以下四点安全提升。

（1）攻击可溯源：IPv6 普遍采用全球单播地址（GUA），无须 NAT，网络定位、攻击溯源更简单。

（2）扫描攻击难度提高：IPv6 的地址空间比 IPv4 大得多，可以提供更多的 IP 地址。这使得网络更难被扫描攻击，因为攻击者需要扫描更多的地址来找到目标设备。

（3）天然支持IPSec：IPSec是一种用于加密和认证网络流量的协议，IPv6 扩展头自带 IPSec，实现报文传输的完整性、保密性提升。

（4）协议优化：IPv6 取消了广播地址，避免了广播地址引起的广播风暴和拒绝服务（DoS）攻击。

IPv6 作为下一代互联网协议，在安全性方面展现出了前所未有的优势。这些优势不仅提升了网络的整体安全性能，还为未来的互联网发展奠定了坚实的基础。

5.1.2　IPv6 的安全挑战和威胁

在 IPv4 向 IPv6 过渡的过程中，新的技术引入也带来了一些网络安全挑战。首先，由于 IPv6 是一个全新的协议，可能存在一些未知的漏洞和安全问题，攻击者可能会利用这些漏洞来攻击 IPv6 网络。其次，由于 IPv6 有着更加复杂的地址体系，可能会导致网络管理困难，增加了攻击者的攻击面。另外，在 IPv6 与 IPv4 共存的环境下，攻击者可以利用 IPv6 转换技术实施攻击，例如，利用 IPv6 转换技术进行欺骗攻击，欺骗 IPv6 设备接受 IPv4 流量，从而引发安全漏洞。

一个实际的网络需要从端到端的角度考虑网络的安全性。如图 5-1 所示，这是一个端到端网络，其中云园区网络部分可能会受到非法终端接入、广播/组播数据泛洪、以太网数据帧窃取、IPv6 地址欺骗攻击与 RA 攻击、DHCPv6 欺骗攻击与 DDoS 等安全威胁，云广域部分可能会受到内部网关协议欺骗、BGP4+协议欺骗、数据窃取、身份仿冒、数据篡改等安全威胁，超融合数据中心可能会被非法用户及流量入侵。

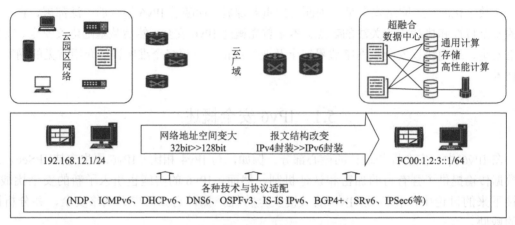

图 5-1　端到端网络示意图

总的来说，虽然 IPv6 带来了许多新的安全优势，但也带来了一些新的挑战与威胁，为了保护 IPv6 网络的安全，需要采取一系列的安全措施。

5.2　基础协议安全

IPv6 基础协议安全通过一系列先进的安全特性和机制，为构建安全、可靠和高效的下一代互联网奠定了坚实的基础。本节将对 IPv6 基础协议、针对基础协议常见的攻击以及应对攻击的技术和安全机制进行详细介绍。

5.2.1　邻居发现协议

1. NDP 概述

邻居发现协议（NDP）是 IPv6 协议体系中一个重要的基础协议。NDP 替代了 IPv4 的地址解析协议（ARP）和 ICMP 路由器发现功能，它定义了使用 ICMPv6 报文实现地址解析、邻居不可达性检测、重复地址检测、路由器发现、重定向以及 NDP 代理等功能，具体如表 5-1 所示。

表 5-1　NDP 功能介绍

功能名称	功能介绍
路由器发现	发现链路上的路由器，获得路由器通告的信息
无状态地址自动配置	通过路由器通告的地址前缀，终端自动生成 IPv6 地址

续表

功能名称	功能介绍
重复地址检测	获得地址后进行地址重复检测，确保地址不存在冲突
地址解析	请求目的网络地址对应的数据链路层地址，类似 IPv4 的 ARP
邻居状态跟踪	发现链路上的邻居并跟踪邻居状态
前缀重编址	路由器对所通告的地址前缀进行灵活设置，实现网络重编址
路由器重定向	告知其他设备到达目的网络的更优下一跳，与 IPv4 机制相同

NDP 定义了五种 ICMPv6 类型报文，这些报文用于实现不同的功能，为 IPv6 网络提供了更加高效和可靠的通信机制。

（1）路由器请求（router solicitation，RS）报文：IPv6 节点启动后，向路由器发出 RS 报文，以请求网络前缀和其他配置信息，用于 IPv6 节点地址的自动配置。路由器则会以 RA 报文进行响应。

（2）路由器通告（router advertisement，RA）报文：路由器以组播方式周期性地发布 RA 报文，RA 报文中会带有网络前缀等网络配置的关键信息，用于在二层网络中通告自己的存在，或者路由器以 RA 报文响应 RS 报文。

（3）邻居请求（neighbor solicitation，NS）报文：IPv6 节点通过 NS 报文可以得到邻居的数据链路层地址，检查邻居是否可达，也可以进行重复地址检测（duplicate address detect，DAD）。

（4）邻居通告（neighbor advertisement，NA）报文：IPv6 节点对 NS 报文的响应，同时 IPv6 节点在数据链路层变化时也可以主动发送 NA 报文。

（5）重定向（redirect，RR）报文：路由器发现报文的入接口和出接口相同时，可以通过重定向报文通知主机选择另一个更好的下一跳地址进行后续报文的发送。

通过了解 NDP 具体功能的实现过程，可以更好地理解 ICMPv6 报文，下面将详细介绍 NDP 的几个主要功能。

2. 地址解析功能

NDP 的地址解析功能类似于 IPv4 的 ARP，使节点可以快速地了解网络中的邻节点和其数据链路层地址。如图 5-2 所示，当主机 A 需要了解目的主机 B 的数据链路层地址时，它会发送一个 NS 报文。NS 报文包含主机 B 的 IPv6 地址。主机 B 接收到 NS 报文后，会检查报文中的目的地址是否与自己的地址匹配。如果匹配，主机 B 会发送一个 NA 报文作为回应，NA 报文包含主机 B 的数据链路层地址，即 MAC 地址。发送 NA 报文是为了告诉主机 A，主机 B 是可达的，并且通告目的节点的数据链路层地址。主机 A 接收到 NA 报文后，会解析报文中的数据链路层地址，并将其缓存起来以便以后使用。同时，主机 A 还会检查缓存中是否存在主机 B 的旧地址记录，如果存在，则将其删除。

3. 邻居状态跟踪

邻居状态跟踪功能也是 NDP 的一个重要功能，主要用于维护和管理节点之间的邻居关

图 5-2　地址解析过程

系。NDP 定义了 5 种邻居状态,这些状态用于描述邻节点在不同阶段的连接状态和可达性。

Incomplete:未完成,邻居请求已经发送到目的节点的请求组播地址,但没有收到邻居的通告。

Reachable:可达,收到确认,不再继续发包确认。

Stale:陈旧,从收到上一次可达性确认后过了超过 30s。

Delay:延迟,在 Stale 状态后发送过一个报文,并且 5s 内没有可达性确认。

Probe:探查,每隔 1s 重传邻居请求来主动请求可达性确认,直到收到确认。

如图 5-3 所示,A 向 B 发送 NS 报文,并生成缓存条目,此时,邻居状态为 Incomplete,若 B 回复 NA 报文,则邻居状态由 Incomplete 变为 Reachable,否则固定时间后邻居状态由 Incomplete 变为 Empty,即删除表项;经过邻居可达时间,邻居状态由 Reachable 变为 Stale,即未知是否可达,如果在 Reachable 状态下 A 收到 B 的非请求 NA 报文,且报文中携带的 B 的数据链路层地址和表项中不同,则邻居状态马上变为 Stale;在 Stale 状态下,若 A 要向 B 发送数据,则邻居状态由 Stale 变为 Delay,并发送 NS 请求;在经过一段固定时间后,邻居状态由 Delay 变为 Probe,其间若有 NA 应答,则邻居状态由 Delay 变为 Reachable;在 Probe 状态,A 每隔一定时间间隔发送单播 NS 报文,发送固定次数后,若有应答,则邻居状态变为 Reachable,否则邻居状态变为 Empty。

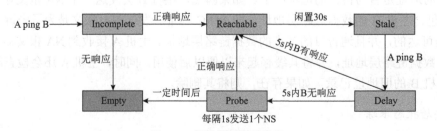

图 5-3　邻居状态跟踪过程

通过以上过程,NDP 实现了邻居状态跟踪功能,使得节点能够实时了解邻节点的可达性状态和网络拓扑变化，为数据传输提供了更可靠和更高效的路由选择。

4. 无状态地址自动配置

IPv6 的地址配置分为手动配置和自动配置，其中自动配置分为有状态和无状态两种。其中的无状态自动配置就是基于 RS-RA 消息完成的。无状态自动配置在主机接入一个 IPv6 的局域网后即使没有 DHCP 服务器也能自动完成 IP 地址的配置，做到了即插即用，大大节省了手动配置 IP 信息的时间。

当主机的网卡被激活后，自动生成一个 Link-local 地址，并对 Link-local 地址进行重复地址检测。重复地址检测通过后该地址即启用，否则重新生成一个新的 Link-local 地址，再次进行重复地址检测。

如图 5-4 所示，拥有 Link-local 地址的节点会发送一个 RS 报文，请求路由器发送 RA 报文。在 RA 报文中，路由器会宣布自己的优先级和数据链路层地址，节点根据优先级选择默认路由器。如果多台路由器优先级相同，则选择数据链路层地址最小的路由器作为默认路由器。当节点通信范围内的邻节点宣称自己可以作为目的节点的默认路由器时，节点可以选择直接通过该邻节点转发数据包，而不是经过默认路由器。这样可以减少数据传输的跳数，提高通信效率。当节点的数据链路层地址发生变化时，节点会发送一个 RA 报文，通知其他节点更新其地址缓存中的数据链路层地址。同时，节点还会检查是否有其他节点的数据链路层地址与自己的数据链路层地址冲突，并采取相应的处理措施。

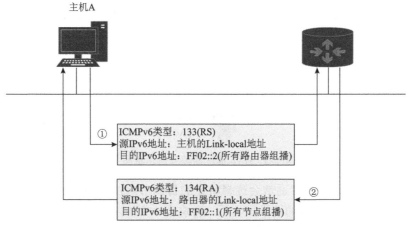

图 5-4　无状态地址自动配置过程

通过以上过程，NDP 实现了无状态自动配置功能，使得节点能够在没有 DHCP 服务器的情况下自动获取 IPv6 地址和默认路由器信息，从而方便了网络的部署和管理。

5. 重复地址检测

重复地址检测(DAD)是在接口使用某个 IPv6 单播地址之前进行的，目的是探测是否有其他的节点使用了该地址。一个地址在通过 DAD 之前称为试验地址，接口暂时还不能使用这个试验地址进行正常单播通信，但是会加入和试验地址对应的 Solicited-Node 组播组。重复地址检测就是节点向一个自己将使用的试验地址所对应的 Solicited-Node 组播地址发送一个邻居请求(NS)报文，如果收到某个其他站点回应的 NA，就证明该地址已在网络上使用，节点将不能使用该试验地址通信。如果 1s 内节点没有收到 NA 回复，即没有检测到冲突，节点就会发送一个 NA 报文，宣告其将正式使用这个地址。

5.2.2　ND 攻击

NDP 是 IPv6 的一个关键协议，它功能强大，但是因为没有任何安全机制，容易被攻击者利用。针对 NDP 的攻击称为 ND 攻击，包括地址欺骗攻击、重复地址攻击(RA 攻击)、邻居不可达检测攻击、重定向攻击、DAD 攻击、分布式拒绝服务(DDoS)攻击等。在网络中，常见的 ND 攻击有地址欺骗攻击和 RA 攻击两种。

如图 5-5 所示，地址欺骗攻击是攻击者仿冒其他用户的 IP 地址发送 NS/ NA/ RS 报文，从而改写网关上或者其他用户的 ND 表项，导致被仿冒用户无法正常接收报文，从而无法正常通信的一种攻击方式。同时攻击者可以通过截获被仿冒用户的报文，非法获取用户的游戏、网银等账号口令，造成这些用户的重大利益损失。

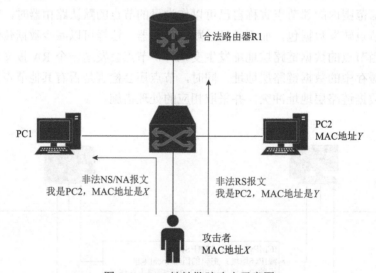

图 5-5　IPv6 地址欺骗攻击示意图

在地址欺骗攻击中，攻击者通常会选择特定的目的节点，并伪造该节点的 IP 地址发送 NS 报文。当目的节点收到伪造的请求报文后，会响应一个 NA 报文，将自身的数据链路层地址信息发送给攻击者。攻击者通过截获这些报文，可以非法获取目的节点的数据链路层地址信息，进一步进行其他攻击，如中间人攻击或数据窃取等。

RA 攻击是攻击者通过伪造 RA 报文来实现的。如图 5-6 所示，攻击者仿冒网关向其他用户发送 RA 报文，其中可以包含虚假的网络配置信息，如默认路由器、网络前缀列表等。受害者收到这些伪造的 RA 报文后，可能会根据其中的虚假信息进行网络配置，如改写其 ND 表项或记录错误的 IPv6 配置参数，造成这些用户无法正常通信，从而导致网络通信错误。

此外，攻击者还可以伪造 RA 报文中的 M 位，使受害主机使用 DHCP 服务器分配到虚假的地址。

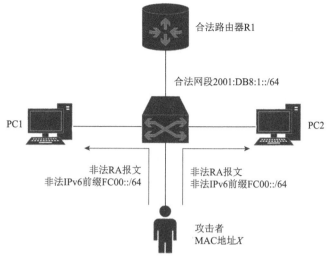

图 5-6　RA 攻击示意图

5.2.3　ND Snooping

由于 ND 协议缺乏内在的安全性,因此其面临地址解析攻击和路由信息攻击问题,而通过部署外在的加密认证体系来增加安全性又很复杂。IPv6 使用 ND 协议实现的无状态地址自动配置机制在带来更易用的网络的同时,使得无法对网络用户进行有效的监管,为了解决上述问题,相关人员提出了 ND snooping 技术。

1. ND Snooping 简介

ND Snooping 是针对 IPv6 ND 的一种安全特性,用于二层交换网络环境。其工作原理是通过侦听用户重复地址检测(DAD)过程的 NS 报文来建立 ND Snooping 动态绑定表,从而记录报文的源 IPv6 地址、源 MAC 地址、所属 VLAN、入端口等信息,以防止后续仿冒用户、仿冒网关的 ND 报文攻击。

为了区分可信任和不可信任的 IPv6 节点,ND Snooping 将设备连接 IPv6 节点的接口区分为信任接口与非信任接口,如图 5-7 所示,从而划分网络安全边界,避免来自非信任接口的安全威胁。

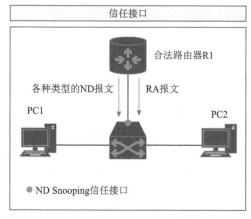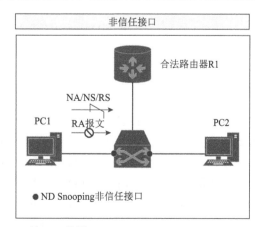

图 5-7　ND Snooping 接口工作图

ND Snooping 信任接口：用于连接可信任的 IPv6 节点，对于从该类型接口接收到的 ND 报文，设备正常转发，同时设备会根据接收到的 RA 报文建立前缀管理表（表项内容包括前缀、前缀长度、前缀老化租期等信息）供管理员查看，以方便灵活管理用户的 IPv6 地址。

ND Snooping 非信任接口：用于连接不可信任的 IPv6 节点，对于从该类型接口接收到的 RA 报文，设备认为是非法报文，直接丢弃；对于收到的 NA/NS/RS 报文，如果该接口或接口所在的 VLAN 使能了 ND 报文合法性检查功能，设备会根据 ND Snooping 动态绑定表对 NA/NS/RS 报文进行绑定表匹配检查，当报文不符合绑定表关系时，认为该报文是非法用户报文，直接丢弃；对于收到的其他类型 ND 报文，设备正常转发。

ND Snooping 动态绑定表的生成过程如图 5-8 所示，配置 ND Snooping 功能后，设备通过检查 DAD NS 报文来建立 ND Snooping 动态绑定表；通过检查 NS（包括 DAD NS 报文和普通 NS 报文）/NA 报文来更新 ND Snooping 动态绑定表。ND Snooping 动态绑定表的新建、更新机制如下。

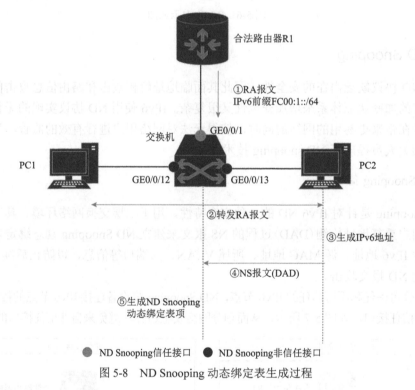

图 5-8　ND Snooping 动态绑定表生成过程

1) 设备收到 DAD NS 报文

根据报文中的 Target Address（该地址是报文发送方用于 DAD 的目的地址，也就是其准备使用的地址）查找是否有对应的前缀管理表项。如果没有，则意味着该 Target Address 对应的 IPv6 前缀非法，直接丢弃该报文；如果有，则继续根据 Target Address 查找是否有对应的 ND Snooping 动态绑定表项。如果没有，则新建 ND Snooping 动态绑定表项，并且转发该报文；如果有，则判断 DAD NS 报文的 MAC 地址、入接口、VLAN 信息与现有该表项的 MAC 地址、入接口、VLAN 信息是否一致。如果一致，则更新对应表项中用户的地址租期；如果 MAC 地址一致，其他信息不一致，则删除原有表项，重新建立表项，并且转发该报文；如果 MAC 地址不一致，则表项不变，并且转发该报文。

2）设备收到普通 NS 报文

根据报文中的 Source Address 查找是否有对应的 ND Snooping 动态绑定表项。如果找不到对应表项，且未开启 ND 报文合法性检查功能，则转发报文；否则，丢弃报文。如果找到对应表项，则判断 NS 报文的 MAC 地址、入接口、VLAN 信息与现有该表项的 MAC 地址、入接口、VLAN 信息是否一致。如果一致，则更新对应表项中用户的地址租期；如果不一致，且未开启 ND 报文合法性检查功能，则转发报文；否则，丢弃报文。

3）设备收到 NA 报文

首先判断收到 NA 报文的接口是否为以下任一接口：配置了命令 dhcp snooping disable 的接口、配置了命令 dhcp snooping trust 或 nd snooping trust 的接口、未配置命令 nd snooping check na enable 的接口。如果是以上任一接口，则直接转发该 NA 报文；如果不是以上列举的接口，则继续根据 NA 报文的源 IP 地址和目的 IP 地址判断是否有对应的 ND Snooping 动态绑定表项。如果没有，则直接丢弃该 NA 报文；如果有，则判断 NA 报文的接口信息与现有表项的是否一致。如果一致，则更新对应绑定表项中用户地址租期；如果不一致，说明该 NA 报文与现有表项冲突，此时会触发设备发送 NS 报文以探测用户是否在线。如果在表项生存时间内，设备从表项对应的接口上收到 NA 报文，则说明该用户仍然在线，更新对应表项中用户的地址租期；如果在表项生存时间内，设备没有从表项对应的接口上收到 NA 报文，则说明该用户已经下线，更新对应表项中用户的地址租期并将表项的接口更新为新接口。

2. ND Snooping 工作原理

1）防地址欺骗攻击

如图 5-9 所示，攻击者 PC1 仿冒 PC2 向网关 R1 发送伪造的 NA/NS/RS 报文（图中以 NA 报文为例），导致网关的 ND 表项中记录了错误的 PC2 地址映射关系，攻击者可以轻易获取到网关原来要发往 PC2 的数据。

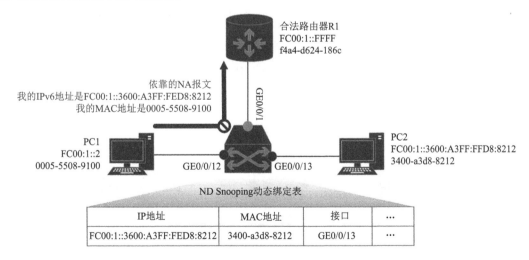

图 5-9　防地址欺骗攻击

为了防范这类攻击,网络设备提供了 ND Snooping 功能,ND Snooping 通过监听网络中的 ND 报文,并建立一个 ND 表项数据库来记录 IPv6 地址、MAC 地址、接口等信息。当设备收到一个 ND 报文时,它会检查报文的源 IP 地址、源 MAC 地址和接口信息是否与 ND 表项数据库中的记录相匹配。如果不匹配,设备可以判定该报文可能是伪造的,并采取相应的防范措施,如丢弃该报文或向管理员发送警报。在本例中,可以在交换机上部署 ND Snooping 功能,将交换机与 R1 相连的接口 GE0/0/1 配置为信任接口,并在用户侧接口 GE0/0/12 上使能 ND 报文合法性检查功能。对于从 GE0/0/12 接收到的 NA/NS/RS 报文,交换机会根据生成的 ND Snooping 动态绑定表进行绑定表匹配检查,对于非法报文将直接丢弃,从而避免伪造的 NA/NS/RS 报文带来的危害。

通过 ND Snooping 功能,网络设备可以更有效地识别和防范地址欺骗攻击,保护网络的安全性和稳定性。同时,它也提高了网络的可用性和可靠性,确保用户能够正常通信并访问网络资源。

2)防 RA 攻击

RA 报文能够携带很多网络配置信息,包括默认路由器、网络前缀列表以及是否使用 DHCPv6 服务器进行有状态地址分配等关键信息。攻击者通过发送伪造的 RA 报文,修改用户主机的网络配置,使合法用户无法进行正常通信。

常见的 RA 攻击包括:伪造不存在的前缀,修改合法用户主机的路由表;伪造网关 MAC 地址,造成合法用户主机记录错误的网关地址映射关系;伪造 RA 报文中的 Router Lifetime 字段,造成合法用户主机的默认网关变为其他网关设备;伪造 DHCPv6 服务器,同时伪造 RA 报文中的 M 标识位,造成合法用户主机使用 DHCPv6 服务器分配到的虚假地址。

为了防止上述 RA 攻击,可以在交换机上部署 ND Snooping 功能,当 ND Snooping 功能开启时,设备会监听网络中的 RA 报文,并对其进行安全性检查。如果设备发现 RA 报文来自非法或伪装的源,它会丢弃该报文,从而防止主机受到欺骗并获取到错误的网络配置信息。在配置 ND Snooping 功能时,可以在接口视图下或 VLAN 视图下进行使能。当在接口视图下使能时,该功能仅对特定接口生效;而在 VLAN 视图下使能时,会对加入该 VLAN 的所有接口生效。

如图 5-10 所示,在交换机上部署 ND Snooping 功能,并将交换机与网关相连的接口

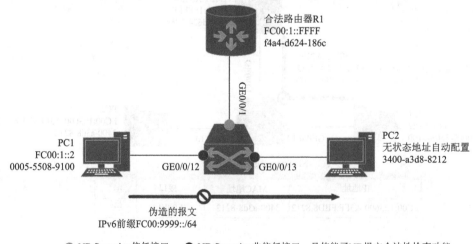

图 5-10　防 RA 攻击

GE0/0/1 配置为信任接口，这样交换机就会直接丢弃用户侧接口 GE0/0/12(默认为非信任接口)收到的 RA 报文，仅处理信任接口收到的 RA 报文，从而避免伪造的 RA 报文带来的各种危害。

总的来说，ND Snooping 功能是一种有效的安全机制，可以帮助防范 RA 攻击和其他 ND 攻击，确保网络中的主机能够正确、安全地进行通信。

5.2.4　IPv6 RA Guard

IPv6 RA Guard 是针对 RA 报文的一种安全特性，通过阻断 RA 报文转发来避免恶意 RA 报文带来的威胁。

利用 RA 报文进行攻击的方式可能导致严重的网络安全问题，甚至可能使网络中的设备暴露于风险之中。当 IPv6 RA Guard 被启用时，它会监控网络中的 RA 报文，并通过一系列的安全检查来确定这些报文是否来自合法的路由器。如果 RA Guard 检测到某个 RA 报文来自非法或伪装的源，它会立即阻断该报文的转发，从而防止主机接收到错误的网络配置信息。根据 RA 攻击的特点，IPv6 RA Guard 功能采用通过接口角色和通过策略两种方式在二层接入设备上阻止恶意的 RA 攻击。

如图 5-11 所示，当将交换机连接路由器的接口收到的 RA 报文进行转发，而丢弃连接主机的接口收到的 RA 报文时，管理员可根据接口在组网中的位置来配置接口的角色。如果确定接口连接的是用户主机，则配置接口角色为用户(Host)，直接丢弃 RA 报文；如果确定接口连接的是路由器，则配置接口角色为路由器(Router)，转发 RA 报文。

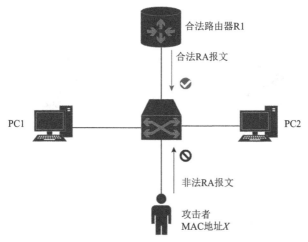

图 5-11　IPv6 RA Guard 工作原理

以下两种情况下，可以通过配置 IPv6 RA Guard 策略来过滤 RA 报文：一种情况是不能判断接口连接的设备或终端的类型，即不能通过配置接口角色来选择丢弃还是转发 RA 报文；另一种情况能够确定接口连接的是路由器，但用户不希望直接转发 RA 报文，希望按条件进行过滤。

为接收 RA 报文的接口配置 IPv6 RA Guard 策略，按照策略内配置的匹配规则对 RA 报文进行过滤：若 IPv6 RA Guard 策略中未配置任何匹配规则，则应用该策略的接口直接转发 RA 报文；若 IPv6 RA Guard 策略中配置了匹配规则，则 RA 报文需成功匹配策略下所有规则后才会被转发，否则，该报文被丢弃。

通过这种方式，IPv6 RA Guard 为网络提供了一种有效的防御机制，可以帮助保护网络免受 RA 攻击的侵害。同时，它也能增强网络的安全性，确保用户在一个安全、稳定的环境中进行通信。

5.2.5　DHCP Snooping

1. DHCP Snooping 概述

动态主机配置协议(DHCP)是一种网络协议，用于自动分配 IP 地址、子网掩码、默认网关、DNS 等网络配置参数给网络中的计算机或其他设备。DHCP 通常用于局域网环境，能够高效地分配 IP 地址，提升地址的使用率。

DHCP 协议基于客户端-服务器通信模式，客户端向 DHCP 服务器发送请求，请求分配 IP 地址和其他网络配置参数。DHCP 服务器会从预定义的地址池中选择一个 IP 地址，以及其他相关配置参数(如 DNS 服务器地址、网关地址等)，然后将这些配置信息返回给客户端。DHCP 使用 UDP 协议工作，统一使用两个 IANA 分配的端口：UDP 67 和 UDP 68。其中，67 号端口是服务器的端口，主要负责回应客户端发送的广播报文；68 号端口是客户端的端口，主要负责以广播方式发送请求配置和内容。

DHCPv6 是一个用来分配 IPv6 地址、前缀以及 DNS 等配置参数的网络协议，与 IPv4 中的 DHCP 一样，所有的协议报文都是基于 UDP 的，但是由于在 IPv6 中没有广播报文，因此 DHCPv6 使用组播报文，客户端也无须配置服务器的 IPv6 地址。典型的 DHCPv6 四步交互过程如图 5-12 所示。

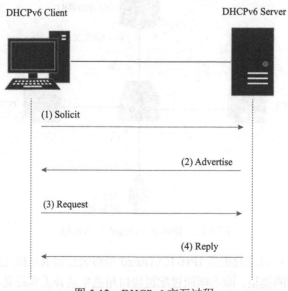

图 5-12　DHCPv6 交互过程

(1)DHCPv6 Client(客户端)发送 Solicit 消息，请求 DHCPv6 Server(服务器)为其分配 IPv6 地址、前缀等网络配置参数。

(2)DHCPv6 Server 回复 Advertise 消息，通知客户端可以为其分配的地址、前缀等网络配置参数。

（3）如果 DHCPv6 Client 接收到多台服务器回复的 Advertise 消息，则根据消息接收的先后顺序、服务器优先级等，选择其中一台服务器，并向该服务器发送 Request 消息，请求服务器确认为其分配地址、前缀等网络配置参数。

（4）DHCPv6 Server 回复 Reply 消息，确认将地址、前缀等网络配置参数分配给客户端使用。

DHCPv6 在应用过程中存在很多安全方面的问题。如图 5-13 所示，DHCPv6 Server 和 DHCPv6 Client 之间没有认证机制，若网络中的非法 DHCPv6 服务器为用户分配错误的 IP 地址和其他网络配置参数，将会对网络造成非常大的危害。

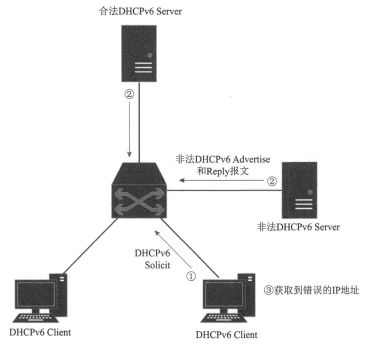

图 5-13　DHCPv6 应用过程中的安全问题

由于 DHCP 协议在应用中的安全问题，网络中存在一些针对 DHCP 的攻击，如 DHCP Server 仿冒者攻击、DHCP Server 拒绝服务攻击、仿冒 DHCP 报文攻击等。为了保证网络通信业务的安全性，可引入 DHCP Snooping 技术，在 DHCP Client 和 DHCP Server 之间建立一道防火墙，以抵御网络中针对 DHCP 的各种攻击。

DHCP Snooping 是 DHCP 的一种安全特性，用于保证 DHCP 客户端从合法的 DHCP 服务器获取 IP 地址，并记录 DHCP 客户端 IP 地址与 MAC 地址等参数的对应关系，防止网络上针对 DHCP 攻击。DHCP Snooping 技术的引入使得网络设备能够区分合法的 DHCP 服务器和可能的攻击者，从而提高了 DHCP 的安全性。

DHCP Snooping 主要依赖其信任功能，如图 5-14 所示，DHCP Snooping 的信任功能能够保证客户端从合法的服务器获取 IP 地址。该功能将接口分为信任接口和非信任接口：信任接口正常转发 DHCP 服务器响应的 Advertise、Reply 等报文；非信任接口在接收到响应的 Advertise、Reply 等报文后，丢弃该报文。

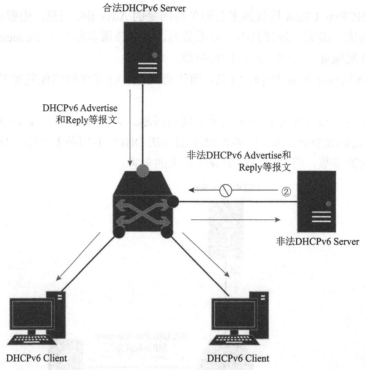

图 5-14　DHCP Snooping 信任功能

网络中如果存在私自架设的 DHCP Server 仿冒者，则可能导致 DHCP 客户端获取错误的 IP 地址等网络配置参数，无法正常通信。DHCP Snooping 信任功能可以控制 DHCP 服务器应答报文的来源，以防止网络中可能存在的 DHCP Server 仿冒者为 DHCP 客户端分配 IP 地址及其他配置信息。

在二层网络接入设备使能 DHCP Snooping 场景中，一般将与合法 DHCP 服务器直接或间接连接的接口设置为信任接口，其他接口设置为非信任接口，使 DHCP 客户端的 DHCP 请求报文仅能从信任接口转发出去，从而保证 DHCP 客户端只能从合法的 DHCP 服务器获取 IP 地址，私自架设的 DHCP Server 仿冒者无法为 DHCP 客户端分配 IP 地址。

当 DHCP Snooping 功能被启用时，网络设备（如交换机或路由器）会截获并处理 DHCP 服务器和 DHCP 客户端之间的 DHCP 报文，生成 DHCP Snooping 动态绑定表。这个表记录了 DHCP 客户端的相关信息，包括 MAC 地址、IP 地址、租用期、VLAN ID 以及接口等。

当 DHCP 客户端发送 DHCP 请求报文时，DHCP Snooping 设备会将这些报文通过信任接口转发给合法的 DHCP 服务器。合法的 DHCP 服务器在回应这些请求时，会发送 Reply 报文。DHCP Snooping 设备会接收这些回应报文，并根据其中的信息更新 DHCP Snooping 动态绑定表。在后续的 DHCP 报文转发过程中，DHCP Snooping 设备会根据绑定表进行匹配检查。如果接收到的 DHCP 报文与绑定表中的信息不一致，设备会将其视为非法报文，并进行过滤或丢弃。这样可以有效地防止非法用户或攻击者通过伪造 DHCP 报文来干扰网络的正常运行。

如图 5-15 所示，以 PC1 为例，二层网络接入设备会从 DHCPv6 Reply 报文提取到 IPv6 地址信息为 FC00::1，MAC 地址信息为 0000-0000-1111，再获取与 PC 连接的接口信息为 GE0/0/1，根据这些信息生成一个 DHCP Snooping 动态绑定表项。

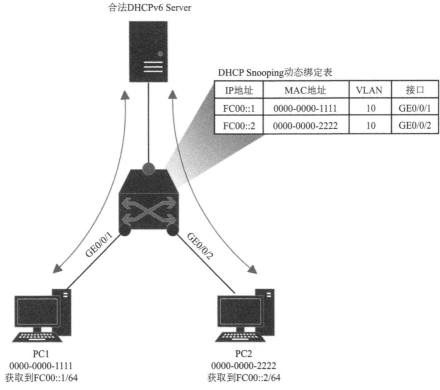

图 5-15　DHCP Snooping 动态绑定表工作原理

2. DHCP Snooping 应用

DHCP Snooping 的应用有以下四种。

（1）防止 DHCP Server 仿冒者攻击导致用户获取到错误的 IP 地址等网络配置参数。

为了防止 DHCP Server 仿冒者攻击，可配置设备接口的"信任/非信任"工作模式。此后，从非信任接口上收到的 DHCP 回应报文将被直接丢弃，这样可以有效防止 DHCP Server 仿冒者的攻击。

（2）防止 DHCP 报文泛洪攻击导致设备无法正常工作。

DHCP 报文泛洪攻击是一种常见的网络攻击方式，如图 5-16 所示，在 DHCP 网络环境中，若攻击者短时间内向设备发送大量的 DHCP 报文，将会对设备的性能造成巨大的冲击，甚至可能会导致设备无法正常工作。

DHCP Snooping 的工作机制允许网络管理员对网络中的 DHCP 报文进行严格的监控和过滤。在启用 DHCP Snooping 功能后，交换机或路由器会对从非信任接口接收到的 DHCP 报文进行审查。为了有效地防止 DHCP 报文泛洪攻击，在启用 DHCP Snooping 功能时，可同时配置 DHCP Snooping 的速率限制功能，管理员可以设置 DHCP 报文上送速率，仅允许在规定速率内的报文上送至 DHCP 报文处理单元。当攻击者尝试发起 DHCP 报文泛洪攻击时，由于报文的发送速率超过了预设的限制，这些报文将会被丢弃，从而有效地防止了攻击。

（3）防止仿冒 DHCP 报文攻击导致合法用户无法获得 IP 地址或异常下线。

已获取到 IP 地址的合法用户通过向服务器发送 DHCP Request 或 DHCP Release 报文来续

租或释放 IP 地址。在仿冒 DHCP 报文攻击中，攻击者可能会冒充合法用户，如图 5-17 所示，

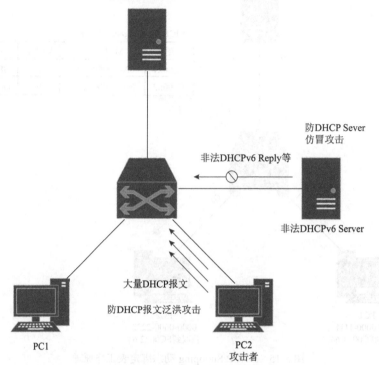

图 5-16　防 DHCP Sever 仿冒攻击和防 DHCP 报文泛洪攻击

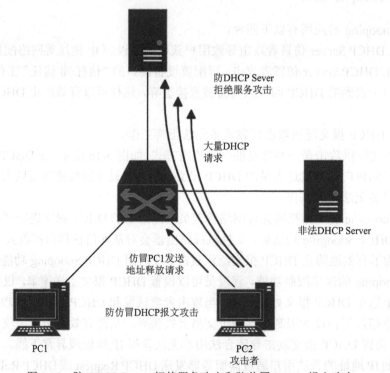

图 5-17　防 DHCP Server 拒绝服务攻击和防仿冒 DHCP 报文攻击

如果攻击者冒充合法用户不断向 DHCP Server 发送 DHCP Request 报文来续租 IP 地址，会导致这些到期的 IP 地址无法正常回收，以致一些合法用户不能获得 IP 地址；而若攻击者仿冒合法用户的 DHCP Release 报文发往 DHCP Server，将会导致用户异常下线。

为了有效地防止仿冒 DHCP 报文攻击，可利用 DHCP Snooping 动态绑定表的功能。设备通过将 DHCP Request 报文和 DHCP Release 报文与绑定表进行匹配，能够有效地判别报文是否合法(主要检查报文中的 VLAN、IP、MAC、接口信息是否匹配动态绑定表)，若匹配成功，则转发该报文，匹配不成功则丢弃。

(4)防止 DHCP Server 拒绝服务攻击导致部分用户无法上线。

若存在大量攻击者恶意申请 IP 地址，会导致 DHCP Server 中 IP 地址快速耗尽而不能为其他合法用户提供 IP 地址分配服务。另外，DHCP Server 通常仅根据 DHCP Request 报文中的客户端硬件地址(client hardware address，CHADDR)字段来确认客户端的 MAC 地址。如果某一攻击者通过不断改变 CHADDR 字段向 DHCP Server 申请 IP 地址，同样将会导致 DHCP Server 上的地址被耗尽，从而无法为其他正常用户提供 IP 地址。

为了抑制大量 DHCP 用户恶意申请 IP 地址，在使能设备的 DHCP Snooping 功能后，可配置设备或接口允许接入的最大 DHCP 用户数，当接入的用户数达到该值时，不再允许任何用户通过此设备或接口成功申请到 IP 地址。

而对通过改变 DHCP Request 报文中的 CHADDR 字段实施的攻击，可使能设备检测 DHCP Request 报文帧头 MAC 与 DHCP 数据区中 CHADDR 字段是否一致功能，此后设备将检查上送的 DHCP Request 报文中的帧头 MAC 地址是否与 CHADDR 值相等，相等则转发，否则丢弃。

5.2.6　IP 源防护

随着网络规模越来越大，基于源 IP 地址的攻击也逐渐增多。一些攻击者通过伪造合法用户的 IP 地址获取网络访问权限，非法访问网络，甚至造成合法用户无法访问网络，或者信息泄露。IP 源防护(IPSG)是一种基于二层接口的源 IP 地址过滤技术，可用于解决上述问题。

IPSG 绑定表(源 IP 地址、源 MAC 地址、所属 VLAN、入接口的绑定关系)是 IPSG 功能的核心组成部分，用于对二层接口上收到的 IP 报文进行过滤和检查。绑定表通过设定特定的绑定关系，确保只有匹配绑定关系的报文才允许通过，其他报文将被丢弃，从而有效地阻止非法主机或攻击者伪造合法主机的 IP 地址进行攻击或获取上网权限。IPSG 的四类绑定表对比如表 5-2 所示。

表 5-2　IPSG 绑定表

绑定表类型	生成过程	适用场景
静态绑定表	使用 user-bind 命令手工配置	针对 IPv4 和 IPv6 主机，适用于主机数较少且主机使用静态 IP 地址的场景
DHCP Snooping 动态绑定表(1)	配置 DHCP Snooping 功能后，DHCP 主机动态获取 IP 地址时，设备根据 DHCP 服务器发送的 DHCP 回复报文动态生成	针对 IPv4 和 IPv6 主机，适用于主机数较多且主机从 DHCP 服务器获取 IP 地址的场景
DHCP Snooping 动态绑定表(2)	802.1X 用户认证过程中，设备根据认证用户的信息生成	针对 IPv4 和 IPv6 主机，适用于主机数较多、主机使用静态 IP 地址，并且网络中部署了 802.1X 认证的场景。该方式生成的表项不可靠，建议配置静态绑定表

续表

绑定表类型	生成过程	适用场景
ND Snooping 动态绑定表	配置 ND Snooping 功能后,设备通过侦听用户用于重复地址检测的 NS 报文来生成	仅针对 IPv6 主机,适用于主机数较多的场景

绑定表生成后,IPSG 基于绑定表向指定的接口或者指定的 VLAN 下发访问控制列表,由该访问控制列表来匹配检查所有 IP 报文。访问控制列表(ACL)是一种基于包过滤的访问控制技术,它可以根据设定的条件对经过路由器的数据包进行过滤,允许满足条件的数据包通过,而拦截不满足条件的数据包,从而达到控制访问的目的。主机发送的报文只有匹配绑定表才会允许通过,不匹配绑定表的报文都将被丢弃。当绑定表信息变化时,设备会重新下发 ACL。缺省时,如果在没有绑定表的情况下使能了 IPSG,设备会允许 IP 协议报文通过,但是会拒绝所有的数据报文。

如图 5-18 所示,当 PC2 仿冒 PC1 的地址向 Server 发送报文时,Switch(交换机)激活 IPSG 功能,收到 PC2 发送的报文后在绑定表中进行检查,检查发现报文与绑定表项不匹配,将其丢弃。

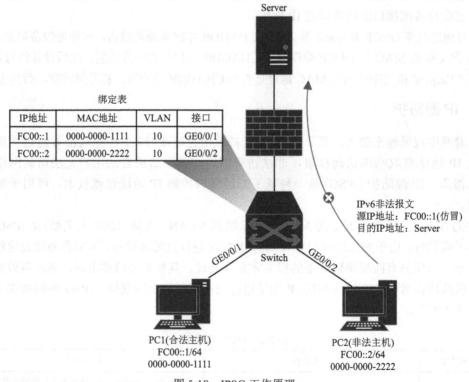

图 5-18　IPSG 工作原理

IPSG 仅支持在二层物理接口或者 VLAN 上应用,且只对使能了 IPSG 功能的非信任接口进行检查。所有缺省的接口均为 IPSG 非信任接口,信任接口由用户指定。IPSG 的信任接口/非信任接口也就是 DHCP Snooping 或 ND Snooping 中的信任接口/非信任接口。例如,在图 5-19 中:

(1)从 GE0/0/2 和 GE0/0/3 收到的报文会被执行 IPSG 检查;

(2) GE0/0/1 未使能 IPSG，从该接口收到的报文不会被执行 IPSG 检查，可能存在攻击；

(3) GE0/0/4 为信任接口，从该接口收到的报文不会被执行 IPSG 检查。

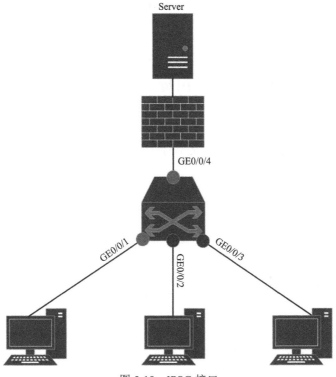

图 5-19　IPSG 接口

IPSG 绑定项内容包含 MAC 地址、IP 地址、VLAN ID、入接口。静态绑定表项中指定的信息均用于 IPSG 过滤接口收到的报文。动态绑定表项中的哪些信息用于过滤接口收到的报文由用户设置的检查项决定，缺省时四项都进行匹配检查。常见的几种检查项如下。

(1) 基于源 IP 地址过滤：根据源 IP 地址对报文进行过滤，只有源 IP 地址和绑定表匹配时，才允许报文通过。

(2) 基于源 MAC 地址过滤：根据源 MAC 地址对报文进行过滤，只有源 MAC 地址和绑定表匹配时，才允许报文通过。

(3) 基于源 IP 地址+源 MAC 地址过滤：根据源 IP 地址和源 MAC 地址对报文进行过滤，只有源 IP 地址和源 MAC 地址都和绑定表匹配时，才允许报文通过。

(4) 基于源 IP 地址+源 MAC 地址+接口过滤：根据源 IP 地址、源 MAC 地址和接口对报文进行过滤，只有源 IP、源 MAC 地址和接口都和绑定表匹配时，才允许报文通过。

(5) 基于源 IP 地址+源 MAC 地址+接口+VLAN 过滤：根据源 IP 地址、源 MAC 地址、接口和 VLAN 对报文进行过滤，只有源 IP 地址、源 MAC 地址、接口和 VLAN 都和绑定表匹配时，才允许报文通过。

在园区网络接入用户的交换机上部署 IPSG，可以实现如下场景应用。

(1) 通过 IPSG 防止主机私自更改 IP 地址：园区规模稍大时，园区内主机会通过 DHCP 方式获取 IP 地址，而部分设备如打印机等则使用静态的 IP 地址。通过部署 IPSG，可以确保主机只能使用 DHCP Server 分配的 IP 地址或者管理员配置的静态地址。如果主机随意更改 IP 地址，将无法访问网络，从而防止主机非法取得上网权限。同时，为打印机配置的静态 IP 地址只供打印机使用，防止主机通过仿冒打印机的 IP 地址访问网络。

（2）通过 IPSG 限制非法主机接入（针对 IP 地址是静态分配的环境）：对于 IP 地址是静态分配的环境，IPSG 可以确保固定的主机只能从固定的接口接入，不能随意更换接入位置，达到基于接口限速的目的。这有助于防止外来人员自带计算机随意接入内网，从而防止内网资源泄露。而对于 IP 地址是 DHCP 动态分配的环境，一般通过 NAC 认证（如 Portal 认证或 802.1X 认证等）功能限制非法主机接入。

5.3　交换网络安全

IPv6 交换网络安全是保障 IPv6 网络环境下数据通信安全的关键。在 IPv6 交换网络中，端口安全技术和端口隔离技术起到了至关重要的作用，通过综合运用端口安全技术和端口隔离技术等多种安全策略，可以构建一个更加安全、稳定的 IPv6 交换网络环境。本节将对端口安全技术和端口隔离技术进行详细介绍。

5.3.1　端口安全技术

早期针对物理端口接入的安全技术没有验证或认证功能，导致用户可以私自接入交换机并访问内网中的所有资源，这种情况使得网络环境极易受到未经授权的访问和潜在攻击，并且在 MAC 地址泛洪攻击中攻击者通过发送大量伪造的 MAC 地址数据包，使交换机的 MAC 地址表迅速填满，导致交换机无法正确处理正常的网络流量。为了应对这种攻击，需要一种技术能够限制 MAC 地址的学习和转发，防止 MAC 地址表被恶意填满。端口安全技术应运而生，通过配置交换机的端口安全功能，可以根据 MAC 地址表来确定允许访问网络的设备，保护网络资源不被未经授权的设备访问，提高网络的安全性和稳定性。

1. 端口安全技术概述

端口安全通过将接口学习到的动态 MAC 地址转换为安全 MAC 地址，阻止非法用户通过本接口和交换机通信，从而增强设备的安全性。在交换机的特定端口上部署端口安全，可以限制接口的 MAC 地址学习数量，并且配置出现越限时的惩罚措施。

安全 MAC 地址有安全动态 MAC 地址、安全静态 MAC 地址和 Sticky MAC 地址，其定义和特点如表 5-3 所示。

表 5-3　安全 MAC 地址

类型	定义	特点
安全动态 MAC 地址	使能端口安全而未使能 Sticky MAC 功能时转换的 MAC 地址	设备重启后表项会丢失，需要重新学习；缺省情况下不会被老化，只有在配置安全 MAC 的老化时间后才可以被老化
安全静态 MAC 地址	使能端口安全时手工配置的静态 MAC 地址	不会被老化，手动保存配置后重启设备不会丢失
Sticky MAC 地址	使能端口安全且使能 Sticky MAC 功能后转换到的 MAC 地址	不会被老化，手动保存配置后重启设备不会丢失

当端口安全功能或者 Sticky MAC 功能使能/去使能时，接口上的 MAC 地址变化如下。

（1）端口安全功能：使能之后，接口上之前学习到的动态 MAC 地址将被删除，之后学习到的 MAC 地址将变为安全动态 MAC 地址；去使能之后，接口上的安全动态 MAC 地址将被删除，重新学习动态 MAC 地址。

（2）Sticky MAC 功能：使能之后，接口上的安全动态 MAC 地址将转化为 Sticky MAC 地址，之后学习到的 MAC 地址也变为 Sticky MAC 地址；去使能之后，接口上的 Sticky MAC 地址会转换为安全动态 MAC 地址。

默认情况下，接口关闭后不会自动恢复，只能由网络管理人员在接口视图下使用 restart 命令重启接口进行恢复。如果用户希望被关闭的接口可以自动恢复，则可在接口关闭前通过在系统视图下执行 error-down auto-recovery cause port-security interval interval-value 命令使能接口状态自动恢复为 Up 的功能，并设置接口自动恢复为 Up 的延时时间，使被关闭的接口经过延时时间后能够自动恢复。

安全 MAC 地址通常与安全保护动作结合使用，超过安全 MAC 地址限制数后的动作有 Restrict、Protect 和 Shutdown。

（1）Restrict：丢弃源 MAC 地址不存在的报文并上报告警（推荐使用）。

（2）Protect：只丢弃源 MAC 地址不存在的报文，不上报告警。

（3）Shutdown：接口状态被置为关闭，并上报告警。

安全动态 MAC 地址的老化类型分为绝对时间老化和相对时间老化。若设置绝对老化时间为 5min：系统每隔 1min 计算一次每个 MAC 的存在时间，若大于或等于 5min，则立即将该安全动态 MAC 地址老化，否则，等待下 1min 再检测计算。若设置相对老化时间为 5min：系统每隔 1min 检测一次是否有该 MAC 的流量，若没有流量，则经过 5min 后将该安全动态 MAC 地址老化。

2. 端口安全技术应用

端口安全技术在网络安全领域具有广泛的应用。它主要用于保护网络中的接入层设备和汇聚层设备，确保只有授权的设备能够通过特定端口进行通信。在对接入用户的安全性要求较高的网络中，可以配置端口安全功能及端口安全动态 MAC 地址学习的限制数量，从而有效控制接入网络的设备数量。如图 5-20 所示，此时汇聚层设备交换机的接口学习到的 MAC

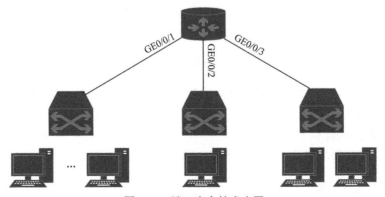

图 5-20　端口安全技术应用

地址会被转换为安全 MAC 地址，接口学习的 MAC 地址数量达到上限后不再学习新的 MAC 地址，仅允许这些 MAC 地址和交换机通信。而且接口上安全 MAC 地址数量达到限制后，如果收到源 MAC 地址不存在的报文，无论目的 MAC 地址是否存在，交换机都认为有非法用户攻击，会根据配置的动作对接口做保护处理。这样可以阻止其他非信任用户通过本接口和交换机通信，提高交换机与网络的安全性。

配置端口安全功能后，如果接入用户发生变动，可以通过设备重启或者配置安全 MAC 地址老化时间刷新 MAC 地址表项。对于相对比较稳定的接入用户，如果不希望后续发生变化，可以进一步使能接口 Sticky MAC 功能，这样在保存配置之后，MAC 地址表项不会刷新或者丢失。

5.3.2　端口隔离技术

如图 5-21 所示，缺省(即默认配置：默认交换机的所有端口都在同一个 VLAN 中)时，相同 VLAN 内的节点之间可直接进行二层通信，为了实现二层隔离，可将不同的用户加入不同的 VLAN。但若企业规模很大，则需耗费大量的 VLAN，且增加了配置维护工作量。

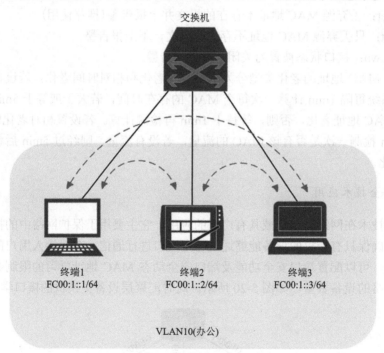

图 5-21　缺省 VLAN 通信

在 IPv6 网络中，终端 PC 的网卡 Up 后往往会自动配置 IPv6 本地链路地址，并可直接与相同 VLAN 内的其他节点通信，这增加了安全隐患：两个连接到同一链路的 IPv6 节点不需要做任何配置即可通信。

为了解决上述问题，相关人员提出了端口隔离技术。

1. 端口隔离技术概述

采用端口隔离技术，可以实现同一 VLAN 内端口之间的隔离。如图 5-22 所示，只需要将端口加入到隔离组中，就可以实现隔离组内端口之间二层数据的隔离。

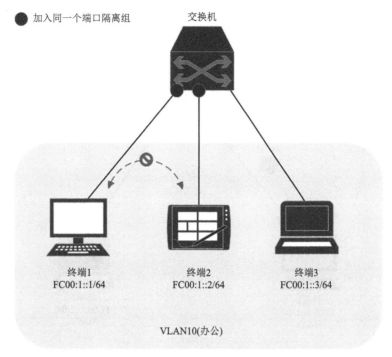

图 5-22　端口隔离技术实现原理

　　端口隔离技术提供了更安全、更灵活的组网方案。但端口隔离只针对同一设备上的端口隔离组成员，对于不同设备上的接口而言，无法实现该功能，并且同一端口隔离组的接口之间互相隔离，不同端口隔离组的接口之间不隔离。

　　端口隔离有双向隔离和单向隔离两种类型：双向隔离的同一个端口隔离组内的接口相互之间无法通信；对于单向隔离，若在接口 A 上配置它与接口 B 隔离，则从接口 A 发送的报文不能到达接口 B，但从接口 B 发送的报文可以到达接口 A。

　　端口隔离的隔离模式有 L2 和 ALL 两种：L2 隔离模式的隔离组内接口之间二层隔离，但是可通过三层路由实现互通，缺省情况下，端口隔离模式为二层隔离三层互通；ALL 隔离模式的隔离组内端口之间二层、三层都不能互通。

2. 端口隔离场景下的三层通信

　　如图 5-23 所示，Switch 将连接终端 1 与终端 2 的接口加入同一端口隔离组，并将隔离组配置为 L2 模式。此时终端 1 与终端 2 无法直接二层互通，但是可以三层互通。

　　(1)终端 1 发送 NS 请求终端 2 的 MAC 地址，该报文不会被转发给终端 2。

　　(2)Switch 在 VLANIF10 接口上配置了 ND Proxy，它将代理终端 2 对该 NS 进行回应，以自己的 MAC 地址 MAC3 进行回应。

　　(3)终端 1 将发往终端 2 的业务报文进行封装，目的 MAC 为 MAC3，报文被发往了 Switch。

　　(4)Switch 将报文进行路由，转发给了终端 2。

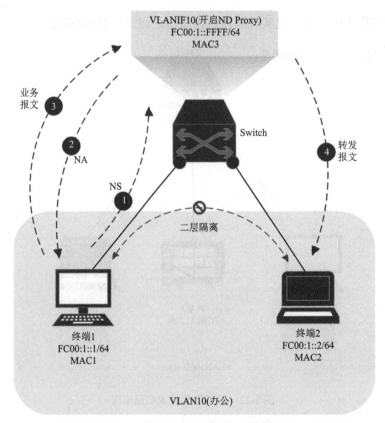

图 5-23　端口隔离场景下的三层通信

5.4　路由协议安全

5.4.1　IPv6 IGP 协议安全

　　IPv6 是互联网协议的下一代标准，其广泛应用已经成为现实。在 IPv6 网络中，内部网关协议(IGP)负责在自治系统内部进行路由选择和转发，确保数据包能够准确无误地从源主机传输到目的主机。然而，随着 IPv6 的广泛部署，IGP 的安全性也变得至关重要。

　　针对 IPv6 IGP 协议安全，主要介绍 OSPFv3，如图 5-24 所示。OSPFv3 是 IPv6 环境下的一种内部网关协议，用于在自治系统内部进行路由选择和转发，为 IPv6 网络提供了强大的动态路由功能。

　　下面是 OSPFv3 的一些重要特点和功能。

　　(1)支持 IPv6：OSPFv3 是专门为 IPv6 设计的，支持 IPv6 地址的格式和路由表的处理。它能够在 IPv6 网络中有效地传递路由信息，实现网络中各个节点之间的通信和数据转发。

　　(2)路由选择：OSPFv3 使用 Dijkstra 算法来计算最短路径，根据链路状态数据库中的信息确定最佳的路由路径。它考虑到链路的带宽、延迟、可靠性等因素，选择最优的路径进行数据包的转发。

　　(3)分层设计：OSPFv3 采用了分层的设计结构，将网络划分为多个区域，每个区域由

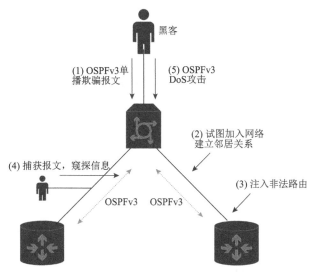

图 5-24　OSPFv3 工作流程图

一个区域边界路由器作为连接到其他区域的交换点。这种分层设计有助于降低网络的复杂性和带宽消耗。

（4）多播传输：OSPFv3 使用多播方式传输控制信息和路由更新消息，减少了网络中的流量和资源占用。它使用 IPv6 的多播地址 FF02::5 来传输 OSPFv3 的 Hello 消息和链路状态更新消息。

（5）安全性：OSPFv3 支持认证机制，可以对 OSPFv3 消息进行身份验证，防止未经授权的设备插入或篡改路由信息，从而增强 OSPFv3 协议的安全性和可靠性。

（6）灵活的地址分配：OSPFv3 支持各种类型的 IPv6 地址分配方式，包括单播地址、本地链路地址、本地站点地址等。这使得 OSPFv3 适用于各种不同的 IPv6 网络环境和部署场景。

OSPFv3 的工作步骤如下。

（1）GTSM：如果攻击者模拟真实的 OSPFv3 单播报文对设备进行攻击，GTSM 可通过检测报文 TTL 值是否在一个预先定义好的范围内来进行保护。

（2）报文认证：开启 OSPFv3 报文认证功能，可对设备间交互的 OSPFv3 协议报文进行检查，仅当设备配置正确的口令时才能够正常建立邻居关系。

（3）路由策略：通过路由策略，对发送、接收的路由信息进行过滤。

（4）IPSec：对协议报文进行加密，并实现真实性、合法性、完整性校验。

（5）CPU 防攻击：配置上送 CPU 报文的限速规则，抵御 DoS 攻击。

5.4.2　BGP4+协议安全

BGP4+是一种用于互联网自治系统之间的外部网关协议（EGP）。它是对 BGPv4 协议的扩展和升级，用于实现自治系统之间的路由选择和转发。

以下是 BGP4+协议的一些重要特点和功能。

（1）路由选择：BGP4+使用路径矢量算法进行路由选择，根据自治系统之间的策略和属性选择最佳的路由路径。它考虑到 AS 的路径长度、自治系统之间的关系、BGP 属性等因素，选择最优的路径进行数据包的转发。

(2) IPv4 和 IPv6 支持：BGP4+同时支持 IPv4 和 IPv6 网络环境，可以传递和处理 IPv4 和 IPv6 的路由信息。这使得 BGP4+成为 IPv4 和 IPv6 混合环境下的关键协议，实现不同网络之间的互联互通。

(3) 安全性增强：BGP4+在安全方面进行了增强，引入了路由验证(route validation)和路径验证(path validation)机制。路由验证可以验证接收到的路由信息的真实性和合法性，防止非法的路由注入和篡改。路径验证可以验证路由路径中的自治系统的真实性，防止路径欺骗和劫持攻击。

(4) 多路径支持：BGP4+支持多路径路由(multipath routing)，允许同时在多个等价的路径之间进行负载均衡和冗余备份。这提高了网络的可用性和性能，并更好地利用了网络资源。

(5) 灵活的策略控制：BGP4+提供了丰富的策略控制功能，允许网络管理员根据自身的需求和策略进行路由控制和过滤。这包括基于 AS 路径、前缀、BGP 属性等的路由过滤、路由重新宣告、路由聚合等功能。

(6) 可扩展性：BGP4+具有良好的可扩展性，能够应对互联网规模的不断增长。它采用分层的设计结构，将互联网划分为多个自治系统，并采用路由反射器(route reflector)和对等互联点(peer link piont)等技术，减小了 BGP 的复杂性和路由表的规模。

BGP4+协议工作步骤如下。

(1) BGP 认证：包括 MD5 认证及 Keychain 认证，BGP 对等体需配置正确的口令(针对 MD5)，或使用具有相同加密算法和密码的 Keychain，才能正常建立 TCP 连接，交互 BGP 消息。

(2) BGP GTSM：为了防止攻击者模拟真实的 BGP 协议报文对设备进行攻击，可以配置 GTSM 功能检测 IP 报文头中的 TTL 值。

(3) BGP over DTLS：采用 DTLS 保护 BGP 协议报文，保证数据完整性和私密性。

(4) RPKI ：通过验证 BGP 路由起源是否正确来保证 BGP 的安全性。

(5) BGP Flow Specification：防止 DoS/DDoS 攻击的方法。

5.5　网络边界安全

5.5.1　网络准入控制

NAC(network admission control)称为网络准入控制，是一种网络安全技术，用于对连接到企业网络的设备和用户进行身份验证、合规性检查和授权，以确保只有合法和安全的设备和用户可以访问网络资源。该技术通过对接入网络的客户端和用户的认证保证网络的安全，是一种"端到端"的安全解决方案。

以下是网络准入控制的一些重要特点和功能。

(1) 身份验证：NAC 通过对设备和用户进行身份验证，确保只有具备合法凭据和相应权限的设备和用户才能访问网络。身份验证可以基于用户名和密码、数字证书、双因素认证等方式进行。

(2) 终端健康检查：NAC 可以对连接到网络的终端设备进行健康检查，确保其满足预设的安全标准和合规性要求。例如，检查操作系统的补丁是否更新、防病毒软件是否安装、防火墙是否开启等。

（3）授权和策略管理：一旦通过了身份验证和终端健康检查，NAC 就可以根据预先定义的策略和权限授权设备和用户访问网络资源。这可以包括分配 IP 地址、VLAN 划分、访问控制列表（ACL）的应用等。

（4）安全性策略强制执行：NAC 可以强制执行网络安全策略，防止不合规的设备和用户访问网络。通过限制对敏感数据和资源的访问，阻止未经授权的应用程序和服务的使用，提高网络的安全性和合规性。

（5）实时监测和报告：NAC 可以实时监测网络中的设备和用户，并生成详细的报告和日志，用于网络管理员对网络活动的监测和审计。这有助于及早发现潜在的安全威胁和违规行为。

（6）自动化和集成：NAC 可以与其他网络安全设备和系统集成，实现自动化的安全协同。通过与防火墙、入侵检测系统（IDS）、身份识别和访问管理（identity and access management，IAM）系统等进行集成，实现全面的网络安全防护。

NAC 系统架构主要包括三部分如图 5-25 所示。

（1）用户终端：各种终端设备，如 PC、手机、打印机、摄像头等。

（2）网络准入设备：作为终端访问网络的认证控制点，准入设备负责对接入用户进行认证，并根据企业安全策略实施相应的准入控制（如允许或拒绝接入网络）。准入设备可以是交换机、路由器、无线接入控制器、无线接入点或者其他网络设备。

（3）准入服务器（AAA）：负责实现对用户的认证、授权和记账。

图 5-25　NAC 系统架构图

5.5.2　802.1X 认证

802.1X 认证是一种基于端口的网络接入控制协议，用于对接入企业网络的用户和设备进行身份验证和授权。它提供了一种安全的方法，确保只有经过验证和授权的用户和设备能够访问受保护的网络资源。802.1X 协议为二层协议，不需要到达三层，对接入设备的整体性能要求不高，可以有效降低建网成本。

以下是 802.1X 认证的一些关键特点和工作原理。

（1）身份验证：802.1X 认证通过身份验证机制，要求用户和设备提供有效的凭据（如用户名和密码、数字证书等），以验证其身份。这可以防止未经授权的用户和设备访问网络。

（2）三方交互：802.1X 认证涉及三个主要角色：认证服务器、客户端和接入设备。认证服务器存储和验证用户凭据，客户端是用户终端设备，而接入设备位于网络交换机或无线接入点上，协调认证过程。

（3）EAP：802.1X 采用了可扩展认证协议（extensible authentication protocol，EAP）作为认证框架。EAP 提供了一种灵活的方式，允许在认证过程中使用不同的身份验证方法（如 EAP-TLS、EAP-PEAP、EAP-TTLS 等），以适应不同的安全需求。

（4）动态端口控制：使用 802.1X 认证，网络中的交换机或无线接入点可以将端口配置为动态端口。当设备连接到动态端口时，它必须先通过认证过程，验证身份后才能获得网络访问权限；否则，端口将保持关闭状态。

（5）灵活的访问控制：802.1X 认证可以与访问控制列表（ACL）和其他安全策略相结合，实现灵活的访问控制。一旦设备通过身份验证，认证控制器就可以根据用户身份、设备类型或其他条件授予相应的网络访问权限。

（6）安全性：802.1X 认证提供了强大的安全性，可以保护网络免受未经授权的访问和攻击。它可以防止 ARP 欺骗、MAC 地址欺骗等类型的攻击，并提供了加密和认证机制，确保用户凭据在传输过程中的安全性。

802.1X 认证组网方式分为三步。

（1）用户终端设备，用户可通过启动客户端软件发起 802.1X 认证。

（2）接入设备通常为支持 802.1X 协议的网络设备，它为客户端提供接入局域网的端口，该端口可以是物理端口，也可以是逻辑端口。

（3）认证服务器用于实现对用户进行认证、授权和记账，通常为 RADIUS 服务器。

802.1X 认证主要适用于对安全要求较高的办公用户认证场景。

5.5.3　Portal 认证

Portal 认证也称为 Web 认证，是一种通过 Web 页面进行用户身份验证和访问控制的方法。它通常用于公共无线网络、酒店、咖啡馆等场所，要求用户在访问互联网之前通过一个认证门户页面进行身份验证。

以下是 Portal 认证的一些关键特点和工作原理。

（1）认证门户页面：Portal 认证通过一个认证门户页面来实现用户身份验证。当用户尝试访问互联网时，他们会被重定向到一个特定的 Web 页面，要求他们提供身份凭据或进行其他形式的验证。

（2）用户身份验证：在认证门户页面上，用户可能需要提供用户名和密码、手机号码、邮箱地址等凭据来验证其身份。这些凭据可以被认证服务器验证，以确定用户是否具有访问互联网的权限。

（3）访问控制：用户通过认证门户页面进行身份验证后，将获得访问互联网的权限。认证服务器可能会分配一个临时的访问令牌或会话 ID，用于标识用户的会话，以便在用户访问互联网时进行识别和授权。

（4）会话管理：Portal 认证通常涉及会话管理，以跟踪用户的活动和控制访问权限。认证服务器可能会在用户身份验证后为其创建一个会话，该会话将在用户访问互联网期间保持活动状态，并在一定时间后自动过期。

（5）自动重定向：Portal 认证通常会自动重定向用户到认证门户页面，以确保用户在访问互联网之前进行身份验证。这种自动重定向可以通过 DNS 重定向、HTTP 重定向或者捕获所有流量并将其引导到认证门户页面来实现。

（6）个性化用户体验：Portal 认证可以为用户提供个性化的认证门户页面，显示有关服务条款、隐私政策、计费信息等的通知。这有助于提供更好的用户体验，并确保用户明确了解与访问互联网相关的条件和限制。

Portal 认证组网有两种方式。

（1）主动认证：用户通过浏览器主动访问 Portal 认证网站。

（2）重定向认证：当用户输入的访问地址不是 Portal 认证网站地址时，会被准入设备强制重定向到 Portal 认证网站。

Portal 认证不需要安装专门的客户端软件，因此主要用于无客户端软件要求的接入场景或访客接入场景。通过认证门户页面、用户身份验证、访问控制、会话管理、自动重定向和个性化用户体验，Portal 认证可以确保只有经过身份验证的用户能够访问互联网，并提供更好的用户控制和管理功能。

5.5.4　MAC 认证

MAC 地址认证（简称 MAC 认证）是一种基于端口和 MAC 地址对用户的网络访问权限进行控制的认证方法，以用户的 MAC 地址作为身份凭据到认证服务器进行认证。缺省时，交换机收到 DHCP/ARP/DHCPv6/ND 报文后均能触发对用户进行 MAC 认证。

MAC 地址认证也是一种网络安全机制，用于验证设备在局域网中的身份和访问权限。MAC 地址是用于标识网络设备的唯一硬件地址，通常由网卡制造商在出厂时分配。

在 MAC 地址认证中，网络管理员可以配置网络交换机或接入控制设备，要求连接到网络的设备必须提供正确的 MAC 地址才能获得网络访问权限。这种认证机制基于对设备的物理地址进行识别和授权，而不涉及其他身份验证方法（如用户名和密码）。

当设备连接到网络时，它会发送一个包含其 MAC 地址的认证请求。网络交换机或接入控制设备会将该 MAC 地址与预先配置的允许列表进行比较。如果设备的 MAC 地址在允许列表中，则认证通过，设备被授予网络访问权限；否则，设备将被拒绝访问或被重定向到一个特定的认证页面，要求用户提供进一步的身份验证信息。

MAC 地址认证可以用于保护局域网免受未经授权的设备访问、限制网络资源的使用，以及提供对特定设备的更精细的访问控制功能。然而，需要注意的是，MAC 地址可以被伪造或更改，因此 MAC 地址认证并不是一种绝对安全的身份验证方法，它主要用于进行一定程度的访问控制和网络管理。

使用 MAC 地址认证时，用户无须在终端上安装任何认证客户端软件，适用于 IP 电话、打印机等哑终端接入的场景。

5.5.5　ACL6 与 IPv6 报文过滤

1. 使用基本 ACL6 进行 IPv6 报文过滤

IPv6 网络中，ACL6 是一种常见的过滤机制，用于控制 IPv6 报文的流向和访问权限。通过 ACL6，网络管理员可以实现对特定源地址、目的地址、协议类型等条件的过滤，从而提高网络安全性和管理效率。

在使用基本 ACL6 进行 IPv6 报文过滤时，需要考虑以下几个关键步骤，如图 5-26 所示。

确定过滤规则：首先需要明确过滤规则，包括允许或拒绝哪些源地址、目的地址、协议类型以及端口号等信息。这些规则应该与网络安全策略和需求相符合。

创建 ACL6 规则：根据确定的过滤规则，使用命令行或图形界面工具创建 ACL6 规则。ACL6 规则通常包括序列号、动作（允许或拒绝）、源地址、目的地址、协议类型等字段。

应用 ACL6 规则：将创建的 ACL6 规则应用到适当的接口或设备上，以实现对 IPv6 报文的过滤。在应用过程中，需要注意规则的顺序和优先级，确保规则能够按照预期进行匹配和执行。

测试和验证：完成上一步后，应进行测试和验证，确保过滤功能正常工作并符合预期效果。可以通过发送测试报文或模拟攻击等方式进行验证。

定期审查和更新：随着网络环境和需求的变化，ACL6 规则也需要定期审查和更新。及时调整规则可以更好地适应网络变化和应对安全挑战。

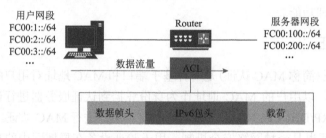

图 5-26　使用基本 ACL6 进行 IPv6 报文过滤

总之，使用基本 ACL6 进行 IPv6 报文过滤是提升网络安全性和管理效率的重要手段之一，网络管理员应当熟悉 ACL6 的配置和管理方法，确保网络运行在一个安全可靠的环境中。

在本例中，可配置在 Router 上只允许 FC00:1::/64 访问服务器，禁止其他用户网段访问服务器。

2. 使用高级 ACL6 进行 IPv6 报文过滤

使用高级 ACL6 进行 IPv6 报文过滤能够实现更精细、灵活和安全的流量控制，网络管理员应熟悉高级 ACL6 的配置方法和技术要点，合理应用 ACL6 规则，确保网络运行在一个安全可靠的环境中。

可使用 IPv6 报文的源 IPv6 地址、目的 IPv6 地址、IPv6 协议类型、ICMPv6 类型、TCP 源/目的端口、UDP 源/目的端口号等来定义规则。

5.5.6　防火墙背景

1. 需要防火墙的原因

当谈到网络安全时，防火墙是一种不可或缺的工具。它在保护网络安全、控制网络访问、保护数据隐私、提高网络性能等方面发挥着关键作用。

首先，防火墙保护网络免受各种恶意攻击和未经授权的访问。通过监控和过滤网络流量，防火墙可以有效阻止恶意软件、病毒、木马等网络威胁进入网络，提高整体安全性。

其次，防火墙能够根据设定的规则和策略，控制网络上各台设备之间的通信和访问权限。

管理员可以通过设置访问控制列表(ACL)等功能，限制特定 IP 地址、端口号或协议类型的访问，实现对网络流量的精细化控制。

此外，防火墙还帮助保护敏感数据的隐私和机密性。通过加密、身份验证等技术，防火墙可以防止未经授权的用户或攻击者获取敏感信息，确保数据安全性。

除了保护安全和隐私，防火墙还有助于提高网络性能。合理配置防火墙可以优化网络流量管理，减少网络拥塞和带宽浪费，提升网络的稳定性和效率。

最后，防火墙的使用有助于满足合规要求。许多行业和政府部门对网络安全提出了严格的合规要求，使用防火墙可以帮助组织和个人遵守这些要求，避免因网络安全问题而面临法律责任和财务损失。

防火墙工作主要分为五个步骤。

(1)划分网络安全区域，实现内部网络或关键系统与外部网络的安全隔离，隐藏内部网络结构，保护内部网络及关键系统免受攻击。

(2)通过安全策略对流量进行控制。

(3)身份认证。

(4)内容安全(反病毒、入侵检测、统一资源定位符(URL)过滤、文件过滤、应用行为控制、邮件过滤及高级持续性威胁防御等)。

(5)由于防火墙用于安全边界，因此往往兼备 NAT、VPN 等功能。

2. 包过滤防火墙

包过滤防火墙(图 5-27)是一种基本的防火墙技术，它工作在网络设备(如路由器、交换机)的边界，通过对数据包进行检查和过滤来保护网络安全。这种防火墙通过以下几个步骤来实现网络安全防护。

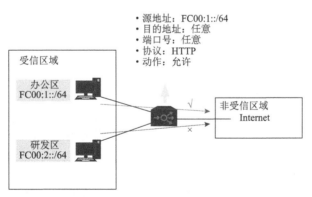

图 5-27　包过滤防火墙工作原理

首先，它会检查经过网络的每个数据包，提取其中的源地址、目的地址、端口号、协议类型等关键信息。

然后，防火墙将提取的信息与预先设定的规则进行匹配。这些规则可以包括允许列表、拒绝列表、端口过滤、协议过滤等。

根据规则匹配的结果，防火墙会执行相应的动作，如允许数据包传输、拒绝数据包传输、记录日志等。

包过滤防火墙的优点在于它简单有效，能够快速地对数据包进行过滤，适用于大多数网络环境。同时，它还能实时监测和控制网络流量，及时应对网络安全威胁。而且它对系统资源的消耗相对较少，对网络性能的影响也较小。

然而，包过滤防火墙也有一些局限性，如无法检测应用层协议内容、对复杂网络环境的支持有限等。因此，在实际应用中，可能需要结合其他类型的防火墙技术(如代理防火墙、应用层防火墙等)来实现更全面的网络安全防护。

包过滤是指基于五元组(源地址、目的地址、源端口、目标端口、协议类型)对每个数据包进行检测，根据配置的安全策略转发或丢弃数据包。

包过滤防火墙的基本原理是：通过配置访问控制列表(ACL)实施数据包的过滤。

(1)本例中通过配置防火墙安全策略，仅允许办公区 IP 访问 Internet。

允许 PC1 访问 Server 的 Web 服务，对于包过滤防火墙，需单独使用两条规则允许去向及回程流量，如图 5-28 所示。

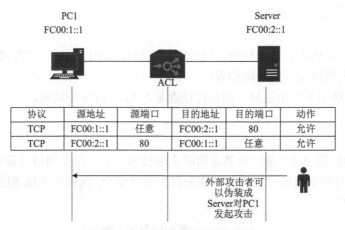

图 5-28　包过滤防火墙工作流程

(2)包过滤防火墙的问题：

①逐包检测，性能较低；

②ACL 规则难以适应动态需求；

③通常不检查应用层数据；

④无报文关联分析，容易被欺骗。

3. 状态检测防火墙

状态检测防火墙是一种高级防火墙技术，它与传统的包过滤防火墙相比具有更好的安全性和适应性。状态检测防火墙不仅可以检查数据包的头部信息，还可以跟踪和分析数据包的状态和连接信息。这种技术可以更好地防范复杂的网络攻击和安全威胁。

状态检测防火墙的工作流程如图 5-29 所示，包括以下几个方面。

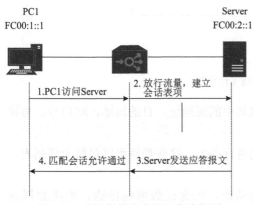

图 5-29　状态检测防火墙工作流程图

首先，它会跟踪网络连接的建立、维护和关闭过程，记录连接的状态信息，如 TCP 连接的三次握手、数据传输过程、四次挥手等。

其次，防火墙会分析连接的状态信息，对传输的数据包进行状态检测。通过比较数据包的状态和预设的安全策略，确定是否允许数据包通过防火墙。

此外，状态检测防火墙还可以动态更新连接状态和安全策略，根据实时的网络流量和安全威胁情况，调整防火墙的过滤规则，提高网络安全性和适应性。

除了基于传输层的状态检测，状态检测防火墙还可以进行应用层检测，对应用层协议的数据进行深度分析和检查，防止应用层安全漏洞的利用和攻击。

总的来说，状态检测防火墙具有更全面的安全检测能力、动态的适应性以及对应用层安全的保护，是下一代互联网技术中重要的安全组件之一。在网络安全设计中，应综合考虑网络环境、安全需求和性能要求，选择合适的防火墙技术来保护网络安全。

对于状态检测防火墙，仅需部署去向规则，匹配该规则的合法流量将被放行，同时防火墙创建会话表项，匹配该表项的回程报文被放行，其他流量被丢弃。

4. 防火墙的安全区域

安全区域(security zone)是指网络中划分出来的一个或多个具有明确安全边界的区域，用于隔离和保护网络中的敏感资源和数据。在防火墙的基本概念中，安全区域扮演着至关重要的角色。

首先，安全区域通过定义安全边界来界定其范围。这个安全边界可以是物理的，如网络设备(如防火墙、路由器)和网络线缆等；也可以是逻辑的，如虚拟专用网络(VPN)和子网划分等。通过这样的界定，安全区域可以实现对网络流量的隔离，确保敏感数据和资源不受未经授权的访问或攻击。

其次，安全区域内部部署了防火墙等安全设备，加强对关键资源(如数据库、应用服务器)的保护，防止未经授权的访问和恶意攻击。这些安全设备可以执行严格的安全策略，如访问控制、流量过滤、身份验证等，从而确保网络安全性和数据保密性。

通过合理划分安全区域并实施相应的安全措施，可以有效提高整个网络的安全性，降低安全风险。因此，在网络安全设计中，安全区域是防火墙实施安全策略的重要基础，也是保护网络免受攻击和保护关键资源的关键手段之一。

5. 防火墙的默认安全策略

默认安全策略是防火墙在未配置特定规则的情况下默认采取的安全策略。

首先，防火墙默认情况下会采取拒绝所有流量的策略，这意味着除非明确配置了允许特定类型流量通过的规则，否则防火墙将拒绝所有的数据包传输。其次，防火墙还会采取隐式拒绝策略，即如果收到一个未匹配到任何规则的数据包，防火墙会隐式地拒绝这个数据包，以确保不会因为未知的流量而引发安全风险。

另外，部分防火墙在拒绝数据包时会进行日志记录，记录拒绝原因和相关信息。这有助于管理员跟踪和分析网络流量，及时发现潜在的安全问题。此外，防火墙可能会根据通信的状态进行管理，对已建立的通信状态进行跟踪，并允许符合安全策略的数据包通过。对于一些常见的应用层协议(如 HTTP、FTP 等)，防火墙可能会具备应用层检测功能，对这些协议的数据进行检测和过滤。

总的来说，防火墙的默认安全策略旨在保护网络免受未经授权的访问和恶意攻击，确保网络的安全性和稳定性。管理员在配置防火墙时需要根据实际需求和网络环境调整和定制安全策略，以达到最佳的安全防护效果。

区域划分及不同区域对应的默认安全优先级如表 5-4 所示。

表 5-4　区域划分及默认安全优先级

区域名称	默认安全优先级
非受信区域	低安全级别区域，优先级为 5
非军事化区域	中等安全级别区域，优先级为 50
受信区域	较高安全级别区域，优先级为 85
本地区域	定义的是设备本身，如设备的接口；是最高安全级别区域，优先级为 100

6. 防火墙的安全策略

安全策略是控制防火墙对流量进行转发以及对流量进行内容安全一体化检测的策略。当防火墙收到流量后，首先对流量的属性（五元组、用户、时间段等）进行识别，然后与安全策略的条件进行匹配。如果条件匹配，则此流量被执行对应的动作。

(1) 安全策略组成如图 5-30 所示。

①安全策略的组成有条件、动作和安全配置文件（可选）。安全配置文件实现内容安全。

②安全策略动作如果为"允许"，则可配置安全配置文件，如果为"禁止"，则可配置反馈报文。

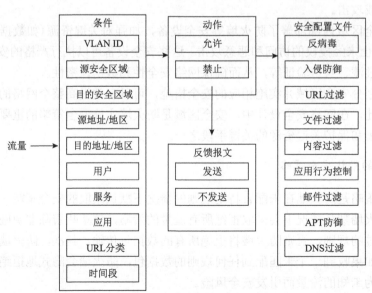

图 5-30　安全策略组成

(2) 安全策略的匹配过程如图 5-31 所示。

①当配置多条安全策略规则时，安全策略的匹配按照策略列表的顺序执行，即从策略列

表顶端开始逐条向下匹配。如果流量匹配了某个安全策略，将不再进行下一个策略的匹配。

②安全策略的配置顺序很重要，需要先配置条件精确的策略，再配置宽泛的策略。

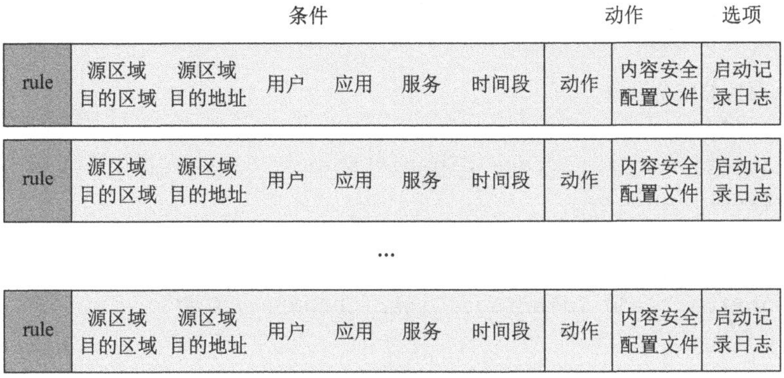

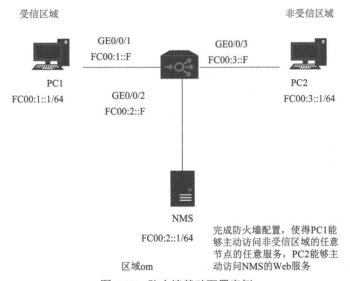

图 5-31　安全策略匹配过程

5.5.7　防火墙基础配置案例

防火墙基础配置案例如图 5-32 所示，代码如下。

图 5-32　防火墙基础配置案例

#配置接口地址：

```
[FW] ipv6
[FW] interface GigabitEthernet0/0/1
[FW-GigabitEthernet0/0/1] ipv6 enable
[FW-GigabitEthernet0/0/1] ipv6 address FC00:1::F/64

[FW-GigabitEthernet0/0/1] interface GigabitEthernet0/0/2
[FW-GigabitEthernet0/0/2] ipv6 enable
[FW-GigabitEthernet0/0/2] ipv6 address FC00:2::F/64
```

```
[FW-GigabitEthernet0/0/2] interface GigabitEthernet0/0/3
[FW-GigabitEthernet0/0/3] ipv6 enable
[FW-GigabitEthernet0/0/3] ipv6 address FC00:3::F/64
[FW-GigabitEthernet0/0/3] quit

#将接口加入对应的安全区域
[FW] firewall zone trust
[FW-zone-trust] add interface GigabitEthernet0/0/1    #添加接口
[FW-zone-trust] quit

[FW] firewall zone untrust
[FW-zone-untrust] add interface GigabitEthernet0/0/3
[FW-zone-untrust] quit

[FW] firewall zone name om                            #新建安全区域 om
[FW-zone-om] set priority 80                          #设定区域优先级
[FW-zone-om] add interface GigabitEthernet0/0/2
[FW-zone-om] quit

#配置安全策略, 使得 PC1 能够主动访问非受信区域
[FW] security-policy
[FW-policy-security] rule name 1
[FW-policy-security-rule-1] source-zone trust
[FW-policy-security-rule-1] destination-zone untrust
[FW-policy-security-rule-1] source-address FC00:1::/64
[FW-policy-security-rule-1] action permit

#配置安全策略, 使得 PC2 能够主动访问 NMS 的 Web 服务
[FW-policy-security] rule name 2
[FW-policy-security-rule-2] source-zone untrust
[FW-policy-security-rule-2] destination-zone om
[FW-policy-security-rule-2] source-address FC00:3::1/128
[FW-policy-security-rule-2] destination-address FC00:2::1/128
[FW-policy-security-rule-2] service http
[FW-policy-security-rule-2] action permit
```

5.6　业务通信安全

5.6.1　IPSec 简介

企业分支之间经常有互联的需求, 企业互联的方式很多, 可以使用广域网专线或者 Internet 线路。部分企业从成本和需求出发会选择使用 Internet 进行互联, 但是存在安全风险, IPSec 通过将数据报文进行加密传输, 达到保障企业安全互联的目的。

（1）IPSec 是 IETF 制定的一组开放的网络安全协议。它并不是一个单独的协议, 而是一系列为 IP 网络提供安全性的协议和服务的集合。

（2）IPSec 通过加密与验证等方式，从以下几个方面保障了用户业务数据在 Internet 中的安全传输。

①数据来源验证：接收方验证发送方身份是否合法。

②数据加密：发送方对数据进行加密，以密文的形式在开放网络上传送，接收方对接收的加密数据进行解密后处理或直接转发。

③数据完整性：接收方对接收的数据进行验证，以判定数据是否被篡改。

④抗重放：接收方拒绝旧的或重复的数据包，防止恶意用户通过重复发送捕获到的数据包所进行的攻击。

5.6.2　IPSec 协议框架和安全协议

1. IPSec 协议框架

IPSec 用于在 IP 层上保护数据传输的安全性和完整性。IPSec 提供了两种主要的安全服务：验证和加密。IPSec 协议框架如图 5-33 所示。

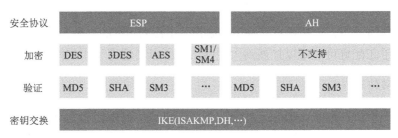

图 5-33　IPSec 协议框架

2. IPSec 安全协议

（1）IPSec 使用认证头（authentication header，AH）和封装安全载荷（encapsulate security payload，ESP）两种安全协议来传输和封装数据，提供验证和加密等安全服务，如图 5-34 所示。

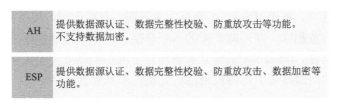

图 5-34　IPSec 安全协议图

（2）AH 和 ESP 协议提供的安全功能依赖于协议采用的验证、加密算法。

①AH 和 ESP 都能够提供数据源认证和数据完整性校验，使用的认证算法为 MD5、SHA1、SHA2-256、SHA2-384 和 SHA2-512，以及 SM3 算法。

②ESP 还能够对 IP 报文内容进行加密，使用的加密算法为对称加密算法，包括 DES（data encryption standard，数据加密标准）、3DES、AES（advanced encryption standard，高级加密标准）、SM1、SM4。

5.6.3　IPSec SA

IPSec SA(security association，安全关联)是 IPSec 中的核心概念之一。

IPSec SA 是两个通信实体(如两个 IPSec 设备或客户端和服务器)之间的一种单向协议，定义了如何保护 IP 数据包的一系列规则和参数。每个 SA 包括以下要素。

(1)安全参数：包括使用的加密和认证算法。

(2)数据流描述：定义了哪些数据流将受到 IPSec 的保护。

(3)密钥信息：用于加密和认证的密钥。

(4)生存周期：SA 的有效期和何时需要更新密钥。

SA 可以是传输模式的，也可以是隧道模式的。传输模式仅加密 IP 数据包的有效载荷，而隧道模式则加密整个 IP 数据包。

建立 IPSec SA 通常有两种方式：手工配置和 IKE(internet key exchange，互联网密钥交换)自动协商。

1. 手工配置

在手工配置方式下，管理员直接在 IPSec 设备上配置 SA 的参数，包括加密和认证算法、密钥等。因为手工配置可能难以扩展到大型网络，所以其适用于小型网络或测试环境。

2. IKE 自动协商

IKE 是一个协议，用于在 IPSec 通信双方之间自动协商密钥和安全参数。IKE 使用两个阶段来建立 SA：第一阶段，建立 IKE SA，这是一个用于密钥交换的加密通道；第二阶段，使用第一阶段建立的 IKE SA 来协商 IPSec SA 的参数。IKE 支持两种模式：主模式和野蛮模式，用于交换密钥和安全参数。

(1)IKE 协议建立在 Internet 安全关联和密钥管理协议 ISAKMP 定义的框架上，是基于 UDP 的应用层协议。

(2)IKE 为 IPSec 提供了自动协商密钥、建立 IPSec 安全关联等服务，能够简化 IPSec 的配置和维护工作，IKE 功能图如图 5-35 所示。

IPSec SA 一旦建立，每个 IPSec SA 都有生命周期，包括创建、使用和过期。当 SA 过期或不再需要时，它将被删除，并可能被新的 SA 替换。这个过程确保了密钥的定期更新，从而增强了通信的安全性。IPSec SA 的建立和管理对于维护网络安全至关重要，它们使得数据传输能够在不安全的网络环境中保持机密性、完整性和真实性。

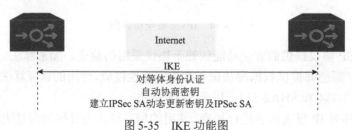

图 5-35　IKE 功能图

5.6.4　定义 IPSec 被保护流

IPSec 基于定义的感兴趣流触发对特定数据的保护,至于什么样的数据是需要 IPSec 保护的,可以通过以下两种方式定义。

1. ACL 方式

对于手工方式和 IKE 自动协商方式建立的 IPSec 隧道,由 ACL 来指定要保护的数据流范围,筛选出需要进入 IPSec 隧道的报文,ACL 规则允许(permit)的报文将被保护,未匹配任何 permit 规则的报文将不被保护。

2. 路由方式

通过 IPSec 虚拟隧道接口建立 IPSec 隧道,将所有路由到 IPSec 虚拟隧道接口的报文都进行 IPSec 保护,根据该路由的目的地址确定哪些数据流需要 IPSec 保护。其中 IPSec 虚拟隧道接口是一种三层逻辑接口。

5.6.5　通过 IPSec VPN 实现局域网安全互联

通过 IPSec VPN 实现局域网安全互联(IPv4/IPv6)涉及以下几个关键步骤和组件。

(1)IP 网络互联:不同分支的局域网通过 IP 骨干网连接。不同分支拥有各自的私有 IP 地址范围(如 192.168.1.1/24 和 192.168.2.1/24),并通过公网 IP 地址(如 200.1.1.1 和 200.2.2.2)接入 IPv4 骨干网。

(2)IPSec 隧道:在两个分支的网关之间建立 IPSec 隧道,以确保数据传输的安全性。IPSec 隧道在 IP 层上工作,可以在不改变现有网络结构的情况下,为数据流提供加密和认证服务。

(3)安全协议:IPSec 隧道使用 ESP(提供加密和完整性保护服务)和 AH(提供完整性保护和数据源认证服务)两种安全协议。在隧道的两端,数据包被封装在相应的安全协议头部中,并根据配置的 SA(安全关联)进行处理。

(4)加密:在 ESP 中,数据可以根据配置使用 DES、3DES、AES 等加密算法进行加密,以保证数据的机密性。

(5)认证:AH 和 ESP 都可以使用 MD5、SHA1、SHA2 或 SM3 等算法进行数据包的认证,确保数据的完整性和来源的真实性。

(6)SA:每个 IPSec 通信方拥有一个或多个 SA,定义了加密和认证的具体参数,如使用的加密和认证算法、数据流的方向等。

(7)隧道端点:一个 SA 的源地址(SA:200.1.1.1)和目的地址(DA:200.2.2.2)分别对应于两个分支的公网 IP 地址,而另一个 SA 的源地址和目的地址则对应于私有网络的 IP 地址。

通过 IPSec VPN,即使数据在公共或不安全的网络中传输,也能确保数据的安全性和完整性,实现局域网之间的安全互联。

5.6.6　MACSec 简介

1. MACSec 提供二层数据安全传输服务

（1）绝大部分数据在局域网链路中都是以明文形式传输的，在某些安全性要求较高的场景下存在安全隐患。

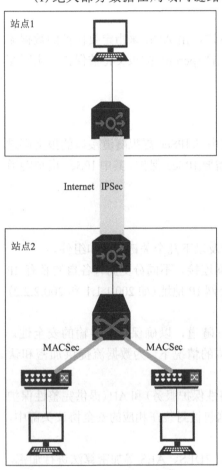

图 5-36　MACSec 结构图

（2）MACSec 定义了基于以太网的数据安全通信的方法，通过逐跳设备之间数据加密，保证数据传输安全性，对应的标准为 802.1AE，MACSec 结构图如图 5-36 所示。

（3）MACSec 一般有如下两种应用场景。

①在交换机之间部署 MACSec 以保护数据安全，例如，在接入交换机与上联的汇聚或核心交换机之间部署。

②当交换机之间存在光传输设备时，可部署 MACSec 以保护数据安全。

2. MACSec 工作机制

在设备运行点到点 MACSec 时，网络管理员在两台设备上通过命令行预配置相同的连接关联密钥（connectivity association key，CAK），两台设备会通过 MKA 协议选举出一个 Key Server，Key Server 决定加密方案，Key Server 会根据 CAK 等参数使用某种加密算法生成安全关联密钥（secure association key，SAK），并将 SAK 分发给对端设备，这样两台设备就拥有相同的 SAK 数据密钥，可以进行后续 MACSec 数据报文的加解密。MACSec 工作机制如图 5-37 所示。

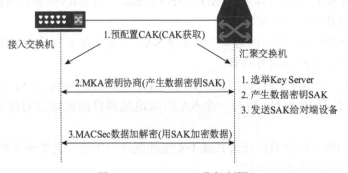

图 5-37　MACSec 工作机制图

小　　结

本章列举了网络中的一些常见的安全威胁及相应的解决方案。

无论是 IPv4 网络还是 IPv6 网络，在规划与部署过程中，网络安全都是一个需要端到端考虑的问题，当然，目前针对多样化的安全威胁，已有各种安全产品、技术和解决方案进行应对，企业用户可以根据需要灵活选择。

思考题及答案

答案 5

1. 简述 ND Snooping 和 DHCP Snooping 的区别，并解释它们在网络安全中的作用。
2. 简述 OSPFv3 协议在 IPv6 网络中的主要功能，并列举其三个关键特点。

实　践　练　习

实验：IPv6 ACL 实验

IPv6 ACL
实验

1. 实验拓扑

如图 5-38 所示，本实验包含 3 台路由器，将在本实验中测试基本 ACL6 及高级 ACL6。

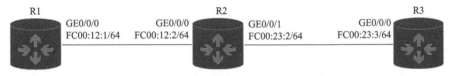

图 5-38　实验拓扑结构

说明：本实验使用的实验平台为 eNSP。

2. 实验目的

(1) 掌握基本 ACL6 的配置，以及使用它进行流量过滤的方法。
(2) 掌握高级 ACL6 的配置，以及使用它进行流量过滤的方法。

3. 实验需求

首先在本拓扑中部署路由技术，使得网络中的每台路由器都能到达全网任意网段；其次，在 R2 上部署基本 ACL6，过滤掉源地址为 FC00:12::1 的报文，观察 R1 到 R3 的可达性；然后删除上一步的相关配置；接着在 R2 上部署高级 ACL6，过滤掉任意地址发往 FC00:23::3 的 Telnet（目的 TCP 端口 23）报文，观察相关现象。

第6章 IPv6+关键技术

随着互联网的快速发展，传统 IPv4 地址资源逐渐枯竭，IPv6 应运而生。然而，IPv6 不仅仅是地址的扩展，更是一系列新技术和架构的基础。IPv6+作为 IPv6 的增强版，进一步推动了网络的智能化、灵活性和安全性。本章探讨 Ipv6+相关技术的原理、应用场景，以及在未来网络架构中的重要性，以帮助读者全面理解 IPv6+在现代互联网中的角色与价值。

6.1 IPv6+内涵与关键技术概述

6.1.1 IPv6+内涵与技术体系

1. IPv6+内涵

1) IPv6+的概念

IPv6+是基于 IPv6 下一代互联网的全面升级，包括 SRv6、网络切片、随流监测、新型组播、应用感知等协议创新，以及以网络分析、网络自愈、自动调优等为代表的网络智能化技术创新，在广连接、超宽、自动化、确定性、低时延和安全六个维度全面提升 IP 网络能力。

2) IPv6+的起源

2019 年 11 月 26 日，全球约 43 亿个 IPv4 地址正式耗尽，这意味着不再有 IPv4 地址可分配给 ISP 和其他大型网络基础设施提供商。然而随着 5G、云和物联网的蓬勃发展，人与人的通信将进一步延伸到人与物、物与物的连接，网络需要支持的节点和连接数量扩大到了前所未有的规模，而 IPv6 拥有巨大的地址空间，解决了 IP 地址短缺的问题。此外，IPv6 更简单、更方便、更可扩展、更安全，可以高效支撑移动互联网、物联网、云计算、大数据和人工智能等领域的快速发展。自 2017 年起，工业和信息化部连续组织开展 IPv6 规模部署专项行动，IPv6 发展进入快车道。

在 5G 和云时代，带宽需求巨大，连接数量极大，并且连接模型特别灵活；此外，在智能时代，各种业务对服务等级协议(service-level agreement，SLA)保障的要求也更加严格，仅仅提供连通性显然不够，保障严格的时延、抖动、丢包等综合指标成为必需，随之而来的是运维变得超级复杂。

对此，中国工程院院士、推进 IPv6+规模部署专家委主任邬贺铨指出，IP 网络应该从自动化、安全、超宽、广连接、确定性和低时延六个维度持续提升。

IPv6+主要用于两个方面。

(1) 由万物互联向万物智联升级。IPv6+海量地址奠定了万物互联的网络基础，IPv6+全面升级 IPv6 技术体系，推动 IPv6 走向万物智联，满足多元化应用的需求，释放产业效能。

（2）由消费互联网向产业互联网升级。IPv6 规模部署构筑了消费互联网基座，面向全业务智能化和云时代千行百业的数字化转型，IPv6+全面升级各行业网络基础设施和应用基础设施，使能行业数字化。

2．IPv6+技术体系

IPv6+是面向 5G 和云时代的智能 IP 网络，需要具备智能超宽、智能连接、智能运维三大特征。IPv6+包括以 SRv6、网络切片、iFIT、BIERv6、APN6 等为代表的协议创新和以网络分析、自动调优等网络智能化为代表的技术创新。IPv6+将极大地刺激业务创新，重新定义商业模式，增加收入，提升效率，例如，IPv6+SRv6，加速业务部署，部署周期从月缩短到天；IPv6+iFIT，简化网络运维，优化用户体验。

总的来说，IP 网络可以划分为三个时代。第一个时代是 Internet 时代，以 IPv4 为代表技术，属于尽力而为型网络，需要人工运维；第二个时代是全 IP 时代，核心技术是 MPLS，属于静态策略，半自动运维；而第三个时代就是正在经历的万物互联的智能时代，核心技术是 IPv6+，具有可编程路径、快速业务发放、自动化运维、质量可视化、SLA 保障和应用感知等特点。

现如今 IPv6 应用的范围愈加广泛，表 6-1 是 2025 年的 IPv6+产业指标举例，枚举了六个维度及相关的应用场景、典型指标和典型技术。

表 6-1　IPv6+产业指标举例（2025 年）

维度	应用场景	典型指标	典型技术
广连接	智慧城市、视频直播	业务上云：多跳入云>1 跳入多云	SRv6、BIERv6
超宽	高清视频、AR/VR、HPC	城域骨干、DCN：100GE > 400GE	400GE
自动化	云专线、云服务	业务发放：天级>分钟级 故障恢复：天级>分钟级	AI、iFIT、仿真校验
确定性	智能制造、存储同步	抖动：无法保障> 10μs 级（单跳） 丢包：有丢包>0 丢包	切片、智能无损 DCN、APN6
低时延	远程医疗、证券交易	时延：尽力而为> 30μs 级（单跳）	切片、SRv6 Policy、APN6
安全	政务大数据，城市物联	威胁遏制：天级>分钟级	APN6、SRv6 SFC、AI

1）IPv6+扩展报文头概述

IPv6+在 IPv6 基础上增加了智能识别和控制。IPv6 报文由 IPv6 基本报文头、IPv6 扩展报文头以及上层协议数据单元（载荷）三部分组成。相比于 IPv4 报文，IPv6 取消了 IPv4 报文头中的选项字段，并引入了多种扩展报文头，在提高处理效率的同时增强了 IPv6 的灵活性，为 IP 协议提供了良好的扩展能力。扩展报文头中 Next Header 字段与基本报文头的 Next Header 作用相同，指明下一个扩展报文头或上层协议类型。现在很多基于 IPv6 的创新都是在扩展报文头里进行修改，没有改变 IPv6 基本报文头，这样做的好处在于：一方面，可以保障 IPv6 的可达性；另一方面，IPv6 扩展头长度任意，理论上可以任意扩展，具备优异的灵活性和巨大的创新空间。

IPv6 扩展报文头如图 6-1 所示。

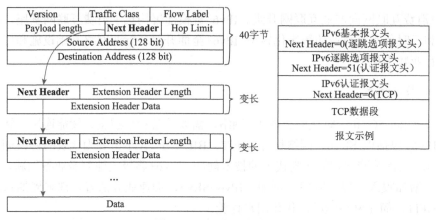

图 6-1　IPv6 扩展报文头

2）IPv6 报文结构

根据 RFC 8200 的定义，目前 IPv6 的扩展报文头以及排列顺序为逐跳选项扩展报文头、目的选项扩展报文头、路由扩展报文头、分片扩展报文头、认证扩展报文头、封装安全有效载荷扩展报文头、目的选项扩展报文头和上层协议报文。目的选项扩展报文头最多出现两次（一次在路由扩展报文头前，一次在上层协议报文前），其他选项扩展报文头最多出现一次。目前 IPv6 扩展报文头的设计已成功应用于 SRv6、网络切片、iFIT、BIERv6 和 APN6 等技术中，业界将这些统一定义为 IPv6+。

IPv6 扩展报文头详解如表 6-2 所示。

表 6-2　IPv6 扩展报文头详解

名称	Next Header 协议号	作用
逐跳选项扩展报文头 HBH（Hop-by-Hop Options Header）	0	用于携带需要被转发路径上的每一跳路由器处理的信息
目的选项扩展报文头 DOH（Destination Options Header）	60	用于携带需要由当前目的地址对应的节点处理的信息
路由扩展报文头 RH（Routing Header）	43	用来指明一个报文在网络内需要依次经过的路径点，用于源路由方案
分片扩展报文头 FH（Fragment Header）	44	用于携带各个分片的识别信息
认证扩展报文头 AH（Authentication Header）	51	通常用于 IPSec 认证，能提供 3 种安全功能：无连接的完整性验证、IP 报文来源认证和重放攻击防护
封装安全有效载荷扩展报文头 ESP（Encapsulating Security Payload Header）	50	通常用于 IPSec 认证与加密，能提供无连接的完整性验证、数据源认证、重放攻击防护，以及数据加密等安全功能

6.1.2　IPv6+关键技术与应用

1. IPv6+分段路由

1）早期 IP 网络与 IP 路由面临的问题

早期 IP 网络工作方式如图 6-2 所示。

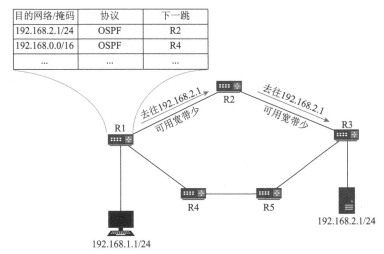

图 6-2　早期 IP 网络工作方式

实现方式：

(1) 数据采用 IP 封装；

(2) 设备通过路由协议发现路由信息；

(3) 设备收到报文后在路由表中查询报文的目的 IP 地址，依据匹配的路由进行转发；

(4) 支持等价负载分担。

问题描述：

(1) 最长前缀匹配算法基于软件查询路由，性能低；

(2) 基于最短路径转发流量，服务质量未必最优。

早期的 IP 网络和 IP 路由在发展初期面临了一些问题，主要如下。

有限的地址空间：最初的 IPv4 协议提供了 32 位的地址空间，这意味着只有约 43 亿个可用的 IP 地址。随着互联网的快速增长，IP 地址用尽成为一个严重的问题。

无法满足日益增长的设备需求：随着计算设备和互联网的普及，对 IP 地址的需求不断增加。IPv4 的有限地址空间使得无法有效地满足所有设备的需求。

缺乏安全性：早期的 IP 协议并没有内建强大的安全机制，缺乏对数据包的加密和身份验证，使得网络容易受到各种攻击，如欺骗、劫持等。

路由表规模增长：随着互联网规模的扩大，路由表的规模也迅速增加。这导致了一些性能和管理上的挑战，因为传统的路由协议在大规模网络中可能变得不够高效。

单播路由：早期的 IP 路由主要采用单播路由，即每个数据包只能通过一条路径传输。这可能导致网络拓扑中的某些路径过载，而其他路径未被充分利用。

为了解决这些问题，互联网社区逐渐采取了一系列的解决方案，包括引入 IPv6 以扩大地址空间、加强安全机制、改进路由协议以适应规模扩大等。IPv6 的推广和其他技术的引入解决了早期 IP 网络和 IP 路由面临的一些问题。

2) MPLS 的出现

MPLS 是一种多协议标签交换技术，它的出现主要是为了解决传统 IP 网络中一些性能和可扩展性方面的问题。以下是 MPLS 的主要优势。

提高路由效率：传统 IP 路由是基于 IP 地址进行的，而 MPLS 引入了标签，可以更有效地进行数据包的转发。通过标签交换，路由器可以在转发数据包时直接查找标签，而不必每次都对 IP 地址进行详细的查找和匹配。

支持不同协议：MPLS 是一种多协议技术，可以用于封装和转发多种不同的网络协议，包括 IP、IPv6、以太网等。这种多协议性质使得 MPLS 非常灵活，能够适应不同网络环境和需求。

提高服务质量：MPLS 支持对数据流进行标签分类，从而可以为不同的数据流分配不同的服务质量级别。这使得网络管理员可以更精确地控制和管理网络中的流量，确保对关键应用的优先级。

简化网络管理：MPLS 通过引入标签来简化路由表的查找和管理。这减轻了路由器的负担，并使网络更容易扩展和维护。

提供虚拟专用网络支持：MPLS 使得创建虚拟专用网络变得更加容易。通过在数据包中引入标签，可以轻松地实现不同 VPN 之间的隔离和互联。

支持快速恢复：MPLS 提供了快速恢复机制，使得在网络中发生故障时能够更快速地切换到备用路径，提高网络的可用性。

MPLS 的出现对于构建更高效、更灵活和可管理的网络起到了重要作用，特别是在面对不断增长的网络流量和复杂的网络需求时。

MPLS 工作方式如图 6-3 所示。

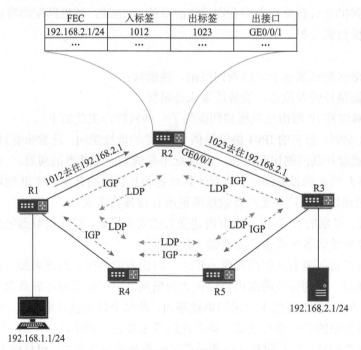

图 6-3　MPLS 工作方式

实现方式：

(1)在 IGP 基础上引入标签分发协议(label distribution protocol，LDP)；

(2)在 IP 报文中增加 MPLS 头部，基于 MPLS 标签进行数据转发。

优点：

(1)MPLS 转发效率更高(相比早期 IP 路由)；

(2)可实现 VPN 业务。

问题描述：

(1)无路径规划能力，依然需依赖路由协议；

(2)引入额外的 LDP 协议实现标签分发；

(3)需警惕 IGP 与 LDP 同步问题。

3)MPLS 支持流量工程

MPLS 支持流量工程(traffic engineering，TE)是 MPLS 的一个重要特性。流量工程是一种网络优化技术，通过有意识地引导网络中的数据流量，实现更好的性能、更有效的资源利用和更高的服务质量。

以下是 MPLS 支持流量工程的关键方面。

标签分发：在 MPLS 网络中，路由器可以为特定的流量路径分配标签。这意味着网络管理员可以通过在网络中显式配置标签，控制数据流量的路径。

显式路由：MPLS 允许进行显式路由，即网络管理员可以指定数据包的路径，而不是依赖于动态路由协议。这种灵活性使得可以有目的地引导流量经过特定的链路或节点，以优化网络性能。

负载平衡：MPLS 支持在网络中实现负载平衡。通过在网络中设置合适的标签和路径，可以确保流量在整个网络中均匀分布，从而避免某些链路过载而其他链路空闲的情况。

快速恢复：流量工程还可以用于实现快速恢复。通过在网络中预先设置备用路径，并在主路径发生故障时快速切换到备用路径，可以提高网络的可靠性和恢复速度。

服务质量：MPLS 流量工程允许对不同的数据流量应用不同的服务质量级别。这可以通过为不同的流量类别分配不同的标签和路径来实现。

总体而言，MPLS 的流量工程功能提供了更高级别的网络控制和优化服务，使网络管理员能够更精确地管理流量，优化资源利用，并提供更好的用户体验。这对于满足不同应用和服务的需求非常重要。

实现方式：

①支持基于约束的路径计算；

②采用资源预留协议(resource reservation protocol，RSVP)建立转发隧道,并实现标签分发；

③数据采用 MPLS 封装。

优点：

可实现路径规划(路径约束)。

问题描述：

①依赖 IGP 扩散可用带宽等信息，同时引入额外的协议以实现资源预留、标签分发；

②路径状态的维系依赖 RSVP 报文刷新，浪费链路带宽。

4)MPLS 支持跨域部署

MPLS 是一种在单一运营商网络内部用于提高数据包转发效率的技术。MPLS 本身并不直接支持跨域部署，通常情况下，MPLS 主要用于构建域内的虚拟专用网络(VPN)和提高网络性能。

通过跨越不同域的 MPLS/VPN 联合可以实现跨域部署。这涉及不同运营商之间建立 MPLS/VPN 的互联，以实现跨域的虚拟专用网络。

注意，跨域网络部署通常涉及与不同运营商、组织或管理域的协商和一致。具体的解决方案将取决于网络拓扑、安全需求和管理要求。

实现方式:

通过 Option A/B/C 等多种形式实现 MPLS 跨域。

问题描述:

①业务部署复杂度高。

②跨越多个 AS 时,需在 ASBR 上逐段配置,配置及维护工作量大。

5)Segment Routing 的出现

Segment Routing(SR)是一种网络编码和路由架构,它的出现旨在解决传统网络中的一些问题,并提供更灵活、可编程的网络服务。Segment Routing 具有以下特点。

灵活性和可编程性:Segment Routing 引入了一种新的路由机制,使网络管理员能够更灵活地定义和管理数据包的路径。通过使用"段",管理员可以在网络中预定义路径,实现更高级别的控制和编程。

简化网络状态:传统的路由协议维护复杂的网络状态信息,而 Segment Routing 通过在数据包头部中包含路径信息的标签(Segment)来实现路径选择。这样可以减轻网络设备对复杂状态信息的处理负担,降低了网络的复杂性。

支持流量工程:Segment Routing 提供了对网络流量工程的更强大的支持。管理员可以根据网络需求和策略,在网络中定义流量路径,以优化网络性能和资源利用。

减少域间协议的需求:传统的域间协议可能引入复杂性和潜在的问题。Segment Routing 减少了对这些协议的依赖,通过在单一域内使用可编程路径实现了更灵活的域间通信。

容易部署和迁移:Segment Routing 的部署相对容易,特别是对于已经部署了 MPLS 的网络。它可以逐步部署,而不需要全面替换现有的网络架构。

IPv6 支持:Segment Routing 天然支持 IPv6,对于未来网络的演进和 IPv4 地址枯竭问题提供了解决方案。

支持网络切片:Segment Routing 为网络切片提供了良好的支持。通过在网络中创建不同的 Segment,管理员可以为不同的网络切片定义不同的路径,实现更灵活的资源分配。

总体而言,Segment Routing 的出现是为了提供更灵活、可编程、简化的网络架构,使网络更适应未来的需求和应用场景。其设计目标是在减小网络复杂性的同时提供更高级别的控制功能和服务。

Segment Routing 框架如图 6-4 所示。

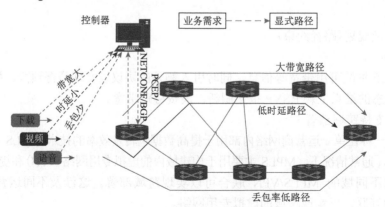

图 6-4 Segment Routing 框架

(1)简化协议,基于现有协议扩展。

①扩展后的 IGP/BGP 具有标签分发能力，无须依赖 LDP、RSVP 协议；

②引入源路由机制。

(2)由业务来定义网络。

①由业务提出需求(时延、带宽、丢包率等)；

②控制器收集网络拓扑、带宽利用率、时延等信息，根据业务需求计算显式路径；

③引入源路由机制，契合 SDN 理念。

在 Segment Routing(SR)中，术语"段"是指定义网络路径的一部分，而"路由"则涉及如何选择和处理这些路径。Segment Routing 是一种基于标签的路由方法，通过在数据包头部中插入标签(即"段")来指导数据包的转发。

具体来说，"段"是一系列网络节点(路由器)的标识，它们组成了数据包的路径。这些标识可以是节点的 IPv6 地址、MPLS 标签或其他标识符。每个标识都代表路径上的一个"段"，形成了整条路径。

而"路由"则是指如何在网络中选择和处理这些"段"。传统的路由算法负责决定数据包从源到目的地的路径，而 Segment Routing 将这个任务拆分为两部分。

(1)路径选择：选择路径的任务在 Segment Routing 中被分配给了源节点。源节点可以根据网络的需求和策略，选择一个或多个"段"，并将它们插入到数据包的头部。这样，数据包的路径就被预定义了。

(2)数据包转发：路由器根据数据包头部中的"段"信息来进行数据包的转发。每台路由器只需关注数据包头部中的下一个"段"标识，而不需要在传统的路由表中查找详细的目的地址。这使得转发更加高效。

通过将路径选择和数据包转发分开，Segment Routing 提供了更大的灵活性和可编程性。源节点可以根据需要选择不同的路径，而中间路由器只需按照数据包头部的"段"信息进行简单的转发，而无须关心详细的路由表查找。

总体而言，"段"是指在 Segment Routing 中定义路径的一部分，而"路由"则指明如何选择和处理这些路径。Segment Routing 的设计理念是将网络路径的控制从传统的中心化路由器移到源节点，以提高网络的灵活性和性能。

业务意图：指示流量从 R2 出城域网抵达广域网(第一段)，并从 R5 进入 Cloud(第二段)，如图 6-5 所示。

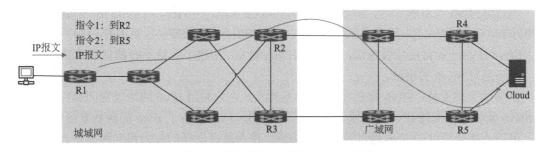

图 6-5　流量从客户端进入 Cloud 流程

Segment Routing 在 MPLS 上的实现：SR-MPLS

在 MPLS 上实现的 Segment Routing 称为 SR-MPLS，它将 Segment Routing 的概念与 MPLS 的标签交换相结合。SR-MPLS 提供了一种在网络中指导数据包路径的灵活方法，同时利用

MPLS 的标签机制来实现路径的选择和转发。

SR-MPLS 天然支持 IPv6，并可以与 IPv6 地址一起使用，使其适应未来网络的发展。

Segment Routing 在 IPv6 上的实现：SRv6

SRv6 是 Segment Routing 技术在 IPv6 网络上的实现。它利用 IPv6 地址空间来定义路径，并通过在 IPv6 数据包头部的扩展标头中嵌入段信息来实现路径导引。SRv6 允许网络管理员灵活地定义和控制数据包的路径，同时利用 IPv6 的地址空间。

由于 SRv6 是建立在 IPv6 基础上的，因此天然支持 IPv6，并可以与 IPv6 地址一起使用，适应未来网络的发展。

IPv6 扩展报文头部/SRv6：面向未来的网络可编程能力。IPv6 扩展报文头部是 IPv6 中的一项重要功能，它允许在 IPv6 数据包中插入额外的信息，以满足不同的需求。在 IPv6 中，SRv6 利用 IPv6 扩展报文头部来实现路径的灵活定义和导引，从而为面向未来的网络提供了可编程的能力。

（1）SRv6：协议极简。SRv6 被设计为协议极简的解决方案，以提供灵活的路径导引和服务链定义。

（2）SRv6：促进云网融合。SRv6 作为一种灵活的路径导引协议，促进了云和网络的融合。

（3）SRv6：兼容存量网络。SRv6 设计的一个重要方面是其能够与存量网络兼容。这种兼容性使得组织可以逐步引入 SRv6，而不需要彻底改变其现有的网络架构。

（4）SRv6：提升跨域体验。SRv6 在提升跨域体验方面具有一些关键特点，使其成为一种有利于实现更灵活、高效跨域通信的路径导引协议。

①部署简单：只需要将一个域的 IPv6 路由通过 BGP4+引到另一个域，就可以开展跨域业务部署。

②扩展容易：域间只需要发布汇聚路由，网络规模不受限。

③域内自治：扩容故障不影响其他网络。

（5）SRv6：基于源路由，SDN 的正确打开方式。SRv6 作为一种基于源路由的路径导引协议，结合 SDN（软件定义网络）可以提供更加灵活、可编程和智能的网络体验。

（6）SLA 可测量，体验可视。①随流感知；②实时上送。

（7）SLA 可保障，体验最优。①灵活路径编程；②业务质量变差时进行动态调优。

（8）灵活引流，精细化调度。①VPN/目的地址；②DSCP/五元组/BGP Flow Spec。

通过将 SRv6 与 SDN 结合，网络管理员可以实现更灵活、可编程、自适应的网络架构，使得网络更好地适应不断变化的应用需求和网络环境。这样的组合为网络提供了更大的灵活性和智能性。

SRv6 作为一种路径导引协议，释放了 IPv6+潜力，构建了无处不在的任意连接的网络环境。以下是对 SRv6 的小结。

IPv6 的天然支持：SRv6 建立在 IPv6 的基础上，充分利用 IPv6 的地址空间和特性。这使得 SRv6 能够天然支持 IPv6，促使 IPv6 的广泛采用，同时具备了 IPv6 的向后兼容性。

灵活的路径导引：SRv6 通过源路由的方式，使得路径选择的权力移到源节点。这种灵活性允许源节点动态地定义和选择路径，从而更好地适应不同的应用需求和网络环境。

多路径和多服务：SRv6 支持多路径和多服务的定义，使得可以根据具体需求组合和定制路径和服务。这为网络提供了更大的灵活性，支持负载均衡、流量工程和网络资源优化。

与 SDN 的结合：SRv6 与 SDN 结合，可以实现更灵活、可编程和智能的网络体验。SDN

控制器与 SRv6 协同工作，提供了更高层次的网络控制功能，使得网络更加适应动态的应用和服务需求。

服务链的定义和管理：SRv6 支持多服务链的定义，可以根据 SDN 控制器的指导动态构建服务链。这有助于实现定制化的服务链，提供更为个性化的服务。

适应未来网络发展：SRv6 的设计理念是适应未来网络的发展。它提供了可编程的路径选择机制，使得网络更易于适应不断变化的网络环境、应用和服务，为未来网络的构建提供了强大的支持。

综合来看，SRv6 在释放 IPv6+潜力的同时，通过其灵活性、可编程性和智能性，构建了无处不在的任意连接的网络环境。这种构建有助于提升网络的效率、灵活性和智能性，满足不同场景下的网络需求。

案例 1：SRv6 实现转发路径灵活编排。

某运营商提供 DDoS 攻击防御服务(流量清洗)，该运营商有多个骨干网，A 网仅具备纯 IP 路由转发能力，带宽资源充沛；B 网具备 VPN 业务能力，但带宽资源有限。

因待清洗的流量大，若通过 A 网进行引流，其无 VPN 隔离能力，清洗后的流量可能会被再次引流到清洗中心并形成环路；若通过 B 网进行引流，则 B 网的带宽资源将成瓶颈。

案例 2：端到端业务快速开通，一跳入云。

企业数字化转型加速，上云成为企业发展的必然。而传统专线在开通速度、服务质量等方面均无法满足云时代敏捷要求。运营商希望构筑一个云骨干网，实现企业一跳入云，云网融合，构筑云时代的市场竞争力。

案例 3：SRv6 实现基于时延算路和灵活调优。

某运营商的骨干网为 Native IP 网络，为业务提供尽力而为的转发服务。其自有数据中心为用户提供云服务，其中部分业务为时延敏感业务；由于当前网络对业务无差别处理，时延敏感业务体验不佳；而由于业务按 Cost 最小路径转发，网络负载不均。该运营商希望为客户提供差异化服务，通过提升时延敏感业务的用户体验实现增收。

2. IPv6+新型组播

1)组播技术的应用趋势

组播技术是一种在网络中向多个目标设备传输相同数据的通信方法。它在许多场景下都有着广泛的应用，并且随着网络需求的不断变化，组播技术也在不断发展。

(1)当前视频流量快速增长，包括视频通话、视频分享、视频会议等；而高清视觉和全新交互视频可能成为未来社交的主要手段，媒体向 VR/AR 逐步演进。这些新业务在带宽和用户体验方面对网络提出新的诉求。

(2)在潜在组播应用蓬勃发展的同时，网络 IPv6 化的趋势也更加显著。

(3)新兴场景对带宽和用户体验方面的网络需求，以及 IPv6 网络时代的加速到来，使承载于 IPv6 网络的组播技术需要不断演进，紧跟新的业务场景和技术发展潮流。

2)组播技术回顾：PIM-SM 概述

PIM-SM 是一种用于实现组播通信的协议。PIM-SM 是一种协议独立的组播协议，它可以在不同的网络层协议上运行，如 IPv4 和 IPv6。下面是关于 PIM-SM 的一些概述。

协议独立性：由于 PIM-SM 是协议独立的组播协议，因此其可以适用于多种网络层协议。

它最常用于 IPv4 和 IPv6 网络，但理论上也可以在其他网络层协议上运行。

Sparse Mode(SM)：PIM-SM 采用 Sparse Mode 模式，这意味着它假定网络中的大多数区域对于组播流量是"稀疏"的，即只有一小部分区域对特定组播流量感兴趣。在这种模式下，仅需要接收组播流量的区域参与。

组播组成员加入：PIM-SM 使用组播组成员的动态加入来确定哪些网络区域对特定组播组的数据感兴趣。当有主机或路由器想要加入某个组播组时，它会向网络发送 PIM 组成员报告。

组播树的构建：PIM-SM 使用树状结构(树状转发树、SPT)来有效地传输组播数据。树的构建始于源节点，并延伸到需要接收数据的组成员。PIM-SM 使用树来最短组播数据的传输路径。

Rendezvous Point(RP)：PIM-SM 引入了 Rendezvous Point 的概念，它是一个用于协调源和接收方的设备。RP 负责维护关于哪些源正在发送特定组播组的信息，并帮助构建组播树。

倾向于稀疏网络：PIM-SM 更适用于稀疏网络，即大多数区域对组播流量不感兴趣的网络。在这种情况下，PIM-SM 的树状结构可以更好地适应网络的特性。

适用于大规模网络：PIM-SM 在大规模网络中表现良好，因为它能够通过只传输数据给需要的区域来减少组播数据的冗余传输，从而提高网络效率。

总体而言，PIM-SM 是一种灵活而有效的组播协议，特别适用于大规模、稀疏的网络环境。它通过使用树状结构和 Rendezvous Point 的概念，使得组播数据在网络中的传输更为高效，PIM-SM 结构如图 6-6 所示。

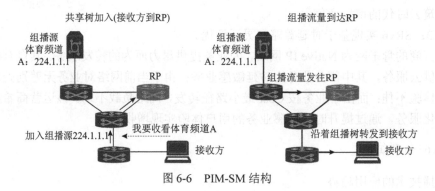

图 6-6　PIM-SM 结构

3)组播技术发展阶段

在组播技术的发展过程中，涌现出了不同阶段的组播方案，其中包括公网组播方案、IP 组播 VPN 方案和 MPLS 组播 VPN 方案。以下是对这三种方案的详细介绍。

(1)公网组播方案

特点：公网组播方案早期主要集中在如何在互联网上实现组播通信。由于互联网是一个分布式的、多供应商的环境，这一阶段的挑战主要包括解决跨越多个自治系统(AS)的组播数据传输问题。

关键技术：在 IPv4 网络中，DVMRP(distance vector multicast routing protocol，距离矢量多播路由协议)是早期用于公网组播的协议。它通过在路由器之间交换组播路由表信息来构建多播树。然而，由于其缺乏可扩展性，后来的协议如 PIM(protocol independent multicast，协议无关多播)逐渐取代了 DVMRP。

问题与挑战：跨越多个自治系统的公网组播面临路由信息的分发、拓扑动态变化和跨越不同网络运营商的挑战。

（2）IP 组播 VPN 方案。

特点：随着对安全性和隔离的需求增加，IP 组播 VPN 方案引入了在公网上实现组播通信的虚拟专用网络（VPN）概念。这种方案通过在公网上创建虚拟的组播 VPN，使得组播流量能够在这个虚拟环境中安全传输，同时实现租户之间的隔离。

关键技术：采用了 MP-BGP 作为路由分发协议，通过扩展 BGP 来支持 IPv4 和 IPv6 的组播 VPN 地址族。此外，针对组播 VPN 的隔离，VRF 技术被引入。

问题与挑战：这种方案解决了安全和隔离的问题，但在规模性和复杂性上仍然面临挑战。随着 VPN 数量的增加，MP-BGP 的可扩展性问题成为一个关键问题。

（3）MPLS 组播 VPN 方案。

特点：MPLS 组播 VPN 方案引入了 MPLS 技术，通过在 MPLS 网络中提供组播 VPN 服务，实现了更为灵活和高效的组播通信。MPLS 提供了标签交换的机制，为组播流量的传输提供了一种更有效的方式。

关键技术：在 MPLS 组播 VPN 中，通过在 MPLS 标签中引入组播信息，实现了对组播流量的标签交换。点到多点标签交换路径（point-to-multipoint label switched path，P2MP LSP）用于构建多播树。MPLS 组播 VPN 方案提供了更好的可扩展性和性能。

问题与挑战：MPLS 组播 VPN 解决了一些 MP-BGP 可扩展性的问题，但引入了一些 MPLS 网络中的新挑战，如标签分发和维护的复杂性。

组播技术发展经历了三个阶段，如图 6-7 所示，这三个阶段的组播方案反映了组播技术在不同时期的发展和演进，每个阶段都在解决特定时期的问题。MPLS 组播 VPN 方案在进行高效、可扩展的组播通信方面取得了一定的成功。

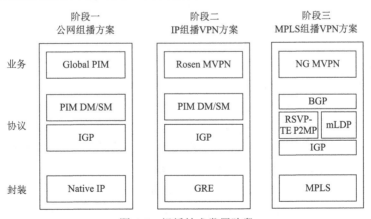

图 6-7　组播技术发展阶段

4）已有组播技术的局限性

（1）协议复杂，可扩展性弱。中间节点维护每条流的组播状态，依赖组播协议（如 PIM、mLDP、RSVP-TE P2MP 等）创建组播树，在网络中引入复杂的控制信令。同时，创建组播树也会占用大量的资源，不利于在大规模网络中部署。

（2）可靠性弱，用户体验不佳。组播流量越多，网络中需要建立的组播树越多，网络开销越大。网络故障后的收敛受组播状态数量影响，业务重新收敛的时间会延长。这样对于需要低时延、快收敛的业务来说，会严重影响用户体验。

（3）部署和运维困难。由于需要网络支持众多协议，所以部署复杂度高，同时也给网络和业务运维带来困难。

5）BIER 的基本工作原理

BIER（bit index explicit replication，比特索引显式复制）是一种用于支持组播的网络技术。其基本工作原理涉及将组播数据包直接传递到指定的接收方，而无须在网络中维护复杂的树状结构。

（1）接收端申请收看组播频道 X。

（2）R1、R3 及 R4 向 R5 发送节点加入报文。

（3）R5 将该节点对应 BitString 中的位置 1。

（4）各 BIER 节点按 BitString 发送组播报文。此时，目标接收端可接收到所申请的组播业务流量，如图 6-8 所示。

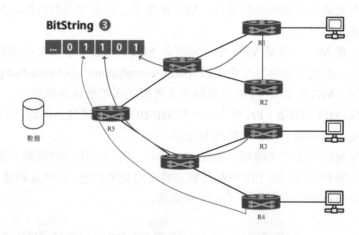

图 6-8 BitString 原理图

6）BIERv6：IPv6 时代组播业务最佳承载方案

IPv6 的比特索引显式复制（bit index explicit replication for IPv6，BIERv6）是一种专为 IPv6 时代设计的组播业务最佳承载方案。它是 BIER 技术在 IPv6 网络中的演进，旨在提供更先进、高效的组播通信支持。

BIERv6 通过整合 IPv6 特性、保持比特索引显式复制的原则以及提供无状态路由器等优势，为 IPv6 网络中的组播通信提供了高效、灵活和可扩展的解决方案。

（1）在单播转发领域，基于 IPv6 数据平面的 SRv6 技术发展迅猛，势头超越了使用 MPLS 数据平面的 SR-MPLS。在组播领域，如何应用 BIER 架构和封装实现不依赖 MPLS 并且顺应 IPv6 网络发展趋势的技术成为亟待解决的问题。在这样的背景下，业界提出了 BIERv6 技术。

（2）BIERv6 继承了 BIER 的核心设计理念，它使用 BitString 将组播报文复制给指定的接收方，中间节点无须建立组播转发树，实现无状态转发。

（3）BIERv6 与 BIER 的最大不同之处在于：BIERv6 摆脱了 MPLS 标签，是基于 Native IPv6 的组播方案。

案例 4：BIERv6 在网络协议电视(internet protocol television，IPTV)场景的应用

(1)IP 视频主要包括电视直播(新闻、赛事、影视剧、网络直播等)、视频点播、视频监控等。

(2)4K IPTV、8K VR 体验、智慧城市、智慧家居、自动驾驶、远程医疗、平安城市等各种视频传输的业务应用即将迎来爆发增长期。

(3)运营商在公网部署 MVPN over BIERv6 从承载 IPTV 流量，利用 BIERv6 组播技术大幅降低网络负载，可以使视频点播更加快捷、画面更加清晰、观看更加流畅，从而使用户获得更好的视频观看体验。

(4)该方案部署、运维、扩容简便，适合大规模组网。

3. IPv6+网络切片

5G 时代带来了广泛而深远的变革，支持多种新兴业务和技术创新。

网络切片是一种新型的网络架构和服务提供模式，旨在为不同的应用场景和服务需求创建独立、定制化的虚拟网络实例。这种技术允许网络基础设施在物理网络上划分成多个逻辑网络切片，每个切片具有独立的资源、服务特性和性能保障，以满足各种业务和应用的需求。

网络切片可以在一个物理网络中同时满足不同业务的差异化 SLA 需求，以及资源、安全隔离层次化切片，从而实现精细化的体验保障。

1)网络切片整体方案

网络切片的整体方案包括多个关键组成部分，涵盖了网络架构、资源管理、自动化、安全性等方面。

方案 1：基于亲和属性

(1)使用亲和属性将链路标识成不同颜色，相同颜色的链路组成一个网络。

(2)亲和属性信息随链路其他信息上报给控制器。控制器在收集到整个网络的链路状态信息后，可以基于每种亲和属性形成独立的网络切片视图，并在每个网络切片内计算用于该切片业务的约束转发路径。

业务网络切片拥有独立链路，需要重复配置 IPv6 地址，独立运行路由协议，独立分配 SID。

方案 2：基于 Slice ID

(1)通过全局规划和分配的 Slice ID 标识各网络设备，为各网络切片分配转发资源，实现业务网络切片和默认网络切片仅在转发资源和数据平面标识上存在差异。

(2)数据平面使用目的地址和 Slice ID 二维转发标识指导网络切片内的报文转发，其中 Slice ID 用于选择报文对应的转发资源。在控制平面，不同网络切片可以复用协议会话和路由计算，从而缓解切片规模增大给控制平面带来的压力。

业务网络切片无须重复配置 IPv6 地址，多个切片复用相同的地址标识。

多个切片共享路由表，通过 Slice ID 查找资源映射表，实现切片的差异化转发。

整体而言，网络切片的方案是一个综合性的系统工程，涉及多个层面的设计和实现。通过综合考虑切片管理、资源管理、自动化、安全性等因素，网络切片可以更好地满足不同应用场景的需求，提供灵活、高效的网络服务。

2)基于控制面实现的网络切片

(1)每切片独立部署 IP 地址和 SID，独立于路由进程。

(2)业务切片部署多进程/多 Flex-Algo/SRv6 Policy，实现业务路径管理。

(3)根据不同的 SID/路由选择转发面逻辑资源，切片规格与 IGP 规模强相关。

3)基于 IPv6+网络编程实现的网络切片

(1)SRv6 SID 标识设备主接口信息。

(2)Slice ID 标识硬件预留资源，Hop-by-Hop 传递。

(3)可实现千数量级切片统一管理、切片和 IGP 解耦，规模切片，使能千行百业。

4)切片资源预留技术 FlexE：提供带宽保证、安全隔离能力

FlexE(flexible ethernet，灵活以太网)是一种用于以太网网络的技术，它通过对以太网物理链路进行灵活的、精确的切片，为每个切片提供特定的带宽和服务质量。FlexE 的目标是提供更灵活的以太网带宽管理服务，以适应不同业务的需求。

4. IPv6+随流检测

1)传统网络运维的痛点

传统网络运维面临一系列痛点，这些痛点主要涉及运维效率、网络可靠性、故障排查等方面。常见的传统网络运维的痛点主要如下。

(1)手工操作和配置：传统网络运维通常依赖手工操作和配置，包括设备的添加、修改、删除等。这样的方式容易引入人为错误，而且对于大规模网络而言，手工操作效率低。

(2)网络设备繁多：在大型网络中，可能存在各种不同厂商、不同型号的网络设备，这导致了设备管理的异构性。不同设备的配置和管理方式不一致，增加了运维的复杂性。

(3)网络设备配置演变复杂：随着网络的演进和业务需求的增长，网络设备的配置变得越来越复杂。传统的配置管理方式难以满足日益复杂的网络结构和服务需求。

(4)缺乏实时监控和分析：传统网络运维通常缺乏对网络的实时监控和分析能力。这导致故障和问题无法及时发现，增加了故障排查的难度。

(5)故障排查困难：当网络发生故障时，传统的网络运维往往需要花费大量时间进行排查。手工排查的方式效率低，尤其是在大规模网络中。

(6)难以适应快速变化的需求：传统网络运维面临难以满足快速变化的业务需求的挑战。传统网络往往较为静态，无法灵活应对新业务的快速部署和变更。

(7)安全风险：由于手工配置和缺乏实时监控，传统网络运维容易引入配置错误和安全漏洞，增加了网络的安全风险。

(8)网络文档不及时更新：由于网络结构和配置的频繁变动，网络文档的更新可能滞后于实际网络状态，使得网络管理员难以获取准确的网络信息。

①业务受损被动感知：运维人员通常只能根据收到的用户投诉或周边业务部门派发的工单判断故障范围。因此，当前网络需要能够主动感知业务故障的业务级 SLA 检测手段。

②定界定位效率低。

③故障定界定位经常需要多团队协同，定界定位难。

④人工逐台设备排障，以找到故障设备进行重启或倒换，排障效率低；传统 OAM 技术无法真实复现性能劣化和故障场景。因此，当前网络需要基于真实业务流的高精度快速检测手段。

2)业务质量检测技术

(1)带外检测(out-of-band detection)：通过间接模拟业务数据报文并周期性发送报文的方

法(发送独立的探测报文),实现端到端路径的性能测量与统计。带外检测技术是一种通过独立于正常数据传输路径之外的方式进行检测的方法,通常用于评估网络的性能、可用性和服务质量,并在必要时采取措施来改善用户体验。

(2)带内检测(in-band detection):通过对真实业务报文进行特征标记或在真实业务报文中嵌入检测信息,实现对真实业务流的性能测量与统计。带内检测技术是一种在主要数据传输路径内进行检测的方法。带内检测通过实际的业务流量来评估网络的性能、可用性和服务质量。

3) iFIT

(1)随流检测,提供更高精度的业务级 SLA 检测方案。iFIT 是一种随流 OAM(operation, administration and maintenance,操作、管理和维护)检测技术,通过直接对业务报文进行测量得到 IP 网络的真实丢包率、时延等性能指标。iFIT 采用 Telemetry 技术实时上送检测数据,并通过 iMaster NCE-IP 可视化界面直观呈现检测结果。iFIT 与传统网络运维技术相比,具有高精度、实时性、可视化的优点,可以灵活适配多种业务场景,并进一步通过与大数据平台和智能算法的结合为智能运维的发展奠定坚实基础。

(2)业务可视化,故障易定界,业务可自愈。iFIT 通过业务可视化提供了直观的界面,使运维人员能够以图形化的方式了解网络的状态和性能。这种可视化界面可能包括实时的业务流量、性能指标图表、拓扑图等,使运维人员更容易理解网络的运行情况。

(3)基于 iMaster NCE 的可视化呈现。部署 iFIT 检测后,通过 iMaster NCE 可视化分析平台,可清晰到看到端到端时延、端到端丢包率。

案例 5: iFIT 与 CloudWAN 解决方案在金融广域网中的应用

金融广域网依靠 SRv6 技术简单快速地打通云和各种接入点之间的基础网络连接,确保业务高效开通;另外,金融行业本身就对 SLA 质量有很高的要求,iFIT 可以简化运维流程,优化运维体验。

(1)支持在 SRv6 场景中使能 iFIT 隧道级检测,能够检测 SRv6 各个 Segment List(段列表)的质量并选出最优链路,通过周期性地对比当前链路和最优链路进行选路调优,实现智能选路。

(2)全网一个核心控制器,可以对整个金融网络进行集中式运维,实现端到端的管理和调度。

5. IPv6+确定性 IP 网络

1)新兴业务要求网络不仅要"及时",还要"准时"

确定性 IP 网络指的是网络中的数据传输和处理能够以可预测的方式进行,而不受随机变化或不确定性的影响。在一些应用场景中,特别是对于实时通信、工业自动化等需要精确时序和可靠性的领域,确定性网络变得很重要。这可以通过使用特殊的网络协议和技术来实现,确保数据的传输和处理在可控范围内。

(1)医生进行远程医疗。

(2)通过前向链路传送操作指令到工作台。

(3)通过后向链路返回画面及生命体征数据。

(4)保证医生不感受明显的延时和抖动等不适。

2)确定性(DIP)网络关于时延与抖动的业务指标

(1)时延:业务流量的端到端时延上限不高于所要求的时延。

DIP 100%保证业务流量中每个报文的端到端时延都不超过某个上限值。

（2）抖动：业务流量的端到端时延上限与下限的差值不高于所要求的抖动。

DIP 确保了每个报文的端到端时延，因此，时延的上限值与下限值也就确定。

3）DIP 网络的总体架构

确定性（DIP）网络的总体架构旨在提供一种能够确保数据传输和处理在可预测范围内的网络环境。这对于一些对时延和可靠性要求较高的应用场景，如工业自动化、实时通信等，尤为重要。

4）转发平面技术

（1）边缘整形：将到达时间不太规律的报文整形到按时间划分的不同周期中。

（2）周期映射：将上游设备一个周期内发出的报文从本设备出接口一个周期内发出。

5）控制平面技术

SRv6 显式路径规划：负责转发路径规划控制和逐跳转发资源预留。

6. IPv6+应用感知

基于 IPv6 的应用感知网络（application-aware IPv6 networing，APN6）是指在 IPv6 网络环境中，通过识别和理解网络中运行的应用程序，实现更智能、更具有适应性的网络管理和资源优化。APN6 结合了 IPv6 协议的特性和应用感知技术，以提供更先进的网络服务。

利用 IPv6 或 SRv6 报文头部的可编程空间承载 APN6 信息。

APN6：应用级精细化运营，策略随行，体验随行，安全随行。

APN6+SFC：应用级业务链编排。

7. IPv6+智能运维

智能运维是指运维领域借助人工智能（AI）和自动化技术，以提高系统、应用、网络和设备的管理和维护效率。智能运维旨在减少手动操作、优化资源利用、预测和预防故障，以及提升整个运维过程的智能化水平。

1）网络管理与运维的发展演变

网络管理与运维的发展演变如图 6-9 所示。

手工方式　　脚本执行　　工具辅助　　智能分析　　自治自愈

网络开局、部署等全靠手工命令行操作　　重复操作，通过脚本实现命令行批量配置　　网络布放自动化、可视化，基于拓扑生成配置　　基于意图的自动化、基于AI和规则的主动分析　　网络自治、无人值守，以及基于AI的自适应自动化

图 6-9　网络管理与运维的发展演变

2）园区网络自动驾驶

园区网络自动驾驶是指在企业园区或类似场景中，采用自动化技术和智能网络管理方法，使网络运维和管理更加智能、自主和高效。这涉及自动化、智能化和自主性的应用，以提高网络的性能、可靠性和管理效率。

3）数据中心网络自动驾驶

数据中心网络自动驾驶是指利用自动化和智能化技术来管理和优化数据中心网络。这包

括自动配置、监测、故障诊断和资源优化，以提高数据中心网络的效率、性能和可靠性。

案例 6：事前仿真，实时呈现变更影响，提前发现配置问题

进行 Underlay 或 Overlay 网络变更时（如增删或修改配置，包括路由、逻辑网络、微分段等），先在业务下发前进行仿真，评估变更对现网带来的影响，若仿真结果符合预期，再进行业务下发。

6.2　SRv6 技术原理与应用

6.2.1　SR 概述与基本原理

1. SR 概述

段路由（Segment Routing，SR）是一种基于标签的路由架构，允许网络中的节点在数据包头部携带路径信息，从而指定数据包的路径。这种路由方法的主要思想是将路径信息嵌入到数据包的头部，而不是在网络中的设备上维护复杂的路径表。

网络通信拓扑图如图 6-10 所示。

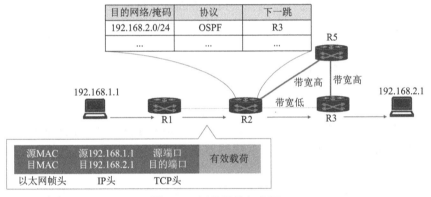

图 6-10　网络通信拓扑图

设备对有效数据载荷进行 IP 封装，送入网络进行转发。网络设备在路由表中查询报文目的 IP 地址（基于最长前缀匹配原则），基于最短路径对报文进行转发，支持等价负载分担。

在传统的 IP 路由过程中，尽管路由器通过高效的算法实现了数据的最优传输路径选择，但这种方法在处理大规模网络流量时面临一定的挑战。随着网络规模的扩大，路由器需要处理的路由信息量增加，这对路由器的处理能力和网络整体的可扩展性提出了更高的要求。此外，传统的 IP 路由不能满足复杂的流量管理和工程化需求，如特定流量的优先级设置、带宽保障等，而这在现代网络应用中变得越来越重要。

为了突破这些限制，多协议标签交换（MPLS）技术应运而生。MPLS 是一种 IP 骨干网技术，它在无连接的 IP 网络上引入了面向连接的标签交换概念，将第三层路由技术和第二层交换技术相结合，从而充分发挥了 IP 路由的灵活性和二层交换的简捷性。MPLS 的核心在于它的标签机制：网络中的数据包被分配一个短小的标签，这个标签不仅包含了路由信息，而且还可以携带关于该数据包的服务质量和策略信息。这样，MPLS 网络可以更高效地处理数据

包，实现快速的路径切换和更复杂的流量管理功能。

MPLS 的优点：在 IP 报文中增加 MPLS 头部，基于 MPLS 标签进行数据转发。MPLS 转发效率更高，且标签值可携带指令信息用于指导数据转发，支持流量工程、虚拟专用网络（VPN）、快速重路由及 QoS 等应用。

MLPS 的缺点：例如，LDP 本身并无算路能力，需依赖 IGP 进行路径计算。这导致控制面必须同时依赖 IGP 及 LDP，从而增加了网络中消息传输的频率和量。设备之间为了维持邻居关系及路径状态，需要发送大量的消息，这不仅消耗了额外的链路带宽，也加重了设备资源的负担。此外，当 LDP 与 IGP 未能有效同步时，可能导致数据转发出现问题，影响网络的稳定性和效率。

而 RSVP-TE 的配置过程复杂，且它不支持负载分担，限制了网络的灵活性和扩展能力。在 TE 实现过程中，设备需要通过大量 RSVP 报文来维护邻居关系及路径状态，导致链路带宽和设备资源的浪费。RSVP-TE 采用的是一种分布式架构，其中每台设备只掌握自身的状态信息，因此，设备之间需要频繁地交换信令报文以获取全局视图，增加了网络的复杂性。

因此，SR 的核心思路在于简化协议并使网络由业务应用来定义。首先，通过扩展现有的 IGP/BGP 协议，使其具备标签分发的能力，从而消除对 LDP 或 RSVP 协议的依赖。同时，SR 引入了源路由机制，增强了网络的灵活性和控制能力。其次，网络的设计和配置将由业务应用需求驱动，例如，考虑时延、带宽和丢包率等因素。这需要控制器收集关于网络拓扑、带宽利用率和时延等的信息，并根据这些信息计算出最优的显式路径。这种方法不仅简化了网络配置，还提高了网络的性能和可靠性。

SR 是基于源路由理念而设计的在网络上转发数据包的一种架构。SR 将网络路径分成一个个段，并且为这些段和网络中的转发节点分配段标识 ID。SR 将代表转发路径的段序列编码在数据包头部。SR 具有如下特点：通过对现有协议（如 IGP）进行扩展，能使现有网络更好地平滑演进；同时支持控制器的集中控制模式和转发器的分布控制模式，提供集中控制和分布控制之间的平衡；采用源路由技术，提供网络和上层应用快速交互的功能。

Segment：是节点针对所收到的数据包要执行的指令，该指令包含在数据包头部中。例如，指令 1 沿着最短路径到达 R4（支持 ECMP），指令 2 沿着 R4 的 GE0/0/2 接口转发数据包，指令 3 沿着最短路径到达 R8（支持 ECMP）。

Segment ID（SID）：用于标识 Segment，它的格式取决于具体的技术实现，例如，可以使用 MPLS 标签、MPLS 标签空间中的索引、IPv6 地址。Segment List 是一个或多个 SID 构成的有序列表。例如，指令 1（400）沿着支持 ECMP 的最短路径到达 R4，指令 2（1046）沿着 R4 的 GE0/0/2 接口转发数据包，指令 3（800）沿着支持 ECMP 的最短路径到达 R8。

源路由（source routing）：源节点选择一条路径并在报文中压入一个有序的 Segment List，网络中的其他节点按照报文封装的 Segment List 进行转发。

MPLS 和 SR 是两种不同的网络技术，但它们可以结合使用，即使用 MPLS 来实现 SR。这种结合可以称为 MPLS Segment Routing 或 SR-MPLS，它结合了 MPLS 的标签交换技术和 SR 的灵活路径定义。

通过使用 MPLS 来实现 SR，SR-MPLS 可以实现网络路径的灵活控制，同时提高网络处理速度和效率，下面介绍 SR-MPLS。

（1）数据转发平面基于 MPLS：在 SR-MPLS 中，数据的转发是通过 MPLS 标签来控制的，这使得网络设备可以更快地处理数据包。

（2）MPLS 标签作为 SID：每个 MPLS 标签对应一个 Segment ID，这些标签在数据包的头部以栈的形式组织。

（3）标签栈的工作原理：数据包在网络中传输时，每到达一个节点，栈顶的标签（当前处理的段）就被解析，然后从栈中弹出。随后，下一个标签成为新的栈顶，指导数据包向下一个目的地转发。

SRv6 是一种基于 IPv6 的数据转发技术，它使用 IPv6 地址作为段路由的标识（SID）。在 SRv6 中，一个特定的 IPv6 地址代表了一个网络段的目的地或特定的操作。SRv6 利用 IPv6 的扩展头部（即 SRH）来承载段序列。这种方式使得每个数据包可以携带一个包含多个段指令的列表。当数据包在网络中转发时，每个节点会根据 SRH 中的信息来确定下一步的转发路径。这样的设计使得数据包能够按照预定的路径精确地在网络中传输。

SRv6 引入了一些新的特性和优化，使其在多个方面表现出与 MPLS 不同的特点。尤其是在转发平面的统一性，协议的简化、可扩展性以及可编程性方面，SRv6 展示了其独特的优势。这些特性和优化的引入为网络架构提供了新的视角，并为网络设计和管理带来了更高的灵活性和选择性。

2. SR 基本原理

SR 是一种基于标签的路由架构，其基本原理涉及将路径信息嵌入到数据包的头部，并通过标识符（段标识符）指示数据包的路径。

网络编程的概念借鉴了计算机编程的思路。就像计算机编程中人类将意图转化为计算机可执行的指令一样，网络编程旨在将网络意图转化为一系列网络设备可理解的转发指令。SRv6 通过将网络功能指令化，并嵌入到 128 位的 IPv6 地址中，实现了网络编程，使网络能够更灵活地响应不同的网络需求和策略。

图 6-11 所示为 IPv6 报文的扩展头部结构。SRv6 通过利用 IPv6 的扩展报文头实现了高级的网络编程能力。

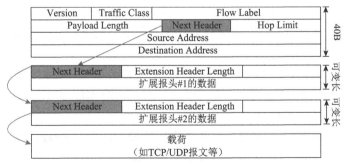

图 6-11　IPv6 扩展报文头

（1）Next Header（下一报头）：长度为 8bit，与基本报头的 Next Header 的作用相同，指明下一个扩展报头（如果存在）或上层协议的类型。

（2）Extension Header Length（报头扩展长度）：长度为 8bit，表示扩展报头的长度（不包含 Next Header 字段）。

（3）扩展报头的数据：长度可变。扩展报头的内容为一系列选项字段和填充字段的组合。

SRv6 Segment 是 IPv6 地址形式，通常称为 SRv6 SID。SRv6 SID 由 Locator 和 Function 两部分组成，格式是 Locator:Function，其中 Locator 占据 IPv6 地址的高位，Function 部分占据 IPv6 地址的剩余部分。

Locator 是网络中的一个节点的标识，具有定位功能，用于路由和转发报文到该节点，实现网络指令的可寻址。Locator 标识的位置信息有两个重要的属性：可路由和可聚合。在节点配置 Locator 之后，系统会生成一条 Locator 网段路由，并且通过 IGP 在 SR 域内扩散。网络内其他节点通过 Locator 网段路由就可以定位到该节点，同时该节点发布的所有 SRv6 SID 也都可以通过该条 Locator 网段路由到达。

Function 代表设备的指令，这些指令都由设备预先设定，Function 部分用于指示 SRv6 SID 的生成节点进行相应的功能操作。不同的指令由不同的 Function 来标识，例如，在 RFC 中定义了公认的 End、End.X、End.DX4、End.DX6 等。Function 部分还可以分出一个可选的参数段 Arguments，此时 SRv6 SID 的格式变为 Locator:Function:Arguments，Arguments 占据 IPv6 地址的低位，通过 Arguments 字段可以定义一些报文的流和服务等信息。当前一个重要应用是 EVPN VPLS 的 CE 多归场景，转发 BUM 流量时，利用 Arguments 实现水平分割。

使能 SRv6 的节点维护一个本地 SID（Local SID）表，该表包含所有在该节点生成的 SRv6 SID 信息，根据该表可以生成一个 SRv6 转发表。SRv6 SID 有很多类型，不同类型的 SRv6 SID 代表不同的功能。Local SID 表有以下用途：定义本地生成的 SID，如 End.X SID；指定绑定到这些 SID 的指令；存储和这些指令相关的转发信息，如出接口和下一跳等。

End SID：用于标识网络中的某个目的节点，类似 SR-MPLS 中的 Node SID。End SID 通过 IGP 协议扩散到其他网元，全局可见，本地有效。

End.X SID：全称为 Layer-3 cross-connect，End.X 支持将报文从指定的链路转发到三层邻接，类似 SR-MPLS 中的 Adjacency SID。End.X SID 通过 IGP 协议扩散到其他网元，全局可见，本地有效。

End.DT4 SID：用于标识网络中的某个 IPv4 VPN 实例，对应的转发动作是解封装报文，并且通过查找 IPv4 VPN 实例路由表进行转发。End.DT4 SID 在 L3VPNv4 场景使用，等价于 IPv4 VPN 的标签。End.DT4 SID 可以通过静态配置生成，也可以通过 BGP 在 Locator 的动态 SID 范围内自动分配。

在 SRv6 报文转发过程中，每经过一个 SRv6 处理节点，报文的 SRH 中 Segments Left（SL）字段值减 1，而报文的目的 IPv6 地址则变换为 SL 所指向的 SID，即 Segments Left 和 Segment List 共同决定目的 IPv6 地址信息。

与 SR-MPLS 不同，SRv6 SRH 是从下到上逆序操作，而且 SRH 中的 Segment 在经过节点后也不会被弹出。因此，SRv6 报头可以做路径回溯。

在 SRv6 网络中存在多种类型的节点角色，基本上分为三类。

（1）源节点（source node）：生成 SRv6 报文的 IPv6 节点。

（2）中转节点（transit node）：转发 SRv6 报文但不进行 SRv6 处理的 IPv6 节点。

（3）Endpoint 节点（Endpoint node）：接收并处理 SRv6 报文的任何节点，其中该报文的目的 IPv6 地址必须是本地配置的 SRv6 SID 或者本地接口地址。

　　源节点将数据包引导到 SRv6 Segment List 中，如果 SRv6 Segment List 只包含单个 SID，并且无须在 SRv6 报文中添加信息或 TLV 字段，则 SRv6 报文的目的地址设置为该 SID。源节点可以是生成 IPv6 报文且支持 SRv6 的主机，也可以是 SRv6 域的边缘设备。

　　本例为 L3VPNv4 Over SRv6 Policy。SRv6 Policy 显式路径指定了必须经过 R3、R4。R1 负责将 IPv4 流量引入隧道。

　　中转节点是在 SRv6 报文转发路径上不参与 SRv6 处理的 IPv6 节点，中转节点只执行普通的 IPv6 报文转发。

　　当节点收到 SRv6 报文后解析报文的目的 IPv6 地址字段。如果目的地址既不是本地的 SRv6 SID，也不是本地接口地址，节点将把 SRv6 报文当作普通 IPv6 报文执行路由转发，不处理 SRH。

　　中转节点可以是普通的 IPv6 节点，也可以是支持 SRv6 的节点。

　　若在 SRv6 报文转发过程中，报文的目的地址是本地配置的 SRv6 SID，则节点称为 Endpoint 节点。

　　在本例中，R3 和 R4 都是 Endpoint 节点。例如，R4 发现报文的目的地址 FC00:4::4 命中本地 SID 表中的 End SID，所以将报文 SL 减 1，然后将报文的目的 IPv6 地址变更为 FC00:4::400，而该地址命中本地 SID 表中的 End.DT4 SID，于是解封装 SRH 和 IPv6 基本包头，然后将载荷转发给 CE2。

　　一些常见的源节点行为如表 6-3 所示。

表 6-3　源节点行为

源节点行为	功能描述
H.insert	为接收到的 IPv6 报文插入 SRH，并查表转发
H.insert.Red	为接收到的 IPv6 报文插入 Reduced SRH，并查表转发
H.Encaps	为接收到的 IP 报文封装外层 IPv6 报文头与 SRH，并查表转发
H.Encaps.Red	为接收到的 IP 报文封装外层 IPv6 报文头与 ReducedS RH，并查表转发
H.Encaps.L2	为接收到的二层帧外封装 IPv6 报文头与 SRH，并查表转发
H.Encaps.L2.Red	为接收到的二层帧外封装 IPv6 报文头与 Reduced SRH，并查表转发

　　SRH 存储了实现网络业务的有序指令列表，相当于计算机的程序。

　　其中 Segment List[0]～Segment List[n]相当于计算机程序的指令。第一个需要执行的指令是 Segment List[n]。Segments Left 相当于计算机程序的 PC（program counter，程序计数器）指针，指向当前正在执行的指令。每一个 SID 指明在处理 SID 时需要执行的动作。SID 可以在 SRH 中显式地指定使用，为数据包提供转发、封装和解封装等服务。与 SID 绑定的指令需由 SRv6 Endpoint 节点执行，称为 End 系列指令，如表 6-4 所示。

表 6-4　End 系列指令

指令	功能描述	应用场景
End	把下一个 SID 复制到目的 IPv6 地址，进行查表转发	指定节点转发，相当于 SR-MPLS 的 Node Segment
End.X	根据指定出接口、下一跳转发报文	指定出接口、下一跳转发，相当于 SR-MPLS 的 Adjacency Segment
End.T	在指定的 IPv6 路由表中进行查表并转发报文	用于多路由转发场景

续表

指令	功能描述	应用场景
End.DX2	解封装报文，从指定的二层出接口转发	L2VPN，如 EVPN VPWS
End.DX4	解封装报文，从指定的 IPv4 三层邻接转发	L3VPNv4，通过指定的 IPv4 邻接转发到 CE
End.DX6	解封装报文，从指定的 IPv6 三层邻接转发	L3VPNv6，通过指定的 IPv6 邻接转发到 CE
End.DT6	解封装报文，在指定的 IPv6 路由表中进行查表转发	L3VPNv6
End.DT4	解封装报文，在指定的 IPv4 路由表中进行查表转发	L3VPNv4
End.B6.insert	插入 SRH，应用指定的 SRv6 Policy	Insert 模式下引流，如 SRv6 Policy、隧道拼接、SD-WAN 选路等
End.BM	插入 MPLS 标签栈，应用指定的 SR-MPLS Policy	SRv6 与 SR-MPLS 互通场景
…	…	…

SRv6 SID 的命名遵循一定规则，可以从命名组合中快速判断指令功能。

(1) End：最基础的 Segment Endpoint 执行指令，表示终止当前指令，开始执行下一个指令。

(2) X：指定一个或一组三层接口转发报文，对应的转发行为是按照指定出接口转发报文。

(3) T：查询路由表并转发报文。

(4) D：解封装，移除 IPv6 报文头和与它相关的扩展报文头。

(5) V：根据 VLAN 查表转发。

(6) U：根据单播 MAC 查表转发。

(7) M：查询二层转发表，进行组播转发。

(8) B6：应用指定的 SRv6 Policy。

(9) BM：应用指定的 SR-MPLS Policy。

Flavors 是为了增强 End 系列指令而定义的附加行为。这些附加行为是可选项，它们将增强 End 系列指令的执行动作，满足更丰富的业务需求，如表 6-5 所示。

(1) PSP (penultimate segment pop of the SRH，倒数第二段弹出 SRH)。

(2) USP (ultimate segment pop of the SRH，倒数第一段弹出 SRH)。

(3) USD (ultimate segment decapsulation，倒数第一段解封装)。

表 6-5　Flavors 附加行为

附加行为	功能描述	附着的 End 系列指令
PSP	在倒数第二个 Endpoint 节点执行移除 SRH 操作，其功能类似于 MPLS 转发机制里的倒数第二跳弹出，可以提升转发效率	End、End.X、End.T
USP	在最后一个 Endpoint 节点执行移除 SRH 操作	End、End.X、End.T
USD	在最后一个 Endpoint 节点执行解封装外层 IPv6 报文头操作	End、End.X、End.T

6.2.2　SRv6 BE 与 SRv6 Policy

SRv6 工作模式有两种：SRv6 BE 和 SRv6 TE Policy，SRv6 TE Policy 可简称 SRv6 Policy。两种模式都可以用来承载常见的传统业务，如 L3VPN、EVPN L3VPN、EVPN VPLS、EVPN

VPWS、公网 IP 等。SRv6 Policy 可以实现流量工程，配合控制器可以更好地满足业务的差异化需求，做到业务驱动网络。SRv6 BE 是一种简化的 SRv6 实现，正常情况下不含有 SRH 扩展头，只能提供尽力而为的转发服务。在 SRv6 发展早期，基于 IPv6 路由可达性，利用 SRv6 BE 快速开通业务，具有无与伦比的优势；在后续演进中，可以按需升级网络的中间节点，部署 SRv6 Policy，满足高价值业务的需求。

1. SRv6 BE 概述和基本原理

SRv6 BE 是 SRv6 的一种应用方式，用于提供基本服务，适用于一般的互联网流量。

SRv6 BE 旨在提供一种简单而高效的服务，适用于不需要特殊服务质量保证的应用场景。它采用 IPv6 地址的分段标识符，将路径信息嵌入到数据包头部，从而指示数据包的前进路径。这一路径是预先设定的最短路径，使得数据包能够以 Best Effort（BE）方式沿着网络中的最佳路径传输，而不涉及复杂的流量工程或特殊服务质量需求。

传统 MPLS 有 LDP 和 RSVP-TE 两种控制协议，其中 LDP 方式不支持流量工程能力，LDP 利用 IGP 算路结果，建立 LDP LSP 指导转发。SRv6 BE 类似于 MPLS 网络中的 LDP，是指基于 IGP 最短路径算法计算得到最优 SRv6 路径。SRv6 BE 仅使用一个业务 SID 来指引报文在链路中的转发，是一种尽力而为的工作模式。

SRv6 BE 的报文封装没有代表路径约束的 SRH，其格式与普通 IPv6 报文格式一致，转发行为也与普通 IPv6 报文转发一致，这就意味着普通的 IPv6 节点也可以处理 SRv6 BE 报文。SRv6 BE 的报文封装与普通 IPv6 报文封装的不同点在于：普通 IPv6 报文的目的地址是一台主机或者一个网段，但是 SRv6 BE 报文的目的地址是一个业务 SID。业务 SID 可以指引报文按照最短路径转发到生成该 SID 的父节点，并由该节点执行业务 SID 的指令。

2. SRv6 Policy 概述和基本原理

SRv6 Policy 是 SRv6 的一种应用方式，主要用于实现流量工程、服务质量、路径优化等高级网络策略。

SRv6 Policy 旨在为网络管理员提供更为灵活的控制权，以实现对流量的更精细化管理和控制。相比于 SRv6 BE 的基本服务，SRv6 Policy 允许定义特殊的路径、流量工程策略，以满足特定网络需求，如流量的负载均衡、服务质量的保证、路径优化等。

SRv6 Policy 利用 SR 的源路由机制，通过在头节点封装一个有序的指令列表（路径信息），也称为 SID 列表（Segment ID list），来指导报文穿越网络。每个 SID 列表中是从源到目的地的端到端路径，指示网络中的路由器按照指定的路径转发数据，而不是遵循 IGP 计算的最短路径。这使得 SRv6 Policy 可以更加灵活地控制网络流量的引流路径，从而可以根据不同的应用场景和服务质量要求，为网络流量提供更加优化的引流路径。SRv6 Policy 和 SDN 结合，可以更好地契合业务驱动网络的大潮流，也是 SRv6 主推的工作模式。

SRv6 Policy 的工作流程如图 6-12 所示。

（1）路由器通过 BGP 链路状态（BGP-link state，BGP-LS）将网络拓扑信息上报给控制器。拓扑信息包括节点链路信息、链路的开销/带宽/时延等 TE 属性。

（2）控制器对收集到的拓扑信息进行分析，按照业务需求基于约束计算路径，符合业务的 SLA。

（3）控制器将路径信息下发给头节点，头节点生成 SRv6 Policy。其中包括头端地址、目的地址和 Color（扩展团体属性）等。

（4）头节点为业务选择合适的 SRv6 Policy 来指导转发。转发时，各路由器按照 SRv6 报文中携带的信息，执行自己发布的 SID 指令。

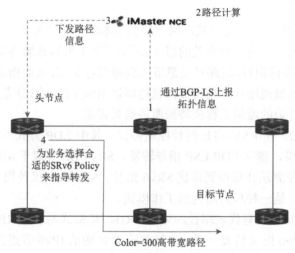

图 6-12　　SRv6 Policy 工作流程

3. SRv6 Policy 方案架构和结构

SRv6 Policy 必须通过元组<Headend,Color,Endpoint>来标识，对于一个指定的节点，SRv6 Policy 由<Color,Endpoint>标识。

（1）Headend（头端）：SRv6 Policy 的源地址，一般是全局唯一的源 IPv6 地址。

（2）Color（颜色）：32 bit 扩展团体属性，用于标识某一种业务意图（如低延时、高带宽等）。携带相同 Color 属性的 BGP 路由可以使用该 SRv6 Policy+。

（3）Endpoint（尾端）：SRv6 Policy 的目的地址，一般是全局唯一的目的 IPv6 地址。

一个 SRv6 Policy 可以包含多条候选路径（candidate path），候选路径携带优先级（preference）属性，优先级最高的有效候选路径为 SRv6 Policy 的主路径，优先级次高的有效路径为 SRv6 Policy 的备用路径，通过配置不同的候选路径，可以为网络应用提供更优的服务。SRv6 Policy 路径选择示意图如图 6-13 所示。

一条候选路径可以包含多个 Segment List，每个 Segment List 携带权重（weight）属性。每个 Segment List 都是一个显式 SID 栈，Segment List 可以指示网络设备转发报文。多个 Segment List 之间可以形成负载分担。

Color 和 Endpoint 信息通过配置添加到 SRv6 TE Policy，业务网络头端通过路由携带的 Color 属性和下一跳信息来匹配对应的 SRv6 TE Policy 实现业务流量转发。Color 属性定义了应用级的网络 SLA 策略，可基于特定业务 SLA 规划网络路径，实现业务价值细分，构建新的商业模式。

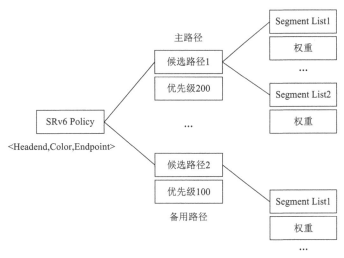

图 6-13　SRv6 Policy 路径选择示意图

4. SRv6 的应用

IP 承载网存在诸多跨域业务，包括移动 3G/4G、VoIP 与专线业务等。现网采用分段式业务部署方案，不仅端到端部署复杂，而且做跨域配置时，需多个部门对接协调操作，业务开通速度慢。此外，网络里多种协议并存，运营商希望简化网络架构，实现业务自动化部署，并提升业务部署速度。

在网络里引入 SRv6 具有如下优点。

(1)网络协议极简：SRv6 实现了去 MPLS 化，现网业务无须进行 MPLS 配置，仅保留了 IGP 与 BGP 两种基础网络协议。

(2)业务开通快速：SRv6 降低了跨域的难度。一方面，对于非关键业务，保持 SRv6 BE 承载，业务仅两端部署，中间节点仅需支持 IPv6。另一方面，通过 SRv6 Policy 承载 B2B(business to business，企业对企业)专线业务，实现了专线业务自动发放，开通时间短。

(3)可持续演进：基于 SRH 的可编程性，在未来演进中也无须新增其他协议，而且支持网络可持续演进。

SRv6 作为一种网络架构，有广泛的应用，涵盖了多个领域，一些主要的应用如下。

(1)流量工程：SRv6 允许网络管理员根据实时需求动态调整流量路径，以实现流量工程、优化网络资源利用、实现负载均衡等。

(2)服务质量：SRv6 支持定义不同路径和服务质量参数，使得网络能够为不同类别的流量提供适当的服务质量，包括低延迟、高吞吐量等。

(3)路径优化：SRv6 用于定义和优化特定路径，确保数据包按照预期的路径传输，以提高网络的效率和性能。

(4)网络切片：SRv6 应用于网络切片，实现网络的虚拟化，将一个物理网络划分为多个逻辑上独立的网络实例，每个实例可以根据特定需求进行个性化配置。

(5)移动性支持：SRv6 的灵活性使得它成为移动网络中支持用户和设备移动的一种理想选择。通过动态调整 SRv6 路径，可以有效地支持移动设备的位置变化。

(6)数据中心互联：SRv6 用于数据中心互联，提供高度灵活和可编程的路径控制服务，满足虚拟化和云服务的需求。

（7）边缘计算：在边缘计算环境中，SRv6 的灵活性和流量工程能力使其成为有效的解决方案，支持将计算资源推向网络边缘，提供更低时延的服务。

（8）5G 网络：SRv6 被认为是 5G 网络架构的一部分，用于支持网络切片、低时延通信、大规模物联网等 5G 应用场景。

（9）安全和隐私：SRv6 的某些特性可以用于增强网络的安全性，如源地址验证、路径隐私等。

6.2.3　SRv6 的基础配置

1. SRv6 BE

SRv6 是一种基于 IPv6 的段路由技术，它可以用于承载传统业务，如 L3VPN、EVPN L3VPN、EVPN VPLS、EVPN VPWS、公网 IP 等。如果想使用 SRv6 功能，需要在设备上启用 SRv6 功能并进入 SRv6 视图。

1）SRv6 SID 关键配置命令

SRv6 SID 是 SRv6 中的一种标识符，用于标识网络中的路径。SRv6 SID 的配置命令可能因设备和操作系统的不同而有所变化。

（1）使用 SRv6 功能，并进入 SRv6 视图。

```
[Huawei] segment-routing ipv6
```

配置 segment-routing ipv6 命令后，可以在 SRv6 视图下配置 IPv6 SID，以生成 IPv6 Local SID 转发表项。

（2）配置 SRv6 SID Locator。

```
[Huawei-segment-routing-ipv6] locator locator-name [ ipv6-prefix ipv6-address
    prefix-length [ [ static static-length ] | [ args args-length ] ] * ]
```

SRv6 SID 是 IPv6 地址形式，总计 128 位，其中 Locator 占 40 位，Function 占 16 位，Args 占 72 位，SRv6 SID 格式为 Locator:Function:Args。其中：

①Locator 字段是 SRv6 SID 的前缀，对应 ipv6-prefix ipv6-address 参数，长度由 prefix-length 参数决定；

②Function 字段也称为 Opcode，是 SRv6 SID 的功能，可以通过 IGP 协议动态分配，也可以通过 opcode 命令静态配置；

③配置 Locator 时，可以通过 static static-length 参数指定静态段长度，静态段长度决定能够在该 Locator 下配置多少静态 Opcode，IGP 协议动态分配 Opcode 时会在静态段范围外申请，确保最终构成的 SRv6 SID 不会冲突；

④Args 字段是 SRv6 SID 的参数，由 args args-length 参数决定，Args 字段在 SRv6 SID 里是可选的，由命令配置决定。

（3）配置静态 End SID 的 Opcode。

SRv6 End SID 的 Opcode 是指定静态 SRv6 End SID 的操作码。不同设备和操作系统的 SRv6 End SID Opcode 配置命令可能不同。例如，华为路由器上的 SRv6 End SID Opcode 配置命令是

opcode func-opcode end-dt6，可以使用该命令来配置静态 SRv6 End.DT6 SID 的操作码。

```
[Huawei-segment-routing-ipv6] opcode func-opcode end-dt6
```

End SID 标识一个 SRv6 节点。no-psp 参数表示取消 PSP（倒数第二段弹出 SRH）标记。

（4）静态配置 End.X SID 的 Opcode。

```
[Huawei-segment-routing-ipv6] opcode func-opcode end-x interface { interface-name
| interface-type interfacenumber } nexthop nexthop-address [ no-psp ]
```

End.X SID 表示 SRv6 节点的三层邻接，所以在参数配置过程中需要指定接口和接口下一跳地址。

2）SRv6 SID 配置示例

SRv6 SID 分为静态配置和动态配置两种方式。动态配置只需要配置 locator 命令，Opcode 由 IGP 动态分配。静态配置则手动配置对应类型 SID 的 Opcode。locator 命令的参数关系如下：

```
|--Locator --|--Dynamic Opcode--|--Static Opcode--|--Args--|
```

其中，Locator 表示定位器；Dynamic Opcode 表示动态操作码；Static Opcode 表示静态操作码；Args 表示参数。

```
[Router-segment-routing-ipv6] locator srv6_locator1 ipv6-prefix 2001:DB8:ABCD::
64 static 32
```

静态配置 SID 时，SID 只占用静态段范围，动态段设置为 0，然后静态段取值从 1 开始。动态分配 SID 时，SID 会占用动态段和静态段范围，动态段取值从 1 开始，静态段取值从 0 开始。本例中 Locator 是 2001:DB8:ABCD::，长度为 64bit，静态段占 32bit，动态段占 32bit，Args 占 0bit。取值范围如下。

静态段起始值：2001:DB8:ABCD:0000:0000:0000:0000:0001。静态段结束值：2001: DB8: ABCD: 0000: 0000: 0000: FFFF:FFFF。

动态段起始值：2001:DB8:ABCD:0000:0000:0001:0000:0000；动态段结束值：2001: DB8: ABCD: 0000: FFFF: FFFF: FFFF: FFFF。

推荐静态配置 End SID 和 End.X SID。对于动态生成的 SID，如果设备重启，SID 会变化，不利于维护。

案例 7：L3VPNv4 over SRv6 BE 配置需求。

L3VPNv4 over SRv6 BE 是指利用公网的 SRv6 BE 转发路径承载 L3VPNv4 私网数据。L3VPNv4 over SRv6 BE 的关键实现步骤包括 SRv6 BE 路径建立、VPN 路由互通、数据转发等。PE1 与 PE2 之间是新建的 IPv6 公共网络，而私网仍旧是传统的 IPv4 网络。通过在 IPv6 公共网络建立 SRv6 BE 路径，可以承载私网的 L3VPNv4 业务。

1）配置需求

（1）完成 Backbone 网络的 Underlay 路由配置，使得该网络实现基础互联互通。路由协议采用 IS-IS IPv6。

（2）完成 Backbone 网络的 VPN 配置，接入 VPN 客户 A 的两个站点。PE 和 CE 间使用 EBGP 对接，交互站点路由。

（3）完成 Backbone 网络的 MP-BGP 配置，使得 PE1 与 PE2 之间能够交互 VPNv4 路由。

（4）完成 SRv6 BE 的相关配置，最终要求 CE1 的 Loopback0 接口网段能够与 CE2 的 Loopback0 接口网段实现互通。

2）需准备的数据

（1）PE1、P 和 PE2 各接口的 IPv6 地址。

（2）PE1、P 和 PE2 的 IS-IS 进程号。

（3）PE1、P 和 PE2 的 IS-IS 级别。

（4）PE1 和 PE2 上 VPN 实例的名称，以及 VPN 实例的路由区分符（route distinguisher，RD）和路由目标（route target，RT）。

3）配置步骤

（1）使能骨干网设备各接口的 IPv6 转发能力，配置 IPv6 地址（略）。

（2）在骨干网设备上使能 IS-IS（略）。

（6）在 PE1 和 PE2 上配置 VPN 实例（略）。

（4）在 PE 和 CE 之间建立 EBGP 对等体关系（略）。

（5）在 PE 之间建立 MP-IBGP 对等体关系。

（6）在 PE1 和 PE2 上配置 SRv6。配置 IS-IS 的 SRv6 能力。

以 PE1 的配置为例，配置结果如下。

```
[PE1] bgp 123
[PE1-bgp] peer 2001:DB8:3::3 as-number 123
[PE1-bgp] peer 2001:DB8:3::3 connect-interface LoopBack 0
[PE1-bgp] ipv4-family vpnv4
[PE1-bgp-af-vpnv4] peer 2001:DB8:3::3 enable
Warning: This operation will reset the peer session. Continue?
[Y/N]:y
[PE1] segment-routing ipv6
[PE1-segment-routing-ipv6] encapsulation source-address
2001:DB8:1::1
[PE1-segment-routing-ipv6] locator as1 ipv6-prefix
2001:DB8:100:: 64 static 32
[PE1-segment-routing-ipv6-locator] quit
[PE1-segment-routing-ipv6] quit
[PE1] bgp 123
[PE1-bgp] ipv4-family vpnv4
[PE1-bgp-af-vpnv4] peer 2001:DB8:3::3 prefix-sid
[PE1-bgp-af-vpnv4] quit
[PE1-bgp] ipv4-family vpn-instance A
[PE1-bgp-A] segment-routing ipv6 best-effort
[PE1-bgp-A] segment-routing ipv6 locator as1
[PE1-bgp-A] quit
[PE1-bgp] quit
[PE1] isis 1
[PE1-isis-1] segment-routing ipv6 locator as1
```

PE2 的配置类似，不再赘述。

4）配置结果

完成上述配置后，执行命令 display segment-routing ipv6 locator verbose 查看 SRv6 的

Locator 信息。以 PE2 为例，执行结果如图 6-14 所示。

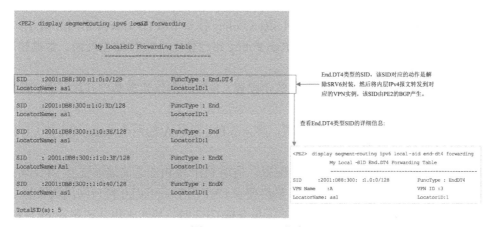

图 6-14　PE2 SRv6 的 Locator 信息

执行命令 display segment-routing ipv6 local-sid forwarding 查看 SRv6 的 Local SID 表中的 SID 信息。以 PE2 为例，执行结果如图 6-15 所示。

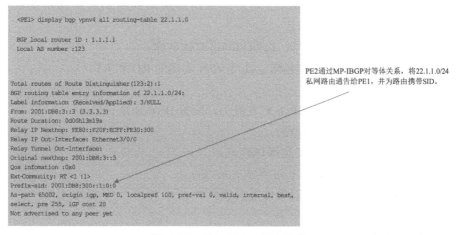

图 6-15　PE2 SID 信息

在 PE1 上查看 PE2 通告过来的 22.1.1.0/24 路由，执行结果如图 6-16 所示。

图 6-16　PE2 VPNv4 路由信息

查看 PE1 的 VPN 路由表，执行结果如图 6-17 所示。

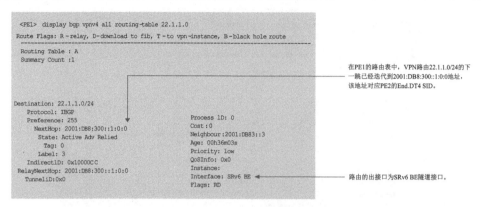

图 6-17　PE1 VPN 路由

2. SRv6 Policy

案例 8： L3VPNv4 over SRv6 Policy 配置需求。

L3VPNv4 over SRv6 Policy 是指利用 SRv6 Policy 技术承载 L3VPNv4 私网数据。L3VPNv4 over SRv6 Policy 的关键实现步骤包括 SRv6 Policy 路径建立、VPN 路由互通、数据转发等。

1）配置需求

（1）完成 Backbone 网络的 Underlay 路由配置，使得该网络实现基础互联互通。路由协议采用 IS-IS IPv6。

（2）完成 Backbone 网络的 VPN 配置，接入 VPN 客户 A 的两个站点。PE 和 CE 间使用 EBGP 对接，交互站点路由。

（3）完成 Backbone 网络的 MP-BGP 配置，使得 PE1 与 PE2 之间能够交互 VPNv4 路由。

（4）完成 SRv6 Policy 的相关配置，最终要求 CE1 的 Loopback0 接口网段能够与 CE2 的 Loopback0 接口网段实现互通。当 CE1 的流量发往 CE2 时，要求采用显式路径 PE1>P>PE2，该路径的 Color 值为 101。

2）需准备的数据

（1）各台设备接口的 IPv6 地址。

（2）PE 和 ASBR 的自治系统号。

（3）PE 和 ASBR 的 IS-IS 进程号、级别和网络实体名称。

（4）PE1 和 PE2 上 VPN 实例的名称，以及 VPN 实例的 RD 和 RT。

3）配置步骤

（1）使能骨干网设备各接口的 IPv6 转发能力，配置 IPv6 地址（略）。

（2）在骨干网设备上使能 IS-IS（略）。

（3）在 PE1 和 PE2 上配置 VPN 实例（略）。

（4）在 PE 和 CE 之间建立 EBGP 对等体关系（略）。

（5）在 PE 之间建立 MP-IBGP 对等体关系（略）。

（6）配置 SRv6 SID。

（7）配置 SRv6 Policy。配置隧道策略，引入私网流量。

4）配置结果

配置 PE1（简单起见，此处仅呈现设备配置命令，通过缩进表示命令之间的层次化关系）：

```
segment-routing ipv6
encapsulation source-address 2001:DB8:1::1
locator as1 ipv6-prefix 2001:DB8:100:: 64 static 32
opcode ::111 end
bgp 123
ipv4-family vpnv4
peer 2001:DB8:3::3 prefix-sid
ipv4-family vpn-instance A
segment-routing ipv6 traffic-engineer best-effort
segment-routing ipv6 locator as1
isis 1
segment-routing ipv6 locator as1 auto-sid-disable
```

PE2 的配置类似，不再赘述。

配置 P：

```
segment-routing ipv6
encapsulation source-address 2001:DB8:2::2
locator as1 ipv6-prefix 2001:DB8:200:: 64 static 32
opcode ::222 end
isis 1
segment-routing ipv6 locator as1 auto-sid-disable
```

在 PE1 上配置 SRv6 Policy：

```
segment-routing ipv6
segment-list list1
index 5 sid ipv6 2001:DB8:200::222
index 10 sid ipv6 2001:DB8:300::333
srv6-te-policy locator as1
srv6-te policy policy1 endpoint 2001:DB8:3::3 color 101
binding-sid 2001:DB8:100::100
candidate-path preference 100
segment-list list1
```

在 PE1 上配置隧道策略，引入私网流量：

```
route-policy p1 permit node 10
apply extcommunity color 0:101
bgp 123
ipv4-family vpnv4
peer 2001:DB8:3::3 route-policy p1 import
tunnel-policy p1
tunnel select-seq ipv6 srv6-te-policy load-balance-number 1
ip vpn-instance A
ipv4-family
```

```
tnl-policy p1
```

在 PE1 上查看 VPN 实例路由表信息，执行结果如图 6-18 所示。

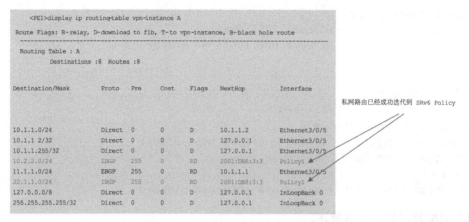

图 6-18　PE1 VPN 实例路由表信息

6.3　iFIT 技术原理与应用

iFIT（in-situ flow information telemetry，随流检测）是一种创新的网络检测技术，专为应对移动承载、专网专线，以及云网架构中出现的新需求和挑战而设计。

6.3.1　iFIT 概述

iFIT 基于设备透传、转发路径自动学习等能力，可以实现对大规模多类型业务场景的灵活适配。

1. 传统痛点与新的挑战

在 5G 和云计算时代，传统的网络运维方法面临着无法满足新应用服务等级协议（service level agreement，SLA）要求的挑战，主要问题在于被动的故障感知和低效的故障定界定位，IP 网络的业务和架构都经历了显著的变化，这些变化给网络运维带来了重大挑战。

1）网络业务与架构演进

首先，5G 技术的推进催生了高清视频、虚拟现实、车联网等多种新兴业务。与此同时，网络设备和服务向云化转变，以便于统一管理和降低维护成本。这些新业务和架构的发展对现有承载网络提出了多重要求。例如，需要更高的带宽以处理大量数据，同时确保带宽利用率最大化和可预测的增长。此外，为支持海量智能终端的接入，网络必须能够动态地建立连接，并针对不同业务提供差异化的服务等级协议保障。网络时延的降低也至关重要，以满足远程医疗（要求时延不超过 10ms）、车联网（要求时延不超过 5ms）、工业控制（要求时延不超过 2ms）等应用的需要。最后，为了提高网络的可靠性，必须开发具有故障主动感知、快速故障定位以及自我修复能力的运维手段。

2）传统网络运维的痛点

首先，传统方法中，运维团队通常依赖用户投诉或业务部门的工单来判断故障，这导致了故障感知的延迟和被动的处理方式。这种方式不仅增加了排障的压力，还可能导致较差的用户体验。因此，迫切需要一种能够主动感知业务故障并执行业务级 SLA 检测的方法。其次，故障的定界和定位效率通常很低，因为这经常需要多个团队之间的协作，而且缺乏明确的定界机制，导致责任不明确。传统的排障方法，如人工检查设备并进行重启或替换，效率低。此外，传统的操作、管理和维护（OAM）技术通过测试报文来间接模拟业务流，无法真实地复现性能下降和故障场景。因此，目前的网络运维需要基于真实业务流的高精度快速检测手段。

3）优质运维手段的缺失

面对传统网络运维的痛点，业界提出了两种主要的 OAM 技术：带外测量和带内测量。带外测量技术通过模拟业务数据报文并周期性发送报文的方式来实现端到端路径的性能测量和统计。这类似于在道路两旁设置监控探头，虽然可以收集数据，但信息有限且存在盲区，不足以完整还原车辆的运行轨迹。相比之下，带内测量技术通过对真实业务报文进行特征标记或在其中嵌入检测信息，能够对真实业务流的性能进行测量和统计。这就像为车辆安装定位模块，能够实现对车辆的实时定位和准确路径还原。

具体来说，现有的带外测量技术代表是 TWAMP（two-way active measurement protocol），其由于部署简单，被广泛应用。但 TWAMP 统计精度较低，无法精确定位故障点或呈现真实的业务路径。而带内测量的代表技术之一是 IP FPM（IP flow performance measurement），它通过对 IP 报文头进行染色显著提高了检测精度。但是，IP FPM 难以感知业务流的转发路径，使得在现网中大规模应用存在难度。另一种带内测量技术 iOAM 虽然解决了配置复杂性问题，但它采用 Passport 数据处理模式，即在每个节点采集数据并在尾节点集中上报，可能会影响设备的转发平面效率。

2. iFIT 介绍

随着承载网对超大带宽、海量连接以及高可靠低时延需求的增长，iFIT 技术通过对网络中的真实业务流进行特征标记，直接监测网络性能指标，如时延、丢包和抖动。这一过程涉及在业务报文中插入专门的 iFIT 报文头，以进行性能检测。借助 Telemetry 技术，iFIT 能够实时上传检测数据，进而通过 iMaster NCE-IP 的可视化界面，向用户直观展示每个包或每个流的性能指标。这种方法不仅大幅提高了网络运维和性能监控的及时性与有效性，还确保了服务等级协议（SLA）的可实现性，为智能运维奠定了坚实的基础。

为了满足智简网络不仅能够准确识别用户意图，实现网络的端到端自动化配置，还能够实时感知用户体验并进行预测性分析和主动优化的需求，iFIT 技术应运而生。iFIT 也是一种带内测量技术，它能够弥补 IP FPM 和 iOAM 的不足。

iFIT 与 IP FPM 的对比如图 6-19 所示，二者的主要差异表现在：在业务部署方面，iFIT 支持控制器事先获取全网拓扑结构，通过将上报节点的设备标识、接口标识等信息映射到网络拓扑上，实现路径的自动发现。iFIT 只需在头节点配置，降低了 IP FPM 逐点配置带来的部署难度，将部署效率提升 80%。在可扩展性方面，iFIT 通过为业务流增加 iFIT 报文头实现随流检测，相较于 IP FPM 基于 IP 报文现有字段的实现，提高了可扩展性，可以满足未来网络的长期演进。

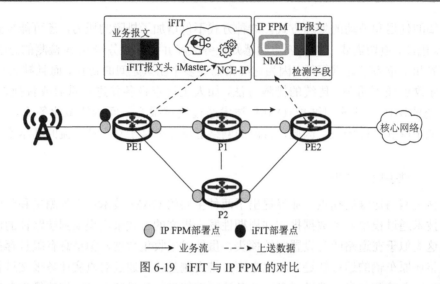

图 6-19　iFIT 与 IP FPM 的对比

　　iFIT 与 iOAM 的对比如图 6-20 所示，二者的主要差异表现在：在转发效率方面，iFIT 采用 Postcard 数据处理模式，相较于 iOAM 采用的 Passport 模式，测量域中的每个节点在收到包含指令头的数据报文时不会将采集的数据记录在报文里，而是生成一个上送报文将采集的数据发送给收集器。在这种情况下，iFIT 报文头长度短且固定，降低了对设备转发平面效率的影响。在检测范围方面，iFIT 通过上报每一跳信息支持逐跳的丢包检测，可以对具体的丢包位置进行解析。

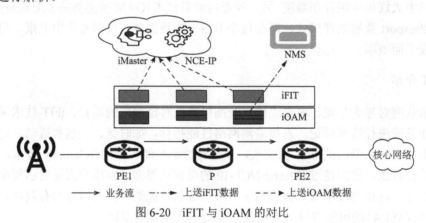

图 6-20　iFIT 与 iOAM 的对比

　　表 6-6 进一步总结了上述不同类型 OAM 技术的对比，从中可以看出，iFIT 在多个方面均展现出优势。

表 6-6　不同类型 OAM 技术的对比

对比项	IP FPM	iOAM	iFIT
部署难度	高	低	低
逐跳检测	支持	不支持逐跳丢包检测	支持
转发平面效率	中等	低	高
数据采集压力	小	大	仅使用染色功能：小 使用扩展功能：大

对比项	IP FPM	iOAM	iFIT
可扩展性	基于 IP 报文头现有字段，扩展能力差	扩展能力强	扩展能力强

6.3.2　iFIT 基础原理

1. iFIT 精准定位故障

iFIT 通过在真实业务报文中插入 iFIT 报文头实现故障定界和定位,这里以 iFIT over SRv6 场景为例,展示 iFIT 报文头结构,再通过对染色标记位和统计模式位这两个关键字段功能的介绍,说明 iFIT 如何实现故障的精准定位。

1)iFIT 报文头结构

在 iFIT over SRv6 场景中,iFIT 报文头封装在 SRH(段路由扩展头)中,如图 6-21 所示。在该场景中,iFIT 报文头只会被指定的 SRv6 Endpoint 节点(接收并处理 SRv6 报文的任何节点)解析。运维人员只需在指定的、具备 iFIT 数据收集能力的节点上进行 iFIT 检测,从而有效地兼容传统网络。iFIT 报文头主要包含以下内容。

(1)FII(flow instruction indicator,流指令标识):标识 iFIT 报文头的开端并定义了 iFIT 报文头的整体长度。

(2)FIH(flow instruction header,流指令头):可以唯一地标识业务流,L 和 D 位提供了对报文进行基于交替染色的丢包和时延统计功能。

(3)FIEH(flow instruction extension header,流指令扩展头):能够通过 E 位定义端到端或逐跳的统计模式,通过 F 位控制对业务流进行单向或双向检测。此外,其还可以支持如逐包检测、乱序检测等扩展功能。

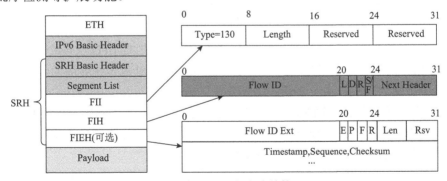

图 6-21　iFIT 报文头结构

2)基于交替染色法的 iFIT 检测指标

丢包率和时延是网络质量的两个重要指标。丢包率是指在转发过程中丢失的数据包数量占所发送数据包数量的比率,设备通过丢包统计功能可以统计某一个测量周期内进入网络与离开网络的报文差。时延是指数据包从网络的一端传送到另一端所需要的时间,设备可以通过时延统计功能对业务报文进行抽样,记录业务报文在网络中的实际转发时间,从而计算得出指定的业务流在网络中的传输时延。

iFIT 的丢包统计和时延统计功能通过对业务报文的交替染色来实现。染色就是对报文进行特征标记，iFIT 通过将丢包染色位 L 和时延染色位 D 置 0 或置 1 来实现对特征字段的标记。如图 6-22 所示，业务报文从 PE1 进入网络，报文数记为 Pi；从 PE2 离开网络，报文数记为 Pe。通过 iFIT 对该网络进行丢包统计和时延统计。

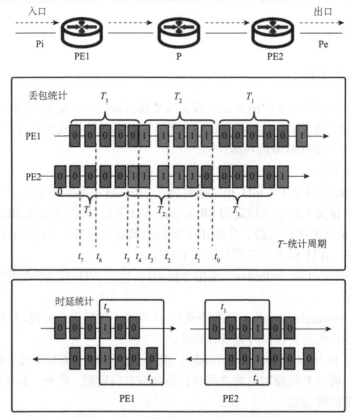

图 6-22　基于交替染色法的 iFIT 检测指标

这里以染色位置 1 的一个统计周期（T_2）为例，从 PE1 到 PE2 方向的 iFIT 丢包统计过程描述如下。

t_0 时刻：PE1 对入口业务报文的染色位置 1，计数器开始计算本统计周期内接收到的染色位置 1 的业务报文数。

t_1 时刻：经过网络转发和网络时延，在网络中设备时钟同步的基础上，当 PE2 出口接收到本统计周期内第一个带有 Flow ID 的业务报文并触发生成统计实例后，计数器开始计算本统计周期内接收到的染色位置 1 的业务报文数。

t_2/t_3 时刻：为了避免网络延迟和报文乱序导致统计结果不准，在本统计周期的 x（范围是 1/3～2/3）时间处，PE1/PE2 读取上个统计周期+截至目前本周期（对应图 6-22 的 $T_1+x×T_2$）内染色位置 0 的报文数后将计数器中的该计数清空，同时将统计结果上报给控制器。

t_4/t_5 时刻：PE1 入口处及 PE2 出口处对本统计周期内染色位置 1 的业务报文计数结束。

t_6/t_7 时刻：PE1 和 PE2 上计数器统计的染色位置 1 的报文数分别为 Pi 和 Pe（计数原则与 t_2 和 t_3 时刻相同）。

据此可以计算出：丢包数 = Pi－Pe；丢包率 = (Pi－Pe)/Pi。PE1 和 PE2 间的 iFIT 时延统计过程描述如下。

t_0 时刻：PE1 对入口业务报文的染色位置 1，计数器记录报文发送时间戳 t_0。

t_1 时刻：经过网络转发及延迟后，PE2 出口接收到本统计周期内第一个染色位置 1 的业务报文，计数器记录报文接收时间戳 t_1。

t_2 时刻：PE2 对入口业务报文的染色位置 1，计数器记录报文发送时间戳 t_2。

t_3 时刻：经过网络转发及延迟后，PE1 出口接收到本统计周期内第一个染色位置 1 的回程报文，计数器记录报文接收时间戳 t_3。

据此可以计算出：PE1 至 PE2 的单向时延 $= t_1 - t_0$，同理，PE2 至 PE1 的单向时延 $= t_3 - t_2$，双向时延 $= (t_1 - t_0) + (t_3 - t_2)$。

通过对真实业务报文的直接染色，辅以部署 1588v2 等时钟同步协议，iFIT 可以主动感知网络细微变化，真实反映网络的丢包和时延情况。

3）端到端和逐跳的统计模式

现有检测方法中常见的数据统计模式一般分为端到端（end-to-end，E2E）和逐跳（Trace）两种，E2E 统计模式适用于需要对业务进行端到端整体质量监控的检测场景，Trace 统计模式则适用于需要对低质量业务进行逐跳定界或对 VIP 业务进行按需逐跳监控的检测场景。iFIT 同时支持 E2E 和 Trace 两种统计模式。

（1）E2E 统计模式仅需在头节点部署 iFIT 检测点以触发检测，同时，在尾节点使能 iFIT 能力。在这种情况下，仅头尾节点感知 iFIT 报文并上报检测数据，中间节点则做 Bypass 处理，如图 6-23 所示。

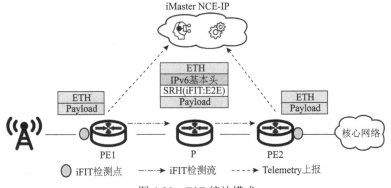

图 6-23　E2E 统计模式

（2）Trace 统计模式需要在头节点部署 iFIT 检测点以触发检测，同时在业务流途经的所有支持 iFIT 的中间节点上使能 iFIT 能力，如图 6-24 所示。

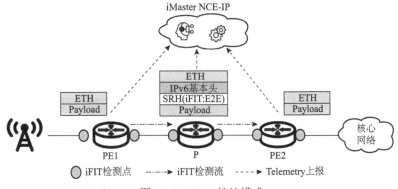

图 6-24　Trace 统计模式

在实际应用中，一般是 E2E iFIT+Trace iFIT 组合使用，当 E2E iFIT 的检测数据达到阈值时会自动触发 Trace iFIT，在这种情况下，可以真实还原业务流转发路径，并对故障进行快速定界和定位。

2. iFIT 检测自动触发

为了自动触发 iFIT 检测，控制器需要能感知网络中设备对 iFIT 的支持情况，可以通过扩展 IGP/BGP 通告网络设备支持 iFIT 的能力，并通过扩展 BGP-LS 协议将设备支持情况汇总通告给控制器，控制器可以根据上报的信息确定是否可以在指定网络域中使能 iFIT。下面以 BGP 扩展为例进行介绍，根据 BGP Extension for Advertising In-situ Flow Information Telemetry (iFIT) Capabilities (draft-wang-idr-bgp-ifit-capabilities) 中的描述，图 6-25 是扩展 BGP 团体属性所定义的 IPv6-Address-Specific iFIT Tail Community，iFIT 尾节点可以使用该团体属性将其支持的 iFIT 能力通告给对端设备（即 iFIT 头节点）。

<table>
<tr><td>0</td><td>8</td><td>16　　　31</td></tr>
<tr><td>Type</td><td>Sub-Type</td><td>Originating IPv6 Address</td></tr>
<tr><td colspan="3">Originating IPv6 Address(cont.)</td></tr>
<tr><td colspan="3">Originating IPv6 Address(cont.)</td></tr>
<tr><td colspan="3">Originating IPv6 Address(cont.)</td></tr>
<tr><td colspan="2">Originating IPv6 Address(cont.)</td><td>iFIT Capabilities</td></tr>
</table>

图 6-25　IPv6-Address-Specific iFIT Tail Community 结构

在图 6-25 中，Originating IPv6 Address 字段携带了 iFIT 尾节点的 IPv6 单播地址；iFIT Capabilities 字段则标识了该节点支持的 iFIT 能力，包括端到端和逐跳检测能力，以及基于交替染色法的检测能力等。

为了便于实现，在实际部署中一般采用将节点 iFIT 能力+BGP 路由下一跳信息上报给控制器的方法，由控制器计算确定每个节点的下一跳节点 iFIT 能力，并下发相关配置指导节点对 iFIT 报文头进行封装、转发及剥离操作，实现 iFIT 能力的自动协商。

```
SR Policy SAFI NLRI: <Distinguisher, Policy Color, Endpoint>
Attributes:
    Tunnel Encaps Attribute (23)
        Tunnel Type: SR Policy
            Binding SID
            SRv6 Binding SID
            Preference
            Priority
            Policy Name
            Policy Candidate Path Name
            Explicit NULL Label Policy (ENLP)
            IFIT Attributes
            Segment List
                Weight
                Segment
                Segment
                ...
            ...
```

图 6-26　携带 iFIT 信息的 SR Policy 结构

当需要快速检测已部署业务的 SLA 劣化情况以及时进行业务调整时，可以通过在扩展 BGP/PCEP 协议下发 SR Policy 时增加携带 iFIT 信息来实现。在这种情况下，下发 SR Policy 的同时 iFIT 将自动激活并运行，如图 6-26 所示。

在扩展 BGP 下发 SR Policy 时，可以通过 iFIT Attributes 字段携带 iFIT 属性信息，这样 iFIT 可以以相同方式检测 SR Policy 的所有候选路径。其中，候选路径包含多条 SR 路径，每条路径由一个段列表指定，iFIT 属性作为子 TLV 附加在候选路径层面。

3. iFIT 实时上送数据

在智能运维系统中，iFIT 通常采用 Telemetry 技术实时上送检测数据至 iMaster NCE-IP 进行分析。Telemetry 是一项远程的从物理设备或虚拟设备上高速采集数据的技术，设备通过推模式(push mode)周期性地主动向采集器上送设备的接口流量统计、CPU 或内存数据等信息，相对传统拉模式(pull mode)的一问一答式交互，提供了更实时、更高速的数据采集功能。Telemetry 通过订阅不同的采样路径灵活采集数据，可以支撑 iFIT 管理更多设备以及获取更高精度的检测数据，为网络问题的快速定位、网络质量的优化调整奠定重要的大数据基础。

如图 6-27 所示，用户在 iMaster NCE-IP 侧订阅设备的数据源，设备根据配置要求采集检测数据并封装在 Telemetry 报文中上报，其中包括流 ID、流方向、错误信息以及时间戳等信息。iMaster NCE-IP 接收并存储统计数据，再将分析结果可视化呈现。

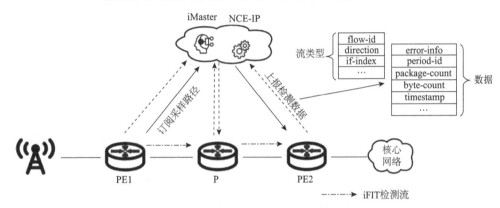

图 6-27　基于 Telemetry 上报 iFIT 检测数据

在 Telemetry 秒级高速数据采集技术的配合下，iFIT 能够实时将检测数据上送至 iMaster NCE-IP，实现高效的性能检测。

6.3.3　iFIT 技术价值

iFIT 通过在真实业务报文中插入 iFIT 头的方法进行检测，这种方法可以反映业务流的实际转发路径，配合 Telemetry 高速数据采集能力实现高精度、多维度的真实业务质量检测。iFIT 支持通过 iMaster NCE-IP 定制多种监控策略，可视化呈现检测结果，可以给用户带来良好的运维体验。此外，iFIT 结合大数据分析和智能算法能力，能够进一步构建闭环的智能运维系统。

1. 高精度多维度检测业务

传统 OAM 技术的测试报文转发路径可能与真实业务流转发路径存在差异，iFIT 提供的随流检测能力基于真实业务报文展开，这种检测方式存在很大的优势，具体描述如下。

(1) iFIT 可以真实还原报文的实际转发路径，精准检测每个业务的时延、丢包、乱序等多维度的性能信息，丢包检测精度可达 10^{-6} 量级，时延检测精度可达微秒级。

(2) iFIT 配合 Telemetry 秒级高速数据采集功能，能够实时监控网络 SLA，快速实现故障定界和定位。

（3）iFIT 还支持通过扩展报文实现逐包、乱序等多种性能数据统计，多维度地监控网络运行质量，有利于把控网络的整体状况。

（4）iFIT 可以实现对静默故障的完全检测、秒级定位。静默故障是指业务体验受损但没有达到触发告警门限且缺乏有效定位的故障，现网中 15% 的静默故障常常需要耗费超过 80% 的运维时间，危害较大。iFIT 能够识别网络中的细微异常，即使丢 1 个包，也能探测到，这种高精度丢包检测率可以满足金融决算、远程医疗、工业控制和电力差动保护等"零丢包"业务的要求，保障业务的高可靠性。

2. 灵活适配大规模多类型业务

网络的发展并非一蹴而就的，随着网络需求的不断增长，一个网络中可能同时存在多种网络设备并且承载多样的网络业务。在这种情况下，iFIT 凭借其部署简单的特点可以灵活适配大规模、多类型的业务场景，具体表现如下。

（1）iFIT 支持用户一键下发、全网使能。只需在头节点按需定制端到端和逐跳检测，在中间节点和尾节点一次使能 iFIT，即可完成部署，可以较好地适应设备数量较大的网络。

（2）iFIT 检测流可以由用户配置生成（静态检测流），也可以通过自动学习或由带有 iFIT 报文头的流量触发生成（动态检测流）；可以是基于五元组等信息唯一创建的明细流，也可以是隧道级聚合流或 VPN 级聚合流。在这种情况下，iFIT 能够同时满足检测特定业务流以及端到端专线流量的不同检测粒度场景。

（3）iFIT 对现有网络的兼容性较好，不支持 iFIT 的设备可以透传 iFIT 检测流，这样能够避免与第三方设备的对接问题，可以较好地适应设备类型较多的网络。

（4）iFIT 无须提前感知转发路径，能够自动学习实际转发路径，避免了需要提前设定转发路径以对沿途所有网元逐跳部署检测所带来的规划部署负担。

（5）iFIT 适配丰富的网络类型，适用于二、三层网络，也适用于多种隧道类型，可以较好地满足现网需求。

3. 提供可视化的运维界面

在可视化运维手段产生之前，网络运维需要通过运维人员先逐台手工配置，再多部门配合逐条逐项排查来实现，运维效率低。可视化运维可以提供集中管控能力，它支持业务的在线规划和一键部署，通过 SLA 可视支撑故障的快速定界定位。iFIT 可以提供可视化的运维能力，用户可以通过 iMaster NCE-IP 可视化界面根据需要下发不同的 iFIT 监控策略，实现日常主动运维和报障快速处理，具体介绍如下。

（1）日常主动运维：日常监控全网和各区域影响基站最多的 TOP5 故障、基站状态统计、网络故障趋势图以及异常基站趋势图等数据，通过查看性能报表及时了解全网、重点区域的重点故障以及基站业务状态的变化趋势；在 VPN 场景下，通过查看端到端业务流的详细数据，帮助提前识别并定位故障，保证专线业务的整体 SLA。

（2）报障快速处理：在收到用户报障时，可以通过搜索基站名称或 IP 地址查看业务拓扑和 iFIT 逐跳流指标，根据故障位置、疑似原因和修复建议处理故障；还可以按需查看 7×24h 的拓扑路径和历史故障的定位信息。

iFIT 的监控结果可以在 iMaster NCE-IP 上直观生动地图形化呈现，能够帮助用户掌握网络状态，快速感知和排除故障，为用户带来更好的运维体验。

4. 构建闭环的智能运维系统

为应对网络架构与业务演进给承载网带来的诸多挑战，满足传统网络运维手段提出的多方面改进要求，实现用户对网络的端到端高品质体验诉求，需要将被动运维转变为主动运维，打造智能运维系统。智能运维系统通过真实业务的异常主动感知、故障自动定界、故障快速定位和故障自愈恢复等环节，构建一个自动化的正向循环，以适应复杂多变的网络环境。iFIT 与 Telemetry、大数据分析和智能算法等技术相结合，共同构建智能运维系统，该系统的具体工作流程如图 6-28 和图 6-29 所示，具体描述如下。

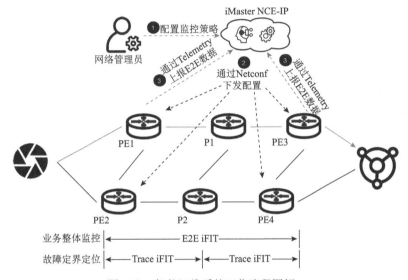

图 6-28　智能运维系统工作流程图解一

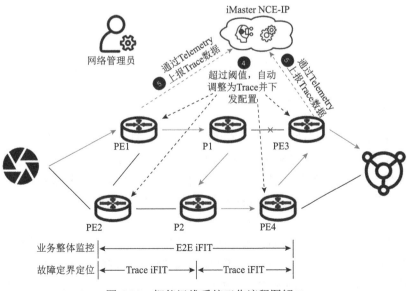

图 6-29　智能运维系统工作流程图解二

（1）通过 iMaster NCE-IP 全网使能 iFIT 能力并进行 Telemetry 订阅，根据需要选择业务源宿节点及链路并配置 iFIT 监控策略。

（2）iMaster NCE-IP 将监控策略转换为设备命令，通过 Netconf 下发给设备。

（3）设备生成 iFIT 端到端监控实例，源宿节点分别通过 Telemetry 秒级上报业务 SLA 数据给 iMaster NCE-IP，基于大数据平台处理可视化呈现检测结果。

（4）设置监控阈值，当丢包或时延数据超过阈值时，iMaster NCE-IP 自动将监控策略从端到端检测调整为逐跳检测并通过 Netconf 下发更新后的策略给设备。

（5）设备根据新策略将业务监控模式调整为逐跳模式，并逐跳通过 Telemetry 秒级上报业务 SLA 数据给 iMaster NCE-IP，基于大数据平台处理可视化呈现检测结果。

（6）基于业务 SLA 数据进行智能分析，结合设备 KPI、日志等异常信息推理识别潜在根因，给出处理意见并上报工单；同时，通过调优业务路径保障业务质量，实现故障自愈。

从上述过程中可以看出，iFIT 端到端（E2E）和逐跳（Trace）检测的上送结果是大数据平台和智能算法分析的数据来源，也是实现智能运维系统故障精准定界定位和故障快速自愈能力的基石。除了 iFIT 以及 Telemetry 高速采集外，大数据平台还拥有秒级查询、高效处理海量 iFIT 检测数据的能力，并且单节点故障不会导致数据丢失，可以保障数据高效可靠地分析转化；智能算法支持将质差事件聚类为网络群障（即计算同一周期内质差业务流的路径相似度，将达到算法阈值的质差业务流视为由同一故障导致，从而定位公共故障点），识别准确率达 90%以上，可以提升运维效率，有效减少业务受损时间。以上四大技术共同保障智能运维系统闭环，推进智能运维方案优化，可以很好地适应未来网络的演进。

6.4　网络切片技术原理与应用

网络切片是 5G 和云时代运营商网络中新引入的服务模式，运营商将基于一套共享的网络基础设施来为多租户提供不同的网络切片服务，满足不同行业的差异化网络需求，各垂直行业客户将会以切片租户的形式来使用网络。

6.4.1　网络切片的产生

随着 5G 和云时代多样化新业务的涌现，不同的行业、业务或用户对网络提出了各种各样的服务质量要求。

1. 多样化新业务不断涌现

5G 改变了网络连接的属性，云改变了网络连接的范围。5G 新业务的发展对于网络连接提出了更多的要求，如更严格的 SLA 保证、超低时延等。各种云业务的发展使得业务接入网络位置灵活多变，一些云业务（如电信云）进一步打破了物理网络设备和虚拟网络设备的边界，使得业务与承载网络融合在一起，这些都改变了网络连接的范围。

1）5G

在 5G 时代，移动数据、海量的设备连接以及各种垂直行业的业务特征差异巨大。对于移动通信、智能家居、环境监测、智能农业和智能抄表等业务，需要网络支持海量设备连接和大量小报文频发；网络直播、视频回传和移动医疗等业务对传输速率提出了更高的要求；车联网、智能电网和工业控制等业务则要求毫秒级的时延和接近 100%的可靠性。因此，5G 网络具有海量接入、超低时延、极高可靠性的能力，以满足用户和垂直行业多样化的业务需求。基于未来移动互联网和物联网主要场景和业务需求特征，ITU 明确提出以下三种典型的 5G 应用场景。

（1）eMBB（enhanced mobile broadband，增强型移动宽带）聚焦对带宽有高要求的业务，如高清视频、增强现实。

（2）uRLLC（ultra-reliable low-latency communication，超可靠超低时延通信）聚焦对时延和可靠性极其敏感的业务，如自动驾驶汽车、工业自动化。

（3）mMTC（massive machine-type communications，大规模机器通信）则覆盖具有高连接密度的场景，如智慧城市。

它们需要完全不同类型的网络特性和性能要求，这些多样的需求难以用一套网络满足。

2）云业务

随着云和互联网的快速发展，越来越多的企业开始进行数字化转型。据 IDC（International Data Corporation，国际数据公司）Research Reports 分析，到 2025 年 100% 的企业会使用云服务，85% 的企业应用将会部署在云端。数字化转型的目标是轻资产运营模式，将企业内部 IT 支撑系统以及生产系统逐步迁移到云上，享受云服务带来的高效和敏捷。企业应用上云重塑了企业 ICT 的部署方式，重构了企业到云、企业之间、云之间的专线网络，重塑了运营商 B2B（企业对企业）业务。云网一站式服务是企业 ICT 最关键的诉求。

对于企业 ICT 的庞大市场，业界越来越多的参与者以不同的方案来满足用户的诉求。公有云厂商在提供云服务的基础上布局云骨干网，提供云网一体的服务，这种方式改变了传统的互联网专线和组网专线的需求。SD-WAN（software-defined networking in a wide area network，软件定义广域网）厂商提供灵活、具有成本竞争力的方案来满足用户互联诉求。这些产品和服务不仅重塑了专线连接的形态，同时具备灵活连接、快速开通、动态调整的能力，对运营商的传统专线市场造成压力。对于运营商而言，发挥网络的优势，提供广覆盖、灵活敏捷、SLA 可保障的专线，以及云网融合的功能是在 B2B 市场保持竞争力的重要因素。

2. IP 网络面临的挑战

随着 5G 和云时代多样化新业务的涌现，IP 网络如何满足众多业务的多样化、差异化、复杂化需求呢？这是 IP 网络面临的巨大挑战。

1）超低时延挑战

IP 网络在建网时，一般分为接入层、汇聚层、骨干层，所有用户都同时用到最大带宽的可能性很小，会有一定的并发度，因此从接入层到汇聚层到骨干层，规划的带宽会有一定收敛，常见的接入汇聚收敛比为 4：1（各个运营商实际情况会有所不同）。这种方式充分利用了 IP 网络统计复用的能力，此消彼长，达到资源共享的目的，可以极大地降低建网成本。由于收敛比的存在，网络中会存在高速率、多接口进入，低速率、单接口流出的问题，容易造成拥塞。虽然路由器可以通过端口大缓存解决拥塞丢包问题，但数据包在拥塞时会进队列缓存，此时会产生较大的排队时延。

随着 5G 多样化新业务的涌现，不同业务对于带宽和时延有着截然不同的需求。例如，直播视频类业务需要大带宽，且流量呈现脉冲式突发特征，容易造成瞬时拥塞，而远程医疗、游戏、精密制造等业务则对时延有超高的要求，提出超低时延的需求。如果能够基于业务提供差异化时延通道，就可以满足对时延要求严格的业务需求。

2) 安全隔离挑战

一些垂直行业中企业的生产制造和交互类业务是其核心业务，对业务的安全性和稳定运行有着明确的要求，如金融、医疗等。为了确保这类核心业务不受其他业务干扰，其通信系统一般采用专用的网络承载，和企业信息管理类业务以及公共网络业务隔离。但是，出于建设成本、运维、快速拓展业务等因素的考虑，企业也在满足安全隔离需求的前提下，寻求新的方式承载其核心业务。传统 IP 网络统计复用模式下，容易出现业务之间对资源的互相抢占，只能提供尽力而为的服务，无法提供安全隔离功能。此外，传统 MSTP（multi-service transport platform，多业务传送平台）专线面临退网，部分基于 MSTP 的金融、政府专线业务也存在安全隔离、资源独享的诉求。

3) 极高可靠性挑战

高价值业务要求 IP 网络提供高可用性、高品质企业业务专线，如金融和医疗等行业对可用性的要求往往高达 99.99%。而 5G 业务，尤其是对于 uRLLC 业务而言，其可用性要求是 99.999%。部分业务如远程控制，高压供电等，其可靠性关系着社会与生命安全，可用性则是极高的 99.9999%。因此，在 IP 网络中提供高可靠的专线来承载这类业务至关重要。

4) 灵活连接挑战

随着 5G 和云时代业务的不断发展，单一业务向综合业务发展，流量走向由单一向多方向综合发展，导致网络的连接关系变得更加灵活、复杂和动态。5G 核心网元的云化、UPF（user plane function，用户面功能）的下沉，以及 MEC（mobile edge compute，移动边缘计算）的广泛应用，使得基站之间、基站到不同网络层次的 DC（data center，数据中心）之间，以及不同网络层次的 DC 之间的连接越来越复杂，且这些连接关系是动态变化的，要求网络具备提供任意按需连接的能力。此外，由于不同的行业、业务或用户在网络和云中的业务范围和接入位置的差别，存在定制化网络拓扑与连接需求。

5) 业务精细化、智能化管理挑战

随着 5G 和云时代多样化新业务的涌现，各类业务对网络提出差异化的服务需求，对网络服务的动态性和实时性等方面也提出了要求。传统 IP 网络偏静态的业务规划基于分钟级的网络利用率统计监控，忽略了网络流量在微观上的突发特征，难以避免业务之间的互相影响，无法保证业务的 SLA，也无法满足业务的动态部署和灵活调整需求。这要求网络对业务提供租户级精细化、智能化管理服务，而通过一个 IP 网络无法实现基于租户级的精细化业务管理。

3. 网络切片的出现

当前传统的共享网络无法高效地为所有业务提供可保障的 SLA，更无法实现网络的隔离和独立运营。为了在同一个网络上满足不同业务的差异化需求，网络切片的理念应运而生。通过网络切片，运营商能够在一个通用的物理网络之上构建多个专用的、虚拟化的、互相隔离的逻辑网络，来满足不同用户对网络连接、资源及其他功能的差异化需求。

6.4.2　网络切片的架构与方案

1. 网络切片架构

网络切片架构整体上可以划分为三个层次，包括网络切片管理层、网络切片实例层和网络基础设施层，如图 6-30 所示。

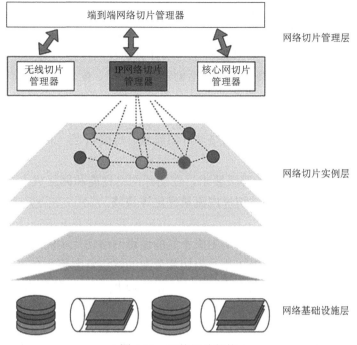

图 6-30　网络切片架构

1)网络切片管理层

网络切片管理层提供网络切片的生命周期管理功能。为满足各种不同业务的诉求，网络切片将一个物理网络分为多个逻辑切片网络，导致切片网络的管理复杂度增加，因此切片网络的自动化、智能化管理至关重要，具体包括网络切片的规划、部署、运维、优化四个阶段，如图 6-31 所示。

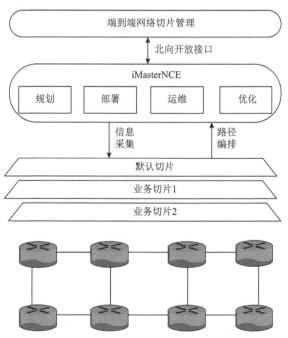

图 6-31　网络切片生命周期管理

(1)切片规划：完成切片网络的物理链路、转发资源、业务 VPN 和隧道规划，指导切片网络的配置和参数设置；提供多种网络切片规划方案，如全网按照固定带宽进行切片、灵活定制拓扑连接或者基于业务模型和 SLA 诉求自动计算切片的拓扑和需要的资源。

(2)切片部署：完成切片实例部署，包括创建切片接口、配置切片带宽、配置 VPN 和隧道等。

(3)切片运维：完成切片网络可视、故障运维等功能。通过 iFIT 等技术监控业务时延、丢包指标。通过 Telemetry 技术上报网络切片的流量、链路状态、业务质量信息，实时呈现网络切片状态。

(4)切片优化：基于业务服务等级要求，在切片网络性能和网络成本之间寻求最佳平衡的过程，包括切片转发资源预测、切片内流量优化等领域。

2)网络切片实例层

网络切片实例层提供在物理网络中生成不同的逻辑网络切片实例的功能，支持按需定制的逻辑拓扑连接，并将切片的逻辑拓扑与为切片分配的网络资源整合在一起，构成满足特定业务需求的网络切片。网络切片实例层由上层(Overlay)的虚拟专用网络(VPN)与下层(Underlay)的虚拟承载网络(virtual transport network，VTN)组成。虚拟专用网络提供网络切片内业务的逻辑连接，以及不同网络切片之间的业务隔离服务，即传统的 VPN Overlay 功能。虚拟承载网络提供用于满足切片业务连接所需的逻辑网络拓扑，以及用于满足切片业务的 SLA 要求所需的独享或部分共享的网络资源。因此，网络切片实例是在 VPN 业务的基础上增加了与底层 VTN 之间的集成。由于上层的各种 VPN 技术已经是成熟且广泛采用的技术，后续章节主要描述网络切片实例层中的 VTN 层的功能。下面所说的网络切片通常是指提供网络切片业务承载功能的虚拟承载网络层。虚拟承载网络层可以进一步分为控制平面和数据平面。

(1)数据平面：主要功能是在数据业务报文中携带网络切片的标识信息，指导不同网络切片的报文按照该网络切片的转发表项进行转发处理。数据平面需要提供一种通用的抽象标识，从而能够与网络基础设施层的各种资源切分技术解耦。目前在数据平面上可以通过 SRv6 SID 或 Slice ID 携带网络切片的标识信息。

(2)控制平面：主要功能是分发和收集各个网络切片的拓扑、资源等属性及状态信息，并基于网络切片的拓扑和资源约束进行路由和路径的计算和发放，实现将不同网络切片的业务流按需映射到对应的网络切片实例。目前在控制平面上可以通过 Flex-Algo 进行网络切片拓扑的灵活定制，通过 SRv6 Policy 下发网络切片的路径信息。

3)网络基础设施层

网络基础设施层是用于创建 IP 网络切片实例的基础网络，即物理设备网络。为了满足业务的资源隔离和 SLA 保障需求，网络基础设施层需要具备灵活精细化的资源预留能力，支持将物理网络中的转发资源按照需要的粒度划分为相互隔离的多份，分别提供给不同的网络切片使用。一些可选的资源隔离技术包括 FlexE(灵活以太网)子接口、信道化子接口和 Flex-channel 等。

2. 网络切片方案

目前常见的网络切片方案有两种：一种称为基于亲和属性的网络切片方案；另一种称为基于 Slice ID 的网络切片方案。

下面主要介绍基于亲和属性的网络切片方案和基于 Slice ID 的网络切片方案的设计思想和特点,并对比这两种方案的差异,帮助学生了解网络切片是如何实现资源隔离、差异化 SLA 保障等功能。

1)基于亲和属性的网络切片方案

基于亲和属性的网络切片利用已有的控制平面和数据平面协议机制,能够根据业务需求快速实现网络切片的建立和调整,从而实现基于存量网络的快速部署。

亲和属性(admin group)通常又称为颜色(color),是链路的一种控制信息属性。如图 6-32 所示,使用亲和属性将链路标识成不同颜色(如蓝、黄等),相同颜色的链路组成一个网络。

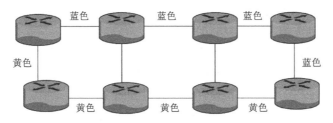

图 6-32　使用亲和属性标识链路

基于亲和属性的网络切片方案使用亲和属性作为网络切片的控制平面标识,将不同的亲和属性配置在各个网络切片对应的预留资源接口或子接口上,实现基于亲和属性划分出独立的网络切片。

在数据平面,需要为不同网络切片预留的资源接口或子接口分配不同的 SRv6 End.X SID,这样网络中每一个转发节点在转发报文时可以根据 SRv6 SID 确定用于执行报文转发的接口或子接口资源。

网络切片控制器基于切片约束计算得到的显式路径,可以编排为由对应的接口或子接口的 SRv6 SID 组成的 SID List,用于在 SRv6 网络中显式指示报文的转发路径以及路径上的一组预留的转发资源。控制器通过 BGP SR Policy 将各切片的 SRv6 显式路径下发给头节点,并将切片内规划的各类业务,如 L2VPN、L3VPN,迭代到对应切片的 SRv6 Policy 路径上。如果业务的目的地址与 SRv6 Policy 的 Endpoint 匹配,且业务的偏好(通过 VPN 路由中的 Color 扩展团体属性标识)与 SRv6 Policy 的一致,那么业务的流量就可以导入指定的 SRv6 Policy 进行转发。

SRv6 Policy 约束业务报文使用切片内的路径和预留资源进行转发,可以实现不同切片之间的资源隔离以及切片内不同业务的差异化路径,从而满足不同切片用户和切片内不同业务的 SLA 要求。

2)基于 Slice ID 的网络切片方案

基于亲和属性的网络切片使用 SRv6 SID 标识网络切片,设备为网络切片预留资源时,需要每台设备为每个网络切片分配不同的 SRv6 Locator 和 SRv6 SID,当网络切片的数量较多时,需要分配的 SRv6 Locator 和 SRv6 SID 数量也会快速增加,这一方面会给网络的规划和管理带来挑战,另一方面控制平面需要发布的信息量和数据平面的转发表项数量也会成倍增加,给网络带来可扩展性问题。在数据报文中引入专门的全局切片标识 Slice ID,可更为简单直接地标识网络切片,避免 SRv6 Locator 和 SRv6 SID 数量随切片数量增加而成倍增加,有效缓解网络切片数量增加给控制平面和数据平面带来的可扩展性压力。

网络切片给网络带来的最大变化是从传统的一个物理平面网络到由许多逻辑网络组成的立

体网络。传统的平面网络给每一个物理设备分配唯一的 IP 地址来标识网络节点，在报文转发过程中使用 IP 地址作为网络节点标识进行转发。这种一维地址标识方法在多平面的立体网络中会带来非常大的麻烦，由于不同的切片在网络拓扑或网络资源上的差异化，采用一维地址标识方法需要为每切片每节点都分配不同的 IP 地址进行标识。以 1000 个网络节点为例，如果要创建 200 个网络切片，则需要规划 200000 个 IP 地址。这会给网络部署、网络性能带来巨大的挑战。

　　为了解决网络切片的一维地址标识问题，为不同平面网络引入了二维地址来标识网络切片 ID。二维地址标识方法使用网络物理节点 IP 地址+网络切片 ID 来唯一标识网络切片中的逻辑节点。这样，不管网络划分成多少个网络切片，都只需要一套 IP 地址标识，不需要为每个网络切片单独进行地址规划和配置。同时，采用二维地址标识也能大大减少切片网络的路由数量，可以很轻易地支持 K 级网络切片。

　　为了支持二维地址标识，数据报文中需要额外携带全局的网络切片标识。一种典型的实现方式是在 IPv6 的逐跳选项（Hop-by-Hop options，HBH）扩展报文头中携带网络切片的全局数据平面标识：网络切片 ID（Slice ID），如图 6-33 所示，通过 Slice ID 指定该报文通过哪个切片承载。

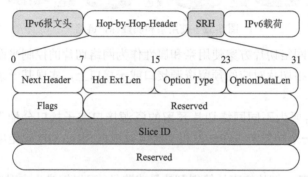

图 6-33　封装 HBH 之后的 IPv6 报文格式

　　传统 IPv6 基于目的地址转发，基于 Slice ID 的网络切片复用基础网络的地址，无须为每个切片单独分配 IPv6 地址。通过全局规划和分配的 Slice ID 标识各网络设备，为各网络切片分配转发资源，实现业务网络切片和默认网络切片仅在转发资源和数据平面标识上存在差异。数据平面使用目的地址和 Slice ID 二维转发标识指导网络切片内的报文转发，目的地址用于对报文转发路径进行寻址，Slice ID 用于选择报文对应的转发资源。如图 6-34 所示，在 Device A、Device B 和 Device C 上分别创建 3 个网络切片实例，使用独立的 Slice ID 标识物理端口下为每个网络切片分配的资源接口或子接口，所有网络切片用相同的 IPv6 地址和控制平面协议会话。

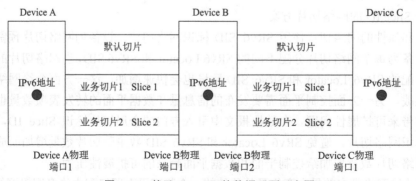

图 6-34　基于 Slice ID 的数据平面示意图

基于 Slice ID 的网络切片中，网络设备需要生成两个转发表：一个是路由表，用于根据报文的目的地址确定三层出接口；另一个是切片接口的 Slice ID 映射表，用于根据报文中的 Slice ID 确定切片在三层接口下的预留资源。当业务报文到达网络设备后，网络设备先根据目的地址查路由表，得到下一跳设备及三层出接口，然后根据 Slice ID 查询切片接口的 Slice ID 映射表，确定三层出接口下的资源预留子接口或通道，最后使用对应的资源预留子接口或通道转发业务报文。

基于 Slice ID 的网络切片方案具有以下优势。

(1)多个切片复用相同的地址标识，减少网络切片部署复杂度。

(2)多个切片共享路由表，通过 Slice ID 查找资源映射表，实现切片的差异化转发，减少切片路由规模，提升收敛性能。

(3)实现拓扑和资源解耦，最大限度重用切片拓扑，减少控制器协议维护多个切片拓扑带来的开销，扩大切片规模。

3)网络切片方案对比

基于亲和属性的网络切片方案和基于 Slice ID 的网络切片方案对比如表 6-7 所示。

表 6-7　网络切片方案对比

对比项	基于亲和属性的网络切片方案	基于 Slice ID 的网络切片方案
切面规格	最大 16 个	K 级
转发面隔离技术	FlexE/信道化子接口	FlexE/信道化子接口/Flex-channel
SLA 保障效果	严格保障	严格保障
配置复杂度	复杂	简单
业务切片接口是否需要配置 IP 地址和三层协议	是	否
业务切片部署方式	预部署	预部署+按需部署(随用随切)
SRv6 的工作方式	SRv6 Policy	SRv6/SRv6 Policy
是否需要控制器	是	是
适用场景	需要的切片数量较少，可基于存量网络快速部署	有 K 级用户需要严格的 SLA 保障，以及海量网络切片的需求
演进路径	亲和属性切片方案可演进到基于 Slice ID 的网络切片方案	N/A(无演进路径)

现阶段，基于亲和属性的网络切片能在现网快速部署，但存在切片数量少、配置复杂等问题，基于 Slice ID 的网络切片方案则不存在这些问题，因此，推荐部署基于 Slice ID 的网络切片方案。

6.4.3　网络切片的部署

1. 根据组网场景部署的网络切片

不同网络切片在不同组网场景下的部署方式不同。实际部署网络切片之前，需要根据不同的组网场景选择合适的网络切片方案。

1) 不同组网场景下的网络切片

在现网中,根据网络连接模型不同,有组网型、专线型和混合型三种组网场景。如图 6-35 所示,在三种组网场景下部署的网络切片对应称为组网型切片、专线型切片和混合型切片。

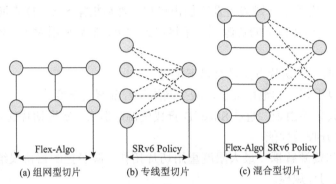

(a) 组网型切片　　　　(b) 专线型切片　　　　(c) 混合型切片

图 6-35　网络切片组网场景

组网型切片是按照网络覆盖范围(整网或局部网络)进行切片,切片内的节点之间形成全网状互联,如运营商自营业务切片、面向特定行业的切片、面向特定大客户的切片。组网型切片通常要求切片之间不共享资源,但同一切片内不同连接之间的带宽资源可以共享。组网型切片通常要求多点到多点的互联,连接数量多且连接关系复杂。以 1000 个节点的组网型切片为例,如果要实现任意两点之间的互联,需要建立约 1000000 条点到点的显式路径隧道。这样大规格的隧道会给网络性能带来很大的挑战。因此,组网型切片建议使用 Flex-Algo 定制切片拓扑和提供分布式的差异化算路。Flex-Algo 是一种可定制的约束路径算法,通过定义算法值和一系列参数(包括 Metric 类型、算法类型、链路约束等)灵活定制拓扑和算路规则,使得网络节点可以基于约束条件进行分布式算路,减少计算和维护大量隧道带来的开销。

专线型切片是按照指定的业务接入点进行切片,如政企专线、企业分支互联等,专线型切片通常要求独享带宽资源。专线型切片通常只要求在有限的业务接入点之间进行互联,接入点之间的连接关系较为确定,因此单个专线型切片的连接数量有限,但是整个网络的专线型切片的连接数量较多。如果每个专线型切片都采用 Flex-Algo 方式进行部署,网络需要支持大量的 Flex-Algo,会给网络性能带来巨大挑战。因此,专线型切片建议使用 SRv6 Policy 为切片中的连接提供显式转发路径以实现差异化转发。

混合型切片是组网型切片和专线型切片的组合,具备组网型切片和专线型切片的特点,因此使用 Flex-Algo 和 SRv6 Policy 组合的方式去定义网络切片,即在使用 Flex-Algo 定制切片拓扑和提供分布式的差异化算路的基础上,辅助以 SRv6 Policy 为切片内的部分业务流提供确定的转发路径。

基于亲和属性的网络切片方案和基于 Slice ID 的网络切片方案都能满足三种组网场景的需求,但实现过程不同,下面分别介绍这两种方案在组网型切片和专线型切片场景中的部署建议。由于混合型切片是组网型切片和专线型切片的组合,这里不再赘述。

2) 基于亲和属性的网络切片方案在组网场景中的应用

基于亲和属性的网络切片方案主要通过 SRv6 Policy 显式指定网络中两点之间有资源保证的业务路径,可以很好地满足点到点专线型网络切片的部署需求,也可以应用于多点到多点的组网型网络切片。在任意两个网络节点之间使用 SRv6 Policy 指定有网络资源保证的业务路径,进而由在多个网络节点之间的一组 SRv6 Policy 的集合构成一个有网络资源保证的多点到多点的网络切片。

当多点到多点的组网型网络切片中的业务连接数量较多,且连接关系动态变化时,基于亲和属性的 SRv6 Policy 网络切片需要计算和下发大量的 SRv6 Policy 路径信息,这给控制器和网络设备的性能都可能带来挑战。因此,这类组网型切片可以采用亲和属性+Flex-Algo 的切片方案,该方案通过 Flex-Algo 定义出不同网络切片的拓扑和算路约束,并使用 IGP 协议泛洪到各网络设备。这样,网络设备就可以基于 Flex-Algo 定义的拓扑计算出满足切片约束的 SRv6 BE 转发路径,并在转发业务时使用由亲和属性标识的为切片预留的资源。此时网络切片中的多数业务使用基于 Flex-Algo 算路的有资源保证的 SRv6 BE 路径转发,SRv6 Policy 主要用于为切片内的部分业务提供显式路径,从而降低网络切片对于 SRv6 Policy 数量的要求,更好地提供组网型网络切片服务。

3)基于 Slice ID 的网络切片方案在组网场景中的应用

基于 Slice ID 的网络切片方案通过全局规划和分配的 Slice ID 标识各网络设备为各网络切片所预留的转发资源,能很好地满足组网型和专线型切片的需求,但具体实现方案不同。在组网型切片中,因为连接数量比较多,网络拓扑复杂,Slice ID 与 Flex-Algo 相结合可以实现网络切片的拓扑定制以及资源保证,网络节点在使能 Flex-Algo 算法后,根据 Flex-Algo 定义的算法信息进行算路。通过 Flex-Algo 定义的链路约束,一个物理网络上可以划分出不同的逻辑拓扑,以满足网络切片的差异化拓扑定制化需求。除此之外,Flex-Algo 还使用不同的 Metric 类型进行计算,为拓扑相同的网络切片计算出差异化的路径,以满足网络切片差异化 SLA 需求。在 Flex-Algo 确定切片拓扑和报文转发路径的基础上,Slice ID 用于标识转发报文时使用为切片所预留的资源。

在专线型切片中,通过 SRv6 Policy 指定网络中两点之间有资源保证的业务路径,基于节点分配 End SID,基于主接口分配 End.X SID。一个 Slice ID 标识网络中一条有资源保证的专线隧道,多个 SRv6 Policy 可以使用相同的 End/End.X SID 组成显式路径,通过不同的 Slice ID 标识在路径上为切片预留的不同资源,以实现不同专线型切片的差异化 SLA 需求保证。

2. 根据业务需求进行的资源预留

资源预留技术是网络切片方案提供差异化 SLA 保障的关键。资源预留技术将物理网络中的转发资源划分为相互隔离的多份资源,分别提供给不同的网络切片使用,保证网络切片内有满足业务需求的可用资源,同时避免或者控制不同网络切片之间的资源竞争与抢占。下面介绍在网络切片方案中常用的资源预留技术,包括 FlexE 接口、信道化子接口和 Flex-channel。实际部署时,可基于不同的业务诉求选择合适的资源预留技术对网络资源进行精细化分配。

1)FlexE 接口

FlexE 接口技术通过 FlexE Shim 把物理接口资源按时隙池化,在大带宽物理端口上通过时隙资源池灵活划分出若干子通道端口(FlexE 接口),实现对接口资源的灵活、精细化管理。每个 FlexE 接口之间带宽资源严格隔离,等同于物理口。FlexE 接口相互之间的时延干扰极小,可提供超低时延。FlexE 接口的这一特性使其可用于承载对时延 SLA 要求极高的 uRLLC 业务,如电网差动业务。使用 FlexE 接口技术来做切片资源预留具有以下特点。

(1)切得好:切片后时延稳定、零丢包,实现切片之间的硬隔离,有带宽保证,切片之间业务互不影响。

(2)切得细：华为支持最小 1Gbit/s 切片粒度，当前业界普遍仅支持到切片 5Gbit/s。

(3)切得多：配合其他资源预留技术，如信道化子接口或 Flex-channel，支持层次化"片中片"，可以满足更复杂的业务隔离的需求。

(4)切得快：分钟级切片部署，实现业务的快速部署，切片资源可以通过网络智能管控器预部署，也支持随业务按需部署。

(5)切得稳：切片带宽动态调整，业务稳定，支持基于切片的 SLA 可视等智能运维功能。

2)信道化子接口

信道化子接口技术采用子接口模型，结合 HQoS 机制，通过为网络切片配置独立的信道化子接口实现带宽的灵活分配，每个网络切片独占带宽和调度树，为切片业务预留资源。信道化子接口相当于设备为每个网络切片划分独立"车道"，不同网络切片的"车道"之间是实线，业务流量在传输过程中不能并线变换"车道"，从而确保不同切片的业务在设备内可以严格隔离，有效避免流量突发时切片业务之间的资源抢占。同时，在每个网络切片的"车道"内还进一步提供用虚线划分的车道，可以在同一切片内基于报文优先级进行差异化调度。

信道化子接口在物理接口下，有独立的逻辑接口，适合进行逻辑组网，通常用于提供组网型的带宽保障切片业务。使用信道化子接口技术来做切片资源预留具有以下特点。

(1)严格隔离：基于子接口模型，预留资源，避免流量突发时切片业务之间的资源抢占。

(2)带宽粒度小：可以配合 FlexE 接口使用，在大速率端口上分割出小带宽的子接口，适用于行业切片。

3)Flex-channel

Flex-channel(灵活子通道)提供了一种灵活和细粒度的接口资源预留方式。与信道化子接口相比，Flex-channel 没有子接口模型，配置方面更为简单，因此更适用于按需快速创建网络切片的场景。使用 Flex-channel 技术来做切片资源预留具有以下特点。

(1)随用随切：基于业务的切片需求通过控制器快速下发，实现随用随切。

(2)海量切片：Flex-channel 最小支持 1Mbit/s 带宽粒度，满足企业用户级的切片带宽需求。

4)不同资源预留技术对比

不同资源预留技术的对比如表 6-8 所示。

表 6-8　资源预留技术对比

对比项	Flex 接口	信道化子接口	Flex-channel
隔离度	独占 TM 资源，端口隔离	TM 资源预留，端口共享	TM 资源预留，端口共享
实验保障效果	单跳时延最大增加 10μs	单跳时延最大增加 100μs	单跳时延最大增加 10μs
粒度	1Gbit/s	2Mbit/s	1Mbit/s
适用场景	行业切片	行业切片、企业专网切片(预部署)	企业点到点切片、企业专网切片(随用随切)

不同的资源预留技术之间可配合使用，运营商通常使用 FlexE 接口或信道化子接口进行较大粒度面向特定行业或业务类型的切片资源预留，并进一步在行业或业务类型切片内使用 Flex-channel 为不同的企业用户划分细粒度的切片资源。

通过层次化调度的网络切片，实现资源灵活、精细化管理。例如，在接入环 50Gbit/s 带宽、汇聚环 100Gbit/s 带宽的网络中，为保障某个垂直行业对隔离和超低时延的诉求，接入环采用 FlexE 接口预留 1G bit/s 带宽，汇聚环采用 FlexE 接口预留 2Gbit/s 带宽，实现业务硬隔离。切片内业务从多个接入环进入汇聚环后，可以共享该切片在汇聚环上预留的 2Gbit/s 带宽。该垂直行业的不同业务类型或用户在切片的 FlexE 接口内可以继续采用信道化子接口或 Flex-channel 技术进行精细化资源预留和调度，在满足切片的隔离和 SLA 保障需求的前提下，达到资源统计复用最大化。

6.4.4　网络切片的应用

面向 5G 和云时代网络差异化 SLA 要求，运营商通过网络切片为不同业务提供服务，助力企业成功实现数字化转型。本节从智能电网和智慧港口两个具体场景展现网络切片的成功应用。

1. 基于网络切片的智能电网

智能电网通信应用场景总体上可分为控制和采集两大类。其中，控制类包含智能分布式配电自动化、用电负荷需求侧响应、分布式能源调控等；采集类包括高级计量、智能电网大视频应用。

基于网络切片的智能电网具有如下特点。

(1)时延有保障：MEC 按需下沉，IP 网络引入 FlexE 接口技术，确保 IP 网络时延<2ms。

(2)安全隔离：IP 网络通过 FlexE 资源预留，满足生产和管理类电力业务不同的安全隔离要求。

(3)切片业务高可靠：FRR(fast rerouting，快速重路由)保护等完善保护机制，保障电网业务高质量承载。

2. 基于网络切片的智慧港口

远程控制和远程监控对网络的要求不同，通过切片管理系统分别部署低时延和大带宽切片专网，提供不同服务等级的端到端 SLA 保障，能有效满足龙门吊的远程作业需求。

基于网络切片的智慧港口具有如下特点。

(1)低时延：控制类业务部署低时延切片承载，并部署 FlexE 切片，实现硬管道隔离，满足超低时延要求。

(2)大带宽：视频类业务部署大带宽切片承载，满足上行带宽要求且不影响控制类业务。

(3)高可靠：切片内支持快速重路由，业务 50ms 倒换。

(4)SLA 可视：使用 iFIT 技术，业务切片 SLA 可视，实现分钟级故障定位。

6.5　BIERv6 技术原理与应用

BIERv6(IPv6 的比特索引显式复制)是一种新型组播技术，在 IPTV、气象行业和 CDN 技术联合等方面均有应用。

6.5.1　BIERv6 技术简介

为解决传统组播技术的局限性问题，业界提出了一种新的组播技术——BIER 技术。BIERv6 继承了 BIER 的核心设计理念，它使用 BitString 将组播报文复制给指定的接收方，中间节点无须建立组播转发树，实现无状态转发。

1. "一对多"的通信场景

在网络通信中，"一对多"的通信场景可以通过单播、广播和组播三种不同的方式来实现。

(1)单播是网络中最基本的通信方式，它允许数据从一个源点发送到一个明确指定的接收点。虽然单播在点到点通信中非常有效，但在需要将相同的数据发送给多个接收方的场景中，单播可能会导致效率低。如果接收方的数量很多，源服务器可能需要发送大量相同的数据副本，这会导致服务器负载加重和带宽资源的浪费。

(2)广播是另一种通信方式，允许数据包被发送到同一广播域中的所有设备，然而这可能会导致不必要的数据处理和带宽消耗，造成资源的极大浪费，因此在 IPv6 中取消了这种通信方式。

(3)组播是一种更加高效的"一对多"通信方式。在组播中，数据仅发送给明确表示希望接收该数据的组播组成员。这意味着网络中的组播设备只会根据需要将组播数据转发或复制给组成员，从而避免了对不需要数据的设备进行无用的数据传输。通过这种方式，相同的组播数据在网络中的传播更加高效，因为在同一条链路上只需要传输一份数据副本。

组播通信方式在多对多的网络传输中起到了重要作用，然而传统组播技术存在一些局限。它们要求网络设备维护每个组播流的状态，需要复杂的控制信令以及大量资源来建立和维护组播树，这在大型网络中变得不切实际。这些限制不仅影响了网络的可扩展性，还导致了在网络故障恢复时的延迟，进而影响用户体验。

组播发展阶段见图 6-36。

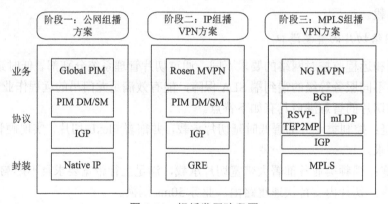

图 6-36　组播发展阶段图

2. BIER 技术的出现

BIER(比特索引显式复制)技术提供了一种更为简便的组播解决方案，避免了复杂的组播树和状态维护。BIER 技术的核心原理就是将组播报文目的节点的集合以比特串的方式封装在报文头部发送给中间节点，中间节点不感知组播组状态，仅根据报文头部的比特串复制转发组播报文。

支持 BIER 转发的网络域称为 BIER 域。域内支持 BIER 转发的路由器称为 BFR(bit forwarding router，比特转发路由器)。当 BFR 作为 BIER 域的入口路由器时，这个 BFR 就是 BFIR(bit forwarding ingress router，比特转发入口路由器)。当 BFR 作为 BIER 域的出口路由器时，这个

BFR 就是 BFER(bit forwarding engress router，比特转发出口路由器)。BFIR 和 BFER 还有一个共同的名字——边缘 BFR，也是 BIER 域中的源节点或目的节点。边缘 BFR 拥有一个专属 BFR-ID(BIER forwarding router identifier，BIER 转发路由器标识符)，用一个 1～65535 的整数表示。目的节点的 BFR-ID 组成的 BitString 就形成了目的节点集合，BitString 中的每个比特所在的位置或索引表示一个目的节点。例如，一个网络中拥有 256 个边缘节点，每个边缘节点需要配置 1～256 的唯一值，目的节点集合则使用一个 256bit(或 32 字节)的 BitString 来表示。BIER 域内的设备根据报文中的 BitString 将组播报文复制给指定的接收方。

BIER 解决了传统组播需要组播转发树建立协议的问题，使得没有组播业务的网络中间设备不再需要为每个组播流建立组播转发树，取消了建立组播转发树的协议(如 PIM)，避免了网络中间设备因建立组播转发树而产生的开销，部署运维简单，网络可靠性高。

但是 BIER 技术就完美无缺了吗？答案是否定的，BIER 的局限性主要体现在：首先，BIER 技术依赖于 MPLS，适用于 MPLS 网络。如果有的组播业务是基于非 MPLS 网络或技术部署的，部署 BIER-MPLS 需要升级全网设备。其次，对于支持 MPLS 组播 VPN 的网络，BIER-MPLS 难以跨域发布 BIER 信息并建立 BIER 转发表。

BIERv6 与 BIER 的最大不同之处在于：BIERv6 摆脱了 MPLS 标签，是基于 Native IPv6 的组播方案，如图 6-37 所示。BIERv6 通过将组播报文目的节点的集合以比特串(BitString)的方式封装在报文头部发送给中间节点，使网络中间节点无须为每一条组播流建立组播转发树和保存流状态，仅需根据报文头部的比特串完成复制转发。BIERv6 将 BIER(比特索引显式复制)与 Native IPv6 报文转发相结合，可以高效承载 IPTV、视频会议、远程教育、远程医疗、在线直播等组播业务。

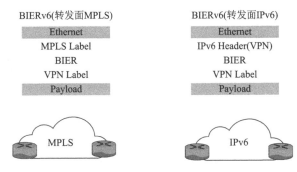

图 6-37　BIER 转发面

BIERv6 技术本身简化了协议，降低了网络部署难度，能够更好地应对未来网络发展的挑战。BIERv6 的技术价值可以总结为以下三点。

(1)网络协议简化：BIERv6 利用 IPv6 地址承载组播 MVPN 业务和公网组播业务，进一步简化了协议，避免分配、管理、维护 MPLS 标签这种额外标识。BIERv6 将目的节点信息以比特串的形式封装在报文头中，由头节点向外发送，接收到报文的中间节点根据报文头中的地址信息将数据向下一个节点转发，不需要创建、管理复杂的协议和隧道表项。当业务的目的节点发生变化时，BIERv6 可以通过更新比特串进行灵活控制。

(2)部署运维简单：BIERv6 技术利用 IPv6 扩展报文头携带 BIER 转发指令，彻底摆脱了 MPLS 标签转发机制。由于业务只部署在头节点和尾节点，组播业务变化时，中间节点不感知。因此，网络拓扑变化时，无须对大量组播树执行撤销和重建操作，大大地简化了运维工作。

（3）网络可靠性高：BIERv6 通过扩展后的 IGP 协议泛洪 BIER 信息，各个节点根据 BIER 信息建立组播转发表以转发数据。BIERv6 利用单播路由转发流量，无须创建组播转发树，因此不涉及共享组播源、切换 SPT 等复杂的协议处理事务。当网络中出现故障时，设备只需要在底层路由收敛后刷新 BIFT（bit index forwarding table，比特索引转发表）表项，因此 BIERv6 故障收敛快，同时可靠性也得到提升，用户体验更好。

6.5.2　BIERv6 技术原理

在前面已经了解了 BIERv6 的网络协议简化、部署运维简单和网络可靠性高的特点，下面介绍 BIERv6 的技术原理。

1. IPv6 扩展支持的 BIERv6

IPv6 为了更好地支持各种选项处理，提出了扩展报文头的概念，新增选项时不必修改现有报文结构，理论上可以无限扩展，在保持报文头简化的前提下，还具备了优异的灵活性。

1）Pv6 报文扩展

BIERv6 正是利用了 IPv6 的这一特点来实现自身的功能。IPv6 报文中的目的地址标识 BIER 转发节点的 IPv6 地址，即 End.BIER 地址，表示需要在本节点进行 BIERv6 转发处理。IPv6 报文中的源地址标识 BIERv6 报文的来源，同时也能指示组播报文所属的组播 VPN 实例。BIERv6 使用 IPv6 目的选项扩展报文头（DOH）携带标准 BIER 头，与 IPv6 头共同形成 BIERv6 报文头。BFR 读取 BIERv6 扩展头部中的 BitString，根据 BIFT 进行复制、转发并更新 BitString。BIERv6 的报文头格式如图 6-38 所示。

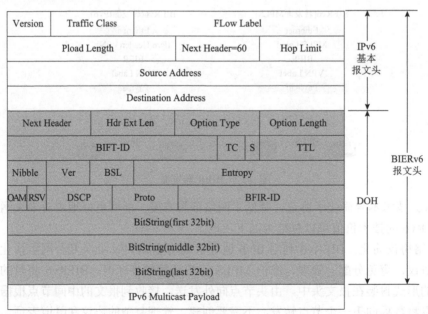

图 6-38　BIERv6 报文头格式

BIERv6 DOH 中的关键字段如下。

（1）Option Length：表示 BIERv6 报文头长度。

（2）TTL：表示报文经过 BIERv6 转发处理的跳数。报文每经过一个 BIERv6 转发节点，

TTL 值就减 1。当 TTL 值为 0 时，报文被丢弃。

（3）Ver：表示 BIERv6 报文格式版本。

（4）BSL：表示 BitString 长度，值为 0001 表示 BSL 长度为 64bit，值为 0010 表示 BSL 长度为 128bit，值为 0011 表示 BSL 长度为 256bit。在一个 BIERv6 子域内，允许配置一个或多个 BSL。

（5）Proto：下一层协议标识，用于标识 BIERv6 报文头后面的 Payload 类型。Payload 类型由 IANA 定义。

（6）BFIR-ID：缺省为 BFIR 的 BFR-ID。如果未配置，则缺省为 0。

（7）BitString：用于标识组播报文目的节点的集合。

2）End.BIER

为了支持基于 IPv6 扩展报文头的报文转发，BIERv6 网络定义了一种新类型的 SID，称为 End.BIER 地址，它作为目的 IPv6 地址指示设备的转发平面处理报文中的 BIERv6 扩展头。每个节点在接收并处理 BIERv6 报文时，将下一跳节点的 End.BIER SID 封装为 BIERv6 报文的外层目的 IPv6 地址（组播报文目的节点已通过 BitString 定义），以便下一跳节点按 BIERv6 流程转发报文。End.BIER SID 还能够很好地利用 IPv6 单播路由的可达性，跨越不支持 BIERv6 的 IPv6 节点。如图 6-39 所示，End.BIER SID 可以分为两部分：Locator 和其他位（Other Bit）。Locator 表示一个 BIERv6 转发节点。Locator 的定义与 SRv6 里一致，Locator 具有定位功能，节点配置 Locator 之后，系统会生成一条 Locator 网段路由，并且通过 IGP 在 SRv6 域内扩散。网络里其他节点通过 Locator 网段路由就可以定位到本节点，同时本节点发布的所有 SRv6 SID 也都可以通过该条 Locator 网段路由到达。End.BIER SID 可以将报文引导到指定的 BFR，BFR 接收到一个组播报文，识别出报文目的地址为本地的 End.BIER SID，判定为按 BIERv6 流程转发。

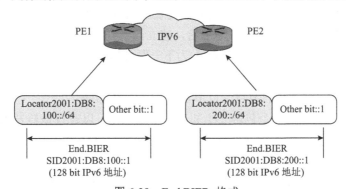

图 6-39　End.BIER 格式

图 6-39 中 PE1 的 Locator 为 2001:DB8:100::/64，其他位是::1，二者组合得到 PE1 的 End.BIER SID 为 2001:DB8:100::1；PE2 的 Locator 为 2001:DB8:200::/64，其他位是::1，二者组合得到 PE2 的 End.BIER SID 为 2001:DB8:200::1。

2．BIERv6 组播报文的转发

1）转发过程

当一个组播报文进入 BIERv6 域时，入节点 BFIR 用 BIERv6 扩展头对报文进行封装，将其转换为 BIERv6 报文。BIERv6 报文头包括一个 IPv6 头和 BIERv6 扩展头。IPv6 头中的源地址字段(source address，SA)必须被设置为可路由的 BFIR 的 IPv6 单播地址。IPv6 头中的目的地址(destination address，DA)字段被设置为下一跳 BFR 的 End.BIER 地址。BIERv6 报文会被复制到下一跳 BFR。

中间节点 BFR 收到 BIERv6 报文后，会遵循 IPv6 报文处理的一般流程处理报文。首先，处理 IPv6 头，如果目的 IPv6 地址是本 BFR 的 End.BIER IPv6 单播地址，则指示设备需对报文按照 BIERv6 转发流程进行处理，并且读取报文里 BIERv6 扩展头中的相应字段。然后，按照前面所述的转发流程，BFR 将报文复制到下一个 BFR 节点。

当出节点 BFER 收到组播报文时，如果报文的 BitString 中本节点 BFR-ID 所对应的位被置位，则剥去 IPv6 封装，取出 BIERv6 头中的 BFIR-ID 信息以确定流量是从哪个根节点过来的，进一步通过报文的源地址确定报文属于哪个 VPN，从而在对应的 VPN 内查找私网路由表，将报文继续进行转发。

比特索引转发表(BIFT)是 BIERv6 子域中每个 BFR 转发组播报文的必需表项。比特索引转发表用来表示通过该 BFR 邻居能到达的各 BFER 节点，包括 Nbr(BFR neighbor，BFR 邻居)和 FBM(forwarding bit mask，转发位掩码)。

BIERv6 中的每个 BFR 通过 IGP 向其他 BFR 节点通告本地 BFR-prefix、SubDomain ID、BFR-ID、BSL 及路径计算算法等信息。每个 BFR 节点通过路径计算获知当前节点到每个 BFER 的 BFR 邻居。FBM 使用一个 BitString 来表示，并且和报文转发所使用的 BitString 长度相同。例如，报文转发使用的 BitString 长度(BitString length，BSL)为 256 bit，那么 BIERv6 转发表中的 FBM 也为 256bit。在报文转发过程中，报文中的 BitString 会和转发表中的 FBM 进行与(AND)操作。

如图 6-40 所示，节点 A、D、E 和 F 作为边缘节点，其 BFR-ID 分别为 4、1、3 和 2。基于控制平面发布的信息，节点 A~F 会建立转发表。以节点 B 为例说明转发表的生成过程。节点 B 收到其他 BFR 泛洪的 BIERv6 信息后，建立起了到各个有效 BFR-ID 的转发信息：

(1)到达 BFR-ID = 4 的节点，以节点 A 为下一跳邻居；

(2)到达 BFR-ID = 3 的节点，以节点 E 为下一跳邻居；

(3)到达 BFR-ID = 1 和 2 的节点，以节点 C 为下一跳邻居。

最后，节点 B 就建立起一个包含三个邻居的转发表，可以查找该转发表，复制和转发接收到的 BIER 报文。

2)如何跨越不支持 BIERv6 的节点

由于 BIERv6 是基于 Native IPv6 的组播技术，在封装过程中不依赖 MPLS，使用 IPv6 地址标识节点，只要路由可达就可以转发，因此它天然支持跨越不支持 BIERv6 的节点，为 BIERv6 在网络中的部署带来便利。当 BIERv6 网络部署在一个 AS 域内，部分节点不支持 BIERv6 转发时，支持 BIERv6 转发的节点间仍然可以通过 Underlay IGP 学习并生成转发表。因此，无须在这些节点及其上下行节点添加配置，组播报文可以自动跨越这些节点。

BIERv6 在域内跨越不支持 BIERv6 节点时的转发过程如图 6-41 所示。其中，P2 不支持 BIERv6 转发，PE1、P1、PE2 以及 PE3 均支持 BIERv6 转发并根据 IGP 泛洪信息建立起了转发表。P1 的转发表中有两个邻居节点 PE2 以及 PE3。P1 根据转发表生成了包含 PE2 和 PE3 节点信息的 IPv6 报文。P2 根据 IP 路由表了解到报文需要发往 PE2 和 PE3。

只要 IPv6 地址路由可达，组播报文就能够转发。因此在部署 BIERv6 时无须全网设备都支持 BIERv6，能够实现网络平滑部署，极大地减少了网络部署成本。

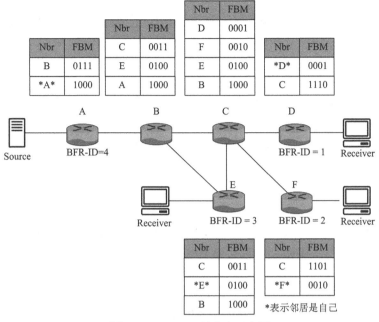

图 6-40　BIERv6 转发表示意图

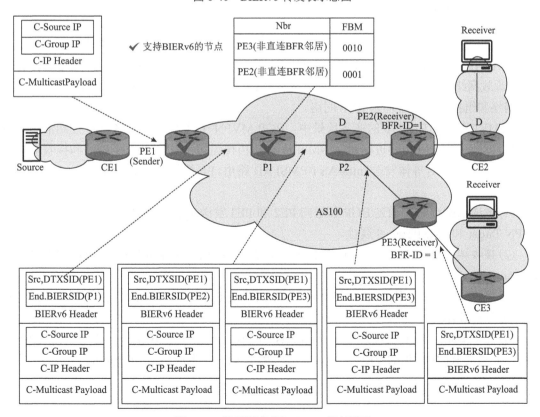

图 6-41　跨越不支持 BIERv6 节点原理

3. BIERv6 如何实现跨域

组播业务跨域部署是一个普遍要求，例如，IPTV 组播源服务器可能连接在运营商 IP 骨干网的 PE 设备上，但是 IPTV 的用户连接在各个城域网的 BNG 设备上，IP 骨干网和城域网划分在不同的 AS 域中。BIERv6 技术可采用静态配置的方法跨越不同的 AS 域，实现组播报文的转发。

下面介绍 BIERv6 在跨域场景下是如何转发组播报文的。组播源发出的组播流量经过 AS100 和 AS200 两个 AS 域到达主机接收方。其中，AS100 中的 ASBR1 作为边界路由器并且不支持 BIERv6 协议。AS200 中的全部设备都支持 BIERv6 协议。BIERv6 跨越 ASBR1 的过程如下。

(1)在 PE1 手工配置到 BFR-ID 为 1、2 的组播报文，下一跳地址为 ASBR2 End.BIER SID。

(2)PE1 按 BIERv6 比特索引转发表生成标准流程，生成 BIFT。

(3)PE1 按照 BIERv6 标准转发流程，根据报文 BitString 和 BIFT 将报文转发出设备。由于 BIFT 中 BFR 邻居为 ASBR2，因此将 ASBR2 的 End.BIER SID 写入待转发报文的目的地址字段内。

(4)ASBR1 收到报文后，按照 Native IPv6 转发流程读取报文目的地址并将报文发送给 ASBR2。

(5)ASBR2 在接收到报文之后，按照 BIERv6 转发过程，将报文传递给 PE2 和 PE3。

4. BIERv6 如何支持 MVPN

BIERv6 既可以承载 IPv4 MVPN 业务，也可以承载 IPv6 MVPN 业务。MVPN over BIERv6 基于 IPv6 网络承载 IPv4 MVPN 业务，组播业务系统（包括机顶盒、IPTV 入节点系统）运行 IPv4 组播，承载网络使用 IPv6 网络。MVPNv6 over BIERv6 基于 IPv6 网络承载 IPv6 MVPN 业务，承载网络和组播业务系统均为 IPv6 网络。

在 MVPN over BIERv6 的业务场景中，BGP MVPN 子地址族传递 MVPN 控制消息，包括成员自动发现、PMSI 隧道创建、C-Multicast 路由传递等：发送端站点 PE1 和接收端站点 PE 均向所有 BGP 对等体发送 Intra-AS I-PMSI AD 路由。PE 根据配置的 VPN Target 规则接收 AD 路由。

(1)发送端站点 PE1 通过 BGP 邻居向 PE2 和 PE3 发送 Type 1 BGP A-D 路由。路由携带 MVPN Target 和 PMSI Tunnel 属性。

(2)接收端站点 PE2 响应 Leaf A-D 路由，并携带 PE2 的 Sub-Domain-ID、BFR-ID 和 BFR-prefix。

(3)接收端站点 PE 根据私网侧 PIM Join 信息构造 BGP C-Multicast 路由，并发送给所有 BGP MVPN 邻居。

(4)发送端站点 PE1 收到 BGP C-Multicast 路由，当 RT 中的 IP 为自己的 IP 时，接收该路由，并根据 RT 中标识的 VRF 区分自身属于哪个 VPN，生成私网 PIM Join。

5. 协议如何扩展以实现 BIERv6

BFR 转发 BIERv6 报文依赖于 BIER 转发表 BIFT，转发表 BIFT 的建立依赖于 IGP 泛洪 BFR 信息以确定下一跳 BFR，并由路由层建立 BFR 之间的路由。MVPN over BIERv6 的控制消息可以实现 MVPN 成员自动发现，建立和维护 PMSI 隧道功能。传递 C-Multicast 路由以实现私网组播组成员的加入和离开功能也是通过控制消息实现的。上述控制消息携带在 BGP Update 的 NLRI 字段中进行传递。通过上面的介绍可以知道，要实现 BIERv6 协议的功能，需要 IGP 和 BGP 进行扩展。下面分别介绍这两种协议是如何扩展以支持 BIERv6 的。

1) IGP 扩展

BIERv6 的扩展是在 IGP for BIER 协议的基础上，增加 BIERv6 封装信息的 Sub-sub-TLV 和泛洪 End.BIER 的 Sub-Sub-TLV。目前定义了 IS-IS 针对 BIERv6 的协议扩展，见表 6-9。

表 6-9　IS-IS 针对 BIERv6 的协议扩展

类型	名称	作用	携带位置
TLV	Extended is Reachability TLV（IPv6）	用于通告 BFR-prefix，将 BFR 节点信息在子域中泛洪。 BFR-prefix 为 BFR 在子域中的一个 IPv6 地址，必须为 BFR 的 LoopBack 接口地址	IS-IS 报文
Sub-TLV	BIER Info Sub-TLV	用于通告子域 ID 和 BFR-ID 等信息	IS-IS 报文的 237 类 TLV 中
Sub-Sub-TLV	End.BIER 信息 Sub-Sub-TLV	用于通告 End.BIER SID	BIER Info Sub-TLV 中
	BIERv6 封装信息 Sub-Sub-TLV	用于通告 Max SI(Set ID)、BSL 和 BIFT-ID 起始值	BIER Info Sub-TLV 中

2) BGP 扩展

MVPN over BIERv6 的控制消息由 BGP Update 的 NLRI 字段携带，该字段的格式如图 6-42 所示。

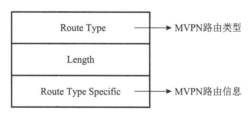

图 6-42　MVPN NLRI 格式

其中，Route Type 字段表示 BGP MVPN 路由类型，共有 7 类。其中有 5 类路由主要用于 MVPN 成员自动发现和 PMSI 隧道建立，合称为 MVPN A-D route。这 5 类路由分别如下。

（1）Intra-AS I-PMSI A-D route：用在单自治域场景，主要用于域内 MVPN 成员的自动发现，由所有使能 MVPN 的 PE 发起。

（2）Inter-AS I-PMSI A-D route：用在跨域场景，主要用于域间 MVPN 成员的自动发现，由所有使能 MVPN 的 ASBR 发起。

（3）PMSI A-D route：用于 Sender PE 为指定（C-S, C-G）发起 Selective Ptunnel 的通知消息。

（4）Leaf A-D route：用于回应 PMSI 属性中 flags 字段为 1 的 1 类路由 Intra-AS IPMSI A-D route 和回应 3 类路由 S-PMSI A-D route，表示在 Receiver PE 端存在建立 S-PMSI 隧道的请求，协助 Sender PE 端完成隧道信息收集。

（5）Source Active A-D route：用于将源信息通知给其他 PE。当一个 PE 发现一个新的私网源信息时，发布给此 MVPN 的其他 PE。

在这 5 类路由中，BIERv6 扩展 I-PMSI 或者 S-PMSI A-D route，用于携带 MVPN 实例的源 IPv6 地址信息（Src.DTx）。该信息是由现有的 BGP Prefix-SID 属性携带的，其格式如图 6-43 所示。

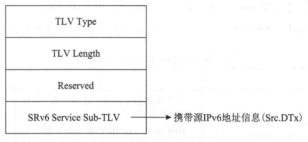

图 6-43　Prefix-SID 属性格式

6. BIERv6 如何保证高可靠性

组播技术可以应用在 IPTV、金融、视频会议、在线直播等业务场景，这些业务场景对网络可靠性要求高，对网络时延要求苛刻。BIERv6 提供了端到端的保护机制，可以分为接入侧保护和网络侧保护，下面从接入侧和网络侧两个角度进行介绍，如图 6-44 所示。

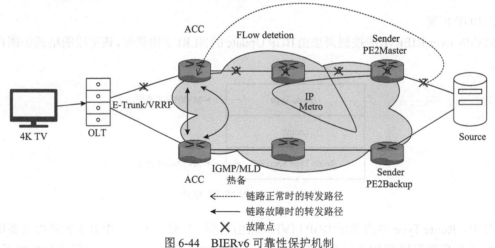

图 6-44　BIERv6 可靠性保护机制

需要注意的是，在部署 MVPN over BIERv6 双根"1+1"保护技术时，需要尽量确保主用隧道和备用隧道的路径分离，从而避免两条隧道同时故障导致组播业务长时间中断。

在接入侧的设备之间部署 E-Trunk / VRRP（virtual router redundancy protocol，虚拟路由器冗余协议）双机保护机制以提高设备可靠性，并用组播用户表项 IGMP/MLD 双机热备以提高倒换速度。当接入侧网络发生故障（故障点 1 和 2）时，通过主备倒换，使流量可以通过备机进行转发。在网络侧设备上部署 MVPN over BIERv6 双根"1+1"保护技术可以一定程度加快 BGP 故障收敛，从而加快组播业务的故障收敛。

在网络侧同时部署两个 Sender PE，同时为它们部署相同的 MVPN。接收点创建以 Sender

PE1 和 Sender PE2 为根的两条 BIERv6 隧道，一条作为主用隧道，另一条作为备用隧道。同时在接收节点上部署私网组播快速重路由（C-Multicast FRR）功能，并指定检测方式为流量检测。

在链路正常时，相同的组播数据流量同时沿主用和备用两条隧道转发。接收节点会接收以 Sender PE1 为入节点的主用隧道流量，丢弃以 Sender PE2 为入节点的备用隧道流量。如果网络侧发生故障（故障点 3~7），接收节点在流量检测时发现主用隧道流量中断后，立即检测备用隧道流量是否正常。如果正常，则将备用隧道切换为主用隧道，不再丢弃原备用隧道的报文，而是转发入私网。

6.5.3　BIERv6 的应用

1. BIERv6 在 IPTV 场景下的应用

BIERv6 作为新一代组播路由技术可以应用在多个技术场景中，如 IPTV 场景。运营商部署 MVPN over BIERv6 以承载 IPTV 流量。MVPN over BIERv6 部署在 IP 骨干网上，IP 城域网中部署 PIM 或 BIERv6 跨域，IPTV 视频源所在私网部署 PIM。当 Sender PE 接收到组播源所在私网发送的组播报文后，先根据报文 C-IP Header 中的信息匹配 PMSI，然后根据隧道属性向报文中插入外层 BIERv6 报文头（包含 Set ID 和 BitString 等信息），并设置组播报文的外层源 IPv6 地址。完成上述操作后，Sender PE 按照 BIERv6 转发流程，将组播报文向下一跳节点转发。

使用 MVPN over BIERv6 承载 IPTV 流量，利用 BIERv6 组播技术大幅降低网络负载的特点，可以使视频点播更加快捷、画面更加清晰、观看更加流畅，从而使用户获得更好的视频观看体验。同时，该方案部署、运维、扩容简便，适合大规模部署。

2. BIERv6 在气象行业的应用

气象网络规模庞大，涉及国家级、省级、地市级以及县级等气象部门的广域网络系统。传统的气象网络系统大多采用点到点的单播方式进行传输。应用 BIERv6 组播技术可以有效实现气象数据点到多点的高效传输。

此外，气象网络中可能有部分设备不支持组播通信。在这种情况下，传统组播技术需要复杂的部署才能实现组播数据转发。BIERv6 技术能够跨越不支持 BIERv6 的 IPv6 设备传输数据。部署 BIERv6 后，即使网络中有不支持组播通信的设备，气象数据也能顺畅传输。

在气象网络中应用 BIERv6 组播技术，可以将气象总局获取的数据同步分发给分布在全国各地的气象分局，保证气象数据传输时效。

3. BIERv6 和 CDN 技术联合应用

当前出现了一种新的组播流媒体技术，即 MABR（multicast adaptive bit rate，组播自适应码率），它可以通过组播技术传递标准 HTTP 数据流。该技术可以通过运营商网络以组播方式将数据流传输到家庭网络中，然后在家庭网络中将其转换为单播数据转发给家庭网络中的各台设备。CDN 技术能够解决分布、带宽、服务器性能带来的网络访问延迟问题，适合点播、直播等场景。用户可以从最近的 CDN 服务器获取所需的数据文件，从而提高用户访问网络资源的响应速度。

　　利用 MABR 这种新的组播流媒体技术，并且借助传统的 CDN 技术，可以实现更高效率的网络分发。这种技术方案还能够有效节省带宽资源，并且保证流媒体服务的连续性、实时性以及顺序性。

小　　结

　　本章全面探讨了 IPv6+ 及其关联技术，如 SRv6、网络切片、iFIT、BIERv6 等，展示了这些技术如何共同提升现代网络的性能、安全性和智能化。本章从 IPv6+ 的基本概念和起源开始，详细解释了 IPv6+ 在解决现代网络挑战中的作用，包括如何支持海量设备的连接需求和高级网络服务，重点介绍了 SRv6 技术的原理和优势，它通过在数据包中嵌入路由指令来简化网络架构并提高数据传输的灵活性和效率。

　　进一步，本章探讨了网络切片的实现和应用，它通过虚拟化技术在同一物理网络上创建多个逻辑网络，以满足不同业务的特定需求。iFIT 技术的介绍揭示了其在网络检测和故障诊断中的高效应用，突出了实时数据反馈和故障快速定位的能力。同时，BIERv6 作为一种新型多播技术，在简化网络多播配置和提高数据分发效率方面的优势也得到了展示。

　　本章不仅讨论了这些技术独立的功能和优势，还探讨了它们如何相互作用，共同支持复杂且不断发展的网络环境，确保网络能够适应不断增长的业务需求和快速变化的技术标准。

思考题及答案

答案 6

　　1.详细分析 iFIT 技术在 SRv6 环境下的实现机制。

　　题目描述：在 SRv6 网络环境中，iFIT 技术提供了一种创新的网络监控和故障定位方法。请详细描述 iFIT 技术如何在 SRv6 环境中实施，包括其报文头的构造和如何在 SRv6 的 SRH 中嵌入。论述 iFIT 报文头中关键字段的作用，以及如何利用这些字段进行网络监控（如丢包和时延测量）。同时，分析在 SRv6 架构下，iFIT 如何支持逐跳和端到端的性能统计，并讨论其带来的网络运维优势。

　　2.在现代网络架构中，IPv6+ 技术通过网络切片实现了更高效的资源分配和服务隔离。请问，IPv6+ 网络切片如何具体实现多个虚拟网络在同一物理基础设施上的独立运行？这种技术在不同的应用场景中（如物联网、5G 网络等）有哪些实际的优势和挑战？

　　3.IPv6+ 技术中的应用感知功能可以根据应用的具体需求动态调整网络参数，从而提升网络性能。请问，IPv6+ 应用感知通过哪些机制来识别和适配不同类型的应用流量？在实际部署中，这种技术给网络管理和安全带来了哪些新的机遇和风险？

第 7 章   IPv6+网络管理技术

7.1   IPv6+网络管理技术概述

IPv6 网络管理技术在当今互联网环境中扮演着至关重要的角色，为确保网络的稳定性、可靠性和高效性提供了必要的支持。本节将全面概述 IPv6+网络管理技术，探讨其基本概念、发展趋势以及管理平台，旨在为读者建立对 IPv6+网络管理技术体系的整体认识；深入研究常见网络管理架构，包括基于意图的网络、自动驾驶网络等，为读者奠定理论基础，以便更好地理解网络管理技术发展方向；通过列举常见 IPv6+网络管理技术平台，介绍它们如何提升网络整体性能和管理效率，使读者充分了解网络管理技术在网络生命周期中发挥的重要作用。

7.1.1   网络管理技术发展

网络管理技术的起源可以追溯到几十年前的早期计算机网络时代，最初的焦点主要在于硬件设备的运行情况和连接性。随着网络规模的扩大，出现了如 SNMP 等协议，使得网络管理员能更便捷地监控和配置网络设备。随着互联网的普及，网络管理技术的范围不断扩大，开始涵盖性能监测、安全管理和流量控制等更广泛的领域。同时，网络管理软件也从单一的监控工具发展成为综合性的管理平台，为管理员提供更多的功能和工具，以适应不断变化的网络环境。

近年来，新兴的网络服务(如触觉互联网和全息式通信)对端到端服务的精度提出了更高的要求，这为网络和服务管理带来了新的挑战和需求。曾经依赖手动配置和监控的网络管理在大规模网络环境下显得低效和容易出错，随着云计算、虚拟化和可编程网络等技术的发展，网络管理正在转向服务中心模式，变得更加自动化、灵活和智能。

新兴的网络管理技术，如软件定义网络 SDN)和网络功能虚拟化(NFV)，通过软件控制和集中式管理，大幅度简化了网络配置和操作流程，从而显著提升了网络的灵活性、可扩展性和性能。然而，这些创新技术的广泛应用也带来了一系列新的挑战，包括云和虚拟化环境的复杂性和动态性，以及网络规模和服务需求的快速增长。在云和虚拟化环境中，由于资源分配和配置的动态变化，网络管理的复杂性增加。同时，网络规模的不断扩大和服务需求的增长使得传统的网络管理方法显得力不从心。因此，未来的网络管理趋势可能会更加依赖人工智能和机器学习技术。这些技术可以帮助网络管理员更好地理解和适应网络环境的变化，通过分析大量的网络数据，可以识别出潜在的问题和优化机会，从而提高网络管理的效率和精确性。此外，自适应的学习算法还能够在实时性要求较高的情况下迅速做出决策和调整，以应对网络环境的动态变化。未来的网络管理趋势可能会更加强调集成和协同。在复杂多样的网络环境中，各种网络管理系统和工具的整合能够提高管理的一致性和协同效能。这意味着不同的网络管理组件将更紧密地协同工作，以实现更高水平的自动化和智能化。

在 IPv6+的框架下，新兴的 IPv6+技术通过协议创新和人工智能的应用，满足了 5G 传输和云网络协同等多样需求，实现了统一的网络部署、灵活的编程和可扩展性。总体来看，IPv6网络管理技术在当前互联网环境中发挥着关键的作用，通过创新的技术和方法，提高了网络的稳定性、可靠性和效率，同时为网络服务提供了强大的支持。未来随着 5G、云计算、人工智能等技术的不断发展，IPv6 网络管理技术将持续创新和进步，为构建更智能、更高效、更安全的网络提供强大的支持。

网络管理技术的未来展望非常广阔。随着科技的快速进步，预计将进一步应用人工智能和机器学习技术，以提高管理效率和精确性。与此同时，5G 和云网络的广泛应用将使网络管理更加紧密集成和协同，提升网络服务的一致性和质量。在这一大背景下，可以预见到更为智能的网络管理环境，通过自动化和智能化的管理手段，实现网络设备和服务的无缝协同和高效运行。此外，网络管理员将更加注重网络的安全性和可靠性，通过先进的安全技术和管理策略，确保网络的稳定运行和用户信息的安全。总体而言，未来的网络管理技术将更加智能、集成和安全，以为用户提供更出色的网络服务，同时为网络管理员提供更丰富的管理工具和技术支持。

网络管理技术的发展不仅推动了互联网的进步，同时也为企业和个人创造了更加便捷、安全的网络环境。从历史的发展到当前的趋势，再到未来的展望，人工智能和机器学习技术的广泛应用将成为未来网络管理的重要趋势，以提高管理的效率和精确性。网络管理将更强调集成和协同，以应对不断增长的网络规模和服务需求，确保网络的一致性和高质量服务。网络管理技术正在紧密跟随科技的快速发展，不断调整和适应。通过深入理解和采用新兴的网络管理技术，能够更有效地应对网络带来的挑战，从而构建一个更为高效和可靠的数字化世界。

7.1.2　网络管理平台介绍

各个网络服务提供商纷纷推出各自的网络管理自动化产品与解决方案，以帮助管理人员高效分析网络状态。本节将介绍国内外知名企业在网络管理平台方面的主要举措，让读者了解网络管理平台的主要功能和优势。

1. 华为 iMaster NCE 自动驾驶网络管理与控制系统

华为长年深耕网络智能管理方面的技术研究，"让网络走向自动驾驶、让云服务无所不在、让人工智能无所不及，以数字技术助力低碳发展"是其持续创新的方向。iMaster NCE自动驾驶网络管理与控制系统是华为提出的一款融合管理、控制、分析以及 AI 功能的网络自动化与智能化系统，其设计旨在有效连接物理网络与商业意图，实现网络的集中管理、控制和分析。iMaster NCE 面向商业和业务意图，使资源云化，实现全生命周期自动化，并通过数据分析驱动的智能闭环提升网络性能。其最终目标是使网络更加简化、智能、开放和安全，从而使运营商和企业在业务转型和创新方面取得更快的进展。

iMaster NCE 的优势如下。

(1)领先的技术：管控析一体，实现意图驱动的业务自动化，实时感知网络状态并进行预测性维护。

(2)广泛的商用：已在全球 120+个国家部署，广泛应用于 190+全球 500 强企业、2800+

个数据中心等。

(3)开放的生态：与第三方厂商和平台对接，与30+知名企业联合创新，构建可持续发展的产业生态。

2. 阿里云网管企业网络云智能运维管理平台

云网管基于阿里集团自身用的智能网管平台、人力智慧和最佳实践的输出来满足企业在全生命周期网络运维管理中的业务需求。例如，利用阿里云高安全等级传输通道以及丰富的商用网络和 IoT 设备自动适配功能，云网管满足了用户在多个行业场景下的 IT 基础设施运维需求，如新零售、新制造、智慧物流、办公、医疗以及临时会展等。云网管具备覆盖异构非标基础设施架构的能力，能够满足有线和无线、服务器等多种资源的运维需求。此外，其还支持大量分支机构、门店、工厂等，提供灵活的开局、扩容等个性化功能定制服务，并以标准、开放、易上手的特性，适用于各种趋向无人值守或托管式服务的需求场景。总之，通过云网管，企业能够实现更快捷的部署、更高效的运维和更透明的网络管理。

云网管的优势如下。

(1)软件即服务(software as a service，SaaS)云管控：背靠公有云提供高可用服务、跨厂商型号一站式管理运维服务。

(2)极简部署：零干预自动安装，运行资源性价比高。

(3)开放式规则：网络自动化编排配置，网络故障快速诊断和自愈。

(4)可视化运维：实时网络可视化大屏使网络整体运行状况一目了然。

3. 中兴通讯核心网智能化解决方案

随着电信网络虚拟化、5G 切片等技术的引入，电信网络正朝着云化网络的方向发展。在这一变革中，云化网络运营和运维面临着前所未有的挑战。中兴通讯核心网智能化解决方案基于其统一的 AI 平台，巧妙地在基础设施层、网络层以及管控层引入灵活的 AI 组件。该解决方案通过构建分层闭环的智能运维体系，根据 AI 训练平台输出的决策依据，自动执行管理策略，使网络具备智能感知、建模、开通、分析判断、预测等多方面的能力。

以中心云核心网智能管理产品 ElasticNet UME R50s 为例进行介绍，其具有以下功能。

(1)全融合编排及管理：全网一套管理系统，覆盖 2G/3G/4G/5G 核心网网元的管理，提供核心网切片网络管理、增强运维编排、网元管理以及边缘计算编排等功能。

(2)场景导航式设计：基于模型驱动设计理念，系统内置丰富的模板库，通过向导式图形化设计，实现全方位的切片设计、工作流设计、策略设计、模型校验等功能，并实现业务的按需设计和敏捷创新。

(3)全生命周期管理：支持对核心网网络切片、网络服务进行编排管理，提供完整的生命周期管理功能，包括实例化、监控、缩扩容、弹性、终止、自愈，切片及子切片激活等。

(4)智能极简运维：提供三层告警关联、故障分析等手段，同时提供分层分组按需触发弹缩、自愈等策略，主动进行扩缩容和故障修复。

(5)全局资源和业务能力开放：具备对接第三方的能力，灵活管理第三方网络功能虚拟化。

4. Cisco DNA Center 网络管理和自动化平台

DNA Center 是思科公司(Cisco)的一个网络管理和自动化平台,旨在提供全面的网络管理解决方案,涵盖配置管理、分析、安全和自动化等方面。它被设计用于简化网络运维、提高网络的安全性,并支持数字化转型。DNA Center 采用直观的图形用户界面,集成了一系列先进的技术,以简化网络操作、提高安全性,并加速数字业务的创新。此外,它强调对网络安全的关注,通过嵌入式的威胁检测和响应机制,加强对网络的保护。

DNA Center 具有以下特征。

(1)打造自动化网络,全面简化运维:DNA Center 确保设备配置正确,诠释组织和业务意图策略,并将这些策略转换为适合各台网络设备的配置。

(2)通过快速解决问题保障网络性能:DNA Center 状态感知模块可从客户端和网络设备收集遥测数据,对数据进行关联和分析,精准确定问题根源,并提出纠正措施建议。

(3)在整个网络中确保安全访问:为确保每个用户和设备安全地连接到网络,DNA Center 基于需求和角色的相似性将网络细分为不同的用户组,并将各组强制分离。

(4)集成安全以获得可视性并降低风险:DNA Center 安全提供全面的可视性,可减小攻击面,加快事件响应速度,并在攻击扩散前遏制攻击。

(5)利用云的强大功能安全地连接各个位置:DNA Center 可将数据中心和多个云中的应用与分支机构和园区中的用户连接在一起,同时简化管理并提高网络速度、安全性和效率。

5. 瞻博 Paragon 网络自动化产品

瞻博网络公司认为网络自动化是持续提供卓越体验的基础。为了提供高效、敏捷、一流的服务体验,瞻博网络推出 Paragon 产品,通过闭环自动化可保证整个服务生命周期中的服务体验。Paragon 有助于提高场景规划速度,为网络设计提供保护,加快设备上线,同时抢先预防问题,保证运维,确保自始至终都能够正确交付服务。

Paragon 具有以下优势。

(1)几分钟即可做好服务准备:采用人工智能技术的设备上线功能可验证硬件和软件真实性,对最新软件进行映像,保护全自动配置和部署。

(2)实现服务意图:利用基于意图的闭环自动化的高效特性,贯穿整个网络和服务生命周期,保证服务质量。

(3)主动验证服务质量:在部署之前确保网络能够达到服务质量要求,然后根据服务级别目标持续自动验证服务性能。

(4)获取网络洞察:使用流式遥测,规范网域和供应商的数据,使用包括机器学习在内的算法库,分析数据并获得有关网络和服务性能的可行见解。

(5)保证服务级别:自动布置服务路径,满足甚至超过服务水平目标,优化容量利用率并避免网络拥塞。

7.2　IPv6+网络管理技术解析

本节深入解析 IPv6 网络管理过程中的 4 种技术:网络配置综合、网络性能感知、网络性能优化和网络故障诊断，这些技术在网络管理过程中发挥重要作用。首先，网络配置综合自动计算设备配置，实现网络业务；网络性能感知持续监测网络行为，如果性能不符合指标要求，则需要网络性能优化调整网络；当网络发生故障或存在潜在错误时，网络故障诊断快速矫正网络设置，保障网络平稳运行。

7.2.1　网络配置综合

1. 配置综合简介

1) 传统网络配置运维

网络配置在网络运维中都扮演着重要的角色。网络能够正常地运行依赖于正确的网络配置，并且网络的安全保障、流量管理、专线业务和性能优化等功能也需要网络配置的支持。图 7-1 为网络配置运维的生命周期，从最开始的网络设计阶段，到空白网络的交付运行，网络运行后配置不断变更，直到网络停止运行，网络配置贯穿了整个网络运维的过程。

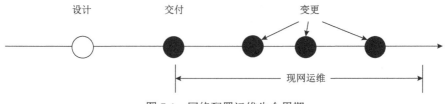

图 7-1　网络配置运维生命周期

传统的网络配置运维方式为人工管理，即不依赖智能化工具，所有的网络配置运维均由人工完成。传统的网络配置运维中单次交付或变更任务的实现流程可以归纳为以下四个步骤。

(1) 意图获取：获取具体的配置意图，如替换网元设备。

(2) 人脑决策：通过人脑思考决策配置操作的顺序及步骤，或对网络中的协议进行规划。

(3) 手写配置：手动编写配置语句(配置文件)。

(4) 手动下发：通过命令行界面(command line interface，CLI)等方式将网络配置下发到网元设备中。

人工进行网络配置运维的工作是十分具有挑战性的，网络配置的以下几个特点给配置编写工作带来了巨大挑战。

(1) 复杂的配置语法：网络涉及多种设备(如路由器、交换机、防火墙等)和技术(如路由协议、安全协议等)，每种设备和技术都有自己特定的配置需求和语法。需要理解不同厂商设备的特性、功能和命令行语法，这增加了配置的复杂性。

(2) 多样的配置任务：不同的网络环境有不同的需求和定制化要求。根据特定业务和安全需求，需要调整和定制各种配置，这增加了配置的复杂性。

(3) 配置相互依赖：网络中的设备和服务通常相互依赖和交互。一台设备或一个服务的配置变化可能影响到其他设备或服务，需要综合考虑这些交互和依赖关系，确保整体网络的稳定性和可靠性。

(4) 网络故障容忍度低：由于网络配置涉及网络安全、访问控制等敏感方面，错误的配置可能导致网络漏洞或安全风险。因此，需要更加谨慎和精确地编写配置，这增加了编写网络配置的难度。

网络配置运维的复杂性导致人工编写的配置常常出错，进而导致网络故障，据统计，60%左右的网络故障是网络配置错误所引起的，并且随着网络规模的不断扩大，人力已经逐渐无法满足日益增长的网络配置运维需求。降低配置出错的频率和提高配置运维的效率成为网络配置运维的主要挑战。

2) 智能网络配置运维

针对传统网络配置运维所面临的主要挑战，近年来出现了智能网络配置运维的概念。网络运维人员告诉智能网络配置运维工具其想要网络达到什么状态(配置意图)，智能网络配置运维工具自动生成相对应的网络配置。相较传统网络配置运维流程，智能网络配置运维流程分为以下四个步骤。

(1) 表达意图：通过编程的方式表达配置意图。

(2) 智能决策：自动决策配置操作的顺序及步骤，或对网络中的协议进行智能化规划。

(3) 自动生成：自动生成配置文件。

(4) 自动下发：自动下发配置文件。

也就是说除了需要运维人员表达配置意图外，其他所有工作均由系统智能化完成。配置运维工作由传统的编写配置语句简化为编写配置意图，提高了工作效率的同时减少了人工产生的配置错误。目前智能网络配置运维技术仍在不断发展中，配置综合技术是其中关键技术。

3) 配置综合技术

配置综合的概念源自程序综合，程序综合是一种根据功能规范，自动生成相应功能的软件程序的技术，而配置综合是根据配置意图规范，自动生成或更新满足相应意图的配置文件的技术。配置综合的流程如图 7-2 所示，网络运维人员将配置意图与网络拓扑输入到配置综合系统中，系统输出相应的配置文件。

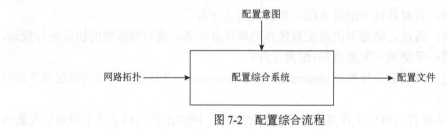

图 7-2 配置综合流程

配置综合技术相对于人工手动编写配置具有以下优势。

(1) 效率提高：配置综合技术使得配置的生成和实施过程自动化，大幅提高了效率。相较于手动编写配置，它能够更快速地生成复杂的网络配置，节省了大量时间和人力资源。

(2) 错误减少：自动化的配置综合技术大大降低了人为配置错误的风险。通过减少人为干预，可以提高网络配置的准确性和一致性，减少因人为错误而导致的网络故障。

(3) 适应性强：配置综合技术具有灵活性，能够根据不同的需求和环境生成多样化的配置方案。它可以根据特定的需求生成不同的配置版本，适应不同场景和业务变化。

(4) 优化配置：配置综合技术不仅能够自动生成配置，还能进行智能决策和优化。它可以基于特定的算法或规则，自动选择最佳的配置方案，从而优化网络性能和资源利用。

(5) 配置规范：配置综合技术倾向于依据标准化的配置模板和规范生成配置，从而提高了网络配置的一致性和其符合行业标准的程度。

总体来说，配置综合技术通过自动化和智能化的方式提高了网络配置的效率、准确性和灵活性，有助于提升网络运维的水平并降低运维的复杂性。

2. 配置生成技术

配置生成技术指在空白的网络中，根据网络运维人员所表达的配置意图自动生成满足意图的网络配置文件的技术。对于配置生成技术，其主要流程如图 7-3 所示，首先网络运维人员根据语法规则编写意图文件与拓扑文件，经过意图解析后将规范约束输入到不同协议的求解模型中，模型求解出关键的配置参数后，将参数映射到配置草图（配置模板）中生成网络配置文件。

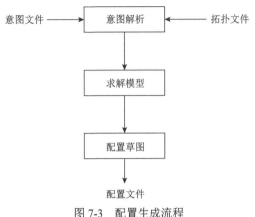

图 7-3　配置生成流程

配置生成系统的关键技术点在于如何表达配置意图以及如何构建协议求解模型，下面将分别进行介绍。

1) 配置意图的表达

首先说明配置意图的概念。配置意图是网络运维人员从全网的非单台设备的角度描述其想要网络所达到的状态或实现的某些功能。例如，"本园区网络访客不能访问内部服务器资源"就属于一种安全配置意图。

选择配置意图的表达载体需要考虑两方面需求：一是让网络管理员使用起来简单直接；二是配置综合系统读取意图准确无歧义。目前能同时满足这两方面需求的主流配置意图表达载体的选择为领域特定语言。

领域特定语言是针对某一特定领域设计的具有受限表达性的计算机程序设计语言，领域特定语言与通用程序设计语言（如 Java 等）最大的不同之处就是：通用程序设计语言提供广泛的功能，支持各种数据、控制以及抽象结构；领域特定语言只支持特定领域所需要的特性最小集，使用领域特定语言无法构建一个完整的系统，却可以解决系统某一方面的问题，SQL就是比较知名的领域特定语言。

配置意图的领域特定语言的语法设计没有固定的要求，可以完全根据实际的配置需求进行定制。目前比较主流的语法设计有"IP 前缀+关键字+节点"的结构，可以描述前缀流量的某种行为。例如，定义关键字 path 表示流量的显式路径，"1.0.0.0/8->path(A,B,C,D)"可以表示为前缀为 1.0.0.0/8 的流量的显式路径为 A、B、C、D。这里的 A、B、C、D 指网络中网元设备名称。

2) 形式化方法建模

配置综合技术目前有两种主流的协议求解建模方法，分为形式化方法和图方法。其中形式化方法较为适合配置参数对网络全局都会产生影响的协议，如 OSPF 中 Cost 属性。形式化方法的核心思想为将配置综合问题转化为约束求解问题，即该形式化模型在满足一系列规范（配置意图）的情况下，是否存在一组可行解（配置参数的组合），若存在可行解，则可行解的结果即为生成的配置的关键参数。

协议配置的形式化模型的设计可以从以下三个角度进行考虑。

（1）待求解的配置参数：明确协议中的哪些参数属于关键参数，以及哪些参数属于需要通过求解的方式才能得到。

（2）配置意图：明确配置意图对于该模型的规范是什么。

（3）协议算法：需要对目标协议的运行原理非常了解。

下面以 OSPF 协议实现流量显式路径的形式化建模进行举例说明。

OSPF 使用了 Dijkstra 算法作为其寻路算法，用于计算最短路径，以确定数据包在网络中的传输路径，其中端口的 Cost 属性值作为其边的权重，所以网络中所有端口的 Cost 属性值即为待求解的关键配置参数。配置意图为显式路径，其对应的规范即为 OSPF 协议最后的转发路径为对应的路径。协议算法参考 Dijkstra 算法，要使显式路径为最终的转发路径，则其要满足该路径的 Cost 属性值总和小于相同起点与终点的任意其他路径的 Cost 属性值总和，以此逻辑生成约束，最后使用 SMT 求解器进行可满足性求解，获得关键配置参数的取值。

3）图方法建模

相较于形式化方法建模，图方法建模适合配置参数在局部生效的协议，如 BGP 的 local preference 属性。图方法的核心思想为将流量转发或路由宣告等状态通过图的方式进行建模，推导求解出关键配置参数的取值。

下面以 BGP 协议实现流量显式路径的图方法建模进行举例说明。

网络运维人员可以通过路由策略的方式配置 BGP 协议的 local preference 属性以控制 BGP 路由的选取，网元节点收到同一前缀的不同路由时，local preference 属性高的路由将被选为最佳路由。

首先，使用确定性有限自动机表示显式路径和非显式路径的路由宣告状态。其次，将自动机与网络拓扑结合，构建出网络中路由宣告的状态变化图。最后，分析该图，求解出在某个节点的某个端口生成的相应的路由策略配置。

4）配置生成样例

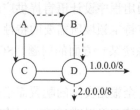

图 7-4　网络拓扑和流量路径

下面通过一个样例说明形式化方法建模与图方法建模的具体求解过程。网络拓扑和流量路径如图 7-4 所示，前缀 1.0.0.0/8 的流量的需求路径为 A、C、D，该流量路径由 OSPF 协议实现，前缀 2.0.0.0/8 的流量的需求路径为 A、B、D，该流量路径由 BGP 协议实现。

（1）OSPF 协议中 Cost 属性值的求解流程：首先，使用 ab 表示设备 A 中连接设备 B 的链路端口中的 Cost 属性值，ab 满足 Cost 值的取值范围，即 $0 < ab < 65535$。然后，计算与显式路径 A、C、D 拥有相同起点与终点的路径，本样例中为 A、B、D。接下来，根据 OSPF 的选路原则可知，A、C、D 优选需要满足 $ac + cd < ab + bd$。最后，将此约束通过 SMT 求解器进行求解，得到所有 Cost 属性的取值，完成关键配置参数的求解。

（2）BGP 协议中 local preference 属性值的求解流程：首先，将显式路径与非显式路径的路由宣告过程转化为确定性有限状态机，如图 7-5 所示，将路由宣告给网元设备节点这一动作作为状态转移条件，图中上面的状态机属于显式路径，下面的状态机属于非显式路径。然后，将拓扑与状态机相结合生成如图 7-6 所示的路由状态变化图，图中的路径表示路由宣告路径，字母代表网元设备，数字代表图 7-6 中的两个状态机的状态，"—"表示状态机未匹配正确的状态。最后，分析该路由状态变化图，找到满足显式路径的路由路径与不满足显式路径的最后的交叉点，即节点 D，在其连接节点 B 的链路端口生成相应的路由策略配置。

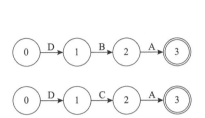

图 7-5　路由宣告过程转化的确定性有限状态机

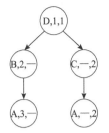

图 7-6　路由状态变化图

3. 配置更新技术

配置更新技术指在已有配置的网络中，根据网络运维人员的配置更新意图自动生成（或修改）满足其更新配置意图的配置文件。对于配置更新技术，其主要流程如图 7-7 所示，首先网络运维人员根据语法规则编写意图文件与拓扑文件（也可以通过配置文件分析得到），并将原有配置文件一起作为系统的输入，经过意图解析与配置解析后，将规范约束与原有配置约束输入到不同协议的更新求解模型中，模型求解出关键的配置参数后，修改原有配置文件以更新配置。

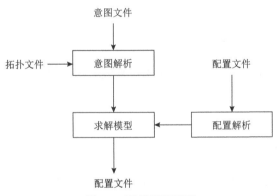

图 7-7　配置更新流程

配置更新技术中的求解模型部分整体使用的方法与配置生成技术中的求解模型部分相同，大体可以分为形式化方法建模与图方法建模，具体的模型细节可能与配置生成有所差别。

配置更新技术与配置生成技术的主要差别在于以下两点。

（1）配置解析：对原有配置文件进行解析，配置语句具有较强的结构性，通常使用语法树进行解析表示，既能准确获取配置参数，也可以表示配置的结构风格。

（2）软约束：配置更新不是简单的配置再生成，通常网络运维人员希望变更前后的配置不要产生太大的变化，所以配置更新技术在满足更新意图即硬约束的前提下，要尽可能使更新的配置满足变更行数最少、结构变化最小、变更设备最少等意图，即软约束。软约束的求解通常为最优化的问题，需要使用 MaxSMT。

4. 配置综合实例

1) 配置生成实例

（1）propane：使用领域特定语言（domain specific language，DSL）表达 BGP 协议常用流量策略，使用正则表达式和有限状态自动机将策略转译为路径形式，然后为每条流量策略构建路由状态变化图，描述该流量节点间的配置参数关系，状态变化图可以作为配置参数生成的依据。

（2）propane/AT：在 propane 的基础上提出了抽象拓扑图的概念，将功能角色相近的节点表示为一个抽象节点，通过这种方式缩小了求解过程中使用到的拓扑规模，并能提高生成配置的复用性。

（3）synet：支持静态路由、OSPF 和 BGP 三种协议，将网络配置问题描述为分层次的 datalog 问题，并将网络配置的求解问题转换为求解分层次的 datalog 问题的输入集问题，然后通过 SMT 求解器求解得到网络配置。

（4）netcomplete：在 synet 的基础上进行简化，不使用 datalog 来描述网络配置问题，而是直接将网络配置问题转换为 SMT 求解的约束满足问题，并且将配置模板进行符号化表示，运行用户提前输入的求解参数值来缩小解空间，加快求解速度。

2) 配置更新实例

（1）jinjing：使用 DSL 实现了基于意图的网络 ACL 自动更新配置，jinjing 设计了高层次的 ACL 更新策略描述语言，通过对 ACL 策略的更新和配置生成进行建模和安全性与正确性的分析。

（2）snowcap：一个网络更新配置框架，可以合成符合任意硬规范和软规范的配置更新，并涉及任意路由协议。snowcap 将配置更新问题表述为约束条件下的优化问题，提出了一种满足软硬约束的综合框架，并采用一种反例引导搜索来优化查找修复并进行配置部署。

7.2.2　网络性能感知

1. 网络感知技术演进

网络感知技术在网络管理和优化中起着至关重要的作用。随着网络技术的快速发展，网络感知技术也在不断地演进。本章将从传统的网络感知技术开始介绍，并详细探讨现代的带内网络遥测（in-band network telemetry，INT）技术和 Sketch 技术。

在网络的早期阶段，网络感知主要依赖于 SNMP 和 NetFlow 这样的网络监控工具和协议。SNMP 是一种网络管理协议，它允许管理员收集和组织网络设备的信息，以及修改设备的行为。NetFlow 是一种网络协议，它可以收集 IP 流量信息，并进行流量分析。然而，这些工具和协议的信息获取方式通常是被动的，且精度和实时性较差，因此在大规模、复杂的现代网络环境中，它们往往无法满足网络管理的需求。

为了解决这些问题，带内网络遥测技术应运而生。INT 是一种新兴的网络感知技术，它通过在数据包中嵌入遥测信息，实现了对网络状态的实时、精准监控。INT 的出现使得网络管理员可以在数据包传输过程中，获取到关于网络设备、链路状态以及数据包处理延迟等的详细信息。这种"带内"遥测方式相较于传统的"带外"遥测方式，能够提供更高的精度和实时性。

带内网络遥测虽然能够获取细粒度的网络信息，但是实质上是对数据包经过网络设备的一种状态快照，因此带内网络遥测面对流量大小等统计学信息的获取无能为力。

为了解决这个问题，Sketch 技术被引入到网络感知中。Sketch 是一种基于概率的数据结构，它可以用来近似地表示一组数据的分布情况。通过使用 Sketch，网络管理员可以对大量的网络流量数据进行高效的统计和分析，而无须存储所有的原始数据。这不仅可以大大减小数据处理和存储的压力，而且还可以提高数据分析的效率，能够用于高速流量的统计。

Sketch 技术在网络感知中的应用主要体现在流量测量和异常检测等方面。例如，通过使用 Count-Min Sketch，网络管理员可以快速地统计网络中的流量频率信息，从而实现对网络流量的精细化管理。此外，通过使用为各种异常检测应用(如 DDoS)所设计的 Sketch，网络管理员可以高效地检测到网络中的异常流量，从而及时发现和处理网络攻击。

然而，Sketch 技术也有其局限性。由于 Sketch 是一种基于概率的数据结构，因此它的结果只是近似的，而不是精确的，这可能会导致一些误报或漏报。由于 Sketch 的大小通常是固定的，因此当网络流量超过一定规模时，Sketch 的精度可能会下降。

尽管如此，Sketch 技术仍然是一种非常有价值的网络感知工具。通过适当的配置和优化，网络管理员可以在保证足够精度的同时，利用 Sketch 技术处理和分析大规模的网络数据。这种技术的出现不仅解决了线速流量的数据处理和存储的问题，也为网络管理带来了新的可能性。

此外，随着网络设备的可编程性进一步提升，科研人员已经开始探索 INT 与 Sketch 相结合的技术路线，从而获取更加全面的网络状态信息。

总的来说，从传统的 SNMP 和 NetFlow，到现代的 INT 和 Sketch，网络感知技术的演进反映了网络管理的发展趋势：从被动的、粗粒度的监控，到主动的、细粒度的遥测，再到高效的大数据分析。这些技术的发展，不仅提高了网络的可管理性和可视性，也为未来的网络创新提供了可能。

在未来，随着网络规模的进一步扩大，以及网络应用的进一步复杂化，网络感知技术将面临更多的挑战。例如，如何在保证实时性和精度的同时，处理和分析更大规模的网络数据。如何在保证网络安全的同时，保护用户的隐私。这些问题都需要进一步研究和探索。

同时，随着人工智能、机器学习等技术的发展，也期待看到更多创新的网络感知技术。例如，通过使用机器学习算法，可以更准确地预测网络的行为，从而实现更智能的网络管理。通过使用深度学习算法，可以更有效地分析网络数据，从而实现更精细的网络优化。

无论如何，网络感知技术的演进将继续，以满足对网络理解和管理的不断增长的需求。在这个过程中，INT 和 Sketch 技术将继续发挥重要的作用，帮助更好地理解和管理网络。同时，也期待看到更多新的技术和工具的出现，以更好地满足未来网络环境的需求。

2. INT 及其相关技术

随着网络规模的不断扩大，网络状态检测和流量管理等方面的要求日益迫切，网络测量技术成为必不可少的手段。网络测量技术是对网络进行管理和维护的基础。通过一定的方式和相关的技术手段，利用软硬件等方式实现对网络信息进行测量和验证。网络测量能够有效提高网络故障检测、流量检测和网络安全等方面的工作效率。

随着转发架构的发展和 P4 语言的提出，网络协议逐步与转发架构脱离，网络设备对管理员进一步开放，数据平面的解放和网络设备性能的提高催生了带内网络遥测这种新兴的网络遥测技术，这些年其在学术界和工业界受到了广泛的关注。不同于传统的网络测量和软件定义网络测量，带内网络遥测利用数据包的转发来实现网络测量。在转发过程中，利用 P4语言自定义的交换机操作，能够实现对数据包的捕获与重封装，进而利用数据包携带网络信息。因此，带内网络遥测能够收集到在其路径上的所有交换机的信息，也就获得了以交换机为单位的细粒度和高精度网络测量信息。另外，类似软件定义网络测量，带内网络遥测同样没有改变底层协议，因此带内网络遥测同样兼容在传统网络测量中的主动测量和被动测量等研究方法。

INT2.0 中规定了三种工作模式：INT-MD（eMbed Data）、INT-MX（eMbed instruct（X）ions）和 INT-XD（eXport Data）。INT-MD 框架如图 7-8 所示。在主机发送数据包后，数据包到达 INT系统的源节点时，INT 模块通过交换机上的采样模块匹配到该数据包，并插入 INT 头和元数据。当数据包转发到转发节点时，交换机插入 INT 元数据。当数据包到达宿节点时，交换机插入 INT 元数据后，通过 gRPC 等方式上传遥测数据，并恢复数据包。

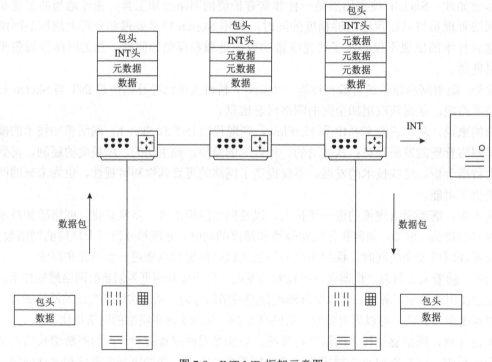

图 7-8 INT-MD 框架示意图

INT-MX 框架与 INT-MD 类似，在其基础上，数据包经过源节点插入 INT 头后，交换机的INT 元数据并不会插入数据包，而是在数据包经过时直接将元数据包装成 report 报文转发到遥测服务器。当数据包经过宿节点时，将 INT 头从数据包中删除，从而恢复原数据包。

INT-XD 框架是在 INT-MX 的基础上，进一步减少了数据包操作，在数据包经过源节点时不会插入 INT 头和 INT 元数据，仅判断是否匹配该数据包，如果匹配该数据包，则按照交换机内部检测列表的要求上传元数据到遥测服务器。

INT2.0 协议元数据如表 7-1 所示。

表 7-1　INT2.0 协议元数据

元数据名称	含义	元数据名称	含义
switch id	交换机标识	egress port byte count	出口接收数据包字节数
control plan state version number	控制平面版本标识	egress port RX drop count	出口丢弃数据包个数
ingress port id	交换机入口标识	egress port RX utilization	出口发送速率
ingress timestamp	入口时间戳	queue id	队列标识
ingress port RX pkt count	入口接收数据包个数	instantaneous queue length	瞬时队列长度
ingress port byte count	入口接收数据包字节数	average queue length	平均队列长度
ingress port RX drop count	入口丢弃数据包个数	queue drop count	队列丢弃数据包个数
ingress port RX utilization	入口接收速率	buffer id	缓冲区标识
egress port id	交换机出口标识	instantaneous buffer occupancy	瞬时缓冲区占用率
egress timestamp	出口时间戳	average buffer occupancy	平均缓冲区占用率
egress port RX pkt count	出口接收数据包个数	checksum complement	校验和补全

INT 交换机的处理流程遵循一般的 P4 设计,由 parser(解析器)、ingress(入口)和 egress(出口)三部分组成。

(1)parser:可编程交换机能够支持 INT 和基本的 TCP/UDP 协议。parser 仅需要解析以太网、IPv4、TCP/UDP 和 INT 报头。在每个解析状态,如果满足条件,数据包将被传递到下一解析阶段,否则,结束 parser 部分的操作。

(2)ingress:在解析之后,数据包被送到 match / action 进行出交换机的端口选择。在交换机的 ingress 部分,支持基本的 ONOS 服务和应用,如数据链路层发现和反应式转发。这些使 UDP 数据包能够通过网络从源传输到目的地。交换机的 ingress 部分还负责提取数据包的元数据。首先,确定它是否是数据包的第一跳(应用于每个数据包,无论 INT 报头是否存在)。然后,确定交换机是源交换机(路径中的第一台交换机)还是宿交换机(路径中的最后一台交换机),设置等效标志。如果交换机是宿交换机,则数据包被克隆。在完成 ingress 部分的操作之后,数据包被发送到缓存器/缓冲器。

(3)egress:在退出队列后,数据包通过出口部分的 match / action(匹配/动作)来处理 INT 报头。首先,交换机的 egress 部分检查源标志。如果已设置,则使用从控制器发送的遥测指令将 INT 报头插入 UDP 数据包。然后,将此交换机的 INT 元数据添加到 INT 元数据堆栈的顶部。元数据的类型由遥测指令确定。最后,更新外部 UDP 报头。离开 egress 的数据包被发送到 deparser 进行序列化,然后发送出交换机。

3. Sketch 及其相关技术

网络流量测量是网络感知中不可或缺的一部分,它为数据中心和骨干网中的网络运行、网络计费、拥塞控制和异常检测等提供了不可或缺的信息。Sketch 技术是网络流量测量中有前景的解决方案。Sketch 技术将网络流量压缩到概率性数据结构中，以小的存储开销存储海量的流量特征。尽管存在一定的误差，但对大多数流量已经具备相当高的准确率。由于 Sketch 存储开销低、准确率高的优点，可以将其部署到现有的可编程交换机中，进而实现对网络流量的测量；另外，传输 Sketch 仅需要消耗极小的带宽，不会由于测量需求而对网络造成额外的负担。

如图 7-9 所示，典型的 Sketch 结构由多个计数器数组组成。Sketch 工作流程一般可以分为三个步骤。

(1)哈希计算：对于每一个来临的数据包，Sketch 提取数据包头的流键(如五元组，图 7-9 中为 e)，借助若干个独立的哈希函数(h_1,h_2,h_3)计算该流键的哈希值，以此来确定计数器位置。

(2)计数器更新：根据上一步得到的计数器位置，利用每个 Sketch 独有的更新算法更新计数器的计数值。

(3)键值存储：一部分 Sketch 会根据需要存储大量的键值。例如，大流检测任务中需要存储计数值大于给定阈值的键值。

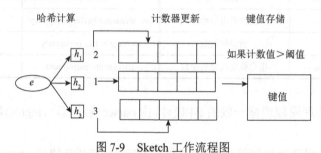

图 7-9　Sketch 工作流程图

Sketch 查询操作一方面取决于 Sketch 的查询算法，另一方面取决于是否存储流键。在存储流键的情况下，可以通过直接收集 Sketch 获得结果，否则，只能先通过哈希计算来确定计数器位置，再根据 Sketch 的查询算法来获得结果。

得益于 Sketch 存储占用少的特点，不仅可以消耗极小的带宽进行传输，而且在管理端存储时，也仅需要极少的存储占用；得益于 Sketch 通过哈希函数定位的特点，可以迅速查找到自己感兴趣的网络流量的统计结果。

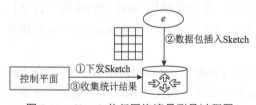

图 7-10　Sketch 执行网络流量测量过程图

当了解了 Sketch 的基本结构及其操作后，来看基于 Sketch 的网络流量测量是如何在网络环境中部署实现的。如图 7-10 所示，Sketch 支持在可编程交换机和 SDN 交换机部署，一般基于 Sketch 的网络流量测量可以分为三个步骤。

(1)控制平面根据测量任务的不同下发给交换机不同的 Sketch，如支持网络流量频率估计的 Count-Min Sketch、支持不同的异常流量检测的 Sketch 等。

(2)将数据包插入到 Sketch 中。

(3)每隔一段时间，控制平面收集 Sketch 以获得统计结果。

Sketch 在网络中的应用主要体现在流量测量和异常检测两方面。流量测量是网络计费和拥塞控制等应用的基础，典型的流量测量任务包括频率估计、大流检测和成员查询等。频率估计是估计某个流的数据包数量，它是网络计费和负载均衡等应用的基础。大流检测是报告数据包数量超过给定阈值的流。大流检测广泛用于拥塞控制、负载均衡等应用，因为网络中大流量是导致拥塞的主要原因；其次，某些应用会对超过一定阈值的流给予重点关注，因为给予"大客户"重点关注是理所应当的。成员查询是判别某个流是否出现在网络中。它可以充当防火墙的作用，例如，可以将恶意流量提前插入支持成员查询的 Sketch 中，然后进行实时过滤，避免恶意流量影响正常业务流的处理。现在有许多 Sketch 支持上述三个典型的流量测量任务。除此之外，还有许多为各类异常检测定制的 Sketch，如检测超级传播者（super-spreader）的 Sketch、检测 DDoS 的 Sketch 等。总而言之，这些 Sketch 是网络感知中的重要组成部分。

　　近几年来，为了提升 Sketch 的性能，许多学者提出了一系列针对 Sketch 的优化。这些优化方法可以分为三类：基于大小流分离的优化、基于哈希的优化和基于计数器的优化。①基于大小流分离的优化，哈希冲突是导致 Sketch 误差的主要原因之一，哈希冲突中最严重的一类是小流和大流之间的哈希冲突。为了解决这个冲突，许多 Sketch 采取多层过滤或者特定算法来将大小流分离，从而提升 Sketch 的性能。②基于哈希的优化，正如前面所说哈希冲突是导致 Sketch 误差的主要原因之一，因此许多学者想到是否可以直接在哈希索引阶段就将大小流分离，由此产生了利用机器学习来对数据流中的大小流进行分离，从而提升 Sketch 的性能。③基于计数器的优化，它主要考虑网络流量偏斜的特征。换句话说，网络流量中绝大多数都是计数值很小的流量，仅有一小部分流量计数值很大。因此，为了减少 Sketch 的空间开销，许多学者提出了不同的方案，如虚拟共享计数器和可变宽度计数器等，在几乎不影响 Sketch 性能的前提下，极大地减少了 Sketch 的空间开销。

　　从整体结构上来说，尽管 Sketch 以低存储资源占用实现了高的准确率，但是它也存在着一些问题。一方面，网络流量本身是动态变化的。当网络流量发生巨大变化时，之前任何一个合理的 Sketch 配置（内存大小、哈希函数数量和一些取决于 Sketch 本身的参数）都会遭遇失败。另一方面，Sketch 本身就是一个具备误报的数据结构，这对某些准确率要求极高的应用来说是可能无法接受的。

　　尽管 Sketch 存在一些问题，但得益于其高的空间效率和准确率，Sketch 在网络感知方面大有应用前景。与此同时，相信 Sketch 将推动网络感知向前迈出重要的一步。

4. INT 应用实例

1) INT-path 实例

为了实现全网遥测，网络中的所有链路都应该被探针探测到，INT-path 的主要目标有以下三个。

（1）为了减少不必要的带宽占用，需要生成无重叠的探测路径。

（2）为了减少遥测工作负载在控制器处的处理开销，路径数应保持尽可能小。

（3）为了保持集中控制的及时性，路径长度应尽可能均衡。

为了同时实现以上目标，需要仔细规划每条探测路径的起始/结束节点。原始的 INT 只是一个轻量级的框架，并没有指定探测数据包通过网络的路由的能力，因此需要在 INT 的基础上增加指定路由的能力。INT-path 通过使用源路由（SR）指定探针在网络中的路由转发，并通过建立在该机制上的路径规划策略(基于欧拉回路的路径规划算法)生成多个 INT 路径以覆盖整个网络的网络链路,从而实现最小化遥测开销。

源路由技术解决了探针的转发问题。图 7-11 显示了 INT-path 的探针格式。在计算机网络中,源路由允许数据包通过指定数据包转发端口的方式进行路由,通常发送方在数据包报头上标记路由路径。在带内网络遥测中,将 SR 与 INT 进行耦合,形成双栈结构,从而实现了用户指定/按需路径遥测。

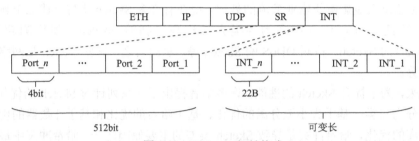

图 7-11　INT-path 探针格式

INT-path 使用 UDP 数据包来携带 SR 和 INT 元数据。在 UDP 报文头部后,为 SR 堆栈预留了 512 位。为每个 SR 标签分配 4 比特来表示路由器的输出端口 ID,因此每台路由器最多可以支持 16 个输出端口。在固定长度的 SR 堆栈后,设计一个可变长度的 INT 堆栈。每个 INT 元数据占用 22B,其中包含设备 ID、入口/出口端口、出口队列深度等信息。由于 P4 目前不能很好地支持解析数据包报头中的双可变长度堆栈,因此使用静态分配的固定长度 SR 堆栈。这种转发只需要网络设备支持协议无关的转发。

INT-path 有三种具有不同功能的逻辑交换机:INT 源节点、INT 转发节点和 INT 宿节点。物理设备可以同时充当 INT 源节点和 INT 宿节点,即物理设备可以同时是监控路径的终点和起点。INT 源节点负责在监控路径的第一跳生成 SR-INT 探针。INT 源节点会重写数据包报头以分配 SR 标签栈,并在转发数据包之前插入当前交换机的 INT 信息。INT 源节点将把交换机出口 ID 压入报头中的 SR 标签栈。交换机出口 ID 的顺序是在控制器处通过集中式控制器预先确定的。INT 转发节点执行 SR-INT 探针转发或后台业务的数据包转发。如果是探针,则根据 SR 标签栈弹出的交换机出口 ID 来转发。此外,INT 转发节点还将在转发探针之前把当前交换机的 INT 信息压入到 INT 堆栈中。在监控路径的最后一跳, INT 宿节点会将探针转发给控制器进行进一步分析。

2) INT-label 实例

INT-label 在每台网络设备的每个端口分布式标记数据包,将设备内部的实时状态写入通过该端口的数据包。

(1)标记方式:标记数据包的操作在每个端口定时触发,是否标记数据包的决定在本地进行,而不需要任何全局同步。这种分布式的标记方式保证了全网范围的遥测,但由于使用网络中本身含有的流量,因此 INT-label 不能监控没有流量的设备端口。然而,没有流量的端口的链路状态对于网络管理来说是相对无关紧要的,并且容易推测这些端口的延迟非常低,且没有队列积压。全网遥测越及时,全网遥测频率就越高,即在控制器处需要尽可能频繁地更新每个端口的 INT 信息。但这将导致巨大的开销,如果设备将 INT 元数据写入通过其端口的每个数据包,则控制器将接收过多的冗余信息,这将显著增加交换机-控制器通道的带宽消耗和控制器的处理负载。在真实的部署中，应在可承受的系统成本约束下，根据给定的遥测分辨率要求确定合适的标签频率。

(2)数据包设计：由于 INT 元数据需要插入到用户流量，因此该标记操作应该。①不干扰原始数据包转发；②对终端主机透明。如图 7-12 所示，将 INT 字段放在 IP 头之后，因为包的标签操作在每个端口进行，并且需要首先解析 IP 头以通过查找路由表来获得转发端口。INT 的第一个字段是 INT 选项，它包含 PROTOCOL 字段的原始值(RP)和 INT 元数据的数量(INT_num)。在最后一跳交换机用 RP 恢复原始数据包。在 INT 选项字段之后分配可变长度 INT 堆栈。每个 INT 标签占用 32B，包含设备 ID、入口/出口端口 ID、延迟和队列深度的信息。INT 字段的封装和解封装都在网络内部进行，对终端主机完全透明。

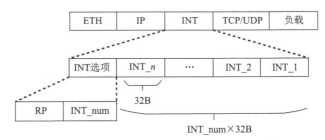

图 7-12　INT-label 数据包格式

(3)遥测数据收集：控制器有一个数据库，其中保存每个端口的记录，包括端口状态，如延迟、队列深度和标记的时间戳。由于不同路径的端到端延迟时刻变化，即使对于相同端口，较早标记的 INT 信息也可能不会首先到达控制器。因此，控制器需要根据新到达的 INT 信息确定是否需要更新数据库。如果新到达的 INT 信息的时间戳大于数据库中存储的时间戳，则更新数据库；否则，丢弃新到达的 INT 信息，从而保存最新的全局网络视图。

(4)概率标签：从数据平面收集的 INT 信息需要上传到控制器进行进一步分析。INT 数据包的过多上传将增加南向开销并增加控制器 CPU 负载。为了解决这个问题，INT-label 改变了原来的基于间隔的标签，根据数据包中已经收集的 INT 元数据的数量进行概率标签。即已经被多次标记的数据包在转发路径中有更高的概率被再次标记，因此 INT 元数据将更加集中。通过聚合 INT 元数据，可以减少携带 INT 信息的数据包数量。

5. Sketch 应用实例

1) Count-Min Sketch 实例

Count-Min Sketch 是最经典、应用最广泛的 Sketch 之一。如图 7-13 所示，Count-Min Sketch 由 k(图中 $k=3$)个等长的计数器数组组成，每个计数器数组关联一个哈希函数(h_1, h_2, h_3)。当插

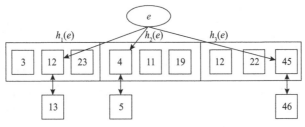

图 7-13　Count-Min Sketch 结构图

入一个键值为 e 的流时，Count-Min Sketch 通过 k 个哈希函数将它映射到 k 个计数器中，并将这些计数器的计数值加 1。当查询一个键值为 e 的流时，它会通过 k 个哈希函数找到所映射的 k 个计数器，并报告这些计数器中的最小值。Count-Min Sketch 只有高估误差，这意味着报告的频率不小于真实值。

Count-Min Sketch 同时支持频率估计、熵估计等多项任务，它以极小的存储开销统计了海量的网络流量频率信息。尽管存在一定的误差，但是对大多数网络流量来说，其结果仍然是较为准确的。为了在真实网络环境中实现网络流量的感知，可以将其部署到可编程交换机中对网络流量进行实时统计，它可以为网络计费和拥塞控制等应用提供服务。例如，通过 Count-Min Sketch 统计的流量频率信息对客户收费。

2）CU Sketch 和 Count Sketch 实例

针对 Count-Min Sketch 的不足，许多学者提出了不同的解决方案。最为熟知的是 CU Sketch 和 Count Sketch。CU Sketch 与 Count-Min Sketch 是类似的，不同的是，CU Sketch 采取了保守更新的思想。当插入一个键值为 e 的流时，CU Sketch 只增加 k 个哈希函数映射的计数器中的最小值。但是，也由于其保守更新的做法，CU Sketch 不支持删除。Count Sketch 与 Count-Min Sketch 也是类似的，不同的是，当插入一个键值为 e 的流时，对于每个哈希函数映射的计数器，Count Sketch 以概率的思想对其计数值加 1 或者减 1。当查询一个键值为 e 的流时，它会找到这 k 个哈希函数映射的计数器，并返回其中的中位数作为估计值。需要说明的是，Count Sketch 具备双边误差。

CU Sketch 不支持在可编程交换机和 SDN 交换机中部署，因为它不符合交换机内部的流水线（pipeline）结构。Count Sketch 支持的任务及其在网络中的应用与 Count-Min Sketch 是类似的。

3）布隆过滤器（Bloom filter）实例

布隆过滤器由 k 个等长的寄存器数组组成，每个寄存器数组关联一个哈希函数。当插入一个键值为 e 的网络流量时，布隆过滤器通过 k 个哈希函数将它映射到 k 个寄存器中，并将这些映射位置为 1。当查询一个键值为 e 的网络流量时，它会找到这 k 个哈希函数的映射位。如果全为 1，则报告为真；否则为假。布隆过滤器具备单边误差，存在误报。换句话说，出现在布隆过滤器中肯定报告为真；未出现在布隆过滤器中也可能存在误报。

布隆过滤器支持成员查询任务，这对异常流量过滤至关重要。可以将想要过滤的流量提前插入到布隆过滤器中，然后将其部署到可编程交换机上，对异常流量进行实时的过滤，防止其干扰正常业务流的运行。

4）MV Sketch 实例

如图 7-14 所示，MV Sketch 由 k 行的桶（类似 C 语言中的结构体，可以包含多个字段）数组组成。每个桶由三个字段组成：V 可以看成一个计数器，它计算哈希到桶中的所有数据包数量的总和；K 可以看成一个字符串，跟踪桶中当前候选的大流的键值；C 可以看成一个计数器，用来检查是否应保留或替换候选大流。当插入一个键值为 e 的网络流量时，MV Sketch 通过 k 个哈希函数将它映射到 k 个桶中。对于映射到的每个桶，MV Sketch 首先将 V 增加 1，然后根据 MJRTY（majority vote algorithm，多数投票算法）算法检查 e 是否存储在 K 中：如果 $K=e$，MV Sketch 将 C 递增 1，否则，MV Sketch 将 C 减去 1；如果 C 降到零以下，MV Sketch 用 e 替换 K，并用它的绝对值重置 C。当查询一个键值为 e 的网络流量时，它会找到这 k 个哈希函数的映射桶。对于映射到的每个桶，如果 e 和 K 相同，MV Sketch 返回 V 与 C 和的一半，否则，MV Sketch 将返回 V 与 C 差的一半。最后，MV Sketch 返回所有值中的最小值。

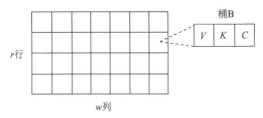

图 7-14　MV Sketch 结构图

MV Sketch 同时支持大流检测、重大改变检测等多项任务，它以极小的存储开销实现了高的召回率和精确率。将 MV Sketch 部署到可编程交换机上即可。MV Sketch 可以实时地统计大流检测和重大改变检测流量。通过大流检测可以对网络流量中频率超过阈值的流量进行重点关注，因为频率较高的流量对拥塞控制至关重要。类似地，重大改变检测对网络中异常检测至关重要，一个不频繁的网络流量突然频繁出现，那可能意味着它正在发起某种攻击。

5）其他 Sketch 实例

除了上述几个经典的 Sketch 外，还有各种各样的 Sketch 关注网络中不同的需求。一方面是流量测量，除了频率估计、大流检测、重大改变检测外，还有支持基数估计、包延迟测量等各种任务的 Sketch；另一方面是异常流量监测，除了上述的重大改变检测发现异常流量、布隆过滤器过滤异常流量外，还有支持超级传播者攻击检测和 DDoS 攻击检测的 Sketch 等。

总而言之，Sketch 在网络感知中支持各种各样的任务，相信未来也将会有更多新奇的 Sketch 进入人们的视野。

7.2.3　网络性能优化

1. IPv6 流量工程

在现代网络技术的范畴中，SRv6 的创新性可归功于其对 IPv6 地址 128 位可编程特性的利用。这一利用不仅扩展了 SRv6 在指令表达上的网络功能范围，而且超越了传统的路径指令。具体而言，SRv6 允许通过编码在 IPv6 地址中的指令来实现各种增值服务（VAS），如防火墙、应用加速以及用户网关等功能。此外，SRv6 展示了显著的协议扩展能力，它的设计使得支持新的网络功能成为可能，且仅需定义新的指令而无须改变现有的协议机制或进行复杂的部署。这一特性显著缩短了网络创新业务的交付周期，使得 SRv6 成为一种高度灵活和可适应的网络技术。在实现 SRv6 网络编程的诸多机制中，SRv6 TE Policy（策略）尤为重要。它支持端到端的业务需求实现，充分体现了 SRv6 的网络编程能力。SRv6 TE 策略的应用允许网络设计师以前所未有的灵活性来编排网络流量，确保数据包沿着最优的路径传输，同时实现特定网络服务的插入和执行。本部分将简述 SRv6 TE 策略的思想和流程。

SRv6 TE 策略是一种先进的网络技术，结合了 IPv6 的强大功能和流量工程的灵活性。Segment Routing 是一种简化的网络路由技术，它允许数据包头部包含一个有序的段列表。每个段代表网络中的一个特定点，如一台路由器或一条路径。这种方法减小了传统路由协议的复杂性，因为网络中的路径可以在数据包发送之前确定和编码。TE 是网络设计中的一个重要方面，涉及优化数据在网络中的流动，以提高效率和性能。它还涉及路由选择和资源分配，以确保网络可靠性和性能。SRv6 TE 利用 IPv6 的增强特性和段路由的灵活性来实现高效的流量工程。在 SRv6 TE 中，数据包沿着预定义的路径（由一系列 IPv6 地址组成的段列表定义）传输。这些路径可以根据网络的当前状态和性能要求动态调整，以优化流量分布和网络资源利用。

SRv6 TE 策略通过利用段路由的源路由机制，实现了报文在网络中的精确导引。该策略在数据包的源点封装了一个有序且明确的指令序列，即路径信息，确保数据包能够按照预定路径穿越网络。SRv6 TE 策略的主要作用是实现流量工程的目标，提高网络的整体性能，并满足不同业务需求的端到端服务标准。它与软件定义网络（SDN）的结合，进一步促进了面向业务驱动的网络发展，并成为 SRv6 策略推广的核心模式。

关于 SRv6 TE 策略的执行流程，主要包括以下四个步骤，如图 7-15 所示。

（1）转发器（PE3）通过 BGP-LS 协议，向网络控制器上报网络的拓扑信息。这些信息涵盖了节点间的链路数据、链路的开销、带宽、时延等多种流量工程属性。

（2）网络控制器分析这些拓扑信息，并根据业务需求计算出最佳的路径，以满足业务的特定服务等级协议（SLA）。

（3）控制器将计算出的路径信息下发给网络的头节点（PE1），由头节点选择 SRv6 TE 策略。这一策略包括关键信息如头端地址、目的地址以及 Color。

（4）网络的头节点（PE1）根据所选择的 SRv6 TE 策略，指导业务流量的转发。在转发过程中，各个转发器将根据 SRv6 数据包中包含的信息，执行各自发布的 SID 指令。

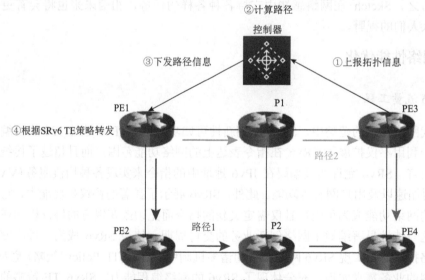

图 7-15　SRv6 TE 策略工作原理

SRv6 TE 策略在现代网络中的应用前景广阔，特别是在需要高效率和高可靠性的场景，如大型企业网络、数据中心和云服务提供商的网络。通过 SRv6 TE，这些网络能够更好地适应不断变化的流量需求和网络条件，从而提供更优质的用户体验和服务。SRv6 不仅代表着一种网络路由技术的演进，更是网络架构创新的典范，它通过高效利用 IPv6 的先进特性，在现代网络环境中提供了更好的灵活性和功能丰富性。

2. IPv6 拥塞控制

1) 拥塞控制的原理

网络拥塞是指计算机网络中由于待传送的数据包数目大于节点存储转发能力而造成网络性能下降的现象。拥塞产生的原因主要有以下几点。

(1) 网络资源不足：当网络资源(如带宽、缓存、路由器处理能力等)无法满足数据流量的需求时，就容易引发拥塞。例如，在高峰期大量用户同时访问同一网站，会导致网络资源不足，从而引起拥塞。

(2) 网络拓扑设计不合理：网络拓扑结构决定了数据包在网络中传输的路径和传输过程中经过的设备数量。如果网络拓扑设计不合理或者存在瓶颈，就容易导致数据包积压和传输延迟，最终引起拥塞。

(3) 长时间的重传：当数据包在传输过程中发生错误或者遇到超时等问题时，需要进行重传。如果重传次数过多或者时间过长，就会使得网络中的数据流量增加，从而引发拥塞。

(4) 存在恶意攻击：网络中存在大量的恶意攻击，如 DDoS 攻击、流量洪泛攻击等，这些攻击会大量消耗网络资源，导致网络拥塞。

(5) 协议不合理：某些网络协议可能会造成网络拥塞。例如，在 TCP 协议中，若发送方未能适时调整发送速率，会使得网络中的数据流量超过可承载的能力，从而引发拥塞。

由于计算机网络是一个很复杂的系统，因此可以从控制理论的角度来看待拥塞控制这个问题，一般将其分为开环控制和闭环控制两种方法。开环控制是在设计网络时事先将可能发生拥塞的情况考虑周到，力求网络在工作时不产生拥塞，但是一旦整个系统运行起来，就不再中途进行改正了。

闭环控制是基于反馈环路的概念，主要有以下几种措施。

(1) 监测网络系统以便检测到拥塞在何时、何处发生。

(2) 把拥塞发生的信息传送到可采取行动的地方。

(3) 调整网络系统的运行以解决出现的问题。

有很多的方法可用来监测网络的拥塞。一些主要的指标是由于缺少缓存空间而被丢弃的分组报文的百分数、平均队列长度、超时重传的分组数、平均分组时延、分组时延的标准差等。这些指标的上升都代表着拥塞程度的增加。

当网络出现拥塞时，一种常见的做法是将拥塞信息传递给产生数据包的源端。然而，这样做也可能导致网络进一步拥塞，因为通知拥塞发生的数据包本身也需要在网络中传输。为了解决这个问题，可以在路由器转发的数据包中保留一个比特或字段，用其值表示网络是否拥塞。另外，一些主机或路由器可以定期发送探测数据包来询问是否发生了拥塞。此外，过于频繁地采取缓解网络拥塞的措施可能会导致系统不稳定地振荡。然而，过于迟缓地采取行动则没有实际价值。因此，需要选择一种折中的方法。但是，选择合适的时间常数是相当困难的任务。在设置时间常数时，需要综合考虑网络的特性以及对拥塞的响应速度和稳定性的要求。下面就来介绍更加具体的防止网络拥塞的方法。

2) TCP 的拥塞控制机制

TCP 进行拥塞控制的过程可以分为三个阶段，即慢启动阶段、拥塞避免阶段、快速重传和快速恢复阶段。TCP 拥塞控制的流程图如图 7-16 所示。

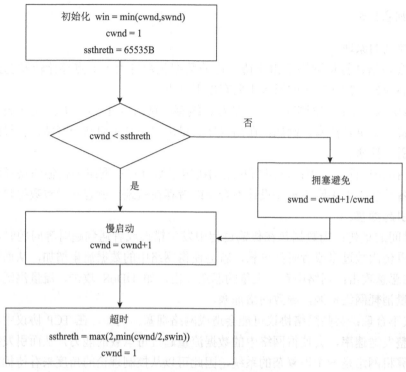

图 7-16　TCP 拥塞控制的流程图

(1) 慢启动阶段：当建立新的 TCP 连接时，拥塞窗口 cwnd 初始化为一个数据包大小（缺省值为 512B 或 536B），慢启动阈值 ssthresh 置为 65535B。每当源端收到来自接收端的 ACK 帧后，cwnd 就增加一个数据包发送量。显然，cwnd 随往返时延（round trip time RTT）成指数规律增长。源端向网络中发送的数据量将急剧增加，直至到达慢启动阈值 ssthresh，进入拥塞避免阶段。

(2) 拥塞避免阶段：当源端收到 3 个相同 ACK 帧或发现超时时，即网络发生拥塞。此时就进入拥塞避免阶段，慢启动阈值 ssthresh 被设置为当前 cwnd 的一半，如果发生超时，cwnd 还要被置 1，否则 cwnd 被设置为当前的一半。如果此时 cwnd < ssthresh，TCP 就重新进入慢启动阶段；如果 cwnd ≥ ssthresh，TCP 就执行拥塞避免算法，cwnd 在每次收到一个 ACK 时只增加 1/cwnd（这里将数据包大小 segsize 假定为 1），所以在拥塞避免算法中 cwnd 的增长是线性的。

(3) 快速重传和快速恢复阶段：由于数据包超时时，cwnd 要被置为 1，重新进入慢启动阶段，这会导致过大地减小发送窗口的尺寸，降低 TCP 连接的吞吐量，所以快速重传和快速恢复就是在源端收到 3 个或 3 个以上相同 ACK 时，就断定数据包已经丢失，重传数据包，同时将 sthresh 置为当前 cwnd 的一半，而不必等到重传超时时间（retransmission timeout，RTO）超时。

3) 主动队列管理

在之前的讨论中并没有将 TCP 的拥塞控制和网络层的控制策略联系起来。然而，它们之间存在着密切的关系。例如，如果一台路由器处理某些分组的时间特别长，则可能会导致 TCP 报文段中的数据部分在很长时间后才能到达终点。这又可能导致发送方进行重传，从而使 TCP

连接的发送端认为网络发生了拥塞。实际上，网络并没有发生拥塞，但 TCP 却采取了拥塞控制措施。因此，TCP 的拥塞控制需要和网络层的控制策略相互配合，这样才能更加有效地缓解网络拥塞问题。例如，网络层可以通过流量调度、队列管理、路径选择等策略来确保网络流量的平衡分布，避免某些节点或链路过载而引起拥塞。同时，TCP 协议也需要根据网络层的状况来采取合适的拥塞控制措施，如调整发送速率、窗口大小等参数，以保证 TCP 连接的性能和稳定性。

在网络层中，路由器的分组丢弃策略对 TCP 拥塞控制有着重大影响。其中最常见的策略是尾部丢弃策略。在这种策略下，路由器的队列通常遵循先进先出(first in first out，FIFO)的规则处理到达的分组。然而，由于队列长度是有限的，当队列已满时，所有后续到达的分组(如果能够继续排队)将会被丢弃。这种情况下，TCP 拥塞控制受到了很大影响。当分组被丢弃时，TCP 发送端会认为网络发生了拥塞，并采取相应的措施，如降低发送速率或进行拥塞窗口调整。尾部丢弃策略的问题在于当网络出现瞬时拥塞时，大量分组会被丢弃，这进一步加重了拥塞的程度。因此，为了改善 TCP 拥塞控制的效果，一些路由器使用了其他的分组丢弃策略，如随机丢弃、优先级丢弃等。这些策略可以更加公平地分配网络资源，避免因某些流量过载而导致整体性能下降。

路由器的尾部丢弃往往会导致一连串分组的丢失，这就使发送端出现超时重传，使 TCP 连接进入拥塞控制的慢启动状态，结果使 TCP 连接的发送端突然把数据的发送速率降低到很小的数值。在网络中，有很多 TCP 连接，这些连接的报文段通常复用在网络层的 IP 数据报中传送。这意味着若发生路由器中的尾部丢弃，很可能同时影响到多条 TCP 连接，导致这些连接在同一时间突然都进入慢启动状态。这种现象在 TCP 术语中称为全局同步。全局同步使得整个网络的通信量突然下降了很多，这会影响网络的稳定性和性能。而在网络恢复正常后，通信量又突然增大很多。因此，为了避免全局同步的发生，一些路由器采用了其他的丢包策略，如随机丢弃、加权随机丢弃等。这些策略可以在一定程度上减少全局同步的影响，提高网络的可靠性和性能。

为了避免在网络中发生全局同步现象，研究者在 1998 年提出了主动队列管理(active queue management，AQM)的概念。通常情况下路由器的队列长度达到最大值后才被迫丢弃到达的分组，但是这种反应过于被动。相反，AQM 提倡在队列长度达到某个预警值时(即网络拥塞出现迹象时)，主动丢弃到达的分组。这样可以提醒发送端减缓发送速率，从而减轻网络的拥塞程度，甚至避免发生拥塞。AQM 有多种实现方法，其中随机早期检测(random early detection，RED)曾经流行多年。它通过随机选择并丢弃到达的分组，来达到减轻网络拥塞的目的。RED 算法可以根据网络的负载情况和拥塞程度进行动态调整，以提供更好的拥塞控制效果。

实现 RED 时需要使路由器维持两个参数，即队列长度最小门限 Minth 和最大门限 Maxth。当每一个分组到达时，RED 按照规定的算法先计算当前的平均队列长度 Avg。

(1)若平均队列长度小于等于最小门限，则把新到达的分组放入队列进行排队。

(2)若平均队列长度大于等于最大门限，则把新到达的分组丢弃。

(3)若平均队列长度在最小门限和最大门限之间，则按照某一丢包率 P 把新到达的分组丢弃。

RED 算法的流程图如图 7-17 所示。

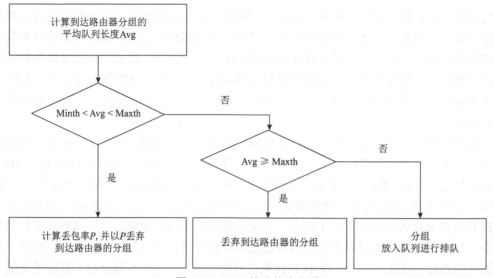

图 7-17　RED 算法的流程图

由此可见，RED 不是等到已经发生网络拥塞后才把所有在队列尾部的分组全部丢弃，而是在检测到网络拥塞的早期征兆时（即路由器的平均队列长度达到一定数值时），就以概率 P 丢弃个别的分组，让拥塞控制只在个别的 TCP 连接上进行，因而避免发生全局性的拥塞控制。

4）ECN 拥塞控制算法

ECN（explicit congestion notification，显式拥塞通知）是对于传统的隐式拥塞通知机制的一种补充。当网络出现早期拥塞时，ECN 不会丢弃数据包，而是按一定的概率在数据包中设置指示拥塞的标志位，继续转发该数据包至接收端。发送端在接收到从接收端返回的带有拥塞通知的确认后，会执行拥塞避免算法来降低发送速率。在 IP 头的服务类型（type of service，ToS）字段中，ECN 使用第 6、7 位作为表示域。当这两个位被设置时，就表示数据包携带了拥塞通知信息。

在 ECN 算法中，中间节点在收到一个数据包后，采用和 RED 相同的方法计算平均队列长度，然后和队列长度最小门限、队列长度最大门限进行比较。如果平均队列长度在二者之间，则用与 RED 同样的方法计算概率 P，如果 $P > 1$，并不是把其丢弃，而是对其 CE 位进行标记，然后排入队列进行转发。如果平均队列长度大于队列长度最大门限，标记到达的全部数据包。在接收端，如果收到的数据包已经被标记过，则在发送的 ACK 中把这个标记捎带回去。发送端收到了带有标记的 ACK 后，采用和 RED 中包被丢弃相同的方法减小发送速率。

ECN 算法能够减少不必要的丢包数量，并使发送端得到显式的拥塞通知。当接收到带有标记的 ACK 后，端点立刻就能判断出网络中发生了拥塞，并迅速减小发送窗口的大小，从而有效地提高网络的反应速度，避免拥塞崩溃现象的发生，提高网络的稳定性。

3. IPv6 负载均衡

在互联网产生初期，网络上连接的设备数量并不多，需要实现的功能和业务并不复杂，服务器端只需单台服务器便有可能满足需求。但是随着互联网的爆炸性增长，如今的互联网厂商用于实际提供服务的系统都是集群部署的，有高性能的服务能力。对于用户来说，无论最终连接到集群的哪台服务器上，得到的处理都应该是相同的，即服务器的集群对用户来说应该是透明的，用户不需要知道服务器端的具体细节，只需要知道服务器的域名地址就可以了。通过调度提供服务的多台机器，以统一的接口对外提供服务，实现此功能的技术组件称为"负载均衡"。

真正大型系统的负载均衡过程往往是多级的。首先从目的 IP 地址的选择 DNS 开始，当用户访问具体域名时，DNS 服务器可能会根据当前地理位置为用户返回最近的一个服务器 IP 地址，用户随后会将请求发送到该地址。例如，北京地区的用户访问百度官网时，DNS 会根据当前地址返回 IP 地址 X，而上海地区的用户访问百度官网时，DNS 则可能会返回不一样的 IP 地址 Y。具体的选择标准可能是以路由条数最少的 IP 地址作为返回的结果。接下来的数据包在传输的过程中，也可能会通过 CEF(Cisco express forwarding)进行多路径传输的负载均衡，对于 IPv4，CEF 支持基于目的的负载均衡和基于数据包的负载均衡。对于 IPv6，CEF 仅支持基于目的的负载均衡。

当用户的请求数据包被分配到合适的数据中心之后，接下来就是其他级次的负载均衡："四层负载均衡"以及"七层负载均衡"。这里的"四层"和"七层"并不是 OSI 参考模型中的传输层和应用层的概念，而是多种负载均衡器工作模式的统称，"四层"的意思是这些工作模式的特点是维持着同一个 TCP 连接(网络报文转发到了真实的服务器上)。事实上这些模式主要工作在二层(数据链路层，改写 MAC 地址)和三层(网络层，改写 IP 地址)。OSI 参考模型的下三层是媒体层，上四层是主机层，所以单纯处理传输层是无法做到负载均衡的，因为网络流量已经到达了目的主机。接下来详细介绍常见的"四层负载均衡"的工作模式。

1) 数据链路层负载均衡

数据链路层传输的内容是数据帧，最常见的就是以太网帧。要注意到以太网帧结构中的"MAC 目的地址"和"MAC 源地址"。每一块网卡都有独立的 MAC 地址，上述两个 MAC 地址告诉了交换机本数据帧是从哪块网卡发出的，以及要送到哪块网卡中。数据链路层负载均衡所做的工作是修改数据帧中的目的 MAC 地址，让用户原本发到负载均衡器的数据帧被二层交换机根据新的 MAC 地址转发到集群中对应的服务器，即真正为用户提供服务的服务器，此时真正的服务器就得到了原本并不是发送给它的数据帧。

由于二层负载均衡器在转发请求的过程中只修改了数据帧的 MAC 地址，并没有涉及网络层的封装，在第三层看来所有数据包都是没有被更改的。因为第三层的数据包包含着源(客户端)IP 地址和目的(负载均衡器)IP 地址，所以在这种模式下，就需要把集群服务器所有机器的虚拟 IP 地址配置成与负载均衡器的虚拟 IP 地址一样，只有这样，经过二层负载均衡器转发的数据包才能在真正的服务器上顺利解析并使用。在服务器处理完请求以后，由于数据包中的源 IP 地址与源 MAC 地址都是真实的客户端地址，所以响应结果就没有必要再次经过负载均衡器了，可以直接返回给客户端，避免负载均衡器成为网络通信的瓶颈。链路的请求和响应过程如图 7-18 所示。这种链路呈现三角关系的模式经常称为"三角传输模式"、"单臂模式"或者"直接路由"。

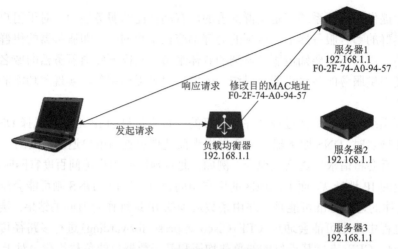

图 7-18　数据链路层负载均衡

　　总体来看，数据链路层的负载均衡效率是比较高的，但是也有比较明显的缺陷，由于二层负载均衡器直接改写目的 MAC 地址，所以就需要均衡器和服务器集群必须在同一个子网当中，无法跨 VLAN。这些特点也决定了数据链路层负载均衡器适合做数据中心的第一级均衡设备，用来连接另外的负载均衡器。

　　2）网络层负载均衡

　　在网络传输的第三层封装的是分组数据包，IP 数据包就由 Header 和 Payload 组成，其中 IPv6 分组首部格式中就含有源 IP 地址和目的 IP 地址，分别代表了数据包是从哪台主机发出的以及需要发送到哪台主机中。沿用二层负载均衡器的设计思路，通过在第三层改变 IP 地址来实现数据包的分发，以实现负载均衡，常见的有两类实现方式。

　　（1）保持三层负载均衡器接收到的数据包不变，但是需要额外封装一层，在新 Header 中写入目标服务器的 IP 地址，然后转发到目标服务器中。在目标服务器接收到新数据包后，必须先将后封的 Header 拆除，将原有数据包还原，这样，集群中的服务器就接收到了原本不是发给它的数据包，实现了转发的功能。这种模式称为"IP 隧道传输"，如图 7-19 所示。

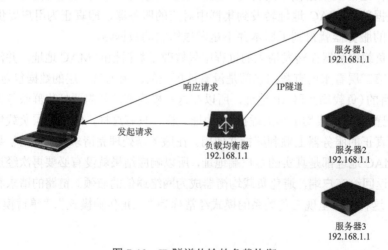

图 7-19　IP 隧道传输的负载均衡

由于要封装数据包，IP 隧道的效率会有着一定的降低，但是由于没有改变原有数据包中的字段，所以 IP 隧道的链路仍具备三角传输的特性，并且因为此模式工作在网络层，所以可以跨越 VLAN，摆脱了网络侧的束缚。但是，此模式的弊端是服务器上必须支持"IP 隧道协议"，因为服务器需要拆封掉外层的 Header，现在的系统中基本都支持此协议，这个比较容易实现。另外，要求服务器和负载均衡器有相同的虚拟 IP 地址，否则客户端收到响应数据包后也无法正确解析。但是如果几个服务共用一台物理服务器，虚拟 IP 地址便会产生冲突。此时就需要考虑第二类修改 IP 地址的方式。

(2)不再封装 Header，而是直接修改数据包中的 IP 地址，此时修改后的数据包也会被三层交换机转发到真实服务器的网卡上。但是此时原数据包的目的 IP 地址字段被更改了，如果响应数据包直接发回客户端，响应数据包中的源 IP 地址就是服务器的 IP 地址，不再是负载均衡器的地址，客户端无法识别这个地址，所以响应数据包就需要再次回到负载均衡器，由负载均衡器将响应数据包的源 IP 地址改回自己的 IP 地址，再发送给客户端，这样才能保证正常的通信。这种负载均衡模式就类似于 NAT 模式。链路的传输过程如图 7-20 所示。

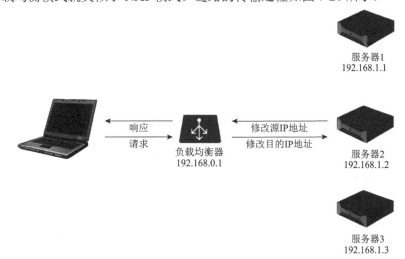

图 7-20   NAT 模式的负载均衡

在这种模式下会有比较大的性能损失，这是显而易见的，集群服务器的流量都需要负载均衡器来传输，均衡器会成为网络通信的首要瓶颈。另一种 NAT 方案 Source NAT(SNAT)实现了修改请求数据包的目的 IP 地址的同时，将源 IP 地址改为负载均衡器的地址，这样服务器就不需要做额外的操作，响应数据包就会被发送回负载均衡器，缺点是服务器端的根据客户端 IP 地址实现的业务逻辑将无法进行。

3)应用层负载均衡

"四层负载均衡模式"属于转发，但是工作在第四层之后的负载均衡器就无法进行转发了，只能进行代理，转发和代理的对比见图 7-21。服务器端的代理称为"反向代理"，与之对应的就是客户端的代理，称为"正向代理"。七层负载均衡器就属于反向代理的一种，从架构上来说七层负载均衡器的网络性能损失更大，并且还有着带宽和 CPU 耗费资源大等问题，所以其作为流量应用是不合适的，它主要提供服务性能，因为工作在应用层，所以能够感知到数据包的具体细节，做出更准确的选择判断。例如，可以根据数据包中的用户身份信息来实现特殊的数据链路连接或者将其转发到专属的服务器中；可以过滤特定的报文以抵御网络攻击；如果服务器出现系统层面的故障，四层负载均衡器是侦测不到的，只能由七层负载均衡器来解决。

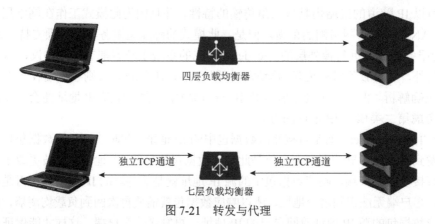

图 7-21　转发与代理

负载均衡的步骤是选择谁来处理需求和将用户需求转发出去，这里只详细介绍了后者，前者指代的是负载均衡器采用的均衡策略，也可以说是均衡算法。以下是常见的均衡策略：轮循均衡、权重轮循均衡（服务器的处理能力不同）、随机均衡、权重随机均衡、哈希均衡、响应速度均衡、服务器最少连接数均衡等。

从均衡器的实现来看，大体分为"软件负载均衡器"和"硬件负载均衡器"两类。软件负载均衡器中又分为内核态均衡器和用户态均衡器，前者的代表是 LVS（Linux virtual server，Linux 虚拟服务器），后者的代表有 Nginx、HAProxy 等。前者性能会更好，后者则功能更多，使用更方便。硬件负载均衡器一般使用集成电路来实现，有着专用芯片的支持，独立于操作系统，并且拥有较高的性能。缺点是成本较高、配置冗余。比较著名的硬件负载均衡器有 F5、Array、NetScaler 等。

4. SRv6 网络优化技术

下面将深入研究 SRv6 网络优化技术，探讨它与传统 IPv6 网络优化的不同之处以及独特的优势。了解 SRv6 的基本原理，相较于传统 IPv6 网络，SRv6 引入了段路由的思想，为每个网络节点赋予了更多的控制权。这种灵活性使得网络路径不再受限于传统的路由协议，而是可以根据需要进行定制，为网络性能优化提供了全新的可能性。

（1）灵活的流量工程：一项关键的优势是 SRv6 技术赋予了网络管理员动态定义路径的能力。通过引入 Segment List 的概念，可以根据实时网络状况调整流量的路径，避免拥塞，提高整体性能。这种灵活性为网络优化提供了更加实用的工具。

（2）延迟降低与路径优化：对于延迟敏感的应用，SRv6 通过 End.DX6 行为实现源到目的地的直接通信，显著降低了数据传输的延迟。这种直接的路径配置使网络性能有了明显的改进，尤其是在要求快速响应的场景中表现突出。

（3）资源利用效率提升：SRv6 不仅在路径选择上更为灵活，还允许更有效地利用网络资源，避免拥塞的发生。通过灵活配置路径，网络管理员可以确保网络在高负载时仍能保持高效运行，提高整体资源的利用效率。

（4）安全性增强与流量控制：在安全性方面，SRv6 引入了更为灵活的安全策略。通过 Segment Routing Segment Identifiers（SID）进行流量隔离，实现更细粒度的流量控制，提高了网络的整体安全性。这为敏感信息的安全传输提供了强有力的保障。

（5）监控、分析与自动化：SRv6 技术支持更全面的网络监控和自动化管理。通过 SRv6 的指标，网络管理员可以实时收集和分析网络性能数据，自动化工具则简化了配置和维护的过程，提高了网络的可管理性。

目前针对 SRv6 的优化技术方案，以 SRv6 头部压缩（G-SRv6）为主，从根本上解决了 SRv6 带来的开销问题。接下来介绍 G-SRv6 的基础机制，展示其优化的帧格式和增强的转发机制。

G-SRv6 引入了几项关键创新，每一项都对 SRv6 的效率和适应性产生积极影响。

（1）前缀压缩技术：利用 IPv6 地址格式规律，从 SRH 的 SID 列表中提取每个 128 位原生 SID 的共享公共前缀，压缩后的 SID 仅包含 NodeID 和 Function 部分，从而解决了 SRv6 封装效率低的问题。

（2）多长度 SID 混编技术：引入 G-SID 容器，实现对压缩 SID 和原生 SID 的统一 128 位 G-SID 容器承载，一个报文中可携带多种长度的 SID，解决了与原生 SRv6 的兼容性难题。

（3）二维指针定位技术：新增基于 SRv6 目的地址携带的第二维指针 SI（SID 索引），与原有 SL 形成二级索引，准确定位 G-SID 容器中每个压缩 SID 的位置，解决了压缩 SID 索引技术难题，降低了转发硬件实现复杂度。

（4）压缩标记技术：定义了新的 COC（continue of compression，持续压缩）Flavor，指示 SRH 中 SID 的压缩属性，兼容多种长度 SID 混编，实现了 G-SRv6 路径的灵活编排，具有良好的可扩展性。

（5）控制面通告技术：G-SRv6 通过扩展 IGP、BGP-LS 协议来实现节点和链路 SID 压缩属性的通告，同时扩展了 BGPSR Policy 和 PCEP 协议以实现 G-SRv6 压缩 SID 路径的通告。以 32 位 G-SID 为例，G-SID 容器可能的格式如图 7-22 所示。

图 7-22　G-SID 容器可能的格式

基于上述 G-SRv6 压缩帧结构和转发机制，可以构建一个完整的技术体系，具体包括以下几项。

(1) 基础 OAM：通过新型的双向转发检测(bidirectional forwarding detection, BFD)回程机制，实现了严格路径保护的双向检测，大大提高了网络检测可靠性。

(2) 重路由及保护：通过创新的中间节点、尾节点故障保护机制，在指定路径的情况下，实现了本地保护，提升了可靠性。

(3) 跨域互联：通过跨域端到端全压缩技术方案，能够实现多域互联免配置，支持网业分离的新型业务模式，实现了端、边、云一跳互联。

(4) 随流检测：采用交替染色的机制实现快速感知质量劣化故障，并自动进行故障定界，提升了用户 SLA 保障能力。

(5) 网络切片：通过"Flex-Algo+切片子接口+切片 ID"的方案实现层次化切片，提供 100Kbit 粒度的软硬切片差异化服务保障，并能够实现现网的平滑升级。

(6) 智能 WAN 共享：基于 G-SRv6 实现融合 Overlay 和 Underlay 网络的新一代 SD-WAN。

7.2.4　网络故障诊断

网络故障诊断是一种关键的网络管理活动，旨在及时、准确地检测和解决网络存在的问题。当网络出现连接中断、业务意图违反等故障情况时，网络故障诊断成为至关重要的任务。然而，由于实际网络应用复杂的路由协议配置(如 BGP、OSPF)、异构的设备(如可编程交换机)等，人工诊断通常十分耗时且易错。本节介绍几种常见的网络故障诊断自动化技术，包括基于交换机日志的网络故障诊断技术、网络形式化验证技术、网络配置修复技术和基于可编程数据平面的网络故障诊断技术。

1. 基于交换机日志的网络故障诊断技术

现在云服务提供商在其数据中心网络中使用大量交换机等网络设备，交换机等网络设备的故障会严重影响服务提供商的服务质量。以微软为例，其数据中心网络中部署了数万台交换机，每年约有 400 台交换机出现故障。由于交换机故障对数据中心网络性能的影响通常非常严重，因此交换机生成的系统日志信息一直被视为故障诊断、检测或预测的宝贵资源。近年来，许多研究工作都聚焦于利用交换机日志进行故障的诊断或主动检测，从而催生了大量相关的诊断和主动故障检测技术。

1) 日志表示技术

日志数据作为一种半结构化的文本，需要进行预处理，以转换为数值型特征，方便使用机器学习或深度学习模型进行分析。现有的日志表示技术根据其生成机制可以分为两类：基于手工特征的经典方法和基于日志语义的方法。

研究人员根据领域知识手工设计了多种特征来表示日志数据。日志模板是最常见的日志表示方法，日志消息是由有限数量的日志记录语句生成的，因此日志可以很容易地表示为日志模板。如图 7-23 所示，日志消息由日志模板与变量组成，日志解析器(Drain、Spell、AEL、IPLoM)可以从日志中解析出对应的日志模板。尽管这种方法可能未能充分利用日志中蕴含的全部信息，但它却能够捕捉到日志模板在日志序列中所呈现的模式。

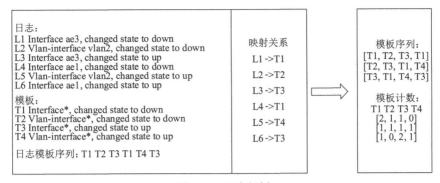

图 7-23　日志解析

软件系统在正常运行过程中所打印的日志消息之间存在某些数量关系，如图 7-23 所示的场景，T1 与 T3 在同一个时间窗口内出现代表交换机端口出现抖动，不属于异常现象。设计并捕捉日志消息之间的数量关系对于检测日志中的异常至关重要。在实际应用场景中，通常采用日志计数向量来表示日志消息的数量特征。这种向量会统计日志序列中各个日志模板的出现次数。值得注意的是，日志计数向量的维度与日志数据集中模板的总数相关，而与日志序列的具体长度无关。

日志解析器通常含有大量的超参数需要人为调整，以提升日志解析的准确率，进而提升日志异常检测的准确率。在软件系统的整个生命周期中经常出现日志模板变更，即在原有的日志模板的基础上添加一些补充信息，日志解析器会将变更后的日志模板解析为新的日志模板，通常在发生日志模板变更后需要重新训练日志解析器。图 7-24 展示了两个日志解析器解析错误的示例，以及一个日志模板变更示例。

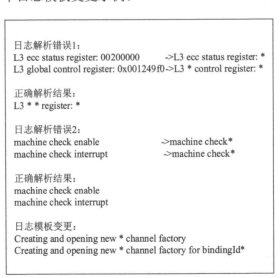

图 7-24　日志解析错误示例与日志模板变更示例

由于日志解析器存在的问题，使用被错误解析的日志模板进行异常检测会损害检测性能。于是研究人员提出基于日志语义的方法，与基于手工特征的经典方法不同，基于日志语义的方法采用深度学习技术，不依赖于手工设计的特征。由于日志是半结构化文本，日志消息包含语义信息，可以利用自然语言处理和信息检索中的深度学习技术来表示和分析日志数据。Word2Vec 是自然语言处理领域的一种可以将词转化为向量的技术，同时转换得到的向量保留了词的语义特征。因此可以将日志经过预处理后看作普通文本，在日志文本集合上训练 Word2Vec 模型，模型为每个出现在日志中的词分配一个向量。给定一个日志，通过对其中的词的语义向量进行加权求和，可以得到代表该日志语义的向量。除了 Word2Vec，还可以在日志数据上进行自监督训练，通过编码器将日志编码成向量，之后解码器利用编码得到的语义向量还原出原本的日志。

2）日志异常检测技术

常见的以数据为驱动进行日志异常检测的方法主要包含两大类，即基于机器学习的异常检测技术与基于深度学习的异常检测技术。基于机器学习的异常检测技术有不灵活、效率低和适应性弱的问题。为了解决这些问题，提出了基于深度学习的异常检测技术，通常基于深度学习的异常检测模型相较于基于机器学习的异常检测模型具有更加稳定的检测效果，图 7-25 展示了基于深度学习的日志异常检测工作流程。

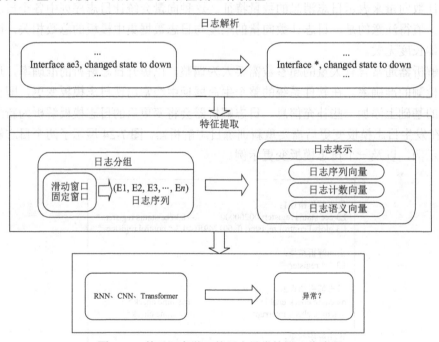

图 7-25　基于深度学习的日志异常检测工作流程

传统的机器学习方法大多采用日志计数向量作为日志表示方法，传统模型的训练数据通常由日志序列的计数向量及相应的标签组成。可以通过训练实例来训练分类器，以检测日志是否出现异常。常见的分类算法包括决策树、支持向量机、逻辑回归等。

与传统的机器学习方法不同，日志异常检测的深度学习方法的输入特征差异很大，常用的特征表示包括日志序列向量、日志计数向量、日志语义向量。大多数基于深度学习的异常检测技术都有一个共同的假设：日志的打印顺序代表了程序的执行顺序，日志序列中含有一些顺序模式，能够用来预测未来可能发生的故障，一些用来处理序列数据的深度学习模型可以学习到这种顺序模式，对即将发生的异常进行预警。常见的用来学习日志的顺序模式的模型有循环神经网络（recurrent neural networks，RNN）、长短期记忆（long short term memory，

LSTM)网络、卷积神经网络(convolutional neural networks，CNN)等，常见的训练方式为二分类训练和自回归训练。二分类训练通过模型提取数据特征，通过全连接层将数据特征映射到二维向量，作为正常与异常的概率值。自回归训练采用基于历史日志数据对未来日志进行预测的机制来学习日志的顺序模式，若训练后的模型预测出的未来日志与打印出的日志不符，则认为可能出现了异常。

2. 网络形式化验证技术

传统计算机网络按功能可划分为数据平面和控制平面两个层次。数据平面负责决定数据包的传输路径，如网络设备中决定数据包如何在网络中进行传递的转发表等；控制平面则通过整合网络拓扑等环境信息生成数据平面的功能部分，例如，由配置文件实现 OSPF 或 BGP 协议。为了保证网络意图在网络中得到正确实现，可以在数据平面和控制平面两个层次上进行故障诊断，分别对应数据平面验证和控制平面验证两个检查网络错误方向。

1)形式化验证简述

形式化方法是一种基于严格数学基础的技术，用于对计算机硬件和软件系统进行规约、开发和验证。其中，"形式化"意味着必须具备可靠的、定义明确的数学基础，如数理逻辑、自动机理论和图论等，并且这些数学基础为证明系统的正确性提供了方法。形式化方法是网络验证领域的核心技术，目前主要采用形式化方法中的形式化验证部分。形式化验证是一种证明系统满足形式规约的过程，通过输入系统描述和验证属性，运用形式化验证技术进行验证。如图 7-26 所示，形式化验证有以下步骤：首先使用特定系统模型对系统进行建模，然后使用形式规约方法定义系统所需满足的属性，最终通过验证方法获取验证结果。对于不同的形式化验证技术，系统模型和形式规约所采用的方法也各不相同。系统模型通常使用通用形式建模语言或专用形式模型，如形式化语言、自动机等；而形式规约一般使用逻辑公式，如一阶逻辑、时序逻辑等。

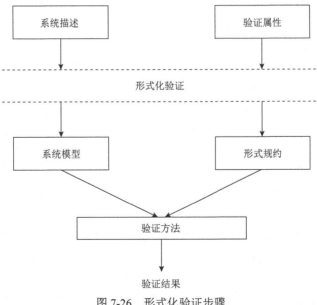

图 7-26　形式化验证步骤

形式化验证技术目前主要有定理证明、符号执行、模型检测、抽象解释、SAT/SMT 求解器。表 7-2 总结了验证技术的系统建模方法、属性建模方法、验证过程以及各自的优缺点。此外，由于计算机网络结构本身是一种拓扑图，网络验证研究还会将网络系统建模为图结构，然后将验证属性转换为图相关的属性，最后使用图算法完成验证。

表 7-2　形式化验证技术总结

验证技术	系统建模方法	属性建模方法	验证过程	优点	缺点
定理证明	公式	公式	证明系统公式是否可以推导出属性公式	无状态爆炸问题，应用范围广	使用复杂且不提供反例
符号执行	程序	程序断言	遍历程序路径空间，求解路径约束，判断程序断言是否成立	使用少量输入完成高覆盖测试	路径爆炸问题
模型检测	有限状态机	时态逻辑公式	遍历状态空间，判断公式是否得到满足	自动化的快速验证	状态爆炸问题
抽象解释	抽象域	抽象域	将抽象后的系统和属性作为新的验证对象，进一步使用验证技术完成验证	计算效率高	损失分析精度
SAT/SMT 求解器	逻辑公式	逻辑公式	使用求解器求解表达系统与属性的逻辑关系公式	应用范围广	部分问题求解难度高

2）数据平面验证

数据平面验证通过分析数据平面和网络拓扑信息，验证数据包转发行为与网络意图的一致性。在此过程中，数据平面主要指的是转发表，同时也包括决定数据包转发的其他信息，如访问控制列表。目前，数据平面验证主要关注验证与数据包转发相关的网络属性，如可达性、无转发循环和区域流量隔离。可达性确保网络设备之间可以正常通信，例如，确保设备 A 发送的数据包能够到达设备 B；无转发循环确保网络中不存在数据包转发循环；区域流量隔离用于确保特定区域的网络设备不能相互通信，例如，禁止办公区域与公共区域的网络设备相互访问。

（1）VeriFlow——数据平面实时验证。

Khurshid 等于 2013 年提出 VeriFlow，其是首个数据平面实时验证工具。VeriFlow 将网络划分为等价类集合，其中每个等价类表示在网络中具有相同转发行为的数据包集合。这种划分使得整个网络的验证任务可以分解成多个独立的、针对等价类的验证任务。当数据平面发生变化时，VeriFlow 采用基于树结构的方法，找出受到影响的等价类集合，并为每个等价类构建转发图。然后，VeriFlow 利用图算法对各个转发图验证网络属性。该方法充分利用了数据平面变化只对小部分数据包集合的转发行为产生影响的特性，通过仅验证受到数据平面变化影响的等价类，实现了毫秒级的验证速度。

（2）RCDC——数据平面高可扩展性验证。

Jayaraman 等于 2019 年提出数据中心状态检查器（reality checker for data centers，RCDC），该工具在微软公司大型数据中心网络 Azure 中得到应用，用于验证网络属性。与其他数据平面验证工具不同，RCDC 专注于数据中心网络，其目标是确保服务器集群之间的通信始终选择最佳路径，以实现最低延迟传输。由于 Azure 网络高度结构化，如果每个层次的路由设备都符合预定义的最佳路径转发模式，整个网络就会保持最优的转发状态。因此，RCDC 定义的属性验证可以转换为对各个层次路由设备的独立验证，并且可以利用并行计算的方法加速验证过程。RCDC 采用基于 SMT 求解器的验证方法，根据数据平面信息将验证属性建模为逻辑公式进行求解。然而，RCDC 存在一个明显的缺点，即适用范围有限，只能验证特定结构化的数据中心网络。

（3）APKeep——数据平面高表达性验证。

Zhang 等于 2020 年提出 APKeep，旨在实现同时具有高验证效率和高表达性的验证，以适应具有复杂网络功能的真实网络。为实现该目标，APKeep 提出一种具有高表达性且支持增量计算的网络模型(称为端口-谓词映射模型)。该模型将每台网络设备建模成 3 种独立的逻辑功能单元，相比将网络设备建模成单一的模块，这种细粒度的建模不仅能够有效表达数据包转换行为和厂商特定网络功能，而且提高了增量计算效率。实验结果表明，在其他工具抛出超时或内存不足错误时，APKeep 仍然能够实现亚毫秒级的验证速度，具有很高的可扩展性。

3）控制平面验证

控制平面验证通过分析控制平面信息、网络拓扑以及环境信息，验证在这些信息结合生成的数据平面下，所有数据包转发行为是否与网络意图一致。与数据平面验证相似，控制平面验证可用于验证与数据包转发相关的网络属性，如可达性和无转发循环。此外，控制平面验证可以根据控制输入的环境信息对网络环境进行假设，完成对假设网络环境下网络属性的验证，确保这些属性在未来可能出现的网络情境中仍然成立。例如，保证在任意 k 条链路失效的情况下，特定网络设备之间始终可以通信。

（1）Batfish——控制平面验证开创性研究。

Fogel 等于 2015 年提出 Batfish，这是第一个实现控制平面多协议分析的工具。此前的配置分析工具局限于对特定协议建模分析，验证范围有限且无法对网络行为进行全面分析。Fogel 等指出通过分析配置文件可以提前发现错误，但直接对语义复杂的控制平面进行分析相当困难；另外，分析语义易理解的数据平面能够简单验证多种网络属性，但无法预防错误的发生，并且难以定位到相应的错误配置。为了充分结合配置分析和数据平面分析的优势，使工具既能提前检测错误，又能简单验证多种网络属性，Batfish 基于控制平面与环境等信息，模拟生成了完整的数据平面，然后使用数据平面验证工具完成验证。

（2）DNA——控制平面高可扩展性验证。

Zhang 等于 2022 年提出工具差分网络分析(differential network analysis，DNA)。现代网络配置更新频繁，已有控制平面验证工具在每次配置更新时都需要重新进行建模验证，作者认为这个重新计算的过程是浪费的。DNA 基于增量技术实现了增量控制平面验证，主要通过增量数据平面生成和增量数据平面验证实现。其中，DNA 基于差分 Datalog(differential datalog，DDlog)建模控制平面的协议行为。DDlog 是逻辑编程语言 Datalog 的改进版本，在 Datalog 的基础上支持了增量计算，使得 DNA 可以根据控制平面的更新，增量计算数据平面，实现高效的数据平面模拟。此外，DNA 基于已有的数据平面增量验证工具 APKeep 完成验证。实验表明，相比最新版本的 Batfish，DNA 在配置更新情况下的数据平面生成过程上快了 1~2 个数量级。

（3）Hoyan——控制平面高表达性验证。

阿里巴巴和清华大学研究团队于 2020 年提出 Hoyan，其是首个考虑不同厂商设备协议行为实现差异的控制平面验证工具，且有足够的可扩展性与表达性，能快速完成大型广域网中不确定情况(如多收敛数据平面、任意链路失效)下的网络属性验证。为准确建模不同厂商的协议行为，Hoyan 使用定制化算法模拟生成数据平面，然后与实际网络设备的数据平面进行对比，根据差异修正模型，直到模拟生成的数据平面与实际网络设备完全一致。为实现高可扩展性与高表达性，Hoyan 在数据平面生成过程中局部使用逻辑公式建模与验证属性相关的信息，最后使用 SMT 求解器完成验证。Hoyan 已经被部署在阿里巴巴的广域网中运行，且阻止了许多由于配置错误而导致的潜在服务故障。

3. 网络配置修复技术

网络配置复杂且易错，若不能及时修复，可能会造成严重的网络事故和经济损失。例如，2021 年 10 月 Facebook（Meta）发生了一起持续近 7h 的网络中断事故，故障期间 Facebook 旗下所有应用对外服务中断，而故障原因是工程师错误地配置一条 BGP 相关命令。因此，网络配置修复技术对于网络故障诊断来说具有十分重要的意义。但是，由于网络配置的复杂性，人们往往在修复一个网络意图时会不经意地引入其他错误，尤其是对于应用复杂的动态路由协议，这是十分常见的。本部分将详细说明网络配置修复的基本概念、技术挑战和基于约束求解的网络配置修复。

1）网络配置修复的基本概念

首先，回顾与网络配置相关的两种管理技术：网络验证和配置综合，然后引入主题——网络配置修复。

近年来，研究人员开发了一系列用于验证和综合网络配置的网络管理工具。从形式化方法的角度来看，网络验证和配置综合都是搜索问题：网络验证搜索网络行为正确性的证明，配置综合搜索正确的配置。但从实践的角度来看，验证和综合有很大的不同：网络验证工具对现有配置进行分析，而配置综合工具是创建全新的配置；验证工具发现故障，而综合工具避免故障。这些差异使网络验证工具在某些情况下成为最佳选择，而在其他情况下配置综合成为最佳选择。例如，全新网络更适合采用配置综合，因为这些网络没有任何现有配置；而网络验证更适合现有网络，因为配置已经存在。

但是，当需要更新网络配置以修复故障时，这两类工具均不适用。一个主要原因是网络管理人员对配置更新有一些范围需求或其他要求，如尽量少地变更配置行数、尽可能按照管理实践修改配置。配置综合工具完全忽略网络现有配置并生成全新的配置，这导致每次意图发生变化后会大规模替换设备配置。这是一种危险且具有潜在破坏性的操作，可能产生闪存可靠性问题并导致某些路由设备崩溃。另外，网络验证工具是"只读"的，因为它们只能发现配置错误，而无法生成任何配置。

网络配置修复被提出来以解决现有网络中的配置错误问题，它通过分析、建模控制平面信息、网络拓扑以及环境信息，搜索使这些信息结合生成的可能数据平面下所有数据包转发行为与网络意图一致的配置更新方案，如建立路由器 A 与 B 之间的 BGP 邻居关系、添加丢弃指定数据包的访问控制列表等。与配置综合工具不同，配置修复工具不会从头开始生成新的配置，而是识别必须对当前配置应用的最小更新集合。此外，配置修复工具会主动解决网络意图的违反问题，而不是和网络验证工具一样将纠正错误的任务留给运维人员完成。

2）网络配置修复的技术挑战

网络配置修复的技术挑战在于如何从大量的配置更改方案中搜索一个最佳的满足所有网络意图的方案，其中又有很多难题亟待解决。

（1）控制平面建模：修复结果要保证更改配置后的网络转发行为满足所有网络意图，而网络转发行为又由路由协议决定，因此配置修复要正确建模路由协议以及它们之间的交互。

（2）潜在故障修复：网络事故可能在某些链路故障场景下才会被触发，因此配置修复需要捕获链路状态对网络行为的影响。

（3）确保意图正确：一个网络中通常要实现大量的不同种类的业务意图，如何建模或编码这些多样的意图成为一个难题。

（4）配置更新影响：不同配置更新有不同的影响范围。例如，默认情况下 OSPF 和 BGP 邻居作用所有流量，而 ACL 只过滤它定义的数据包。因此，一个配置更新应用可能导致操作人员意外的流量转发行为副作用，而如何建模或捕获不同配置更新的副作用是一个问题。

（5）选取最佳修复：使网络行为恢复正常的配置修复方案可能不唯一，如何找到最合适的方案是重要的。

3）基于约束求解的网络配置修复

网络配置修复技术和验证技术一样，依赖于形式化方法，即通过建模网络配置更新、路由协议和安全需求计算一组正确的配置修复方案。目前先进的网络配置修复技术都是基于 SMT 求解器完成的，接下来简单说明可满足性模理论相关内容。

SMT 的全称是 satisfiability modulo theories，可翻译为"可满足性模理论"、"多理论下的可满足性问题"或者"特定（背景）理论下的可满足性问题"，其判定算法称为 SMT 求解器。简单地说，SMT 问题是判定 SMT 公式是否可满足的问题，而一个 SMT 公式是结合了理论背景的逻辑公式，这些理论包括一些数学理论和计算机领域内用到的数据结构理论等。这种结合的体现是在 SMT 公式中，命题变量有时会被解释为背景理论公式。例如，公式 $x+y<3 \wedge y>2$ 是一个 SMT 公式，它的逻辑形式是 $A \wedge B$，其中命题变量 A 和 B 分别被解释为数学形式 $x+y<3$ 和 $y>2$。给定一个 SMT 公式，在通常的逻辑解释和背景理论解释下，如果存在一个赋值使该公式为真，那么称该公式是可满足的；否则称该公式是不可满足的。这样的赋值称为模型。在算法中，用返回值为真代表输入的公式可满足，用返回值为假代表它不可满足。此外，SMT 还有一种常见的变体——MaxSMT。MaxSMT（maximal satisfiability modulo theories）是一种求解器或问题形式，旨在在满足一组约束的情况下，寻找一个最大化目标函数的解。这是一个组合了 SMT 和优化的问题形式，通常在计算机科学和工程领域的各种应用中得到应用，如软件验证、硬件设计、调度问题等。MaxSMT 的问题可以描述为以下两点：①约束条件。MaxSMT 问题包括一组约束条件，这些约束条件可以包括布尔逻辑表达式、整数或实数的约束，以及其他理论的约束。这些约束条件限制了解的可行空间。②目标函数。与传统的 SMT 问题不同，MaxSMT 问题包括一个目标函数，该目标函数通常是一个线性或非线性函数。目标函数的目标取决于具体问题，可以是最大化或最小化。

下面说明如何通过构建 MaxSMT 公式来解决配置修复问题。

如果当前的网络转发行为满足所有意图，则网络遵从意图，否则网络违反意图。对于一个违反意图的网络来说，配置修复问题可以被描述为：给定一组意图的集合，搜索一个配置修改方案，应用该方案后的新配置的网络遵从所有意图，该配置修改方案即配置修复结果。一个最佳的配置修复方案是一组最小化修改代价并满足所有意图的配置修改操作的集合，最佳配置修复问题可以被描述为：根据某个修复偏好搜索所有配置修复结果集合中最优的配置修复结果。

因此，配置修复问题可转换成一个 MaxSMT 问题，即其约束条件限制修复方案应用后使网络遵从所有意图，目标函数表示最小化与修复偏好关联的代价。这样，配置修复问题被构建成一个约束满足问题，并可以使用 SMT 求解器求解，最终得到期望的修复结果。下面介绍两种配置修复工具。

（1）CPR——基于图算法和 MaxSMT。

Gember-Jacobson 等于 2017 年提出了控制平面修复（control plane repair，CPR），这是第一个网络配置修复工具。首先，CPR 使用扩展的多层有向无环图建模当前网络配置。然后，用 SMT 变量对图进行编码，并将所有需求转换成基于图的 MaxSMT 的硬约束。最后，将图中边的增删作为配置更新，将最小边增删的数量作为 MaxSMT 的软约束，通过 SMT 求解器计算一组具有最小修改行数的配置修复方案。

（2）AED——基于 MaxSMT 的详细编码。

Abhashkumar 等于 2020 年提出了 AED，它主要关注配置修复方案的合理性。首先，AED 根据当前网络配置生成一个包含配置更新的配置草图。然后，通过 SMT 变量编码配置草图，并将路由协议的交互过程作为硬约束加入 MaxSMT 的公式中。同样，它还将期望的转发行为作为硬约束加入公式中。关键的是，AED 使用一种语法树组织所有潜在的配置更新，接着它将语法树子树的增删作为软约束加入 MaxSMT 中。最终，调用 SMT 求解器求解得到一组合适的配置更新。它的优点在于能够灵活地设置配置更新方案的偏好，如配置相似性、避免使用某一网络功能。但是，它不支持多个故障场景相关的转发需求，如任意链路故障下流量不可达。

4. 基于可编程数据平面的网络故障诊断技术

1）可编程数据平面发展

随着当今计算机网络业务需求持续增长，网络面临着更高可靠性、灵活性和效率的挑战，制造商和运营商加速设计、实施和部署新的网络功能。然而，传统网络设备的处理逻辑与硬件实现紧密绑定，软件频繁更迭使得设备管理和网络运维变得越来越困难。SDN 将控制逻辑从网络设备中解耦出来，形成逻辑集中的网络控制平面，统一管理所有底层网络设备组成的数据平面。网络功能实现主要依赖控制平面编程，控制平面一般通过 OpenFlow 协议与数据平面进行交互，不用考虑硬件实现。这时数据平面只需要简单地根据控制平面下发的命令完成对数据包的解析、修改、转发、丢弃、过滤、分类等操作。这种架构能够实现更灵活、集中化和可编程的网络管理，更好地支持网络功能虚拟化和云计算等新兴技术。

控制平面能够部分或全部地重新配置数据平面的处理行为，这一点催生了可编程数据平面的发展。可编程数据平面强调数据平面的数据包处理功能定义的灵活性，使得网络操作人员能够更改部署到网络设备上的数据包处理逻辑，进一步突破特定硬件架构和协议规范的限制。目前已经在硬件和软件两个层面实现了可编程数据平面。

在硬件层面，专用网络处理器是专为网络数据包处理和流量管理设计的高性能处理器，并针对网络通信的特定要求进行了优化，如高速数据包处理和低延迟。可编程交换芯片支持深层次的编程，如 Barefoot Networks 研发的 Tofino 芯片，允许网络工程师实现定制的网络功能和协议。智能网卡（smart NIC）通过现场可编程门阵列（field programmable gate array，FPGA）本地化编程技术支持控制平面和数据平面上的功能定制，将负载均衡、网络虚拟化及其他低级功能从服务器 CPU 卸载到网卡上，协助 CPU 处理网络负载，提高服务器性能。

在软件层面，OpenFlow 支持的头部数量已经从 12 个增加到了 45 个，协议复杂程度大大提高，每增加一个头部，都需要重新编写控制器程序和数据包处理逻辑。此外，虽然新型可编程芯片能够提供对数据包处理的灵活编程功能，但是每种芯片都使用专用的低级接口，网络操作人员难以完全掌握这种微指令式的编程方式。为了以更简单灵活的方式实现数据平面编程，以 P4 为主的领域特定语言就此产生。这些语言在形式上更接近高级编程语言，支持网络工程师简洁快速地表达和部署数据包处理策略，根据实际需求动态适应不同的网络流量和应用，能够更好地适应网络要求和技术变革。

自推出以来，P4 迅速在研究界收获广泛关注，并在众多项目中得到应用。P4 广泛支持从软件交换机到完全可重构专用集成电路(application specific integrated circuit，ASIC)网卡等多种平台，具备强大的行业适应性，被视为实现全面灵活的数据平面可编程的关键使能技术。例如，通过将 P4 的高级编程抽象与灵活强大的硬件目标相结合，允许开发人员快速原型化和部署新的数据平面应用程序。

2) 可编程数据平面关键技术

P4 是一种用于定义网络设备数据平面行为的高级编程语言规范，主要基于 PISA(protocol-independent switch architecture，协议无关的交换机架构)进行抽象。PISA 的协议无关性来自三个可编程模块：解析器，声明能够识别的头部及它们在数据包中的排列顺序；匹配-动作处理管道，定义了许多流表以及数据包处理算法；逆解析器，声明如何组装输出数据包。P4 语言抽象允许在任意比特范围上进行匹配，并使用用户定义的动作来处理与协议无关的数据包。硬件制造商根据 PISA 和 P4 语言抽象设计数据平面硬件目标，即实际运行 P4 程序的网络设备，并提供架构中规定的调用接口。

图 7-27 描述了使用 P4 交换机的实际工作流程。在这个流程中，制造商提供 P4 架构模型、P4 编译器和目标平台。网络工程师根据业务需求编写用户自定义的 P4 程序，通过编译器编译生成二进制文件和数据平面配置文件。配置文件描述了在程序中定义的转发逻辑以及控制平面用于管理数据平面对象状态的接口。随后，编译出来的配置文件和二进制文件加载到 P4 交换机中。利用运行时系统，网络工程师可以管理加载到交换机芯片上的表，如动态添加、修改或删除转发规则，获取计数器统计信息等。

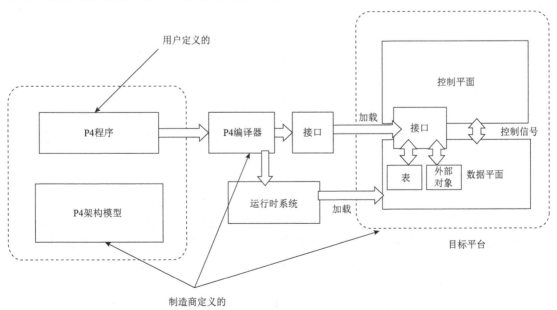

图 7-27　P4 交换机工作流程示意图

P4 编译器由前端编译器、中端编译器和后端编译器三部分组成。前端编译器是开源的，独立于硬件目标，负责解析 P4 源代码的语法和语义，确保代码中的所有操作都是类型安全的，生成中间表示。中端编译器对中间表示进行优化。后端编译器由制造商提供，根据目标平台特性进行资源映射，将中间表示转换成机器可执行的指令或配置。

3) 可编程数据平面故障诊断及其修复

可编程数据平面赋予网络更高的灵活性和更多功能的可能性，同时也引入了更多风险因素。除了网络恶意攻击外，导致可编程数据平面的实际行为与预期行为不一致的原因还有 P4 程序本身的错误、控制器错误安装的规则、编译器错误、交换机配置错误以及其他硬件故障。受软件工程领域启发，可编程数据平面也发展了多种故障诊断技术。

(1) 基于验证的故障检测技术。

基于验证的故障检测技术对程序建模，使用证明器来严格证明目标程序的正确性。最先进的网络验证工具能够对整体网络、网络配置以及用形式化语言表述的一些性质进行建模，并自动检测这些性质是否对所有数据包有效。

P4 程序静态验证是指在 P4 程序部署到 P4 交换机之前验证程序正确性。这种方法首先在 P4 程序中插入保证程序逻辑正确的断言，然后运用符号执行技术，通过检测断言违例来发现程序错误。符号执行技术是一种程序分析技术，它可以通过分析程序来得到让特定代码区域执行的输入。在验证过程中，可以将 P4 程序转译成等价的 C 语言或一阶逻辑表达式等更熟悉的语言模型，以充分利用更成熟的现有验证成果。还可以在分析时结合具体的 P4 快照，即数据平面运行到某个时刻时表项和配置的集合，综合考虑控制平面与数据平面交互带来的影响。这种方法能够发现无效头部访问、循环、语法分析错误和隧道错误。但由于网络状态变化频繁，结合快照分析的验证方法时常面临可扩展性的问题。

P4 程序动态验证将静态验证和运行时分析相结合，能够更充分地考虑数据平面实际运行环境中各个组件的相互影响。这种方法在 P4 程序中插入断言以指定交换机的预期行为，将断言和程序一起编译成 P4 程序并部署到目标平台上，观察交换机上运行的数据包是否发生断言违例行为。交换机的预期行为一般表达为在特定流量子集上应用的有序流表项序列。运行时分析主要有两种思路：一种是通过跟踪对比数据包的实际执行路径来验证交换机行为；另一种是在运行时检查控制平面是否插入错误规则，报告可能触发错误的控制平面行为。

尽管可编程数据平面验证领域已经有了大量研究，并且能够验证 P4 程序逻辑是否违反预期，但使用验证工具无法检测如校验和计算、哈希计算、ECMP 负载均衡及硬件映射、包处理引擎等平台相关错误，并且不能验证有状态的数据平面行为。另外，保守地估计控制平面的实际行为也容易出现假阳性的问题。

(2) 基于测试的故障检测技术。

基于测试的故障检测技术一般采用动态测试方法，在真实的硬件目标上执行带有测试用例的已编译 P4 程序。一般流程为：首先通过程序分析和网络分析得到所有可执行路径，将所有可执行路径的输入条件和输出结果作为模板，生成一系列测试数据包；然后将测试数据包注入交换机，记录转发信息，通过收集的信息来判断数据平面是否出错。

模糊测试是一种高度自动化的软件测试技术，生成大量半有效的随机测试来引发异常程序行为，从而发现软件漏洞和崩溃，可以快速执行大量测试。P6 使用机器学习来指导模糊测试过程，缩小了测试搜索空间。P6 首先根据控制平面配置、特定查询语言和 P4 程序静态分析三部分综合得到 P4 交换机的预期行为，然后将其输入到具有奖励机制的模糊器中，使得测试数据包格式能被 P4 交换机正确处理。模糊器会添加、删除、修改数据包中的字节，产生大量测试数据包，并注入 P4 交换机中。若测试数据包的实际行为与预期不符，则会向模糊器发送奖励信号，利用奖励系统机器学习模型在后续迭代过程中会选择更有可能触发异常的变异操作来提高测试质量。

差分测试的核心思想是：当给定相同的输入时，所有正确实现的系统应该产生相同或者兼容的输出，特别适用于编译器、解释器、应用程序接口（application program interface，API）等的正确性检测。由于 P4 程序需要经过三个环节的编译器，其中包含制造商独立开发的后端编译器，不能对后端编译器进行复杂调试，很难全面追踪到编译错误。目前主要通过差分测试方法来测试 P4 编译器。P4Fuzz 使用差分测试挖掘面向不同硬件目标平台的多个 P4 后端编译器中的故障点。使用从目标平台的 P4 语言规范中提取的抽象语法树，根据节点生成相应 P4 代码，生成能被不同编译器接收的 P4 程序，并通过调整节点选中概率修改测试用例，以实现模糊测试。P4Fuzz 将编译出错信息和不同交换机的输出差异汇集到错误信息数据库，最后使用聚类算法筛选出最可能真实存在的编译器错误。

(3) 可编程数据平面故障修复技术。

虽然现有可编程数据平面验证工具和测试工具能检测到一些错误，但往往无法精确定位错误根因。发现错误之后，需要依靠人类专家分析排查。面对复杂的网络环境，这种解决方式不仅费时费力，而且容易出错。目前关于可编程数据平面故障修复的研究较少，仅有两项工作在错误定位的基础上加入了修复方案：P6 基于动态程序分析技术定位 P4 程序中的可疑代码，在 P4 程序补丁库中搜索可用补丁进行修复；bf4 通过阻止控制平面安装错误规则来避免触发部分数据平面错误，但没有去除数据平面中的错误根源。通过理解和建立有效的可编程数据平面故障修复机制，可以提高可编程数据平面的自适应性和灵活性，将专家从复杂的网络故障分析及修复中解放出来，这有助于增强网络适应快速变化的能力，保障可编程数据平面更长时间的正常运行，提升网络整体稳定性。

小　　结

IPv6+网络管理技术是互联网环境中不可或缺的一部分，它为网络的稳定性、可靠性和高效性提供了必要的支持。本章深入解析了 IPv6+网络管理过程中的 4 种技术：网络配置综合、网络性能感知、网络性能优化和网络故障诊断，这些技术是各种各样的网络管理应用的基础。网络配置综合自动计算设备配置，实现网络业务；网络性能感知持续监测网络行为，如果性能不符合指标要求，则需要网络性能优化调整网络；当网络发生故障或存在潜在错误时，网络故障诊断快速矫正网络设置，保障网络平稳运行。

思考题及答案

答案 7

1. 本章介绍的网络故障诊断技术有哪些？它们的技术路线是什么？
2. 简述 INT2.0 中的几种工作模式。
3. 本章介绍的配置生成求解模型有哪些？并对其进行概述。

第 8 章　IPv6 网络演进

IPv6 网络演进涉及多种过渡技术，包括双栈技术、隧道技术和转换技术。双栈技术在网络设备、操作系统和应用程序中同时支持 IPv4 和 IPv6，隧道技术通过在 IPv4 网络中传输 IPv6 数据包实现跨网络通信，转换技术则实现 IPv4 和 IPv6 数据包之间的转换，这些技术共同推动了 IPv6 的部署和应用，促进了 IPv6 网络的演进和普及。

8.1　IPv6 过渡技术概述

8.1.1　双栈技术

IPv4/IPv6 双栈是最基本的过渡机制。网络中的设备同时支持 IPv4 和 IPv6 协议栈，源节点根据目的节点的不同选用不同的协议栈，而网络设备根据报文的协议类型选择不同的协议栈进行数据处理，图 8-1 给出了双栈协议的一个示例。

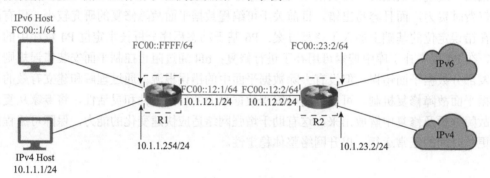

图 8-1　双栈协议示例

在双栈设备与 IPv4 设备进行通信时，其行为特性类似于纯 IPv4 设备，使用 IPv4 协议栈和相关协议进行通信。而当与 IPv6 设备进行通信时，双栈设备会展现出类似于纯 IPv6 设备的行为特性，使用 IPv6 协议栈来处理和传输数据，确保双方在 IPv6 环境下的兼容性和通信顺畅。这种灵活性和适应性使得双栈设备能够在 IPv4 和 IPv6 之间无缝切换，并保持稳定的通信。IPv4 协议与双栈协议如图 8-2 所示。

1. 设备要求与配置

1）设备要求

IPv6 双栈技术的设备支持与配置要求涵盖了多个关键方面，以确保设备能够同时支持 IPv4 和 IPv6，并在两种协议环境下正常运行。首先，设备需要支持双栈，能够同时运行 IPv4 和 IPv6 的协议栈。这意味着设备的网络堆栈必须扩展以支持 IPv6 协议，包括 IPv6 的各种协议和特性。同时，设备需要具备足够的 IP 处理能力和地址处理能力，以支持 IPv4 和 IPv6 数据包的转发、处理以及 IPv4 地址与 IPv6 地址的转换与映射。此外，操作系统和设备固件需要支持双栈协议功能，并进行相应的更新和配置。在配置方面，设备需要同时拥有 IPv4 和 IPv6 地址，并确保适当的 IPv4 和 IPv6 路由表以正确转发数据包。对协议参数进行配置是必要的，以确保设备能够正常地参与 IPv4 和 IPv6 网络中的路由、控制和解析。在测试与验证方面，需要进行 IPv4/IPv6 互通测试、性能测试和安全性测试，以确保设备在双栈环境下的正常运行和安全性。最后，在保证与现有设备兼容的同时，制定并执行逐步过渡策略，使网络在 IPv4 和 IPv6 之间平稳过渡，并逐步增加对 IPv6 的支持。IPv6 双栈技术的设备支持与配置要求非常全面，涵盖了硬件、软件、网络配置和测试验证等多个方面，确保设备能够顺利、稳定地同时运行 IPv4 和 IPv6，并为网络的演进奠定坚实的基础。

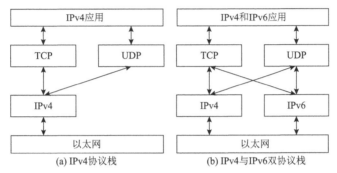

图 8-2　IPv4 协议与双栈协议

2）配置

配置双栈网络涉及一系列详细步骤，其中包括地址分配、路由配置、协议栈设置、DNS 服务器配置和安全策略设置。

（1）地址分配，对 IPv4 可以采用静态分配或者 DHCP 协议，而 IPv6 地址则可以通过静态配置、SLAAC 或 DHCPv6 来分配。这意味着设备需要同时拥有 IPv4 和 IPv6 地址，以便在双栈环境下进行通信。

（2）路由配置是至关重要的一步，确保设备能够正确选择 IPv4 和 IPv6 数据包的转发路径。在双栈网络中，配置双栈路由器或交换机是常见做法，使其具备 IPv4 和 IPv6 路由转发功能，同时为设备配置适当的路由表项。

另外，针对支持 IPv6 的设备，需要设置其协议栈以支持 IPv4 和 IPv6 的数据包处理。同时，对 DNS 服务器的配置也至关重要，确保设备能够正确解析 IPv4 和 IPv6 的域名查询。

（3）双栈网络的安全性也需要被重视。需要制定和配置相应的安全策略，确保在 IPv4 和 IPv6 环境下设备和网络的安全性。这可能涉及防火墙规则、访问控制列表（ACL）等安全措施的配置和管理。整体而言，配置双栈网络需要在设备和网络层面进行细致的设置，以确保设备能够同时支持 IPv4 和 IPv6，并能够在双栈环境下正常通信和运行。

2. 数据访问流程

1）发送数据与接收数据的流程

当设备需要发送数据时，IPv6 双栈协议的访问流程涉及多个步骤。

（1）数据包的生成包括创建针对 IPv4 和 IPv6 的数据包，并通过相应的协议栈构建数据报文。如果是 IPv6 数据包，可能需要进行地址解析以获取目标设备的本地链路地址。

（2）设备会进行路由选择与转发。这包括在路由表中查找最佳路径以及选择合适的出接口。在这个过程中，可能会执行 IPv4 到 IPv6 或 IPv6 到 IPv4 的地址转换操作，确保数据包能够在不同协议之间进行传输。一旦数据包到达目标设备或下一台路由器，协议栈就会根据数据包的版本字段来判断它是 IPv4 数据包还是 IPv6 数据包。这时设备会分别使用 IPv4 和 IPv6 的协议栈来处理数据包。对于 IPv6 数据包，涉及 ICMPv6 操作、IPv6 路由协议的运作；而对 IPv4 数据包来说，则会经过 IPv4 地址和 ARP 等协议的处理。

（3）在设备对数据包进行处理后，可能需要产生响应数据包。这些响应数据包会经过类似的路由选择和发送流程，最终返回给源设备。这个过程保证了双栈设备能够根据数据包的类型进行区分和处理，从而保持在 IPv4 和 IPv6 环境下的通信能力。其中，发送数据包对于 IPv4 与 IPv6 的协议选择规则可以参考图 8-3。

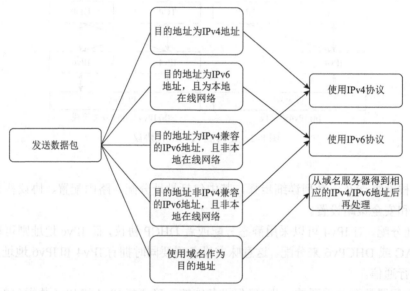

图 8-3　发送数据包协议选择

当一台双栈设备接收到数据包时，它会执行一系列步骤来处理并决定如何转发或响应该数据包。以下是这个过程的详细说明。①数据包接收：设备接收到来自路由器或其他设备的数据包，该数据包可以是 IPv4 或 IPv6 格式的。②包头检查：设备首先检查数据包的包头以确定其协议类型，即它通过检查包头中的版本字段来确认数据包是 IPv4 数据包还是 IPv6 数据包。如果版本字段指示为 IPv4，设备将使用 IPv4 协议栈处理该数据包。如果版本字段指示为 IPv6，设备将使用 IPv6 协议栈处理该数据包。③协议栈处理：设备根据需求分别使用 IPv4 或 IPv6 协议栈处理数据包。④目的地址匹配与转发决策：设备会检查数据包的目的地址，并在路由表中查找最佳路径。根据路由表的信息，设备决定是将数据包转发到适当的出接口还是在设备上进行进一步处理，例如，在同一设备内部的不同接口之间进行交换。⑤响应或进一步处理。如果数据包是目标设备需要处理的，则设备可能生成响应，并且按照类似的流程来处理响应数据包，将其发送回源设备。如果数据包需要进一步转发，则设备根据路由表的信息，将其发送到下一台路由器或目标设备。

2) 双栈技术下 DNS 的应用场景

双协议栈技术在 DNS 应用中具有重要功能, 通过对域名和 IP 地址之间的对应关系进行管理, 协助用户确认可用的网络资源。在 DNS 服务器中, 存储着两种重要的资源记录, 分别用于 IPv4 和 IPv6 地址的解析。对于 IPv4 地址, DNS 服务器维护着 "A" 记录, 而对于 IPv6 地址, 存在 "B" 记录。

当用户需要访问某个网络服务时, 其设备拥有对双协议栈的支持, 能够同时处理 IPv4 和 IPv6 协议。在进行域名解析时, 设备向 DNS 服务器发出查询请求。根据查询类型, 若为 IPv4 地址的解析, DNS 服务器则会直接应答对应的 "A" 记录; 若为 IPv6 地址的解析, 则回应相应的 "B" 记录。这个过程使得用户设备能够根据服务器的回应获得可用的 IP 地址。

用户拿到这些 IP 地址后, 可以根据实际需求和所支持的协议版本(IPv4 或 IPv6), 选择合适的地址进行网络服务的访问。这种灵活性允许用户设备在双协议栈的支持下, 兼容处理 IPv4 和 IPv6 记录, 从而实现对相应网络服务的访问。这一流程有效地利用了 DNS 中存储的 "A" 和 "B" 记录, 确保用户能够根据自身网络环境和协议支持情况, 访问到相应网络资源。双栈技术下 DNS 的应用场景如图 8-4 所示。

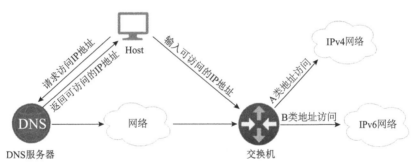

图 8-4　双栈技术下 DNS 的应用场景

3. 双栈技术路由器配置示例

双栈技术包括公网双栈技术和私网双协议技术。公网双栈技术在网络上配置 IPv4 和 IPv6 时, 需要在终端及设备上配置 IPv4 地址。但实际 IPv4 的地址并不多, 已经无法满足现状, 这导致了公网双栈技术的应用与网络发展的需求背道而驰。在私网双协议技术中, 使用者可以利用私有 IPv4 地址, 将其转换为一个公共 IPv4 地址, 让多个使用者同时使用, 从而解决 IPv4 地址短缺的问题。

对于私网中使用双栈技术, 双协议栈路由器配置的一个示例如图 8-5 所示, 两路由器 R1、R2 的配置命令示例如下。

R1 配置:

```
R1#conf t
R1(config)#ipv6 unicast-routing
R1(config)#int f0/0
R1(config-if)#ip add 192.168.1.1 255.255.255.0
R1(config-if)#ipv6 add 2023:1::1/64
```

```
R1(config-if)#no shutdown
R1(config-if)#int s1/0
R1(config-if)#clock rate 64000
R1(config-if)#ip add 192.168.2.1 255.255.255.0
R1(config-if)#ipv6 add 2023:2::1/64
R1(config-if)#no shutdown
R1(config)#ip route 192.168.3.0 255.255.255.0 192.168.2.2
R1(config)#ipv6 route 2023:3::0/64  2023:2::2
```

R2 配置：

```
R2#conf t
R2(config)#ipv6 unicast-routing
R2(config)#int f0/0
R2(config-if)#ip add 192.168.3.1 255.255.255.0
R2(config-if)#ipv6 add 2023:3::1/64
R2(config-if)#no shutdown
R2(config-if)#int s1/1
R2(config-if)#ip add 192.168.2.2 255.255.255.0
R2(config-if)#ipv6 add 2023:2::2/64
R2(config-if)#no shutdown
R2(config)#ip route 192.168.1.0 255.255.255.0 192.168.2.1
R2(config)#ipv6 route 2023:1::/64 2023:2::1
```

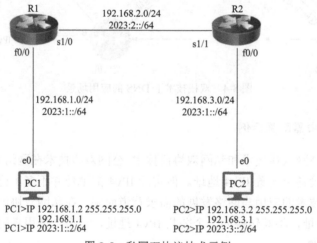

图 8-5　私网双协议技术示例

4. 双栈技术优缺点

双栈技术是一种 IPv4 和 IPv6 共存的网络部署方法，允许网络设备同时支持 IPv4 和 IPv6 协议。其优点有如下：

（1）设置简单与易懂，网络拓扑及端对端联机模式未遭破坏。

（2）平滑过渡：双栈技术提供了一种平滑的过渡方式，允许 IPv4 和 IPv6 在同一网络中共存。这使得网络可以逐步迁移到 IPv6，而无须立即放弃 IPv4，减少了过渡期间的中断和风险。具有双协议的主机可与其他双协议主机、纯 IPv4 主机或纯 IPv6 主机通信。

（3）兼容性强：双栈技术能够让 IPv4 和 IPv6 设备在同一网络中互相通信，无论是在内部网络还是连接到互联网上，这增强了设备之间的互操作性。

（4）灵活性和选择性：双栈技术使得网络管理员能够有选择地将 IPv6 逐步引入网络，根据需要在特定区域或服务中使用 IPv6，而在其他地方继续使用 IPv4。

双栈技术也存在一些缺点：

（1）复杂性：双栈技术可能增加网络的配置和管理复杂性，因为需要同时维护和支持 IPv4 和 IPv6 的地址分配、路由配置和安全策略等。

（2）资源消耗：双栈技术需要额外的硬件和软件支持，可能会增加网络设备的资源消耗，特别是对于一些旧型设备或嵌入式系统而言。

（3）安全隐患：双栈技术在实施时可能存在一些安全隐患，因为需要同时管理两种协议，可能增加网络攻击的风险。

（4）无法实现纯 IPv4 主机与纯 IPv6 主机的互通，且每个节点需 1 个 IPv6 地址及 1 个 IPv4 地址。

总之，双栈技术是 IPv6 过渡技术的基础，灵活启用关闭 IPv4/IPv6 功能，对 IPv4 和 IPv6 实现了完全的兼容，但这种方式需要双路由基础设施，增加了改造和部署难度，网络复杂程度也更高。在实施时需要综合考虑这些因素，以确保网络过渡的顺利进行并维持良好的安全性。

8.1.2　隧道技术

1. IPv6 over IPv4 隧道概述

IPv6 over IPv4 是通过隧道技术实现 IPv6 报文在 IPv4 网络中的传输，从而有效连接 IPv6 孤岛，其基本原理是将 IPv6 数据包封装在 IPv4 数据包中，使其能够穿越 IPv4 基础设施，实现 IPv6 网络之间的通信。不同的隧道机制，如 6to4、ISATAP 等，提供了多样的选择以适应不同网络环境和需求。由于 IPv4 地址的枯竭和 IPv6 的先进性，IPv4 过渡为 IPv6 势在必行，IPv6 over IPv4 隧道技术在网络演进中扮演了关键角色，为网络未来的全面 IPv6 部署奠定了基础。其基本实现原理如图 8-6 所示。

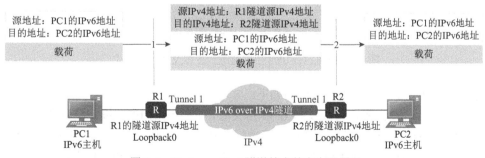

图 8-6　IPv6 over IPv4 隧道技术基本实现原理

IPv6 over IPv4 隧道的报文处理过程如下。

（1）两台边界设备 R1 和 R2 启用 IPv4/IPv6 双协议栈，同时配置 IPv6 over IPv4 隧道。

（2）当 R1 从 IPv6 网络接收到报文时，如果报文的目的地址不是 R1 本身，并且匹配出接口为 Tunnel 1 接口的路由，则 R1 将收到的 IPv6 报文作为数据载荷，添加 IPv4 报文头，封装成 IPv4 报文，最后转发到 IPv4 网络。

（3）封装后的报文在 IPv4 网络中会被路由到对端的边界设备 R2 中。

（4）边界设备 R2 将收到的报文进行解封装操作，将 IPv4 报文头部去掉，然后将解封装后的 IPv6 报文转发到 IPv6 网络中。

2. IPv6 over IPv4 隧道分类

IPv6 over IPv4 隧道的源 IPv4 地址必须手动配置，但是目的 IPv4 地址有手动配置和自动获取两种方式。

1）IPv6 over IPv4 手动隧道

手动隧道指的是将 IPv6 报文封装到 IPv4 报文中，作为 IPv4 报文的净载荷。手动隧道的源地址和目的地址也是手工指定的，它提供了一个点到点的连接。此隧道类型适用于两个边界路由器之间的连接，使被 IPv4 网络隔离的两个 IPv6 网络进行稳定的通信；它还可用于在终端系统与边界路由器之间建立连接，使终端系统能够访问 IPv6 网络。手动隧道要求边界设备支持 IPv6/IPv4 双协议栈，而其他设备只需支持单协议栈。由于手动隧道需要手动配置源地址和目的地址，当一台边界设备需要与多台设备建立手动隧道时，配置可能较为烦琐，因此，手动隧道通常更适用于连接两个 IPv6 网络的边界路由器。IPv6 over IPv4 手动隧道示意图如图 8-7（a）所示，IPv6 over IPv4 手动隧道封装格式如图 8-7（b）所示。

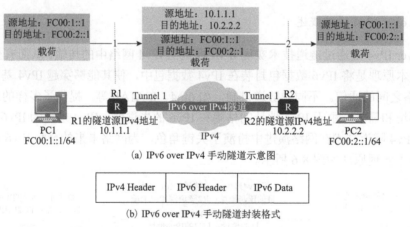

(a) IPv6 over IPv4 手动隧道示意图

IPv4 Header	IPv6 Header	IPv6 Data

(b) IPv6 over IPv4 手动隧道封装格式

图 8-7　IPv6 over IPv4 手动隧道示意图及其封装格式

IPv6 over IPv4 手动隧道的转发机制如下。

当隧道边界设备的 IPv6 侧接收到 IPv6 报文时，它会根据 IPv6 报文的目的地址在 IPv6 路由转发表中查找。如果此报文是从虚拟隧道接口转发出去的，边界设备将根据隧道接口配置的隧道源端和目的端的 IPv4 地址进行封装。封装后的报文成为 IPv4 报文，被传递给 IPv4 协议栈进行处理。该报文随后经过 IPv4 网络，最终达到隧道的终点，隧道终点接收到隧道协议报文后进行解封装操作，将解封装后的报文交由 IPv6 协议栈进行处理。

IPv6 over IPv4 手动隧道适用于两个 IPv6 孤岛之间的点到点连接以及无数据加密需求的应用场景，配置实现要求隧道两端的网络设备支持双栈，并需要手动创建隧道，这种手动创建隧道具有技术成熟、实现简单的特点，但由于是手动配置，当需要与多台设备建立手动隧道时，配置较烦琐，所以只支持点到点的连接。

2）IPv6 over IPv4 GRE 隧道

通用路由封装（generic routing encapsulation，GRE）协议能够对某些网络层协议（如 IPv6、IPX）的数据报文进行封装，从而使被封装的数据报文可以在另一个网络层协议（如 IPv4）中传输。GRE 是一种网络隧道封装技术，允许将一种协议的数据报文封装在另一种协议的数据报文中。它属于三层隧道封装技术，通过 GRE 隧道可以透明地传输报文，有效地解决了异种网络之间的通信问题。

IPv6 over IPv4 GRE 隧道采用标准的 GRE 隧道技术，提供了点到点的连接服务，并需要手动配置隧道的端点地址。GRE 隧道本身并不对被封装的协议和传输协议进行限制，因此在一个 GRE 隧道中，被封装的协议可以是任何协议，包括但不限于 IPv4、IPv6、OSI、MPLS等。这种灵活性使得 IPv6 over IPv4 GRE 隧道成为一种强大的解决方案，能够在不同网络间提供可靠的点到点连接服务。IPv6 over IPv4 GRE 隧道示意图如图 8-8（a）所示，IPv6 over IPv4 GRE 隧道封装格式如图 8-8（b）所示。

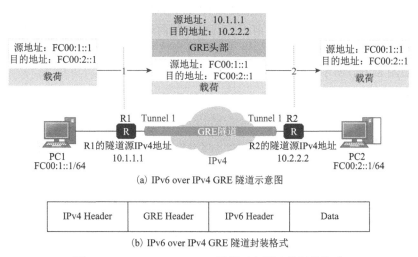

（a）IPv6 over IPv4 GRE 隧道示意图

IPv4 Header	GRE Header	IPv6 Header	Data

（b）IPv6 over IPv4 GRE 隧道封装格式

图 8-8　IPv6 over IPv4 GRE 隧道示意图及其封装格式

IPv6 over IPv4 GRE 隧道的特点如下。

（1）IPv6 over IPv4 GRE 隧道实现机制简单，且隧道两端的设备负担较轻。

（2）IPv6 over IPv4 GRE 隧道通过 IPv4 网络有效地连接多种网络协议的本地网络，充分利用了现有的网络架构，从而降低成本。

（3）IPv6 over IPv4 GRE 隧道的设计使其能够扩展跳数受限的网络协议的工作范围，在企业的网络拓扑设计方面提供了灵活性。

（4）IPv6 over IPv4 GRE 隧道能够连接不同的子网，实现了子网的连通性，特别适用于构建虚拟专用网络（VPN）。通过 GRE 隧道，企业能够安全地连接总部和分支机构，确保数据的安全传输，这使得企业能够在不同地点之间建立稳健的连接，促进了业务的高效运作。

　　IPv6 over IPv4 GRE 隧道与 IPv6 over IPv4 手动隧道的应用场景和配置实现方面类似，GRE 隧道可以承载多种乘客协议，具有较好的通用性，同时利用 GRE 中的 Key，通过弱安全机制能够有效防止错误识别、接收其他地方传输来的数据报文。

　　3）IPv6 over IPv4 自动隧道

　　在自动隧道中，用户只需配置设备的隧道起点，而设备会自动生成隧道终点。为了实现自动生成，隧道接口的 IPv6 地址采用了一种特殊的 IPv6 地址格式，其中包含了嵌入的 IPv4 地址信息，设备从 IPv6 报文的目的 IPv6 地址中解析出 IPv4 地址，并将该 IPv4 地址代表的节点作为隧道的终点。

　　根据 IPv6 报文封装方式的不同，自动隧道可分为两种类型：6to4 隧道和站内自动隧道寻址协议（intra-site automatic tunnel addressing protocol，ISATAP）隧道。这种灵活的隧道配置方式使得用户无须手动指定终点，从而简化了配置过程，提高了隧道的部署效率。

　　（1）6to4 隧道。

　　6to4 隧道采用特殊的 IPv6 地址，即 6to4 地址，其表示形式为 2002::/16，而一个 6to4 网络则可以表示为 2002:IPv4 地址::/48。在这个地址中，内嵌的 IPv4 地址用于查找 6to4 隧道的其他终点。6to4 地址的网络前缀长达 64 位，其中前 48 位（2002:a.b.c.d）由路由设备的 IPv4 地址确定，用户无法更改，后 16 位由用户自定义。

　　因此，6to4 隧道具有便于自动隧道维护的优势。同时通过用户自定义的后 16 位，允许边缘路由设备连接一组具有不同网络前缀的网络，从而解决了 IPv6 over IPv4 自动隧道无法互联 IPv6 网络的问题，这使得 6to4 隧道成为一种灵活且方便管理的隧道解决方案。6to4 隧道的示意图如图 8-9(a) 所示，6to4 隧道地址格式如图 8-9(b) 所示。

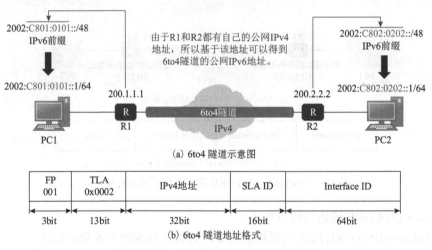

图 8-9　6to4 隧道示意图及其地址格式

　　FP：可汇聚全球单播地址的格式前缀（format prefix），其值为 001。

　　TLA：顶级汇聚标识符（top level aggregator identifier），其值为 0x0002。

　　SLA：站点级汇聚标识符（site level aggregator identifier）。

　　6to4 隧道提供了点到多点通信的能力，使得一个隧道端点能够与多个远程端点进行通信。这种灵活性使得 6to4 隧道适用于构建多节点网络，其中一个节点可以轻松地与多个其他节点进行通信。6to4 隧道的建立是自动进行的，无须手动指定对端地址，这种自动性简化了配置过程，减轻了网络管理员的负担，并提高了网络的部署效率，使 6to4 隧道成为一种方便、灵活且适用于多节点通信的隧道技术。

（2）ISATAP 隧道。

ISATAP 隧道同样使用了内嵌 IPv4 地址的特殊 IPv6 地址格式。与 6to4 隧道不同，ISATAP 隧道将 IPv4 地址作为接口标识，而不是网络前缀。ISATAP 地址包括全球单播地址、本地链路地址、唯一本地地址（unique local address，ULA）和组播地址等形式，ISATAP 地址的前 64 位是通过向 ISATAP 路由器发送请求得到的，它可以进行地址自动配置。在 ISATAP 隧道的两端设备之间，可以运行邻居发现（ND）协议。ISATAP 将 IPv4 网络视为非广播的点到多点链路（non-broadcast multi-access，NBMA）。这种隧道技术允许在现有的 IPv4 网络内部署 IPv6，该技术简单并且具有良好的可扩展性，适用于本地站点内的 IPv6 过渡。

ISATAP 隧道支持 IPv6 本地站点路由和全局 IPv6 路由，同时还提供自动 IPv6 隧道。此外，ISATAP 可以与 NAT 结合使用，使其能够利用站点内部非全局唯一的 IPv4 地址。典型的 ISATAP 隧道应用于站点内部，因此其内嵌的 IPv4 地址不需要是全局唯一的，增加了部署的灵活性。ISATAP 隧道的示意图如图 8-10（a）所示。ISATAP 隧道地址接口标识格式如图 8-10（b）所示。

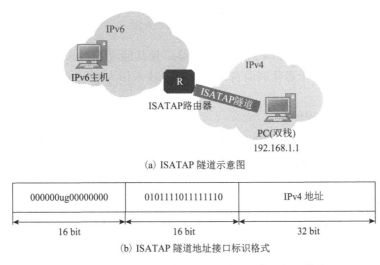

（a）ISATAP 隧道示意图

000000ug00000000	0101111011111110	IPv4 地址
16 bit	16 bit	32 bit

（b）ISATAP 隧道地址接口标识格式

图 8-10　ISATAP 隧道示意图及其地址接口标识格式

图 8-10（b）中，如果 IPv4 地址是全局唯一的，则 u 位为 1，否则 u 位为 0；g 位是 IEEE 群体/个体标志。

随着 IPv6 技术的推广，现有的 IPv4 网络中将会出现越来越多的 IPv6 主机，在这种情况下，ISATAP 隧道技术提供了一个优越的解决方案。ISATAP 是一种点到点的自动隧道技术，通过在 IPv6 报文的目的地址中嵌入 IPv4 地址，实现了隧道的自动配置。这项技术不仅使 IPv6 主机能够在 IPv4 网络中通信，而且具有部署简单、灵活性高以及良好的可扩展性等特点。

3. 常见的隧道技术

1) 6PE

6PE 是一项用于实现 IPv4 到 IPv6 过渡的技术，允许互联网服务提供商(ISP)利用其现有的 IPv4 骨干网来支持 IPv6 网络的接入。ISP 的边缘 6PE 设备负责将用户的 IPv6 路由信息转换为带有标签的 IPv6 路由信息，并通过 BGP 协议将其传播到 ISP 的 IPv4 骨干网中。在 IPv6 数据流通过 6PE 设备转发时，这些设备会为数据流打上标签，可以采用 GRE 或 MPLS LSP 等隧道。这种方法使得 ISP 能够有效地扩展其现有 IPv4 基础设施，以满足 IPv6 的接入需求。6PE 技术示意图如图 8-11 所示。

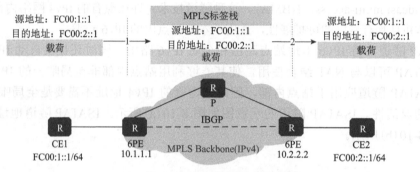

图 8-11　6PE 技术示意图

当 ISP 想利用自己原有的 IPv4 或 MPLS 网络，使其通过 MPLS 具有 IPv6 能力时，只需要升级 PE 设备。因此，对于运营商而言，采用 6PE 技术作为 IPv6 过渡的策略是一种高效且省时的解决方案。

控制面的具体实现过程如下。

(1)在 6PE 与 CE 之间，采用 IPv6 路由协议进行 IPv6 路由信息的交换。

(2)对于 6PE 之间，利用 MP-BGP 交换 IPv6 路由信息，同时为 IPv6 前缀分配 MPLS 标签。

(3)在 IPv4 骨干网中，6PE 与 P 之间通过 IPv4 路由协议进行公网路由信息的交换，并使用 MPLS 在 6PE 之间建立标签交换路径(label switched path，LSP)。

这种安排保证了 IPv6 流量在网络中的顺畅传输，通过利用不同层次的协议实现 IPv6 和 IPv4 路由信息的有效传递。

转发面的具体实现过程如下。

在 IPv6 报文的转发过程中，需要嵌套两层标签。具体而言，内层标签对应 IPv6 前缀，而外层标签则代表 6PE 之间建立的 LSP。

这种双层标签的机制确保了 IPv6 流量在网络中的传输，内层标签用于指示 IPv6 前缀，而外层标签则用于在 6PE 之间有效地引导流量。

2) 6VPE

6PE 技术本质上将所有通过 6PE 连接的 IPv6 业务汇聚到一个 VPN 中，由于无法实现逻辑隔离，因此适用于开放的、无须保护的 IPv6 网络互联。如果需要对连接的 IPv6 业务进行逻辑隔离，实现 IPv6 VPN，则需要利用 6VPE (IPv6 VPN Provider Edge)技术。6VPE 技术是 BGP/MPLS IPv6 VPN 的扩展，它在 IPv4 MPLS 骨干网上提供支持 IPv6 的 VPN 业务，为实现更灵活的逻辑隔离提供了解决方案。6VPE 技术示意图如图 8-12 所示。

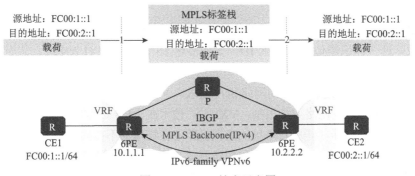

图 8-12　6VPE 技术示意图

6VPE 技术是一种基于 BGP/MPLS IPv6 VPN 的解决方案，专为在 IPv4 MPLS 骨干网上承载 IPv6 VPN 业务而设计。相对于 6PE，6VPE 利用 MP-BGP 在 IPv4 MPLS 骨干网中发布 VPNv6 路由，通过 MPLS 隧道实现在骨干网上的私网数据传输。PE 设备之间建立 BGP 对等关系，使用 IPv4 地址，并启用对等体之间交换 VPN-IPv6 路由信息的功能，确保了 IPv6 VPN 业务的有效传递和隔离。

3）VXLAN

VXLAN（virtual extensible local area network，虚拟扩展局域网）实质上属于一种 VPN 技术，其特点在于能够在任意路由可达的物理网络（Underlay 网络）上叠加二层虚拟网络（Overlay 网络），通过 VXLAN 网关之间的 VXLAN 隧道，实现了 VXLAN 内部的互通，并且与传统的非 VXLAN 之间也能够实现互通。采用 MAC in UDP 封装的方式延伸二层网络，VXLAN 通过将以太网数据帧封装在 IP 报文内进行转发，使中间转发设备无须关注报文的实际目的地。由于其在数据中心和多业务园区网络中的广泛应用，VXLAN 技术成为一种有效的网络扩展和连接方案。VXLAN 示意图如图 8-13 所示。

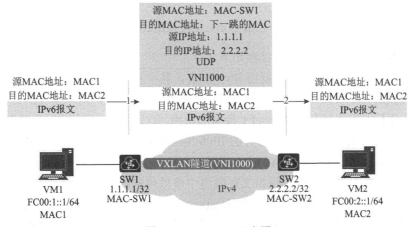

图 8-13　VXLAN 示意图

VXLAN 能够解决以下传统网络中的问题。

（1）虚拟机规模受到网络规格的限制：VXLAN 将虚拟机发出的数据包封装在 UDP 中，并使用物理网络的 IP、MAC 地址作为外层头进行封装，对网络只表现封装后的参数。除

VXLAN 边缘设备，网络中的其他设备不需要识别虚拟机的 MAC 地址，减轻了设备的 MAC 地址学习压力，提升了设备性能。

（2）网络隔离能力限制：VXLAN 引入了用户标识，也称为 VNI（VXLAN 网络标识符），由 24 位构成。这一标识类似于 VLAN ID，支持多达 16 百万个 VXLAN 段，从而实现了在网络中对用户进行更灵活和广泛的隔离和标识。这种设计消除了以往对用户数目的限制，使得 VXLAN 技术能够轻松满足大规模的网络租户需求。

（3）虚拟机迁移范围受网络架构限制：VXLAN 技术在三层网络的基础上创造了一个虚拟的大二层网络，使得拥有相同网段 IP 地址的虚拟机即便在物理上不在同一个二层网络中，也能在逻辑上被视为存在于同一个二层域中。这种构建方式有效地消除了物理位置对于网络逻辑结构的限制，使得具有相同 IP 地址网段的虚拟机得以在虚拟化环境中形成一个统一的大二层网络。

4. IPv4 over IPv6 隧道

在 IPv4 网络向 IPv6 网络过渡后期，IPv6 已大量部署，而 IPv4 网络只是被 IPv6 网络隔离开的局部网络。在这种背景下，可以在 IPv6 网络上创建隧道，使 IPv4 网络能通过 IPv6 网络实现互通，有效地连接 IPv4 和 IPv6 网络，这种隧道称为 IPv4 over IPv6 隧道。IPv4 over IPv6 隧道示意图如图 8-14 所示。

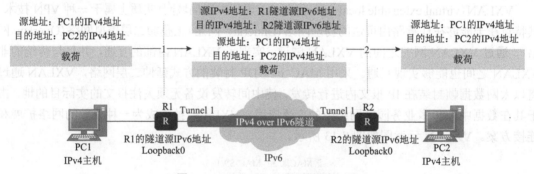

图 8-14　IPv4 over IPv6 隧道示意图

IPv4 over IPv6 隧道的报文处理过程如下。

（1）IPv4 报文转发：PC1 向 R1 发送 IPv4 报文，其中目的 IPv4 地址是 PC2 的地址。

（2）隧道封装：R1 收到来自 IPv4 网络侧发来的 IPv4 报文后，发现报文的目的 IPv4 地址并非其本身，并且匹配出接口为 Tunnel 1 接口的路由，在这种情况下，R1 会对该报文进行处理，为报文添加 IPv6 报文头。R1 将自身的 IPv6 地址和对端边界节点 R2 的 IPv6 地址分别封装到 Source Address 和 Destination Address 字段中，将 Version 设置为 6，将 Next Header 设置为 4，并根据配置情况封装其他确保报文在隧道中有效传输的字段。

（3）隧道转发：R1 根据 IPv6 报文头的 Destination Address 查找 IPv6 路由表，然后将封装后的 IPv6 报文转发给 R2。对于 IPv6 网络中的其他节点而言，它们感知不到隧道的存在，只是将接收到的隧道封装后的报文视为普通的 IPv6 报文进行处理。

（4）隧道解封装：当 R2 收到 Destination Address 为自身的报文后，根据报文头的 Version 字段确认由 IPv6 协议栈解封装报文头，并根据报文头的 Next Header 确认被封装的报文为 IPv4 报文。

（5）IPv4 报文转发：R2 根据 IPv4 报文的目的地址，在 IPv4 路由表中查找相应的路由信息，然后将报文转发给 PC2。

8.1.3　转换技术

1. NAT64

1）NAT64 概述

NAT64 是一种网络地址转换技术，旨在促进 IPv4 和 IPv6 网络之间的通信。它允许 IPv6 设备通过一个转换层与仍然运行在 IPv4 的服务和应用进行通信。这项技术对于过渡到 IPv6 至关重要，因为它提供了一种机制，使得基于 IPv6 的网络可以与现有的 IPv4 资源进行交互，而不需要对整个网络进行全面的 IPv6 升级。基本流程如图 8-15、图 8-16 所示。

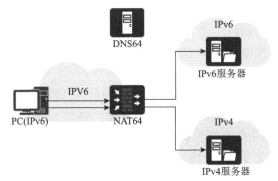

图 8-15　IPv6 网络用户访问 IPv4 服务器

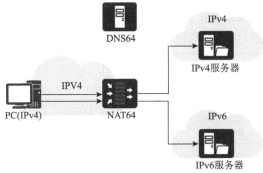

图 8-16　IPv4 网络用户访问 IPv6 服务器

NAT64 不仅降低了过渡成本，还简化了管理过程，因为它允许组织逐步实施 IPv6，同时保持与全球互联网的连通性。此外，NAT64 为更有效地利用现有 IPv4 地址资源提供了一种方式。

NAT64 与其他 IPv6 过渡技术（如双栈技术、隧道技术等）相比，有独特的优势和应用场景。双栈技术要求设备同时支持 IPv4 和 IPv6，这在某些环境中可能不可行或成本过高。而隧道技术虽然可以在 IPv4 和 IPv6 网络之间建立直接的通信路径，但可能会增加延迟和配置复杂性。NAT64 的优势在于它允许 IPv6 设备访问 IPv4 服务，而无须对这些服务进行任何修改。这使得 NAT64 成为一个灵活的过渡工具，适用于需要逐步迁移到 IPv6 的同时保持对现有 IPv4 基础设施访问的环境。

在 IPv6 过渡策略中，NAT64 通常被视为一种中期到长期的解决方案，特别适用于在全面迁移到 IPv6 的过程中仍需保持与 IPv4 网络兼容的场景。NAT64 使得组织可以逐步推进 IPv6 部署，同时确保业务连续性和服务的无缝访问。随着越来越多的内容和服务提供商支持 IPv6，NAT64 的作用可能逐渐减小，但在可预见的未来，它仍将是连接 IPv4 和 IPv6 网络的重要桥梁。特别是对于无法立即实现全面 IPv6 迁移的组织，NAT64 提供了一种有效的过渡机制。

2）NAT64 技术

（1）NAT64 前缀。NAT64 前缀是 IPv6 地址中的一段，专门用来表示 IPv4 地址，以便 IPv6 主机可以发起对 IPv4 服务的通信。这个前缀通常是 96 位长，因此 NAT64 通常关联到类似于 64:ff9b::/96 的前缀。但是，这个前缀的长度也可以根据部署的具体需求和所采用的 NAT64 实现而有所不同。NAT64 前缀的关键作用是为 IPv6 到 IPv4 的映射提供了一个标准化的方法，这样，IPv6 主机就能够通过其自身的 IPv6 网络连接到 IPv4 服务。

NAT64 前缀分为两种基本形式：知名前缀和自定义前缀。

①知名前缀：通常被配置为 64:FF9B::/96。这个前缀由 IETF 在 RFC 6052 中定义，并通常在 NAT64 转换设备中预设存在。它的普遍存在意味着在多数情况下，网络管理员可以免去手动配置的麻烦。当设备检测到 IPv6 报文的目的地址包含知名前缀时，会自动将其识别为需要进行 NAT64 转换的报文。

②自定义前缀：提供了额外的灵活性，网络管理员可以根据特定的网络需求来设置这些前缀。自定义前缀的长度多变，可以是 32 位、40 位、48 位、56 位、64 位或 96 位，这种多样性允许在 IPv6 地址空间中的不同位置嵌入 IPv4 地址。

自定义前缀的长度决定了 IPv4 地址在 IPv6 地址中的嵌入方式。较短的前缀（如 32 位）意味着 IPv4 地址会被嵌入到 IPv6 地址的中间部分，而较长的前缀（如 96 位）则意味着 IPv4 地址会被放置在 IPv6 地址的末尾。每种前缀长度的选择都与网络策略和地址管理有关，需根据网络规模、路由复杂性及未来的扩展计划来综合考虑。图 8-17 展示详细的情况，其中 Prefix 表示前缀，Suffix 表示后缀（可任意取值，设备不处理该字段），U 为 8bit 保留位且需为 0。

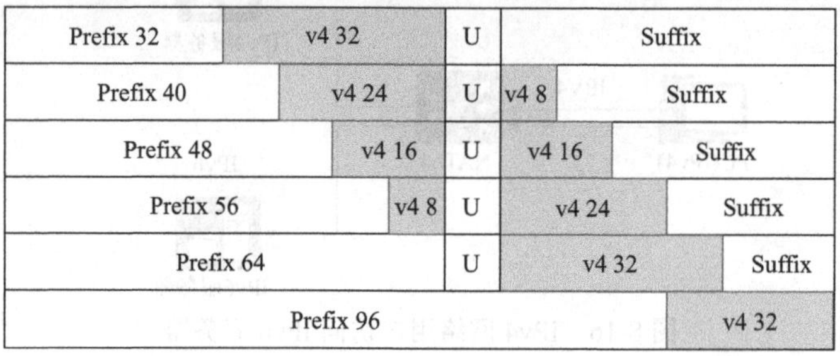

Prefix 32		v4 32	U	Suffix		
Prefix 40		v4 24	U	v4 8	Suffix	
Prefix 48		v4 16	U	v4 16	Suffix	
Prefix 56		v4 8	U	v4 24	Suffix	
Prefix 64			U	v4 32		Suffix
Prefix 96					v4 32	

图 8-17　IPv4 地址的嵌入方式

图 8-17 的具体说明如下。

①32 位前缀：第 32～63 位的 IPv6 地址段用于嵌入整个 IPv4 地址。这种情况下，IPv6 地址的前 32 位是网络前缀，接下来的 32 位直接对应 IPv4 的地址。

②40 位前缀：IPv4 地址的前 24 位被嵌入到 IPv6 地址的第 40～63 位，而 IPv4 地址的后 8 位则嵌入到 IPv6 地址的第 72～79 位。这种分割方式允许 IPv6 地址的中间部分留出空间来嵌入其他标识信息。

③48 位前缀：IPv4 地址被分为两部分，前 16 位嵌入到 IPv6 地址的第 48～63 位，后 16 位嵌入到第 72～87 位。这种方法允许网络在 IPv6 地址中保留更多的网络层次结构信息。

④56 位前缀：IPv4 地址的前 8 位嵌入到 IPv6 地址的第 56~63 位，而剩余的 24 位 IPv4 地址嵌入到第 72~95 位。这种情况通常在 IPv6 地址结构中留有足够的空间进行其他网络设计。

⑤64 位前缀：整个 IPv4 地址嵌入到 IPv6 地址的第 72~103 位。在这种情况下，IPv6 的网络前缀和子网前缀分别占据了地址的前 64 位，而 IPv4 地址则占据后 32 位。

⑥96 位前缀：IPv4 地址完整地嵌入在 IPv6 地址的末尾第 96~127 位。在这种情况下，第 64~71 位必须设置为 0，这是为了满足 NAT64 地址转换标准，确保正确的地址格式和一致性。

（2）动态 NAT64 映射。

在一个网络环境中，当存在众多的 IPv6 用户同时需要访问仅支持 IPv4 的服务器时，特别是在这些用户的 IPv6 地址由于采用了动态分配策略而经常发生变化的情况下，动态 NAT64 映射技术显得尤为重要。此技术的应用允许这些 IPv6 用户无缝地访问 IPv4 网络中的资源，而不需要用户自身维护一个固定的 IPv4 地址。当 IPv6 用户尝试连接到 IPv4 服务器时，他们的流量会被路由至一个 NAT64 设备。

这个 NAT64 设备的职能是双重的：首先，它拥有一池 IPv4 地址，当 IPv6 报文到达时，它会根据预定的策略从池中选择一个 IPv4 地址，并将报文中的源 IPv6 地址动态映射到这个 IPv4 地址。这确保了每个 IPv6 用户的会话都可以被唯一标识并正确地路由。其次，设备将这些经过 NAT64 转换的 IPv6 报文转换成 IPv4 报文，包括改变报文的 IP 头部和重新计算校验和，以确保报文能够在 IPv4 网络中被理解和接收。

一旦 IPv4 服务器响应了这些经过转换的请求，响应数据将沿原路返回至 NAT64 设备。然后，设备会查找之前创建的动态映射记录，把响应报文从 IPv4 转换回 IPv6 格式，并将其发送回原始请求的 IPv6 用户。这个过程不仅确保了 IPv6 用户能够访问 IPv4 服务，而且也为网络管理员提供了灵活性，允许他们更有效地管理和利用 IPv4 地址资源。此外，这种动态转换机制使得网络能够适应用户 IP 地址的变化，无须手动更新或重新配置每个用户的地址映射。

具体流程如下，参考图 8-18 所示的具体步骤。

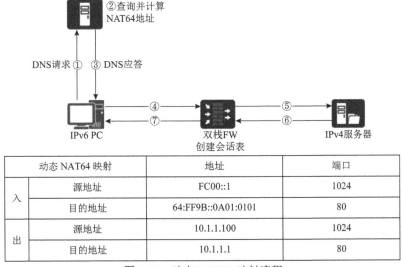

动态 NAT64 映射		地址	端口
入	源地址	FC00::1	1024
	目的地址	64:FF9B::0A01:0101	80
出	源地址	10.1.1.100	1024
	目的地址	10.1.1.1	80

图 8-18　动态 NAT64 映射流程

①IPv6 用户发起访问：在一个 IPv6 单栈网络中，用户希望访问一个仅有 IPv4 地址的远端服务。用户首先发起一个 AAAA DNS 查询，比如，请求 example.huawei.com 的 IPv6 地址。

②DNS64 处理查询：DNS64 服务器接收到 IPv6 用户的 AAAA DNS 查询请求。DNS64 尝试解析 IPv6 地址。如果失败，它则尝试解析 A 记录，即 IPv4 地址。若服务仅有 IPv4 地址，DNS64 利用预设的前缀（如 64:FF9B::/96）和 IPv4 地址合成 NAT64 地址，如 64:FF9B::0A01:0101。

③DNS 响应与地址解析：DNS64 服务器将解析结果作为 DNS 应答返回给 IPv6 用户。用户接收到响应后，获取到的 NAT64 地址就是远端 IPv4 服务器在 IPv6 网络中的表示。

④NAT64 设备进行地址转换：用户使用这个 NAT64 地址发起通信，报文到达 NAT64 设备。NAT64 设备将 IPv6 报文中的 NAT64 地址转换为实际的 IPv4 地址（如 10.1.1.1）。设备从地址池中选择一个 IPv4 地址（如 10.1.1.100）作为源地址，并将 IPv6 报文转换为 IPv4 报文。

⑤会话表创建与流量转发：NAT64 设备根据转换创建会话表项，记录 IPv6 和 IPv4 地址的映射关系。转换后的 IPv4 报文被发送到 IPv4 网络中的服务器。

⑥服务器响应与流量返回：IPv4 服务器处理请求并发送响应。NAT64 设备接收响应，并根据会话表，将 IPv4 响应转换为 IPv6 报文。

⑦互访支持与三元组模式：三元组模式（动态 NAT64 映射）允许从 IPv6 网络到 IPv4 网络以及从 IPv4 网络到 IPv6 网络的双向访问。NAT64 设备说明如何通过 Server-Map 表保存源 IPv6 地址和端口到 IPv4 的转换关系。当 IPv4 用户想要访问 IPv6 用户时，NAT64 设备可以通过 Server-Map 表进行必要的转换。

（3）静态 NAT64 映射。

静态 NAT64 作为一种地址转换机制，通过预配置的方式静态定义 IPv6 和 IPv4 地址之间的映射关系，确保了双向通信的持久性与稳定性。这种方法允许 IPv6 用户无缝地访问 IPv4 服务，同时也支持 IPv4 用户访问 IPv6 服务，为两种网络提供了一个互通的桥梁，而无须考虑地址的动态变化或映射的老化问题。在这种情况下，转换是预先定义的，与动态 NAT64 转换相反，不会根据流量实时变化。

具体流程如下，参考图 8-19 所示的具体步骤。

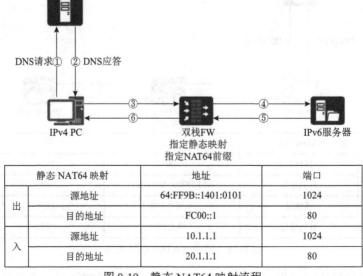

静态 NAT64 映射		地址	端口
出	源地址	64:FF9B::1401:0101	1024
	目的地址	FC00::1	80
入	源地址	10.1.1.1	1024
	目的地址	20.1.1.1	80

图 8-19　静态 NAT64 映射流程

①IPv4 地址解析：IPv4 用户想要访问一个域名(如 example.huawei.com)，因此发起一个 A 记录的 DNS 查询请求。DNS 服务器接收到请求后，查询其记录，找到与请求域名关联的 IPv4 地址(在这个例子中为 20.1.1.1)。如果 DNS 无法解析域名到一个 IPv4 地址，请求会被丢弃，因为在这种静态 NAT64 场景中，地址映射已经预先定义好。

②DNS 响应与用户请求：DNS 服务器向请求方返回解析得到的 IPv4 地址。用户使用这个 IPv4 地址作为目的地址来向远端服务器发起通信请求。

③NAT64 设备进行静态地址映射：NAT64 设备接收到 IPv4 请求报文。根据预先配置的静态映射关系，NAT64 设备将报文的目的 IPv4 地址 20.1.1.1 转换为相应的 IPv6 地址 FC00::1。设备还会将报文的源 IPv4 地址与设置好的 NAT64 前缀(如 64:FF9B::/96)合成一个源 IPv6 地址(如 64:FF9B::1401:0101)。

④报文转换与传输：转换后的 IPv6 报文现在有了新的源和目的地址，NAT64 设备将其发送到 IPv6 网络中的服务器。在这一过程中，NAT64 设备还会创建一个会话表项，记录 IPv4 到 IPv6 地址的映射关系以及反向映射。

⑤服务器响应：IPv6 服务器处理请求，并发送响应报文。

⑥报文回转：NAT64 设备接收到 IPv6 响应报文后，使用会话表中的映射关系将报文转换回 IPv4 格式。转换后的 IPv4 响应报文被发送回原始请求的 IPv4 用户。

2. NAT66

1) NAT66 概述

NAT66 技术使得 IPv6 设备能够在不同的网络环境中更灵活地接入和使用 IPv6 互联网，无论是在单一 ISP 环境还是跨多 ISP 环境，都可以根据网络策略和地址资源的分配进行有效的地址转换和路由选择。具体来讲有以下三个常见的场景需要使用该技术，如图 8-20 所示。

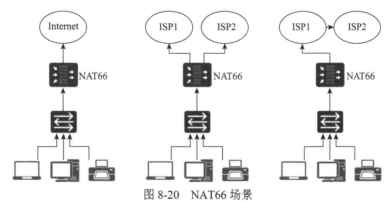

图 8-20　NAT66 场景

场景 1：描述 NAT66 在单一互联网接入环境中的应用。在这种场景下，所有内部 IPv6 设备通过 NAT66 设备接入互联网。NAT66 设备负责将内部网络的 IPv6 地址转换为可以在互联网上路由的其他 IPv6 地址。

场景 2：展示在多个互联网服务提供商(ISP)环境中的 NAT66 应用。这里，NAT66 设备可以将内部网络的 IPv6 地址转换为特定 ISP 分配的 IPv6 地址。这允许网络内的设备在多个 ISP 之间进行选择和切换。

场景 3：介绍不跨越不同 ISP 的 NAT66 应用。在这个场景中，内部 IPv6 地址不经过转

换就可以直接访问 ISP 提供的 IPv6 互联网服务。这表明内部网络已经拥有了全球唯一的 IPv6
地址，不需要 NAT66 进行地址转换。

2）NAT66 基本原理

（1）静态 NAT66 方式的源 NAT66。

静态 NAT66 是一种有状态的协议，它需要为网络内的每台设备或每个服务配置一个固定
的 IPv6 到 IPv6 的映射关系。具体过程如图 8-21 所示。

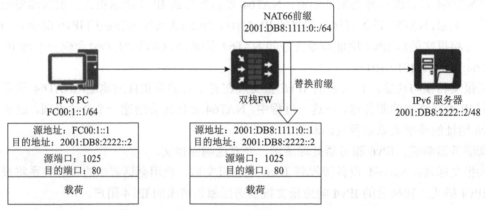

图 8-21　静态 NAT66 方式的源 NAT66 技术示意图

（2）NPTv6 方式的源 NAT66。

NPTv6 是一种无状态的协议，用于将一个 IPv6 地址前缀转换为另一个 IPv6 地址前缀。
它保持了地址的后缀（接口标识符）不变，仅改变前缀部分。具体过程如图 8-22 所示。

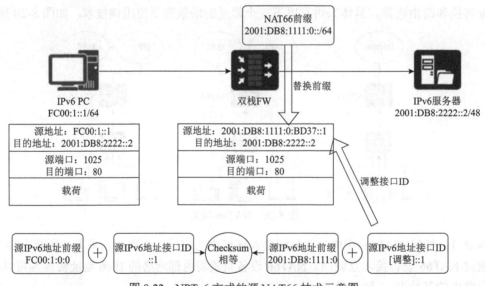

图 8-22　NPTv6 方式的源 NAT66 技术示意图

（3）NAT66 分类。

NAT66 是在 IPv6 网络中用于地址转换的技术，它可以根据不同的网络需求和场景分为
两种主要的转换方式：NPTv6 和静态 NAT66。

①NPTv6 是一种无状态的转换方式,它仅改变 IPv6 地址的前缀部分,而保持后缀部分(通常是主机标识符)不变。这允许网络在保持内部通信地址计划的同时,与外部世界进行互通。由于它的无状态特性,NPTv6 转换是可逆的,不需要为每个通信会话保持状态,适用于大规模部署,尤其是当有许多内部用户需要访问互联网时。

②静态 NAT66 是一种有状态的转换方式,需要预先定义 IPv6 地址之间的映射关系。它通常用于地址资源较少或需要关注转换后的具体 IP 地址的场景,如特定的公网服务或内部服务器访问。静态 NAT66 适用于对地址映射有固定要求的环境,它允许精确控制网络流量的路由。

总的来说,在 IPv6 数量较多且不关注转换后的 IP 地址的场景下,一般采用 NPTv6 转换方式,如大量 IPv6 私网用户访问 Internet。在 IPv6 地址数量较少且关注转换后的 IP 地址时,一般采用静态 NAT66 方式,如 IPv6 公网用户访问内部服务器。

此外,NAT66 还可以根据转换对象的不同进行分类,涵盖源地址的转换、目的地址的转换,或两者的双向转换。无论是源 NAT、目的 NAT 还是双向 NAT,NAT66 都为 IPv6 网络提供了灵活的通信和网络管理选项,同时确保了网络的连续性和互操作性。

具体来讲,可以将其分为以下三类。

①源 NAT66:只转换发起通信的设备的 IP 地址,即改变数据包的源 IPv6 地址。这适用于内部设备需要访问外部网络时,希望隐藏其实际的 IPv6 地址。

②目的 NAT66:仅转换数据包的目的 IPv6 地址。这常用于外部设备访问内部网络的服务时,如外部用户需要访问内部部署的 IPv6 服务器时。

③双向 NAT66:同时转换数据包的源和目的 IPv6 地址。这种方式在双向通信场景中很有用,可以同时控制进入和离开网络的数据流。

每种类型的 NAT66 都有特定的使用场景和优点,能够为网络管理员提供灵活性以适应不同的网络策略和安全要求。通过采用这些不同的 NAT64 策略,IPv6 网络能够实现更高效的通信管理和更优的地址利用效率。

8.2　IPv6 过渡技术解析

8.2.1　IPv6 过渡技术工作原理

1. 三种技术的原理及优势

IPv6 过渡技术是为了在全球范围内逐步过渡到 IPv6,并同时保持 IPv4 和 IPv6 互操作性而设计的一系列技术。由于 IPv4 地址资源有限,而 IPv6 提供了更大的地址空间,因此 IPv6 的部署变得越来越重要。

本节首先分析三种 IPv6 过渡技术的原理和优势,然后详细解释三种 IPv6 过渡技术的工作原理,最后通过一个实际的部署实验来巩固本节的知识。

1)双栈技术

工作原理:在设备上同时启用 IPv4 和 IPv6 协议栈。这样,设备可以使用 IPv4 或 IPv6 来进行通信,具备双协议栈的设备能够逐渐适应 IPv6,同时保持对 IPv4 的支持。

优势：简单易行，不需要太多的配置，可以在同一网络上同时支持 IPv4 和 IPv6。

2）隧道技术

工作原理：在 IPv4 网络上封装 IPv6 数据包，以创建 IPv6 over IPv4 隧道。这使得 IPv6 流量可以通过 IPv4 网络传输。常见的隧道技术包括 6to4、ISATAP 和 GRE。

优势：允许 IPv6 流量在 IPv4 基础设施上传输，适用于逐步过渡的情况。

3）IPv6 转换技术

工作原理：实现 IPv6 和 IPv4 之间的地址或协议转换。有两种主要类型：NAT64 和 DNS64。NAT64 将 IPv6 地址映射到 IPv4 地址，而 DNS64 负责在 IPv6 Only 网络中解析 IPv4 DNS 记录。

优势：允许 IPv6 和 IPv4 互操作，尽管在某些情况下可能引入一些复杂性。

2. 三种技术的工作原理

下面详细描述双栈技术、隧道技术、IPv6 转换技术的工作原理，并给出部分代码示例。

1）双栈技术

图 8-23 简单描述了一个包含 IPv4 网络、Dual-Stack 设备和 IPv6 网络的情境。图中的各种设备描述如下：①左侧部分表示一个 IPv4 网络，其中包含 IPv4 主机（192.168.1.2）。IPv4 主机使用 IPv4 地址进行通信。②中央部分表示一个启用了 IPv4 和 IPv6 协议栈的设备。该设备有两个地址，一个是 IPv4 地址（192.168.1.2），另一个是 IPv6 地址（2001:db8::1）。这台设备能够同时支持 IPv4 和 IPv6 通信。③右侧部分表示一个 IPv6 网络，其中包含 IPv6 主机（2001:db8::1）。IPv6 主机使用 IPv6 地址进行通信。

| IPv4主机 | IPv4 & IPv6 Dual-Stack | IPv6主机 |
| 192.168.1.2 | 192.168.1.2 | 2001:db8::1 |

图 8-23　双栈技术实例

当 IPv4 主机（192.168.1.2）和 IPv6 主机（2001:db8::1）之间通过 Dual-Stack 设备进行通信时，通信路径涉及以下步骤。

（1）IPv4 主机向 IPv6 主机发送数据：IPv4 主机希望与 IPv6 主机通信，因此它生成一个 IPv4 数据包，目的地址设置为 Dual-Stack 设备的 IPv4 地址（192.168.1.2）。生成的 IPv4 数据包中携带了 IPv6 的目的地址、数据负载等信息。IPv4 主机将 IPv4 数据包发送到本地网络，通过路由器等设备传输到 Dual-Stack 设备。

（2）Dual-Stack 设备接收 IPv4 数据包：Dual-Stack 设备在其网络接口上接收到 IPv4 数据包，该数据包的目的地址是设备的 IPv4 地址（192.168.1.2）。IPv4 协议栈解析 IPv4 数据包，发现其中携带了目的 IPv6 地址。

（3）IPv6 数据包封装：Dual-Stack 设备使用 IPv6 协议栈创建一个新的 IPv6 数据包，目的地址设置为 IPv6 主机的 IPv6 地址（2001:db8::1）。IPv6 数据包的数据负载是从原始 IPv4 数据包中提取的。

（4）IPv6 数据包传输：Dual-Stack 设备通过 IPv6 网络传输封装后的 IPv6 数据包，其可以经过路由器、交换机等设备，最终到达 IPv6 主机所在的网络。

（5）IPv6 主机接收 IPv6 数据包：IPv6 主机在其网络接口上接收到 IPv6 数据包，该数据包的目的地址是主机的 IPv6 地址(2001:db8::1)。IPv6 协议栈解析 IPv6 数据包，提取出原始的数据负载。

(6)IPv4 和 IPv6 主机进行通信：现在，IPv4 主机和 IPv6 主机之间的通信已经建立，数据流可以在 IPv4 和 IPv6 网络之间传输，而 Dual-Stack 设备在两种协议之间起到桥梁的作用，使得 IPv4 和 IPv6 设备能够互相通信。

这个过程展示了 Dual-Stack 设备如何在 IPv4 主机和 IPv6 主机之间充当转换器，通过封装和解封装数据包来实现 IPv4 和 IPv6 之间的通信。这是为了确保在过渡期间，IPv4 和 IPv6 设备之间能够无缝地交互。

2)隧道技术

隧道技术是一种用于在 IPv4 网络上传输 IPv6 数据包的机制。常见的隧道技术在实现 IPv6 在 IPv4 网络上传输的目标上有一些区别。接下来以 GRE 为例具体说明隧道技术的工作原理。

GRE 是一种封装协议，用于在网络中传输多种协议的数据包。它是一种通用的隧道技术，不仅可以用于 IPv6，还可以用于其他协议。GRE 技术的详细工作步骤如下。

(1)封装。

首先，在发送端创建 GRE 头部：IPv6 数据包需要被封装在 GRE 头部中。GRE 头部包含以下字段：①Protocol Type (EtherType)，指定了 GRE 封装的协议类型，对于 IPv6 封装通常是 0x86DD(表示 IPv6 协议)；②Key，用于标识 GRE 隧道，确保在同一 GRE 隧道上的设备能够正确地解封装和路由数据；③Sequence Number，用于处理包的顺序。接下来，进行 GRE 封装：GRE 设备在发送端将 IPv6 数据包封装在 GRE 头部中，形成一个 GRE 封装后的数据包。封装的过程是在原始 IPv6 数据包前添加 GRE 头部。然后，传输数据包：封装后的 IPv6-in-GRE 数据包通过 IPv4 网络进行传输。在网络中，这个整个封装后的数据包被视为 IPv4 的数据部分，由 IPv4 网络设备进行正常的路由和传递。经过以上步骤，一个数据包就从 IPv4 的网络中传输出来了，只需要再继续传输入 IPv6 的网络中即可。

(2)解封装。

首先，在接收端，GRE 设备收到封装后的 IPv6-in-GRE 数据包。GRE 设备对数据包进行解封装，即将 GRE 头部移除，提取出原始的 IPv6 数据包。接下来，转发该数据包：解封装后的 IPv6 数据包被路由到目的 IPv6 主机。GRE 设备通常知道如何将解封装后的数据包正确地路由到 IPv6 网络中的目的地。最后，将数据包交付给目的 IPv6 主机，完成整个过程。

GRE 技术具有通用性、透明性、简单性，在构建虚拟专用网络、连接 IPv6 网络以及在不同网络之间传输数据时非常有用。为了便于读者理解，假设以下场景来更具体地说明 GRE 技术。假设有两台路由器，即 RouterA 和 RouterB，它们之间通过 GRE 隧道连接，并且需要传输 IPv6 流量，如图 8-24 所示。

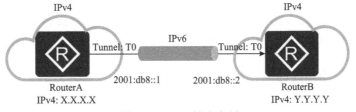

图 8-24 GRE 技术实例

X.X.X.X 和 Y.Y.Y.Y 是两台路由器的 IPv4 地址，2001:db8::1 和 2001:db8::2 是两台路由器的 IPv6 地址。Tunnel: T0 表示 GRE 隧道，连接了两台路由器。在这个情景中，IPv6 Host A 发送数据（从 RouterA 到 RouterB）：IPv6 Host A（2001:db8::1）生成一个 IPv6 数据包，目的地址是 IPv6 Host B（2001:db8::2）。接下来进行 GRE 封装操作（RouterA 的操作）：RouterA 收到 IPv6 数据包后，将其封装在 GRE 头中。GRE 头包含协议类型（IPv6）、GRE 键等信息。封装后的 IPv6-in-GRE 数据包通过 IPv4 网络（X.X.X.X 到 Y.Y.Y.Y）进行传输。在 IPv4 网络中，这个数据包被视为 IPv4 的数据部分。RouterB 接收到 IPv6-in-GRE 数据包后，解封装该数据包，提取出原始的 IPv6 数据包。IPv6 数据包传递给 IPv6 Host B：RouterB 将提取的 IPv6 数据包传递给 IPv6 Host B（2001:db8::2）。

通过这个过程，IPv6 流量成功地穿越了 IPv4 网络，实现了 IPv6 Host A 到 IPv6 Host B 的通信。GRE 技术的关键点是在 IPv4 网络上封装和解封装 IPv6 数据包，以实现两个 IPv6 站点之间的通信。

在具体配置中，需要设置 RouterA 和 RouterB 的 Tunnel 接口，确保配置的参数（如隧道源和目的地址、协议类型、隧道键等）在两端相匹配。配置后，IPv6 流量将通过 GRE 隧道在 IPv4 网络上传输。在配置 GRE 隧道时，需要配置两端的设备，即 GRE 隧道的入口和出口设备。下面是一个简单的示例，演示了如何配置两台路由器之间的 GRE 隧道。这个例子假设两台路由器分别连接到 IPv4 网络，并且它们之间需要通过 GRE 隧道来传输 IPv6 流量。

(1) 对 RouterA（GRE Tunnel 的入口设备）进行配置。

```
# 进入接口配置模式
RouterA(config)# interface tunnel0
# 配置隧道源和目的 IPv4 地址
RouterA(config-if)# tunnel source <RouterA 的 IPv4 地址>
RouterA(config-if)# tunnel destination <RouterB 的 IPv4 地址>
# 配置 GRE 隧道协议类型为 IPv6
RouterA(config-if)# tunnel mode gre ipv6
# 配置隧道键(可选，用于标识 GRE 隧道，需要在两端相匹配)
RouterA(config-if)# tunnel key 123
# 激活接口
RouterA(config-if)# no shutdown
```

(2) 对 RouterB（GRE Tunnel 的出口设备）进行配置。

```
# 进入接口配置模式
RouterB(config)# interface tunnel0
# 配置隧道源和目的 IPv4 地址(与 RouterA 相反)
RouterB(config-if)# tunnel source <RouterB 的 IPv4 地址>
RouterB(config-if)# tunnel destination <RouterA 的 IPv4 地址>
# 配置 GRE 隧道协议类型为 IPv6
RouterB(config-if)# tunnel mode gre ipv6
# 配置隧道键(需要在两端相匹配)
RouterB(config-if)# tunnel key 123
# 激活接口
RouterB(config-if)# no shutdown
```

以上配置和验证命令是一个简化的例子,实际环境中可能还需要配置路由、防火墙规则、加密等,具体取决于网络需求和安全策略。注意,GRE 隧道的关键点是在两端配置相匹配的参数。这确保了两端设备能够正确地建立和使用 GRE 隧道。

3) IPv6 转换技术

相较于双栈技术和隧道技术,IPv6 转换技术具有改造周期短、成本低、部署灵活等优势,成为当前许多政府和企业网站进行 IPv6 升级改造的主要选择。采用协议转换实现 IPv4 到 IPv6 过渡的优点在于无须对 IPv4 和 IPv6 节点进行升级改造。然而,这种方式的缺点是为实现 IPv4 节点和 IPv6 节点的相互访问而采用的方法相对较为复杂。由于网络设备进行协议转换和地址转换会带来较大的开销,因此其通常在其他互通方式不适用的情况下使用。IPv6 转换技术可以分为 NAT-PT 转换技术和 NAT64 转换技术两种。图 8-25 为一个简单的 NAT-PT 部署示例,下面以 NAT-PT 为例来说明如何进行地址转换。

图 8-25　NAT-PT 部署示例图

IPv6 Only 设备(IPv6 Host):一个仅支持 IPv6 的设备,具有 IPv6 地址 2001:db8::1。NAT-PT 设备:负责在 IPv6 和 IPv4 之间进行协议和地址转换,具有两个接口,即 IPv6 接口 2001:db8::2 和 IPv4 接口 192.168.1.1。IPv4 资源服务器(IPv4 Server):一个提供 IPv4 服务的服务器,具有 IPv4 地址 192.168.1.2。图 8-25 是一个简单地说明转换技术工作原理的拓扑图,其中的 IPv6 Only 设备通过 NAT-PT 设备与 IPv4 资源服务器进行通信,通过地址和协议转换实现了 IPv6 和 IPv4 之间的互通,过程如下。

首先,IPv6 Only 设备发起请求。IPv6 Only 设备生成一个 IPv6 数据包,其目的地址为 IPv4 资源服务器的 IPv6 地址(由 NAT-PT 生成的虚拟 IPv6 地址)。接下来,NAT-PT 设备检测到 IPv6 数据包,执行 IPv6 到 IPv4 的地址和协议转换。它为 IPv6 数据包生成一个虚拟 IPv4 地址,并将 IPv6 数据包的协议类型转换为 IPv4。之后,IPv4 数据包在 IPv4 网络上传输到达 IPv4 资源服务器。然后,等待 IPv4 资源服务器响应请求,生成 IPv4 响应数据包,通过 IPv4 网络返回给 NAT-PT 设备。NAT-PT 设备对 IPv4 响应数据包进行逆向的 IPv4 到 IPv6 的地址和协议转换。转换后的 IPv6 响应数据包在 IPv6 网络中传输,最终返回给 IPv6 Only 设备。NAT-PT 设备充当了 IPv6 和 IPv4 之间的协议翻译设备,通过在不同协议之间进行转换,实现了 IPv6 Only 设备与 IPv4 资源之间的双向通信。这种转换技术在协议和地址转换方面起到了关键作用。

NAT64 的转换过程与之类似。在实际网络中,IPv6 到 IPv4 的协议转换通常通过 NAT64 来实现,而不是使用已经废弃的 NAT-PT。NAT64 是一种 IPv6 到 IPv4 的地址转换技术,可以使 IPv6 Only 设备访问 IPv4 资源。下面是一个简化的配置示例,展示了如何配置 NAT64(基于 Cisco 设备)。

(1)配置 IPv6 接口。

```
interface GigabitEthernet0/0
```

```
  ipv6 address 2001:db8::1/64
```

(2)配置 IPv4 接口。

```
interface GigabitEthernet0/1
  ip address 192.168.1.1 255.255.255.0
```

(3)配置 NAT64。

```
ipv6 nat prefix 64:ff9b::/96
```

(4)将 IPv6 和 IPv4 接口连接到 NAT64 实例。

```
interface GigabitEthernet0/0
  ipv6 nat outside
interface GigabitEthernet0/1
  ipv6 nat inside
```

(5)验证配置。

```
  show ipv6 nat translations
```

上述配置假设有一个 IPv6 Only 设备连接到 GigabitEthernet0/0,而 IPv4 资源服务器连接到 GigabitEthernet0/1。这样配置后,NAT64 将负责 IPv6 到 IPv4 的地址转换,使得 IPv6 Only 设备能够访问 IPv4 资源。

注意,实际的配置可能会因网络设备和厂商而有所不同,确保查阅相关设备的文档以获取详细的配置信息。此外,因为 IPv6 和 IPv4 网络有时会存在复杂的拓扑和策略要求,具体配置可能需要根据实际网络环境进行调整。

下面通过一个实验例子来将上述工作原理结合起来使用,以便读者理解。如图 8-26 所示,用户通过三台路由器实现了一个路由器组网,其中 PC1 和 PC2 是可以支持 IPv6 功能的终端,R1、R2、R3 组成了一个纯 IPv4 网络,但是也可以支持 IPv6 的功能。

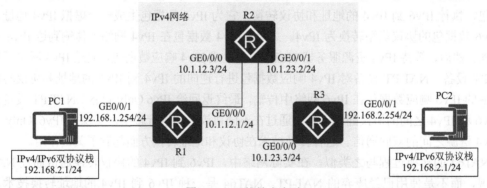

图 8-26　双栈技术实验

在图 8-26 网络拓扑中,因为使用 PC1 和 PC2 的用户需要使用 IPv6 来进行一些应用信息的交互,所以用户希望在 PC1 和 PC2 上部署双栈,使得 PC1 和 PC2 之间的 IPv4 和 IPv6 流量交互能够同时运行。为了实现双栈功能,用户开启两个终端 IPv4 及 IPv6,并且配置了对应的地址，以便接收和发送软件应用的数据。另外，为了实现 IPv6 的快速通信，用户希望在 R1 和 R3 之间建立手工隧道，通过手工隧道技术实现应用信息的交互。

首先从上述实验中抽象出以下两点需求：在 PC1 和 PC2 上部署双栈完成 IPv4 通信；在 R1 和 R3 之间建立手工隧道。为了满足以上需求，需完成 IPv4 基础配置、OSPFv2 基础配置以及配置实现 IPv6 Over IPv4 隧道技术，进而实现 PC1 和 PC2 的 IPv4 和 IPv6 通信。

（1）完成 R1、R2 及 R3 的接口 IPv4 地址配置。

R1 的配置：

```
<Huawei> system-view
[Huawei] sysname R1
[R1] interface GigabitEthernet0/0/0
[R1-GigabitEthernet0/0/0] ip address 10.1.12.1/24
[R1-GigabitEthernet0/0/0] quit
[R1] interface GigabitEthernet0/0/1
[R1-GigabitEthernet0/0/1] ip address 192.168.1.254/24
[R1-GigabitEthernet0/0/1] quit
```

R2 的配置：

```
<Huawei> system-view
[Huawei] sysname R2
[R2] interface GigabitEthernet0/0/0
[R2-GigabitEthernet0/0/0] ip address 10.1.12.2/24
[R2-GigabitEthernet0/0/0] quit
[R2] interface GigabitEthernet0/0/1
[R2-GigabitEthernet0/0/1] ip address 10.1.23.2/24
[R2-GigabitEthernet0/0/1] quit
```

R3 的配置：

```
<Huawei> system-view
[Huawei] sysname R3
[R3] interface GigabitEthernet0/0/0
[R3-GigabitEthernet0/0/0] ip address 10.1.23.3/24
[R3-GigabitEthernet0/0/0] quit
[R3] interface GigabitEthernet0/0/1
[R3-GigabitEthernet0/0/1] ip address 192.168.2.254/24
[R3-GigabitEthernet0/0/1] quit
```

（2）完成 R1、R2 及 R3 的 OSPFv2 配置：首先在 R1、R2、R3 中启动 OSPFv2 路由协议，建立邻居关系，并将生成的链路状态信息告知给其他邻居，进而实现全网 IPv4 可达。

R1 的配置：

```
[R1] ospf 1 router-id 1.1.1.1
[R1-ospf-1] area 0
[R1-ospf-1-area-0.0.0.0] network 10.1.12.1 0.0.0.0
[R1-ospf-1-area-0.0.0.0] network 192.168.1.254 0.0.0.0
```

```
[R1-ospf-1-area-0.0.0.0] quit
```

首先通过 ospf 1 router-id 1.1.1.1 在设备上创建一个新的 OSPFv2 进程，使用 1.1.1.1 作为 router-id。接下来通过命令 area 0 进入这个进程的配置视图。由拓扑图发现，对于 R1 来说，GE0/0/0 及 GE0/0/1 接口都处于 Area 0 中，因此都需要激活 OSPFv2，所以接下来的两条命令用于在两个接口中激活 OSPFv2。此外，需要注意的是，Router-ID 是设备在 OSPFv2 中的标识符，需确保在一个连续的 OSPF 组网中 Router-ID 的唯一性，对此可以自行规划。与此类似进行 R2 和 R3 的配置。

R2 的配置：

```
[R2] ospf 1 router-id 2.2.2.2
[R2-ospf-1] area 0
[R2-ospf-1-area-0.0.0.0] network 10.1.12.2 0.0.0.0
[R2-ospf-1-area-0.0.0.0] network 10.1.23.2  0.0.0.0
[R2-ospf-1-area-0.0.0.0] quit
```

R3 的配置：

```
[R3] ospf 1 router-id 3.3.3.3
[R3-ospf-1] area 0
[R3-ospf-1-area-0.0.0.0] network 10.1.23.3 0.0.0.0
[R3-ospf-1-area-0.0.0.0] network 192.168.2.254 0.0.0.0
[R3-ospf-1-area-0.0.0.0] quit
```

(3) 实现 PC1 与 PC2 的 IPv4 通信。

在 PC1 上，配置网卡 IPv4 地址 192.168.1.1 及网关 192.168.1.254。在 PC2 上，配置网卡 IPv4 地址 192.168.2.1 及网关 192.168.2.254。接下来就可以进行 IPv4 通信了。

(4) 在 R1 与 R3 之间构建 IPv6 Over IPv4 隧道。

R1 的配置：

```
[R1] ipv6
[R1] interface Tunnel0/0/0
[R1-Tunnel0/0/0] tunnel-protocol ipv6-ipv4
[R1-Tunnel0/0/0] source 10.1.12.1
[R1-Tunnel0/0/0] destination 10.1.23.3
[R1-Tunnel0/0/0] ipv6 enable
[R1-Tunnel0/0/0] ipv6 address FC00:12::1/64
[R1-Tunnel0/0/0] quit
```

首先，通过命令 ipv6 激活 IPv6。然后，创建一个 Tunnel (隧道接口)，编号为 0/0/0 并进行配置。设置接口类型为 IPv6 Over IPv4 类型，指定隧道的源 (10.1.13.1) 和目的地址 (10.1.23.3)。最后，设置地址为 FC00:12::1/64。

R3 的配置：

```
[R3] ipv6
[R3] interface Tunnel0/0/0
[R3-Tunnel0/0/0] tunnel-protocol ipv6-ipv4
```

```
[R3-Tunnel0/0/0] source 10.1.23.3
[R3-Tunnel0/0/0] destination 10.1.12.1
[R3-Tunnel0/0/0] ipv6 enable
[R3-Tunnel0/0/0] ipv6 address FC00:12::2/64
[R3-Tunnel0/0/0] quit
```

完成上述配置后，就可以在 R1 和 R3 间进行 IPv6 通信了。

（5）IPv6 接口配置。

虽然已经配置好了 Tunnel 链路，但是还需要配置 PC1 和 PC2 的 IPv6 网关，使得两台主机的流量发给 IPv6 网关，然后进入隧道中的 Tunnel0/0/0 接口，到达接收端。

R1 的配置：

```
[R1] interface GigabitEthernet0/0/1
[R1-GigabitEthernet0/0/1] ipv6 enable
[R1-GigabitEthernet0/0/1] ipv6 address FC00:1::FFFF/64
[R1-GigabitEthernet0/0/1] quit
[R1] ipv6 route-static FC00:2:: 64 Tunnel0/0/0
```

首先进入接口 GE0/0/1 的配置中，配置一条 IPv6 静态路由，设置目的网段是 FC00:2::/64（PC2 所在网段），并设置出接口为 Tunnel0/0/0。

R3 的配置：

```
[R3] interface GigabitEthernet0/0/1
[R3-GigabitEthernet0/0/1] ipv6 enable
[R3-GigabitEthernet0/0/1] ipv6 address FC00:2::FFFF 64
[R3-GigabitEthernet0/0/1] quit
[R3] ipv6 route-static FC00:1:: 64 Tunnel0/0/0
```

最后，在 PC1 和 PC2 上增加 IPv6 地址，PC1 上配置 IPv6 静态地址 FC00:1::1 及 IPv6 网关 FC00:1::FF，PC2 上配置 IPv6 静态地址 FC00:2::1 及 IPv6 网关 FC00:2::FF。配置结束后，就可以进行 IPv6 的正常通信了。

上面的例子实际部署了隧道，实现了 IPv6 的通信。通过这个例子，可以发现 IPv6 的过渡技术配置并不困难，关键是需要了解配置什么样的网关，以及配置什么样的 IP 地址。在实际配置中，要根据不同的生产环境选择合适的技术，并细致地进行网络配置。

8.2.2　IPv6 过渡技术应用

由于 IPv4 的地址空间有限，随着互联网的普及和设备数量的快速增长，IPv4 的地址资源已耗尽。而 IPv6 的地址空间极其庞大，足以满足地址资源的需求，并且还提供了良好的可扩展性。此外，IPv6 在设计之初就考虑了安全性和隐私性，并且采用了更加平坦的网络拓扑，相较于 IPv4 能提供更好的安全保障和更优异的性能。IPv6 是互联网未来的发展趋势，已经成为国际互联网标准。因此，IPv6 具有非常良好的应用前景。

但是，IPv6 与 IPv4 之间存在着诸多的不兼容性，目前大部分现有的网络设备和应用程序都是基于 IPv4 设计的，IPv6 的普及率还很低，所以目前对 IPv4 进行全面替换的时间成本以及经济成本是难以令人接受的。而 IPv6 过渡技术可以在 IPv4 和 IPv6 之间建立隧道或转换机制，让 IPv4 和 IPv6 网络能够共存，达到降低成本的目的。因此，采用过渡技术是目前使用 IPv6 的一个可行方案。

本节介绍四种 IPv6 过渡技术的应用场景，供读者参考。

1. 数据中心

由于 IPv4 和 IPv6 的业务在未来很长一段时间内会并存，因此数据中心需要同时支持 IPv4 和 IPv6，所以 IPv6 过渡技术在数据中心拥有非常好的应用前景。

图 8-27 描述了一种常见的数据中心的网络架构。该数据中心的网络由互联网接入区、内网资源池、运营区、广域网接入区以及核心五部分组成。对于这种数据中心网络架构，可以采取如下的演进策略。

(1)在互联网接入区采用出口 NAT64、双栈改造或者新建 IPv6 互联网接入网的方式，以及在互联网资源池采取新建 Fabric 或者 VXLAN Underlay IPv6 + Overlay 双栈的方式来将 IPv6 应用到互联网侧。

(2)在内网资源池采取现网改造(VXLAN Underlay IPv4 + Overlay 双栈)或者新建 Fabric(新建网络采用 VXLAN Underlay IPv6 + Overlay 双栈)的方式来在内网资源池处应用 IPv6。

(3)在运营区采用双栈的现网改造以及在其他的区域(广域网接入区和核心)采用双栈的现网改造或者新建的方式来应用 IPv6。

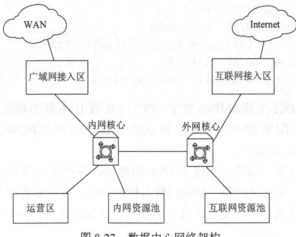

图 8-27　数据中心网络架构

下面具体介绍关于互联网接入区和内网资源池的演进策略。

1)互联网接入区

正如前面介绍的那样，在互联网接入区可以采用以下三种方案：

(1)互联网接入区出口 NAT64 方案；

(2)互联网接入区双栈改造方案；

(3)新建 IPv6 互联网接入网。

采用第三种方案可以极大地避免发生意外事故。而且采取第三种方案后，IPv6 互联网接入区可以通过静态路由或 EBGP4+与运营商对接，并由此支持 IPv6 用户接入。因此，三种方案里较为推荐采取第三种方案来改造互联网接入区。图 8-28 展示了新建 IPv6 互联网接入网后数据中心的网络架构。

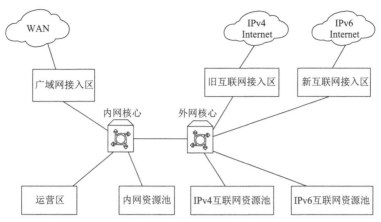

图 8-28　新建 IPv6 互联网接入网后的数据中心网络架构

2）内网资源池

如果现网设备的生命周期还很长并且现网设备支持部署 Underlay 或 Overlay IPv6，则推荐采用前面介绍的现网改造方案。如果现网不满足条件，则需要采取新建 Fabric 方案。

新建 Fabric 方案的总体策略是新建内网资源池，这样可以使得内网资源池不需要其他操作便可直接支持 VXLAN Underlay IPv6 + Overlay 双栈。

该方案大体分为三步。

（1）准备 IPv6 内网资源池演进的前期工作，如业务评估、设备评估、地址规划、方案设计等。

（2）按粒度进行新建，新建网络直接采用 Underlay IPv6 网络，新建网络内 Overlay 开通 IPv4/IPv6 双栈功能，Border-Leaf 与核心、FW 建立双栈连接。

（3）根据实际情况判断是否要关闭 Overlay IPv4 功能，从而实现内网资源池 IPv6 的单栈部署。

2．广域网

由于目前业界普遍认为 IPv4 和 IPv6 在很长一段时间内是共存的，因此需要对在业务中承载管道作用的广域网应用 IPv6 过渡技术。

但是，在广域网方面很难采用双栈的方案来进行过渡，因为双栈的方案要求所有三层设备均启用 IPv4/IPv6 双栈，并且要求所有三层设备之间双栈路由均可达，而且还需要同时对两个协议栈进行维护。因此，目前广域网的 IPv6 演进策略主要包括新建以及升级两种方案，下面对这两种方案进行详细介绍。

1）新建

新建的方案适合用于现网设备生命周期所剩时间不多并且现网设备不支持 IPv6+ 的广域网。

新建方案的总体策略是采用 IPv6 单栈的技术，并且基于 IPv6+ 技术使广域网可以同时承载 IPv4 和 IPv6 业务，后续逐步完成 IPv4 向 IPv6 的迁移，最终完全部署 IPv6。图 8-29 展示了新建方案在同时承载 IPv4 和 IPv6 业务阶段的网络架构。

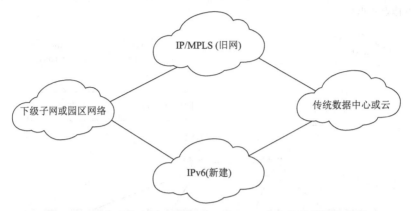

图 8-29　新建方案在同时承载 IPv4 和 IPv6 业务阶段的网络架构

此外，新建的网络可以采用 SRv6 技术来进行规划。因为 SRv6 具备高可扩展性以及良好的应用结合能力，并且更适合编程，所以 SRv6 是目前最佳的也是最通用的网络承载技术，非常适用于新建网络向 IPv6 过渡的情况。

使用 SRv6 进行广域网承载的具体方案是：在 Underlay 层面采用纯 IPv6（比如，路由协议选择部署 IS-IS for IPv6，发布 SRv6 Locator 路由，从而实现 IPv6 基础路由互通），在 Overlay 层面使用 SRv6 技术来同时承载 IPv4 业务、IPv6 业务和二层业务（根据业务类型的不同，选择不同的 BGP 地址族），这样可以避免同时维护 IPv4 协议栈和 IPv6 协议栈，大大降低维护压力。

2) 升级

升级的方案适合用于现网设备生命周期所剩时间还很多并且可以通过设备升级等方式来支持 IPv6 的广域网。

升级方案的总体策略是从边缘到核心地升级替换、从简单到复杂地部署 IPv6+特性、从普通到重要地进行业务分割连接。

对于已经部署 MPLS 的广域网，可以使用 6VPE 技术进行改造升级。这样只需要边缘节点更换或升级，无须对 P 节点进行改造，对维护的要求比较低。图 8-30 展示了升级方案在同时承载 IPv4 和 IPv6 业务阶段的网络架构。

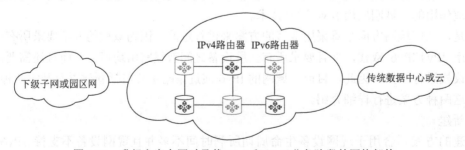

图 8-30　升级方案在同时承载 IPv4 和 IPv6 业务阶段的网络架构

3. 园区网络

园区网络可以通过应用 IPv6 过渡技术，逐步实现 IPv6 的全面应用，以适应不断增长的网络需求。园区网络应用 IPv6 过渡技术进行整体演进的思路具体分为三个阶段。

阶段一：采用 IPv6 双栈的部署模式，网络同时支持 IPv4 和 IPv6。管理网络采用 IPv4，以确保现有的网络管理系统和工具能够正常运行；园区出口网络采用双栈配置，支持 IPv4 和 IPv6 的流量；园区网络采用 Underlay IPv4 + Overlay 双栈配置，园区网络的底层（Underlay）使用 IPv4，以保证现有网络的正常运行，同时在 IPv4 的基础上建立 Overlay 网络，以支持 IPv6 用于处理 IPv6 的流量。

阶段二：IPv6 的应用更加深入。管理网络采用双栈配置，确保管理设备、工具和系统能适应 IPv6；园区出口网络采用双栈配置，出口设备需要同时配置 IPv4 和 IPv6 的接口，确保双栈数据流量的正常传输；园区网络采用 Underlay IPv6 + Overlay 双栈配置，园区网络的底层（Underlay）使用 IPv6，实现了对 IPv6 的本地支持，同时在 IPv6 的基础上建立 Overlay 网络，以处理 IPv6 和 IPv4 的流量。

阶段三：IPv6 Only 阶段，网络逐步迈向 IPv6 主导的环境，不再依赖 IPv4。管理网络完全采用 IPv6 Only 配置，所有管理设备、工具和系统需要全面支持 IPv6；园区出口网络完全过渡到 IPv6 Only 配置；园区网络完全采用 IPv6 Only，园区网络 Underlay 和 Overlay 都采用 IPv6 Only 配置。

园区网络的 IPv6 演进升级涉及 WLAN 的改造，目前大中型单园区的 WLAN 通常采用无线控制器（access controller，AC）+独立轻量级接入点（fit access point，FIT AP）的组网架构。在园区网络的 IPv6 演进升级中，主要的焦点是对 WLAN 的改造。这包括关注 AC 和 AP 之间的管理，以确保其能够正确处理 IPv6 协议，同时需要注意无线终端的 IPv6 地址获取方式。其他方面的 WLAN 设计不受 IPv6 升级改造的直接影响。WLAN 网络改造主要涉及以下两方面。

（1）无线接入终端方案：将核心交换机或 AC 充当无线终端的网关设备。为了为终端配置 IPv6 地址，可以采用 SLAAC 混合方案，并考虑使用 802.1X 认证以提高网络安全性。针对访客网络，可以为其配置不同的 VLAN。核心交换机或 AC 充当访客终端的网关设备，使用 SLAAC 混合方案分配 IPv6 地址。推荐采用 Portal 认证，以增强对访客网络的管理和控制。

（2）AP 管理方案：控制和管理 AP 的无线接入点控制与配置（control and provisioning of wireless access points，CAPWAP）协议隧道支持 IPv4 和 IPv6。然而，需要注意的是，在同一时间，AC 只能通过 IPv4 或 IPv6 中的一种方式管理 AP，默认情况下是 IPv4。AP 可以选择以 IPv4 或 IPv6 方式上线。这意味着 AP 只能获取一个地址，而 AC 的地址可以通过手工配置方式进行设置。此外，AC 可以配置 DHCPv6 或者 SLAAC 来为 AP 分配 IPv6 地址，视具体需求而定。

园区网络通常划分为终端层、接入层、汇聚层、核心层和出口区。接入层提供以太网和 WLAN 接入功能，同时执行终端准入控制。汇聚层汇总各区域流量并将其上行至核心交换机。核心层负责实现园区内各区域、园区出口和数据中心之间的高速转发。出口区用于连接园区网络与 Internet。图 8-31 展示了园区网络架构。

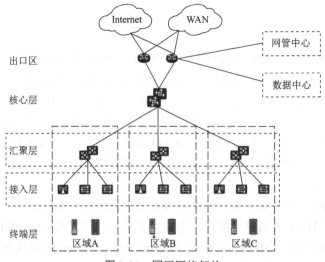

图 8-31　园区网络架构

下面介绍大中型传统园区的新建改造和升级改造，以及大中型虚拟化园区 IPv6 演进方案。

1）大中型传统园区 IPv6 新建改造

实现 IPv6 新建改造并与 SDN（软件定义网络）并行演进，整体思路为新建支持 SDN 和 IPv6 网络虚拟化功能的核心，新核心连接园区出口网络。存量网络逐楼（汇聚+接入）进行改造，连接新核心，改造楼栋采用 SDN 控制器进行自动部署。具体演进步骤如下。

（1）部署控制器：位于数据中心，用于集中管理和控制 SDN 网络。

（2）新建核心交换机：在园区核心机房新建核心交换机，确保与其他网络区域的连接关系与存量核心相同。同时，为了割接，建立临时链路与存量核心连接。

（3）打通基础路由：在核心交换机以及互联设备上部署未来业务互通所需的基础路由配置。

（4）逐楼改造：针对一栋楼进行 IPv6 和 SDN 改造，连接该楼的汇聚交换机到新核心交换机，并通过 SDN 下发业务。同时，在新核心交换机和互联设备上添加该楼的路由。

（5）所有楼改造完成，整网完成向 IPv6 和 SDN 的演进。

2）大中型传统园区 IPv6 升级改造

实现大中型传统园区双栈改造，原 IPv4 网络架构和网络配置保持不变，新增 IPv6 配置以及 IPv6 相关支撑系统。具体方案和建议如下。

（1）地址分配：在考虑地址分配方案前，必须明确企业园区使用的地址类型与地址规划。大型企业集团具备独立申请全球单播地址（GUA）的资质，建议优选此方式，园区地址由集团统一申请，统一分配。

（2）园区终端 IPv6 地址获取方式：主要有 DHCPv6、SLAAC 或者手工配置三种方案。一般有线终端获取方式可采用 DHCPv6 或者 SLAAC 方案。DHCPv6 方案需逐步部署 DHCPv6 Relay，中继 DHCPv6 相关报文。SLAAC 方案是一种无状态的地址分配方式，可以通过路由器广播 RA 报文。安卓终端因操作系统不支持 DHCPv6，故地址获取方式必须采用 SLAAC 方案。

3）大中型虚拟化园区 IPv6 演进方案

部署虚拟化网络方案（VXLAN），支持一网多用和业务快速自动下发，提高了网络灵活性和管理效率。虚拟化园区网络的 IPv6 演进采用 VXLAN Underlay IPv4 + Overlay IPv4 双栈方案。

具体方案和建议如下。

（1）地址分配：虚拟化网络的设计方式与传统网络存在不同。例如，对于 DHCPv6 地址分配方式，集中部署 DHCPv6 服务器，需要在 VXLAN 的集中式 IPv6 网关 VBDIF（virtual bridge domain interconnect function，虚拟桥接域接口功能）上使能 DHCPv6 Relay，中继 DHCPv6 相关报文。对于 SLAAC 地址分配方式，需在集中式网关设备上配置 RA 的相关参数，通过集中式网关向终端推送 RA，携带地址前缀、DNS 信息。

（2）VXLAN Underlay IPv4 + Overlay IPv4 双栈配置：升级网络支撑 IPv6 仅需要在 Overlay 层使能 IPv6，同时配置出口区双栈能力，升级改造难度较小。

（3）业务转发：从接入到核心层的 Underlay 部署配置不变，VXLAN 控制面采用 BGP EVPN，核心交换机配置为 RR（route reflector，路由反射器）。在集中式网关上使能 IPv6，并配置 VBDIF 的 IPv6 地址，确保 IPv6 二层互通。接入侧 Edge 节点可基于接口 VLAN 实现转发报文和 Overlay BD 的绑定，以及将不同的终端分配到不同的网关区域。VXLAN 内所有报文三层转发均先将终端报文发布到集中式网关，横向流量、纵向流量均由网关统一转发。

4. IPv6 改造关键措施及建议

应用系统 IPv6 改造的关键措施在于调整地址相关的模块，尤其是在网络层。图 8-32 展示了 IPv4 单栈到 IPv4/IPv6 双栈的网络层变化。

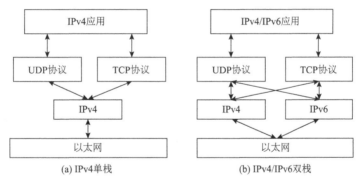

(a) IPv4 单栈　　　　　　　　(b) IPv4/IPv6 双栈

图 8-32　IPv4 单栈到 IPv4/IPv6 双栈的网络层变化

应用系统 IPv6 改造的一般性建议如下。

（1）IPv6 DNS 部署：部署全面支持 IPv6 的 DNS，确保所有域名解析服务能够正确处理 IPv6 地址。在 DNS 服务器上添加 AAAA 记录，为 IPv6 地址分配域名。业务系统应采用域名标识远端主机，而非直接使用 IP 地址，以减轻 IP 地址变更对系统的影响，并提高系统的灵活性。定期检查应用系统，确保正确解析 URL 的 AAAA 记录。

（2）IP 地址使用审查：对应用系统进行全面审查，排查直接使用 IP 地址的情况。确保 IP 地址仅用作地址标识，而非作为用户 ID、业务关键属性等。业务逻辑应独立于 IP 地址类型，以防止 IPv6 兼容性问题。

（3）Socket 通信接口升级：对 Socket 通信接口进行审查，将原有面向 IPv4 的编程修改为支持 IPv4 和 IPv6 兼容的新接口。采用面向 IPv6 的函数、宏及库，以确保应用程序在 IPv6 环境下正常运行。修改 IP 地址合法性验证相关代码，确保对 IPv6 地址的正确验证。

（4）实施网络流量监控和分析工具，以便及时发现和解决 IPv6 环境下的异常流量或性能问题。

小　结

IPv6 过渡技术是为了应对 IPv4 地址枯竭和促进 IPv6 部署而开发的一系列技术和策略。这些技术包括双栈技术、IPv6 over IPv4 隧道技术、IPv4 over IPv6 隧道技术、NAT64 和 NAT66 等，旨在实现 IPv4 和 IPv6 的平稳过渡与互通。这些技术在数据中心、广域网、园区网络及其他系统中有广泛应用。

双栈技术允许设备同时支持 IPv4 和 IPv6，通过精确的网络配置和 DNS 设置确保双协议环境下的有效通信。此外，隧道技术如 IPv6 over IPv4 和 IPv4 over IPv6 允许通过一个协议网络传输另一协议的数据包，连接分散的网络孤岛。NAT64 和 NAT66 技术则通过地址转换，使不同协议的设备能够互通，减轻全网升级 IPv6 的压力。

在不同网络场景下，IPv6 过渡技术支持 IPv4 和 IPv6 的共存，如数据中心的双栈部署和 NAT64 应用、广域网的 6VPE 技术改造，以及园区网络从双栈逐步过渡到 IPv6 Only。此外，系统级的 IPv6 改造包括全面支持 IPv6 的 DNS 部署和对 Socket 通信接口的调整，确保应用程序在 IPv6 环境下的兼容性和正常运行。

思考题及答案

答案 8

1. 说明 IPv6 过渡技术在广域网的两种应用方案分别是什么？两者分别适合用于什么样的现网环境。

2. IPv6 过渡技术主要包括哪几种技术？它们分别有什么特点？

实 践 练 习

实验：构建一个典型的 IPv6 园区网络

IPv6 园区
网络

1. 实验拓扑

(1) 整体网络拓扑及地址、VLAN 信息规划如图 8-33 所示。

(2) 整个园区网络采用三层物理架构：核心层、汇聚层及接入层。其中 Core 为核心层交换机，AGG1 及 AGG2 为汇聚层交换机，而 ACC1 及 ACC2 则是接入层交换机。

(3) AGG1 作为某楼栋的汇聚层交换机，包括 ACC1 在内的多台接入层交换机（此处以 ACC1 为例）。DHCP Server 是一台 DHCP 服务器，用于为 VLAN10 内的终端设备分配 IPv6 地址。

(4) AGG2 作为另一楼栋的汇聚层交换机，包括 ACC2 在内的多台接入层交换机。

(5) PC1 及 PC2 分别代表研发与办公用户网段中的 PC。

(6) Device1 及 Device2 则代表研发设备。

说明：本实验使用的实验平台为 eNSP。

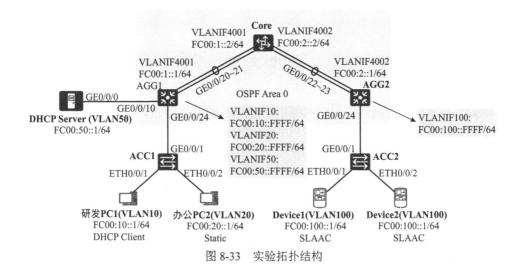

图 8-33　实验拓扑结构

2. 实验目的

(1) 掌握以太网二层交换基础配置，包括 VLAN、Trunk 等。

(2) 掌握使用 VLANIF 实现 VLAN 间通信的方法。

(3) 掌握以太网链路聚合的基础配置。

(4) 掌握 DHCPv6 及无状态地址自动配置的部署与应用。

(5) 掌握 OSPFv3 的配置。

3. 实验需求

(1) ACC1 连接着 VLAN10 及 VLAN20 的用户终端，在 ACC1 上完成 VLAN 与 Trunk 的相关配置，使得 VLAN10 及 VLAN20 内的设备能够通过二层链路访问网关设备 AGG1。

(2) 在 AGG1 上部署 VLANIF 作为 VLAN10 及 VLAN20 的网关，并连接 DHCP Server，在 DHCP Server 上部署 DHCPv6 服务，为 VLAN10 内的设备分配 IPv6 地址。

(3) ACC2 连接着 VLAN100 的研发终端，这些终端为研发设备 (Device1、Device2 等)。在 ACC2 上完成 VLAN 与 Trunk 的相关配置，使得 VLAN100 内的设备能够通过二层链路访问网关设备 AGG2。

(4) 在 AGG2 上部署 VLANIF 作为 VLAN100 的网关，并通告 RA 报文，使得 VLAN100 内的研发设备能够通过无状态地址自动配置方式获得 IPv6 地址。

(5) AGG1、AGG2 与 Core 之间的链路可靠性及带宽要求较高，因此部署以太网链路聚合。

(6) AGG1、AGG2 与 Core 之间通过三层对接，并部署动态路由协议 OSPFv3，使得 VLAN10、VLAN20 与 VLAN100 均能相互通信。

参 考 文 献

白瑞双，李金凯，宋林海，等，2023. IPv6 在云安全中的应用[J]. 黑龙江科学，14（22）：106-108.

程烨，潘崇道，2010. IPv4 向 IPv6 演进的技术及应用场景探讨[J]. 移动通信，34（18）：78-82.

贺抒，梁昔明，2005. NAT 技术分析及其在防火墙中的应用[J]. 微计算机信息，21（1）：167-168.

靳晨，2021.IPv6 技术在物联网中的应用探讨[J]. 网络安全技术与应用（8）：9-10.

李振斌，董杰，2023.IPv6 网络切片：使能千行百业新体验[M].北京：人民邮电出版社.

秦壮壮，屠礼彪，臧寅，等，2020. 基于"IPv6+"的 5G 承载网切片技术与应用[J]. 电信科学，36（8）：28-35.

唐宏，朱永庆，龚霞，等，2023. SRv6：可编程网络技术原理与实践[M]. 北京：人民邮电出版社.

王相林，2008. IPv6 技术：新一代网络技术[M]. 北京：机械工业出版社.

王相林，2022. IPv6 网络：基础、安全、过渡与部署[M]. 2 版. 北京：电子工业出版.

王轩，王振兴，王禹，等，2014. A comparison study between IPv4 and IPv6[J]. 计算机科学，8（41）：139-143.

文慧智，王璇，2023. 企业"IPv6+"网络规划设计与演进[M]. 北京：人民邮电出版社.

张宏科，苏伟，2006. IPv6 路由协议栈原理与技术[M]. 北京：北京邮电大学出版社.

CHEN I, LINDEM A, ATKINSON R, 2016. OSPFv3 over IPv4 for IPv6 transition[J]. RFC, 7949: 1-11.

CRAGO S P, SCHOTT B, PARKER R, 1998. SLAAC: a distributed architecture for adaptive computing[C]. IEEE symposium on FPGAs for custom computing machines. Napa Valley.

DEERING S E, HINDEN R M, 1995. Internet protocol version 6（IPv6）[J]. RFC, 4443:1-24.

GASSARA M, BOUABIDI I E, ZARAI F, 2017. "Private and secure ICMP message" solution for IP traceback in wireless mesh network[C]. Proceedings of 2017 IEEE/ACS 14th international conference on computer systems and applications（AICCSA）. Hammamet.

HOFFMAN P, 2023. DNS security extensions（DNSSEC）[J]. RFC, 9364: 1-10.

PERKINS C E, JAGANNADH T, 1995. DHCP for mobile networking with TCP/IP[C]. Proceedings of IEEE symposium on computers and communications. Alexandria.

SHAIKH A, GREENBERG A, 2001. Experience in black-box OSPF measurement[C]. The 1st ACM SIGCOMM workshop on internet measurement, 113-125.

TANG L XIAO Y, HUANG Q, et al., 2022. A High-performance invertible sketch for network-wide superspreader detection[J]. IEEE/ACM transactions on networking, 31（2）: 724-737.

YANG K, et al., 2023. SketchINT: Empowering INT with towersketch for per-flow per-switch measurement[J]. IEEE transactions on parallel and distributed systems, 34（11）: 2876-2894.

YOO J, COYLE E J, BOUMAN C A, 1997. Dual stack filters and the modified difference of estimates approach to edge detection[J]. IEEE transactions on image processing, 6（12）: 1634-1645.